Aktuelle Probleme der Polymer-Physik III

(Sonderausgabe aus Kolloid-Zeitschrift & Zeitschrift für Polymere, Band 250, Heft 11/12)

Vorträge

der Arbeitstagung des Fachausschusses Physik der Hochpolymeren
Frühjahrstagung des Regionalverbandes Hessen-Mittelrhein-Saar
der Deutschen Physikalischen Gesellschaft vom 22.–24. März 1972 in Bad Nauheim

Herausgegeben von

Prof. Dr. E. W. FISCHER
Mainz

Prof. Dr. F. H. MÜLLER
Marburg/Lahn

Mit 188 Abbildungen und 17 Tabellen

DR. DIETRICH STEINKOPFF VERLAG · DARMSTADT 1972

ISBN-13: 978-3-7985-0370-0 e-ISBN-13: 978-3-642-47049-3
DOI: 10.1007/978-3-642-47049-3

Erscheinungsweise: zwanglos – Bandpreis: DM 70,–

Herstellung: Universitätsdruckerei Mainz GmbH

INHALT

Kolloid-Z. u. Z. Polymere **250**, 993–999 (1972)

Aus dem Institut für Festkörperforschung der Kernforschungsanlage Jülich

Untersuchung von Molekülbewegungen in Kristallen mittels Neutronenspektroskopie*)

Von T. Springer

Mit 4 Abbildungen

(Eingegangen am 15. Mai 1972)

In den letzten Jahren hat sich die Neutronenspektroskopie (1, 2) in erster Linie dem Studium einfacher Festkörper gewidmet. Insbesondere sind zahlreiche und genaue Untersuchungen über Gitterschwingungen in Metallen, Halbleitern und einfachen Ionenkristallen durchgeführt worden. Die neuere Entwicklung geht dahin, auch kompliziertere Substanzen in Angriff zu nehmen (3), z. B. einfache Molekülkristalle oder polymere Substanzen. Auf diese Weise entwickeln sich zahlreiche Anwendungsmöglichkeiten dieser Methode auf Probleme der physikalischen und organischen Chemie. In diesem Überblicksvortrag wird an einigen Beispielen gezeigt, welche Fragestellungen mit Hilfe der Neutronenspektroskopie behandelt werden können, wobei wir uns im wesentlichen auf einfache organische Molekülkristalle beschränken. Dabei wird sowohl die Untersuchung periodischer Anregungszustände (Phononen) behandelt als auch, mit größerer Ausführlichkeit, die Untersuchung unperiodischer Orientierungsbewegungen der Moleküle.

1. Theoretische Grundlagen

Wir beginnen mit einer kurzen Darstellung der notwendigen theoretischen Beziehungen (2, 4, 5, 6). Die Meßgröße, welche man aus der an einer Probe gestreuten Neutronenintensität erhält, ist der differentielle Streuwirkungsquerschnitt pro Raumwinkelelement $d\Omega$ und Energieelement dE_1; er kann folgendermaßen formuliert werden:

$$d^2\sigma(E_0, E_1, \vartheta)/d\Omega dE_1 = A^2(E_1/E_0)^{1/2}\hbar^{-1}S_c(\varkappa, \omega). \quad [1]$$

Hierbei sind E_0 und E_1 die Energien, $\boldsymbol{k}_0$ und $\boldsymbol{k}_1$ die Wellenvektoren der einfallenden und der gestreuten Neutronen. Ferner ist $\hbar\omega = E_0 - E_1$ der Energieübertrag und $\hbar\boldsymbol{\varkappa} = \hbar(\boldsymbol{k}_0 - \boldsymbol{k}_1)$ der Impulsübertrag während des Streuprozesses. ϑ ist der Streuwinkel. Die Größe A ist die Streuamplitude. Sie wird bestimmt durch Stärke und Reichweite der Wechselwirkung zwischen Neutron und streuendem Kern. $S_c(\varkappa, \omega)$ ist das sogenannte Streugesetz oder der „dynamische Strukturfaktor". Er hängt nur von der Struktur und vom dynamischen Verhalten der Atomkerne in der Probe ab, nicht dagegen von der Art der Wechselwirkung zwischen der einfallenden Strahlung und den streuenden Partikeln[1]). Aus diesem Grund ist $S(\varkappa, \omega)$ von allgemeiner Bedeutung für *alle* Arten von Wechselwirkungsprozessen zwischen Probe und einfallender Strahlung, insoweit diese im Rahmen einer Störtheorie erster Ordnung beschrieben werden können.

Gl. [1] wurde stillschweigend *kohärente* Streuung zugrundegelegt. Dies bedeutet, daß die Partialwellen, welche den verschiedenen Streuzentren entspringen, vollständig miteinander interferieren. Das kohärente Streugesetz $S_c(\varkappa, \omega)$ hängt mit dem bekannten Röntgenstrukturfaktor $S(\varkappa)$ durch eine Integration über alle Energieüberträge

$$S(\varkappa) = \int_{-\infty}^{+\infty} S_c(\varkappa, \omega)\, d\omega \quad [2]$$

zusammen. Kohärente Streuung von Neutronen findet man für monoisotopische Elemente, bei welchen die Kerne keinen Spin besitzen.

Betrachten wir dagegen den Fall, der Kern besitze einen von Null verschiedenen Spin, und die Streuamplituden seien für parallele und antiparallele Orientierung von Neutron- und Kernspin stark verschieden. Unter der meist zutreffenden Annahme, die Kern-

*) Vorgetragen auf der Arbeitstagung des Fachausschusses „Physik der Hochpolymeren"; Frühjahrstagung des Regionalverbandes Hessen–Mittelrhein–Saar der Deutschen Physikalischen Gesellschaft vom 22. bis 24. März 1972 in Bad Nauheim.

[1]) Die Formulierung [1] gilt, wenn die Streuung im Kristall nur von *einer* Sorte von Kernen bestimmt wird; anderenfalls ist eine Faktorisierung der Intensität in A^2 und S nicht möglich.

orientierungen seien statistisch über die Atompositionen in der Probe verteilt, resultiert eine diffuse Unordnungsstreuung. Sie verhält sich, *als ob* die auslaufenden Wellen miteinander nicht interferenzfähig wären, das heißt als ob jeder Kern unabhängig vom anderen streuen würde. Damit überlagern sich die Streuintensitäten und nicht die Amplituden. In diesem Fall enthält die Streuintensität das *inkohärente Streugesetz* $S_i(\varkappa, \omega)$, und der differentielle Wirkungsquerschnitt lautet dann:

$$d^2\sigma/d\Omega dE_1 = (E_1/E_0)^{1/2} \hbar^{-1}[\langle A\rangle^2 S_c(\varkappa,\omega) + (\langle A^2\rangle - \langle A\rangle^2) S_i(\varkappa,\omega)], \quad [3]$$

wobei $\langle .. \rangle$ für die Mittelung über die Streuamplituden für parallele und antiparallele Stellung der Spins steht. Das inkohärente Streugesetz hängt, wie leicht einzusehen ist, von der individuellen, und nicht von der gegenseitigen oder kollektiven Bewegung der Streuteilchen ab. Ein Sonderfall ist die inkohärente Streuung am Proton, die rund vierzigmal stärker als dessen kohärente ist; sie übertrifft auch die kohärente Streuung fast aller anderen Kerne bei weitem. Somit mißt man bei Wasserstoffverbindungen praktisch stets das inkohärente Streugesetz und erhält somit Informationen über die individuelle Bewegung der Wasserstoffatome. Sofern man auch das kohärente Streugesetz und somit Kollektivbewegungen untersuchen will, muß man die Substanz deuterieren, da beim Deuterium kohärente und inkohärente Streuung vergleichbare Stärke besitzen.

Phononen

Ist die Probe ein regelmäßiger Kristall, so zeigt der Strukturfaktor $S(\varkappa)$ scharfe *Bragg*-Reflexe für $\varkappa = G$, wobei G ein reziproker Gittervektor ist. Zusätzlich findet man, wie bei Röntgenstrahlen, eine thermisch diffuse Streuung; sie rührt von der Wechselwirkung mit Gitterschwingungen oder Phononen her. Für derartige Phononen-Streuprozesse muß, zusätzlich zum Energiesatz, der Erhaltungssatz für den Quasiimpuls gelten, und man hat demnach zwei Beziehungen zu erfüllen:

$$E_0 - E_1 = \hbar\omega(\boldsymbol{q}) \quad [4]$$

und zugleich

$$\boldsymbol{\varkappa} = \boldsymbol{k}_0 - \boldsymbol{k}_1 = \boldsymbol{G} - \boldsymbol{q}. \quad [5]$$

Dabei ist $\omega(\boldsymbol{q})/2\pi$ die Frequenz eines Phonons mit dem Ausbreitungsvektor $\boldsymbol{q}$. Nehmen wir nun an, ein monochromatischer Neutronenstrahl werde an einem Einkristall gestreut. Dieser ist mit allen Arten thermisch angeregter Phononen erfüllt, welche mit dem Neutron in Wechselwirkung treten können. Dann wird beim kohärenten Streuprozeß eine kleine Zahl von Phononen ausgewählt, und zwar jene, die mit den Erhaltungssätzen [4] und [5] verträglich sind. Das führt zu mehr oder weniger scharfen Linien im Energiespektrum der Streuneutronen. Aus der Energie E_1, bei der eine solche Linie erscheint, und aus dem zugehörigen Streuvektor $\boldsymbol{k}_1$ kann man dann mit den obigen Gleichungen ω und $\boldsymbol{q}$ für die zugehörige Gitterschwingung berechnen. Bestimmt man die Lage dieser Linie für verschiedene Kristallorientierungen, Einfallsenergien und Streuwinkel, so kann man damit die Dispersionsbeziehung $\omega(\boldsymbol{q})$ der verschiedenen Phononen in einem Kristall ermitteln. Dies ist eine Standardmethode der Neutronenspektroskopie (2).

Die *inkohärente* Streuung an Phononen in einem Kristall unterscheidet sich von der kohärenten insofern, als die Einschränkung zufolge der Quasiimpulserhaltung [5] entfällt. Deshalb findet hier Streuung an *allen* Phononen statt. Das Streugesetz ist in diesem Fall, für einen einfachen kubischen Kristall, direkt proportional zur Zustandsdichte $g(\omega)$ der Gitterschwingungen. (Für nichtkubische Kristalle liegen die Verhältnisse komplizierter.) Auf Messungen des inkohärenten Streugesetzes zur Bestimmung des Phononenspektrums $g(\omega)$, welches natürlich weniger Information liefert als die Messung von $\omega(\boldsymbol{q})$, wollen wir nicht weiter eingehen.

Nichtperiodische Bewegungen

Bis jetzt wurden Atombewegungen in Form von harmonischen Schwingungen oder Phononen beschrieben. Diese Betrachtungsweise versagt, wenn es sich beispielsweise um unperiodische Rotations- oder um Diffusionsbewegungen von Molekülen handelt. Eine für solche Fälle angemessene Beschreibung des Streugesetzes bedient sich der Korrelationsfunktionen, mit welchen man die Bewegung des Streuteilchens in Raum und Zeit beschreiben kann. Man kann zeigen (6, 8), daß sich damit das Streugesetz besonders übersichtlich als ein *Fourier*-Integral darstellen läßt, und zwar in der Form

$$S_i(\varkappa,\omega) = (2\pi)^{-1} \int\int d^3\boldsymbol{r}dt e^{i(\boldsymbol{\varkappa r} - \omega t)} G_s(\boldsymbol{r},t). \quad [6]$$

Hierbei beschreibt die Selbstkorrelationsfunktion $G_s(\boldsymbol{r} - \boldsymbol{r}', t - t')$ die Wahrscheinlichkeit dafür, daß man den streuenden Atomkern an einer Stelle $\boldsymbol{r}$ zu einer Zeit t findet, wenn dieser zur früheren Zeit t' an einer anderen Stelle $\boldsymbol{r}'$ war. Mittels dieser Funktion läßt sich jede beliebige Bewegung eines Teilchens beschreiben, solange sie den Gesetzen der klassischen Mechanik gehorcht. Für $S_c(\varkappa, \omega)$ gilt eine der Gl. [6] analoge Darstellung, wobei die Summe aus Paar- und Selbstkorrelationsfunktion an Stelle der letzteren tritt [vgl. (4, 5) und den Übersichtsartikel (7)].

Im Hinblick auf die spätere Diskussion erklären wir das Verhalten der Selbstkorrelationsfunktion für ein Streuteilchen, welches in einem *Molekül* gebunden ist. Dieses soll irgendeine thermisch angeregte Rotationsbewegung um seinen Schwerpunkt ausführen, welcher, abgesehen von Translationsschwingungen, im Kristall festgehalten sei (keine Diffusion). Zur Vereinfachung betrachten wir $G_s(\boldsymbol{r}, t)$ in einem kleinen Volumenelement δV an einer Stelle, die wir mit dem Ursprung $\boldsymbol{r} = 0$ identifizieren. Dann ist für $t = 0$ offenbar $G_s(0, t)\,\delta V$ sehr groß, da definitionsgemäß *Gewißheit* besteht, das Teilchen an der Stelle $\boldsymbol{r} = 0$ zu finden (Abb. 1).

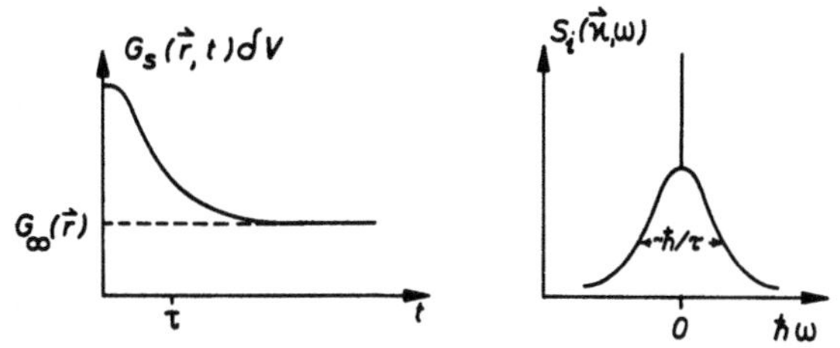

Abb. 1. Qualitatives Verhalten der Selbstkorrelationsfunktion $G_s(\boldsymbol{r}, t) = G'(\boldsymbol{r}, t) + G_\infty(\boldsymbol{r})$; δV ist ein kleines Volumenelement am Orte $\boldsymbol{r}$. $S_i(\varkappa, \omega)$ ist das zugehörige inkohärente Streugesetz im Bereich kleiner Energieüberträge $\hbar\omega$, bei festem Streuvektor $\varkappa$

Mit zunehmender Zeit t fällt die Wahrscheinlichkeit, dem Teilchen zu begegnen, und somit G_s monoton ab; durch die regellos angenommenen Orientierungsbewegungen geht nämlich die „Erinnerung" an den Ausgangs- und Startpunkt verloren. Für große Zeiten strebt G_s schließlich einem endlichen und konstanten Wert zu, den wir G_∞ nennen: Da der Molekülschwerpunkt festsitzt, kann das Streuteilchen einen gewissen, den Schwerpunkt umgebenden Volumenbereich nie verlassen; somit besteht auch für $t \to \infty$ eine endliche Wahrscheinlichkeit, dem Streuteilchen immer wieder zu begegnen. Das beschriebene Verhalten gilt qualitativ auch für andere Werte von $\boldsymbol{r}$, soweit sie von dem Teilchen überhaupt erreichbar sind, und man kann schreiben (4)

$$G_s(\boldsymbol{r}, t) = G'(\boldsymbol{r}, t) + G_\infty(\boldsymbol{r}), \qquad [7]$$

wobei die Funktion $G'(\boldsymbol{r}, t)$ für $t \to \infty$ verschwindet. Ihre *Fourier*-Transformierte ist eine glockenförmige Spektralverteilung, zentriert beim Energieübertrag $\hbar\omega = 0$, mit einer Halbwertsbreite, die etwa $1/\tau$ ist (Abb. 1); τ ist dabei eine charakteristische Abklingzeit der Korrelationsfunktion $G'(\boldsymbol{r}, t)$. Dieser „quasielastischen" Spektralverteilung überlagert sich die *Fourier*-Transformierte des konstanten oder „stationären" Anteils $G_\infty(\boldsymbol{r})$, die offenbar eine unendlich scharfe Linie bei $\hbar\omega = 0$ liefert. Diese entspricht der bekannten *Mößbauer*-Linie bei der Wechselwirkung von Gammaquanten mit gebundenen Kernen. Die Intensität dieser rein elastischen Linie ist, wegen [6], proportional zum räumlichen *Fourier*-Integral von $G_\infty(\boldsymbol{r})$. Dies bedeutet anschaulich nichts anderes als die Beugung der Neutronenwelle an dem inkohärent streuenden *einzelnen* Kern, welcher zufolge der Molekülrotation über ein endliches Volumen „verschmiert" worden ist. Das *Fourier*-Integral ist also eine Art „Strukturfaktor für inkohärente Streuung" [vgl. (9)]; er sollte nicht mit dem kohärenten Strukturfaktor verwechselt werden, der durch Interferenz der auslaufenden Wellen von *verschiedenen* Streupartikeln zustande kommt.

2. Experimentelle Gesichtspunkte

Aus den Gln. [5] und [6] erkennt man, daß der Streuprozeß einer *Fourier*-Analyse der Atombewegung in Zeit und Raum entspricht. Energie- und Impulsübertrag definieren dabei die Frequenz $\omega/2\pi$ und den Wellenvektor $\varkappa$ beziehungsweise q der jeweiligen *Fourier*-Komponenten. Abb. 2 zeigt die Be-

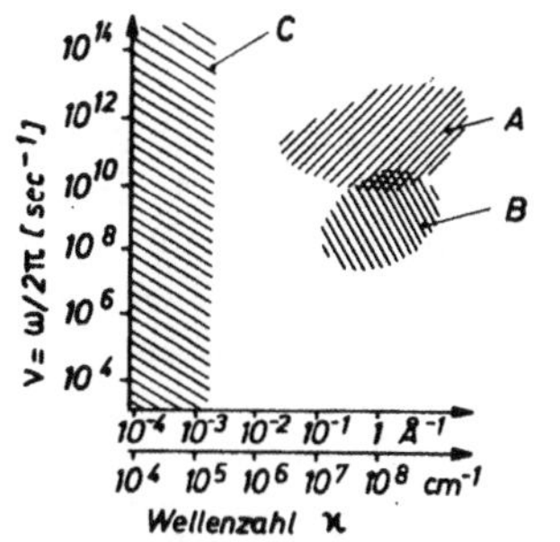

Abb. 2. Experimentell überdeckbare Bereiche in Frequenz $\nu = \omega/2\pi$ und Wellenvektor $\varkappa$ für Neutronenspektrometer (A und B); sowie für Lichtspektroskopie C

reiche einer $\varkappa, \omega$-Ebene, die mit Hilfe der Neutronenspektroskopie überdeckt werden können. Im Gegensatz zur Lichtstreuung erstreckt sich der Bereich der Neutronen über Wellenlängen, die vergleichbar mit interatomaren Abständen sind. Der Bereich der Neutronenspektroskopie ist unterteilt: A entspricht konventionellen Instrumenten, die zwischen $\hbar\omega \approx 10^{-3}$ und etwa 10^{-1} eV mit einer Energieauflösung von der Größenordnung 10^{-4} bis 10^{-3} eV arbeiten. B entspricht einem Typ von Beugungsspektrometer, der erst vor einigen Jahren entwickelt worden ist (10). Es benützt den Umstand, daß die Auflösungsbreite δk hinsichtlich der Wellenzahl k, nämlich

$$\delta k = k \operatorname{cotg} \theta \, \delta\theta,$$

von erster Ordnung in $\delta\theta$ verschwindet, wenn der *Bragg*sche Winkel $\theta = 90°$ erreicht; die Auflösung ist dann fast nur noch durch die Extinktion des Kristalls bestimmt. Damit erzielt man Auflösungen von der Größenordnung $3 \cdot 10^{-7}$ eV. Das bedeutet, daß man die Lücke zwischen der Neutronenspektroskopie und den verschiedenen Relaxationsmethoden (Ultraschall, dielektrische Messungen, NMR) schließt.

3. Anwendungsmöglichkeiten auf einfache organische Kristalle

Die Bewegung eines Moleküls in einem Kristall kann in verschiedene Komponenten zerlegt werden, und zwar:

a) innermolekulare Schwingungen, bei denen die Valenzbindungen beansprucht werden;

b) äußere Schwingungen, bei denen das Molekül als Ganzes Rotations- oder Translationsschwingungen um seinen Schwerpunkt ausführt, und

c) unperiodische Rotationsbewegungen des Moleküls um seinen Schwerpunkt.

Im folgenden diskutieren wir, welche Informationen die Neutronenstreuung über diese Bewegungsarten liefern kann. Die Untersuchung der Dispersionskurven von *Valenzschwingungen* bereitet Schwierigkeiten, und es liegen praktisch keine diesbezüglichen Untersuchungen vor. Dies beruht hauptsächlich darauf, daß diese Schwingungen wesentlich höhere Energien (einige 0,1 eV) besitzen als die Neutronen im Maximum des thermischen Spektrums eines Forschungsreaktors, so daß die erzielbaren Intensitäten im Detektor außerordentlich klein sind. Man kann hoffen, an einem Höchstflußreaktor günstigere Verhältnisse vorzufinden, insbesondere, wenn er mit einer sog. „heißen Quelle" ausgestattet ist, in welcher die Intensität der Neutronen in dem hier interessierenden Energiebereich stark angehoben wird.

Dispersionsbeziehungen $\omega(\boldsymbol{q})$ hinsichtlich der *äußeren Schwingungen* sind inzwischen erstmals an einigen einfachen organischen Kristallen untersucht worden, und zwar an Hexamethylentetramin (11), Anthrazen (12), Dichlorbenzol (13), Methan (14) und Polyäthylen (15). Wir verzichten auf eine Besprechung dieser Messungen im einzelnen [vgl. die Übersichtsartikel (16, 17)]; wir diskutieren hingegen, welchem allgemeinen Ziel diese Untersuchungen dienen. Aus einer Dispersionskurve erhält man die Kopplungsparameter und somit die Beiträge zur Rückstellkraft, die von den verschiedenen Nachbarn eines betrachteten Moleküls herrühren (16). Nimmt man zur Vereinfachung an, dieses sei eine starre Einheit (das heißt die Valenzbindungen seien härter als die intermolekularen Bindungen), und vernachlässigt man Mehrkörperkräfte, so kann man die Resultate in folgendem Modell versuchsweise interpretieren (17, 18, 19): Die Wechselwirkung wird durch die Addition von Potentialen beschrieben, welche zwischen *Atompaaren* in zwei *verschiedenen* Molekülen wirken (z. B. C..C, C..H, H..H). Die Paarpotentiale werden durch *Van-der-Waals*- oder *Buckingham*-Potentiale formuliert, also etwa

$$V = \sum_{ij} [-(A_{ij}/r_{ij}^6) + B_{ij} \exp\{-C_{ij} r_{ij}\}], \quad [8]$$

wobei die Konstanten nur von der chemischen Natur der Atome i und j abhängen sollen. Mit Hilfe der Dispersionskurven $\omega(\boldsymbol{q})$ kann man diese bestimmen, beziehungsweise den Potentialsatz [8] testen. Der Nutzen eines solchen Ansatzes für das quantitative Verständnis vieler physikalischer Eigenschaften von organischen Kristallen oder Polymeren liegt auf der Hand. Stellte sich heraus, daß der gewählte Ansatz nicht imstande ist, gemessene Dispersionskurven vernünftig zu interpretieren, so bedeutet dies, daß andere und kompliziertere Wechselwirkungen vorliegen (z. B. elektrostatische Multipol- oder chemische Kräfte), und das Modell muß dementsprechend verfeinert werden.

Eine Komplikation bei der Interpretation von Dispersionskurven für externe Schwingungen in organischen Kristallen ist deren ungewöhnlich starke Anharmonizität; die notwendige Extrapolation auf den harmonischen Grenzfall (Extrapolation der Phononfrequenzen auf $T \to 0$) ist deshalb mit großen Unsicherheiten behaftet. Eine zusätzliche Schwierigkeit besteht vielfach darin, daß die Kristalle eine komplizierte Orientierungsstruktur bzw. eine Orientierungsunordnung besitzen. In diesem Sinne ist beispielsweise Anthrazen (12) für solche Studien besser geeignet als Methan (27). Eine experimentelle Komplikation liegt in der Notwendigkeit, relativ große und zudem deuterierte Einkristalle zu benutzen (einige cm³).

Unperiodische Orientierungsbewegungen

Es gibt eine große Zahl von Kristallen, bei denen die Moleküle verschiedene Gleichgewichtsorientierungen einnehmen können. Sofern diese energetisch gleichberechtigt sind, bildet sich hinsichtlich der Orientierung eine ungeordnete Phase. Die verschiedenen Orientierungen sind untereinander durch Potentialschwellen getrennt, und die Moleküle können zwischen den Orientierungen thermisch aktivierte Drehsprünge ausführen [siehe z. B. (21)]. Die Röntgenbeugungsaufnahme an einem orientierungs-ungeordneten Kristall ergibt einen Strukturfaktor, der über alle Orientierungen gemittelt ist. Sie zeigt natürlich nicht, *wie schnell* die Orientierungen zeitlich wechseln. Dieses Problem untersucht man seit langem mit der Kernspinresonanzmethode; in jüngerer Zeit hat man begonnen, hierzu auch die Neutronenspektroskopie einzusetzen.

Als erstes Beispiel diskutieren wir bei uns durchgeführte Messungen an *Adamantan* $C_{10}H_{16}$ (22, 23). Kristallines Adamantan wandelt sich bei 208 °K von einer tetragonalen in eine kubisch-flächenzentrierte plastische Phase um, für welche eine hohe Beweglichkeit der Molekülachsen zu erwarten ist (24). Abb. 3 zeigt zwei typische Neutronenspektren, welche mit dem hochauflösenden Rückstreuspektrometer (Abschnitt 2) gemessen worden sind. Unterhalb 208 °K ist die Orientierungsbewegung zu langsam, um noch auflösbar zu sein. In der plastischen Phase hingegen beobachtet man ein zusammengesetztes Spektrum; es besteht aus einer relativ breiten quasielastischen Linie, überlagert von einer Linie, deren Breite der Auflösung des Spektrometers entspricht. Die schmale Linie können wir, im Sinne der Erklärungen in Abschnitt 1, als die rein elastische Linie deuten. Die Interpretation

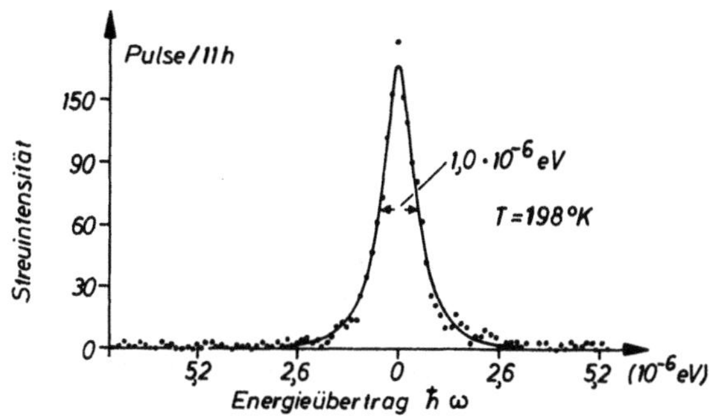

3a

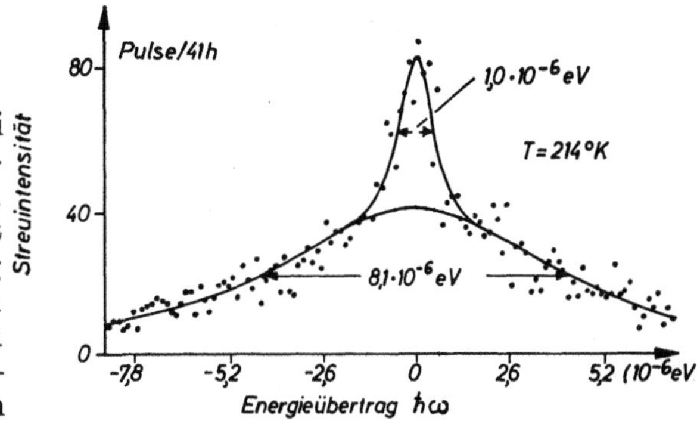

3b

Abb. 3. Neutronenspektrum für inkohärente Streuung an Adamantan ($C_{10}H_{16}$). (a): tetragonale Phase; das quasielastische Spektrum ist nicht aufgelöst, da die Sprungrate $1/\tau$ zu niedrig ist. Die Breite der Kurve entspricht der instrumentellen Auflösung. (b): plastische (kubische) Phase (*Alefeld* und *Stockmeyer*, 23)

des breiteren quasielastischen Spektrums kann im Modell einer mehr oder weniger isotropen Rotation erfolgen (25, 26) oder mit der Vorstellung von Rotationssprüngen zwischen verschiedenen, durch die Gittergeometrie definierten Gleichgewichtsorientierungen (22), wobei man annimmt, die mittlere Verweilzeit auf den Gleichgewichtsorientierungen, τ, sei groß gegen die Zeit, welche der Sprung benötigt. Die im Rahmen dieses Modells gefundenen Sprungraten $1/\tau$ lagen im untersuchten Temperaturbereich in der Gegend von einigen 10^9 sec^{-1}. Sie stimmen gut mit Korrelationszeiten überein, die mit Kernspinresonanzmessungen (aus T_1) bestimmt worden sind (24).

Festes Methan (CH_4) durchläuft bei 20,5 °K eine λ-Phasenumwandlung, welche mit einer Änderung der Molekülorientierungen zusammenhängt. Neutronenbeugungsaufnahmen an CD_4-Einkristallen (20, 27) zeigten, daß in der Hochtemperaturphase alle Methan-Tetraeder eine nahezu isotrope Orientierungsverteilung besitzen. In der tieferen

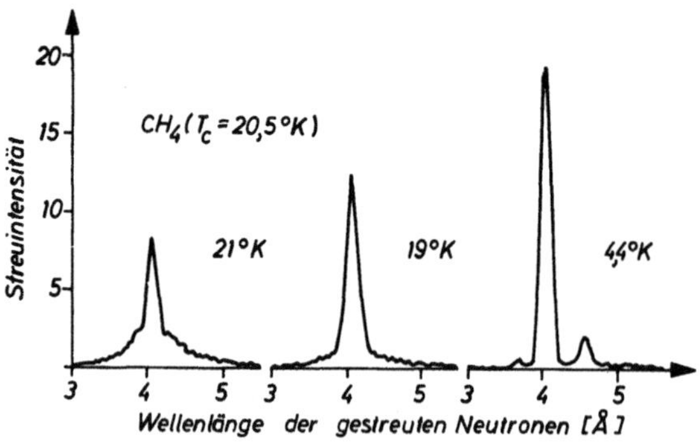

Abb. 4. Inkohärentes Neutronenspektrum für festes Methan (CH_4) bei verschiedenen Temperaturen. Die Streuneutronenenergie ist hier durch die Wellenlänge charakterisiert. Einfallsenergie rund $4 \cdot 10^{-3}$ eV. Der Abstand der Seitenmaxima entspricht etwa $1 \cdot 10^{-3}$ eV (*Gläser* und *Kapulla*, 28)

Phase dagegen bilden die Methantetraeder bezüglich ihrer Orientierung ein regelmäßiges Muster, und zwar derart, daß ein Teil derselben eine isotrope Orientierungsverteilung besitzt, während ein Teil ausgerichtet ist; dabei findet man, daß ein unorientiertes Molekül jeweils von 12 orientierten Molekülen umgeben ist. In Karlsruhe durchgeführte Messungen (28) (Abb. 4) ergaben in der oberen Phase wieder die Überlagerung einer quasielastischen Linie und einer Linie, deren Breite nur durch die Auflösung gegeben ist. Die Breite der quasielastischen Linie entspricht einer – für so tiefe Temperaturen sehr hohen – Reorientierungsrate von rund $10^{12}\,\text{sec}^{-1}$. Diese Orientierungsbewegung hängt offensichtlich mit der im Beugungsbild gefundenen Orientierungsunordnung der Methantetraeder zusammen. In der tiefer gelegenen Phase hingegen fanden sich bei 4 °K im Spektrum zwei Seitenmaxima. Es ist denkbar, daß das jeweils unorientierte Molekül einem besonders schwachen lokalen Behinderungspotential ausgesetzt ist; weiterhin ist die Störung der Rotationsbewegung durch Phononen bei derart tiefen Temperaturen sicherlich gering. Aus diesen Gründen könnte man annehmen (28), daß die Seitenmaxima das Resultat einer einigermaßen ungestörten freien Rotation sind. Die interessante Frage „fast freier Rotationen" in Molekülkristallen soll weiter untersucht werden.

Erwähnt werden sollen noch neuere Untersuchungen an festen Polymeren, nämlich an Paraffin (30) und Polyäthylen (31). Hier war es erstmals möglich, die quasielastische Streuung zu beobachten, welche durch Rotationssprünge von Abschnitten oder von einzelnen Segmenten polymerer Ketten hervorgerufen wird.

Zusammenfassend läßt sich feststellen, daß die neutronen-spektrometrisch gemessenen Dispersionskurven in erster Linie Aussagen über die *inter*molekularen Wechselwirkungen liefern können. Der Informationsgehalt von Dispersionskurven ist dabei größer als der von optischen und akustischen Messungen, weil letztere nur die Schwingungsfrequenzen im Zentrum der *Brillouin*-Zone beziehungsweise die Schallgeschwindigkeiten liefern. Hinsichtlich der unperiodischen Orientierungsbewegungen stellt die Neutronenspektroskopie eine Ergänzung zur Kernspinresonanzmethode dar [siehe z. B. (7, 29)], insbesondere im Bereich hoher Sprung- beziehungsweise Reorientierungsraten (10^{10} bis $10^{12}\,\text{sec}^{-1}$; Abb. 2), wo die Interpretation der neutronischen Daten zuverlässiger sein dürfte als die von Spin-Gitter-Relaxationsexperimenten. Darüber hinaus aber liefert die Neutronenstreuung weitergehende Informationen, nämlich über das *räumliche* Verhalten des Bewegungsvorganges, und zwar durch die Untersuchung der Abhängigkeit der Neutronenspektren vom Streuvektor $\varkappa$. Beispielsweise kann untersucht werden, ob die Orientierungsbewegung isotrop erfolgt oder zwischen definierten Gleichgewichtslagen, welche dem Molekül durch die Kristallgeometrie aufgeprägt werden. Solche Untersuchungen werden gerade für plastische Kristalle vorbereitet. Weiterhin erlaubt die *kohärente* Streuung – worauf hier nicht eingegangen wurde – Untersuchungen über Korrelationen, welche bezüglich der Orientierungsbewegung *benachbarter* Moleküle bestehen. Solche Korrelationen existieren auf jedem Fall in der Umgebung von Phasenumwandlungen zweiter Ordnung; sie wurden an festem CD_4 in der Tat beobachtet (27).

Der Autor dankt den Herren *B. Alefeld*, *W. Preß*, *T. Peterlin* und *H. Stiller* für anregende Diskussionen und für die Überlassung ihrer teilweise unveröffentlichten Resultate.

Zusammenfassung

Die unelastische Streuung niederenergetischer Neutronen an organischen Kristallen liefert a) Phonon-Dispersionskurven (das heißt den Zusammenhang zwischen Frequenz und Wellenvektor) sowie b) Informationen über unperiodische Rotationsbewegungen der Moleküle durch die Untersuchung *sehr kleiner* Energieüberträge („quasi-elastische Streuung").

Dispersionskurven bezüglich der äußeren Molekülschwingungen erlauben die Untersuchung der Wechselwirkung der Moleküle untereinander. Damit lassen sich Modellvorstellungen über diese Wechselwirkungen prüfen. Die Untersuchung der *quasielastischen Streuung* zufolge der Molekülrotationen stellt eine Ergänzung zu Spin-Gitter-Relaxationsmessungen dar, insoweit sie die Bestimmung sehr kurzer Korrelations- oder Sprungzeiten betrifft; sie gibt zusätzliche Informationen im Hinblick auf die Geometrie des Bewegungsvorganges.

Summary

Inelastic scattering of low energy neutrons on organic crystals leads to (i) dispersion curves which describe the relation between frequency and wave vector of phonons and (ii) information on nonperiodic rotations of the molecules around their equilibrium positions by the investigation of very small energy transfers ("quasielastic" neutron scattering).

Dispersions curves due to external vibrations of the molecular interactions. Therefore, they can be applied to check models describing these interactions. The investigation of *quasielastic scattering* due to molecular rotations is supplementary to NMR experiments in cases where one is dealing with very short correlation times; the quasielastic scattering experiments give new information with respect to the geometry of the motion.

Literatur

1) *Neutron inelastic scattering,* Atomic Energy Agency (Conference proceedings), Wien 1961 (Vienna Symposium); Wien 1963 (Chalk River Symposium); Wien 1965 (Bombay Symposium); Wien 1968 (Copenhagen Symposium).

2) *Egelstaff, P. A.* (Herausgeber), Thermal neutron scattering (London 1965).

3) *Neutron inelastic scattering,* Atomic Energy Agency (Conference proceedings, im Druck), Wien 1971 (Grenoble Symposium).

4) *Turchin, V. F.,* Slow Neutrons, Jerusalem, Israel Program for Sci. Transl. (1965).

5) *Gurevich, I. I.* and *L. V. Tarasov,* Low Energy Neutron Physics (Amsterdam 1968).

6) *van Hove, L.,* Phys. Rev. **95**, 249 (1954).

7) *Springer, T.,* Quasielastic scattering for the investigation of diffusive motions in solids and liquids. In: Springer Tracts in Modern Physics (Berlin-Heidelberg-New York 1972); s. auch *H. Stiller, T. Springer,* Z. Naturforschg. **26a**, 575 (1971).

8) *Vineyard, G. H.,* Phys. Rev. **110**, 999 (1958).

9) *Grimm, H., H. Stiller,* and *Th. Plesser,* Phys. stat. sol. **42**, 207 (1970).

10) *Alefeld, B., M. Birr* und *A. Heidemann,* Naturwiss. **56**, 410 (1969).

11) *Dolling, G.* and *B. M. Powell,* Proc. Roy. Soc. (London) **A 319**, 209 (1970).

12) *Lutz, U. A* and *W. Hälg,* Solid State Comm. **8**, 165 (1970).

13) *Reynolds, P. A., J. K. Kjems,* and *J. W. White,* in (3).

14) *Preß, W., B. Dorner,* and *H. Stiller,* Solid State Comm. **9**, 1113 (1971).

15) *Twistleton, J. F.* and *J. W. White,* in (3).

16) *Venkataraman, G.* and *V. C. Sahni,* Rev. Mod. Phys. **42**, 409 (1970).

17) *Pawley, G. S.,* Übersichtsartikel, in (3) (1971).

18) *Pawley, G. S.,* Phys. Stat. Sol. **20**, 347 (1967).

19) *Kitaigorodskii, A.,* J. Chim. Phys. **63**, 9 (1966); *Williams, D. E.,* J. Chem. Phys. **47**, 4680 (1967) und J. Chem. Phys. **45**, 3770 (1966).

20) *Preß, W., B. Dorner,* and *G. Will,* Physics Letters **31 A**, 253 (1970).

21) *Darmon, I.* and *C. Brot,* Molec. Crystals **2**, 301 (1967).

22) *Stockmeyer, R.* and *H. Stiller,* Phys. stat. sol. **27**, 269 (1968); *Sköld, K.,* J. Chem. Phys. **49**, 2443 (1968).

23) *Alefeld, G.* und *R. Stockmeyer,* wird veröffentl. (1972).

24) *Resing, H. A.,* Molecular and liquid crystals **9**, 101 (1969), s. auch *Nordman, C. E.* and *D. L. Schmitkons,* Acta Cryst. **18**, 764 (1965).

25) *Sears, V. F.,* Canad. J. Phys. **45**, 237 (1967).

26) *Ivanov, E. N.,* Soviet Physics, JETP **18**, 1041 (1964).

27) *Preß, W.,* J. Chem. Phys. **56**, 2597 (1972).

28) *Kapulla, H.* und *W. Gläser,* in (3) (1972).

29) *Gordon, R. G.,* J. Chem. Phys. **42**, 3658 (1965).

30) *Barnes, J. D.,* in (3) (1972).

31) *Peterlin, T.* und *B. Alefeld,* unveröffentl. (1972).

Anschrift des Verfassers:
Prof. *T. Springer*
Institut für Festkörperforschung
der Kernforschungsanlage
5170 Jülich

Kolloid-Z. u. Z. Polymere **250**, 1000–1015 (1972)

Aus dem Meß- und Prüflaboratorium der Badischen Anilin- & Soda-Fabrik AG, Ludwigshafen/Rh.

Akustische Phononen in Polymer-Kristallen*)

Von H. Baur

Mit 12 Abbildungen

(Eingegangen am 21. Juni 1972)

1. Vergleich niedermolekularer und hochpolymerer Substanzen im idealen Kristall-Zustand

Der wesentlichste Unterschied zwischen atomaren oder niedermolekularen und hochpolymeren Substanzen besteht zweifellos darin, daß Hochpolymere sich aus sehr langen Kettenmolekülen aufbauen, die eine nur statistisch erfaßbare Vielzahl von Konformationen einnehmen können. Im flüssigen Zustand resultieren hieraus einige polymerspezifische Eigenschaften, wie z. B. die Gummielastizität oder die Strukturviskosität. Auf den festen Zustand wirken sich die Länge der Moleküle und die Variabilität der Konformation vor allem dahingehend aus, daß beim Abkühlen und Erstarren die Kettenmoleküle nur selten genügend rasch zu einem Gleichgewichtszustand zusammenfinden. Es entstehen mehr oder minder gehemmte Nicht-Gleichgewichtszustände, deren Struktur und Eigenschaften stark von der Vorgeschichte abhängen.

Betrachten wir dagegen hochpolymere Substanzen im idealen Kristall-Zustand[1]), so liegen die Konformationen der Ketten per Definition fest. Außerdem werden die dynamischen Einheiten nicht durch die langen Kettenmoleküle, sondern durch die einzelnen Kettenglieder gebildet, die in ihren geometrischen Dimensionen durchaus mit den dynamischen Einheiten niedermolekularer Kristalle vergleichbar sind. Polymer-spezifische Effekte, die auf die Länge der Moleküle und die Variabilität der Konformation zurückzuführen sind, können wir daher nicht erwarten.

Vergleichen wir atomare oder niedermolekulare Substanzen mit hochpolymeren Substanzen im idealen Kristall-Zustand, so bleibt als Unterschied die ausgesprochen hybride Stellung, die Polymer-Kristalle in bezug auf die Wechselwirkung der Gitterbausteine untereinander einnehmen: Zwischen benachbarten Gitterbausteinen, die ein und derselben Kette zugehören, wirken starke homöopolare Bindungen, wie wir sie z. B. im Diamant vorfinden. In allen anderen Richtungen herrschen dagegen meist schwache *van der Waals*-Kräfte, wie sie etwa in den Kristallen der Edelgase oder in Äthylen-Kristallen gegeben sind.

Die *van der Waals*-Kräfte können, sofern die Abstände der Gitterbausteine nicht zu klein sind, in erster Näherung als Zwei-Körper-Kräfte kurzer Reichweite und dann auch als Zentralkräfte angesehen werden. Die homöopolaren Bindungen lassen sich in erster Näherung ebenfalls durch Zwei-Körper-Kräfte kurzer Reichweite, im Gegensatz zu den *van der Waals*-Bindungen aber auf keinen Fall durch Zentralkräfte beschreiben. Sie setzen vielmehr der Valenzwinkelverformung eine Kraft entgegen.

Als wesentliche Merkmale, in denen sich Hochpolymere von niedermolekularen Substanzen im idealen Kristall-Zustand unterscheiden, erhalten wir so:

1. die starke Anisotropie der Gitterkräfte,
2. die Valenzwinkel-Abhängigkeit der Gitterkräfte in Kettenrichtung.

Im folgenden soll dargelegt werden, auf welche Weise diese Merkmale die Dynamik der akustischen Phononen und die damit verbundenen Eigenschaften beeinflussen. Wir legen dabei die folgenden vereinfachenden Modelle zugrunde:

A. Ein unendlich ausgedehntes kubisch-primitives Gitter aus gleichen Massenpunkten, die untereinander durch *van der Waals*-Bindungen gekoppelt sind (Modell für niedermolekulare Substanzen, Abb. 1A);

*) Vorgetragen auf der Arbeitssitzung des Fachausschusses „Physik der Hochpolymeren"; Frühjahrstagung des Regionalverbandes Hessen-Mittelrhein-Saar der Deutschen Physikalischen Gesellschaft vom 22. bis 24. März 1972 in Bad Nauheim.

[1]) Hochpolymere im idealen Kristall-Zustand lassen sich nicht realisieren und die charakteristischen Gebrauchseigenschaften von Polymeren im festen Zustand beruhen zum großen Teil gerade auf den Abweichungen vom idealen Kristall-Zustand. Es ist jedoch durchaus sinnvoll und notwendig, auch nach den Eigenschaften der idealen Kristalle zu fragen, da sie die Ausgangsbasis der Aussagen über die realen Strukturen, insbesondere über die innere Dynamik dieser Strukturen liefern.

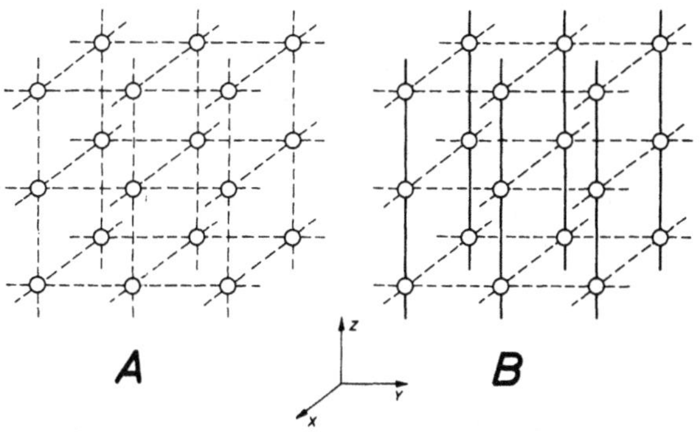

Abb. 1. Modellgitter. A: kubisch primitives Gitter aus gleichen Massenpunkten. B: tetragonales *Bravais*-Gitter aus linearen Ketten gleicher Massenpunkte. Die ausgezogenen Linien sollen die homöopolaren Bindungen, die gestrichelten Linien die *van der Waals*-Bindungen zwischen nächsten Nachbarn symbolisieren

B. ein unendlich ausgedehntes tetragonales *Bravais*-Gitter aus gleichen Massenpunkten, die in Richtung einer der Kristallachsen homöopolar zu linearen Ketten verknüpft und in den anderen Richtungen durch *van der Waals*-Kräfte gebunden sind (Modell für Hochpolymere, Abb. 1B. Wegen der starken Anisotropie der Gitterkräfte können wir hier als einfachsten Gittertyp nur ein tetragonales Gitter annehmen. Der Unterschied kubisch: tetragonal spielt im folgenden jedoch keine ausschlaggebende Rolle).

Da keine der „*van der Waals*-Substanzen" und keines der Polymeren in so einfacher Form kristallisiert, erhalten wir aus den Modellen nur qualitativ auswertbare Aussagen (in bezug auf einige, hier nicht näher interessierende Eigenschaften, z. B. in bezug auf die optischen Eigenschaften, sogar überhaupt keine Aussagen). Auf jeden Fall enthält aber das Modell B die beiden oben genannten Charakteristika aller Polymer-Kristalle.

Vergleichen wir mit dem Experiment, so können wir nur solche Werte heranziehen, die sich auf 100% kristallines Material beziehen. Da reale Hochpolymere im festen Zustand stets amorphe Anteile enthalten, verlangt das zum Teil eine Extrapolation, die vor allem oberhalb des Glasübergangsintervalles eine gewisse Problematik enthält. Wir beschränken uns in diesen Fällen auf einen Vergleich in Temperaturbereichen unterhalb des Glasüberganges. Zu bemerken ist, daß die Wärmekapazität und die mittleren Schwankungsquadrate der Gitterbausteine, die wir in den Abschnitten 3, 5 und 6 mit experimentellen Werten des Polyäthylens vergleichen, weitgehend struktur-unempfindlich sind.

2. Gitterschwingungen und Phononen-Gas

In diesem Abschnitt werden kurz die grundlegenden Zusammenhänge und Voraussetzungen angegeben, die wir im folgenden verwenden. Nähere Einzelheiten finden sich z. B. bei *Leibfried* (1) oder *Ziman* (2).

Ausgangspunkt unserer Betrachtungen sind die klassischen *Newton*schen Bewegungsgleichungen bzw. die daraus resultierende *Hamilton*-Funktion für die Auslenkungen der Gitterbausteine aus ihren Gleichgewichtslagen. Als Randbedingung wählen wir die sog. periodische Randbedingung [N: Anzahl der Gitterbausteine im Periodizitätsvolumen]. Von den Kräften, die auf die einzelnen Gitterbausteine einwirken, setzen wir voraus, daß sie sich von einem Potential herleiten lassen, das allein von den Auslenkungen der Gitterbausteine abhängt. Das Potential entwickeln wir in eine *Taylor*-Reihe um die Gleichgewichtslagen der Gitterbausteine.

Das erste von Null verschiedene Glied der *Taylor*-Reihe entspricht einer Bindung der Gitterbausteine untereinander mit idealelastischen *Hooke*schen Federn. Alleinige Berücksichtigung dieses Gliedes (sog. harmonische Näherung; Voraussetzung: kleine Abstandsänderungen benachbarter Gitterbausteine) liefert als Lösungen harmonische Schwingungen der Gitterbausteine um ihre Gleichgewichtslage mit $3N$ Frequenzen ω, die gleichwertig sind mit $3N$ voneinander völlig unabhängigen Kollektivmoden des Gitters, den sog. Normalschwingungen. In translationsinvarianten Gittern sind die Amplituden benachbarter Bausteine notwendig derart gekoppelt, daß stehende oder fortlaufende ebene Wellen entstehen, die durch einen Ausbreitungsvektor $\mathfrak{k}$ ($|\mathfrak{k}| = 2\pi/\lambda$, λ: Wellenlänge) gekennzeichnet werden können.

Einsetzen der harmonischen Lösungen in die Bewegungsgleichungen führt auf ein System homogener linearer algebraischer Gleichungen für die Amplituden, das seinerseits nur dann eine nicht-triviale Lösung besitzt, wenn die Determinante seiner Koeffizienten (die sog. Säkulardeterminante) verschwindet. Das ist nur dann der Fall, wenn zwischen den Frequenzen ω und den Ausbreitungsvektoren $\mathfrak{k}$ ein bestimmter funktioneller Zusammenhang besteht. Der Zusammenhang ist mehrdeutig, so daß zwischen mehreren untereinander verschiedenen Frequenzzweigen

$$\omega = \omega(\mathfrak{k}) \qquad [1]$$

zu unterscheiden ist.

Enthält die Elementarzelle des Gitters n Bausteine, so existieren 3 sog. akustische Zweige, für die

$$\lim_{|\mathfrak{k}| \to 0} \omega(\mathfrak{k}) = 0,$$

und $3(n - 1)$ sog. optische Zweige, für die

$$\lim_{|\mathfrak{k}| \to 0} \omega(\mathfrak{k}) \neq 0$$

wird. Im Falle der Gitter A und B (Abb. 1) existieren also nur akustische Zweige. Aus den Dispersionsrelationen [1] kann die Zustandsdichte $\varrho(\omega)$ der Gitterschwingungen berechnet werden:

$$\varrho(\omega) = \frac{V_p}{8\pi^3} \Sigma \int \frac{dS}{|\mathfrak{v}|} \qquad [2]$$

[$\varrho(\omega)d\omega$: Zahl der Frequenzen im Intervall $\langle\omega; \omega + d\omega\rangle$, das Frequenzspektrum als hinreichend dicht (N als genügend groß) vorausgesetzt; V_p: Periodizitätsvolumen; $\mathfrak{v} = \partial\omega/\partial\mathfrak{k}$: Gruppengeschwindigkeit der Gitterwellen; zu summieren ist über die verschiedenen Frequenzzweige, zu integrieren über die Flächen $\omega(\mathfrak{k}) = \text{const.}$ im $\mathfrak{k}$-Raum].

Beim Übergang zur Quantenmechanik sind prinzipiell zwei Verfahren möglich:

1. Wir gehen vom Teilchenbild aus und ersetzen die Impulse und Koordinaten der Gitterbausteine durch die entsprechenden quantenmechanischen Operatoren. So gelangen wir zur *Schrödinger*schen Wellenmechanik des Gitters.

2. Wir gehen vom Wellenbild aus, d. h. wir betrachten die Gitterschwingungen als ein elastisches Feld und quantisieren die Schwingungsamplituden. Die Amplitudenoperatoren erweisen sich dann als Erzeugungs- und Vernichtungsoperatoren von *Bose*-Teilchen, denen wir die Energie $\hbar\omega$ und den Impuls $\hbar\mathfrak{k}$ [$\hbar \equiv h/2\pi$, h: *Planck*sches Wirkungsquantum] zuschreiben können. Diese Teilchen sind die sog. *Phononen.*

Entsprechend den akustischen und optischen Schwingungszweigen ist zwischen akustischen und optischen Phononen zu unterscheiden. Den voneinander unabhängigen Normalschwingungen der harmonischen Näherung entspricht ein Phononen-Gas ohne jede Wechselwirkung der Teilchen. Die Wechselwirkung der Phononen untereinander wird erst durch die höheren Glieder der *Taylor*-Reihe für das Potential beschrieben. Hierbei gilt der Energieerhaltungssatz, aber nicht der Impulserhaltungssatz. Das liegt daran, daß für die Phononen zwar die Homogenität der Zeit, aber nicht die Homogenität des Raumes gegeben ist. Die Phononen sind nur für den „Raum“ der diskreten Gitterpunkte definiert. In einem solchen „Raum“ gilt als Äquivalent für den Impulserhaltungssatz die verallgemeinerte *Bragg*-Beziehung

$$\Sigma\hbar\mathfrak{k} = \hbar\mathfrak{g}$$

[$\mathfrak{g}$: beliebiger Vektor aus dem reziproken Gitter]. Ist $\mathfrak{g} = 0$ (Impulserhaltung im gewöhnlichen Sinne), so spricht man von Normalprozessen, anderenfalls von Umklapp-Prozessen.

Beide Verfahren der Quantelung führen (wenigstens im Prinzip und im Falle nichtrelativistischer Probleme) zu den gleichen Aussagen. Das zweite Verfahren erweist sich jedoch als erfolgreicher, sobald die Wechselwirkungen der Gitterschwingungen untereinander (anharmonische Näherungen) und mit anderen Anregungen oder Teilchen eine Rolle spielen.

In den Abschnitten 3–6 verbleiben wir ganz in der harmonischen Näherung. Folgende Federkonstanten werden dort berücksichtigt:

Kristall A

- α für die Bindung nächster Nachbarn,
- γ für die Bindung übernächster Nachbarn.

Kristall B

- β für die Bindung nächster Nachbarn in den Ketten,
- $\varkappa$ für die Valenzwinkelsteifigkeit in den Ketten,
- α für die Bindung nächster Nachbarn in benachbarten Ketten,
- γ, δ für die Bindung übernächster Nachbarn in benachbarten Ketten.

Vorausgesetzt wird: $\beta > \varkappa \gg \alpha \gg \gamma \approx \delta$. Daß wir für die homöopolare Bindung zwei *Hooke*sche Federn einführen müssen, ist in der harmonischen Näherung der Ausdruck dafür, daß es sich nicht um Zentralkräfte handelt.

Die Bedingung $\alpha \gg \gamma, \delta$ hat zur Folge, daß die Nicht-Diagonalglieder der Säkulardeterminante vernachlässigt werden können und im Falle des Gitters B unterschieden werden kann zwischen

1. N reinen Streckschwingungen (Kompressionswellen $\triangleq$ *s-Phononen*), bei denen die Kettenglieder in Richtung der Kettenachse ausgelenkt werden, und

2. $2N$ reinen Biegeschwingungen (Scherwellen $\triangleq$ *b-Phononen*), bei denen die Kettenglieder senkrecht zur Kettenachse ausgelenkt werden.

Damit besteht ein gewisser Unterschied z. B. zur realen Zickzack-Kette des Polyäthylens, bei der Streck- und Biegeschwingungen stets gekoppelt sind (vgl. Abschn. 8). Der Unterschied erweist sich jedoch qualitativ als nicht sehr wesentlich, solange wir uns für die akustischen Phononen nicht zu hoher Energie interessieren und die Polarisation der Phononen keine ausschlaggebende Rolle spielt. Mit der Angabe der Auslenkungsrichtung der Gitterbausteine ist im übrigen noch keine Aussage über die Polarisation der Gitterwellen verbunden. Sowohl die s-Phononen als auch die b-Phononen breiten sich im dreidimensionalen Gitter praktisch in allen Raumrichtungen aus.

3. Zustandsdichte und Wärmekapazität der Phononen

Zunächst fragen wir nach dem Unterschied zwischen den Gittern A und B in bezug auf die Zustandsdichte und die Wärmekapazität der Phononen, speziell nach dem Unterschied in bezug auf die *Debye*sche Näherung.

Die mittlere thermische Energie der Phononen mit der Energie $\hbar\omega$ beträgt

$$\langle \varepsilon(\omega; T) \rangle = \hbar\omega \left[\langle \mathcal{N}(\omega; T) \rangle + \frac{1}{2} \right],$$

die mittlere Zahl der Phononen bei der Temperatur T nach der *Bose-Einstein*-Statistik

$$\langle \mathcal{N}(\omega; T) \rangle = 1/\exp\left(\frac{\hbar\omega}{kT}\right) - 1.$$

Der Beitrag der Phononen zur Wärmekapazität ist innerhalb der harmonischen Näherung gegeben durch

$$C_v(T) = k \int_0^{\omega_{\max}} \varrho(\omega) \frac{\partial}{\partial T} \langle \varepsilon(\omega; T) \rangle d\omega \qquad [3]$$

[vgl. z. B. (1); k: *Boltzmann*sche Konstante; $\omega_{\max}$: Maximalfrequenz der Gitterschwingungen].

Setzt man in [3] für $\varrho(\omega)$ die bei ω_D abgeschnittene und auf $3N$ Freiheitsgrade normierte Zustandsdichte $\varrho \sim \omega^2$ eines elastisch isotropen Kontinuums ein, so erhält man die bekannte *Debye*-Näherung, die im Temperaturbereich $0 \leqslant T \ll \Theta_D \equiv \hbar\omega_D/k$ auf die Proportionalität $C_v \sim T^3$ führt.

Vergleichen wir die Gitter A und B, so ist festzustellen, daß die *Debye*-Näherung für die Wärmekapazität des Gitters A eine durchaus brauchbare, für die Wärmekapazität des Gitters B hingegen eine ausgesprochen schlechte Näherung darstellt. Das scheint unmittelbar einleuchtend, da es sich ja im Falle A um ein quasi-isotropes, im Falle B dagegen um ein stark anisotropes Gitter han-

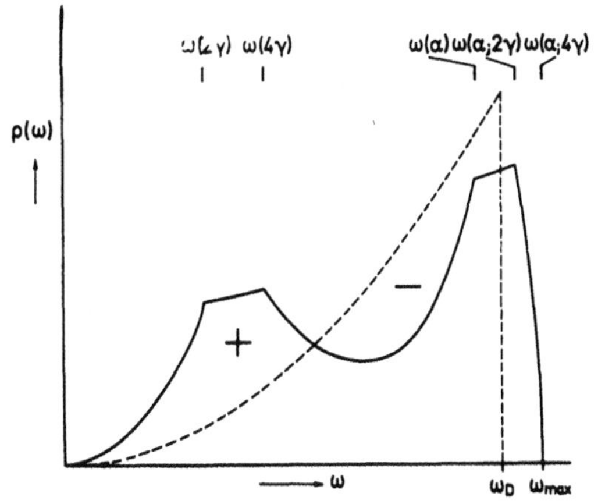

Abb. 2. Schematische Darstellung der Zustandsdichte $\varrho(\omega)$ der Phononen im Gitter A. Ausgezogene Kurve: Gittertheorie nach *Newell* (3). Gestrichelte Kurve: *Debye*sche Kontinuumsnäherung. Das Strichspektrum (oben) gibt die von den Federkonstanten γ und α abhängige Frequenzlage der Singularitäten an

delt. Im einzelnen lautet die Begründung allerdings etwas komplizierter:

Die Zustandsdichte der Phononen im Gitter A (Abb. 2, ausgezogene Kurve) verläuft nur in einem gewissen Anfangsintervall $0 \leqslant \omega < \omega(2\gamma) \ll \omega_{\max}$ wie die Zustandsdichte des isotropen Kontinuums proportional zu ω^2. Bei $\omega(2\gamma)$ und oberhalb $\omega(2\gamma)$ treten aufgrund der diskreten Struktur des Gitters Singularitäten auf (Strichspektrum in Abb. 2, oben) und die Zustandsdichte nimmt einen anderen Verlauf. Die *Debye*-Näherung stellt im Falle A eine gute Näherung dar, weil sich die gesamte Zustandsdichte verhältnismäßig gut durch eine Parabel mitteln läßt [Abb. 2, gestrichelte Kurve; die mit $+$ und $-$ bezeichneten Flächen sind annähernd gleich][2]).

Im Gitter B ist die Zustandsdichte $\varrho(\mathrm{B_s})$ der s-Phononen vom rein analytischen Standpunkt aus mit der Zustandsdichte $\varrho(\mathrm{A})$ der Phononen im Gitter A völlig identisch (5). Insbesondere erstreckt sich der echte *Debye*-Bereich, sofern γ gleich ist, in beiden Fällen über das gleiche Frequenzintervall $0 \leqslant \omega < \omega(2\gamma)$. Die beiden Spektren unterscheiden

[2]) Genauer kann daher die *Debye*-Näherung mit einer festgelegten Abschneidefrequenz $\omega_D \approx \omega_{\max}$ auch im Falle A nur in Temperaturbereichen gelten, in denen schon fast alle Phononen angeregt sind. Bei tiefen Temperaturen verlangt der Angleich an das Experiment eine variable Abschneidefrequenz ω_D. Θ_D wird temperaturabhängig. Erst bei sehr tiefen Temperaturen, bei denen allein Phononen aus dem echten *Debye*-Bereich $0 \leqslant \omega < \omega(2\gamma)$ mit einer größeren Wahrscheinlichkeit vorhanden sind, wird Θ_D wieder konstant [vgl. (1) und (4)].

sich jedoch darin, daß ϱ(A) auf $3N$ Freiheitsgrade, $\varrho(B_s)$ auf N Freiheitsgrade zu normieren ist und die Maximalfrequenz von $\varrho(B_s)$ wegen $\beta \gg \alpha$ bei weit höheren Frequenzen liegt, als die Maximalfrequenz von ϱ(A). $\varrho(B_s)$ wird dadurch ein stark „in die Länge gezogenes" Spektrum ϱ(A) (Abb. 3).

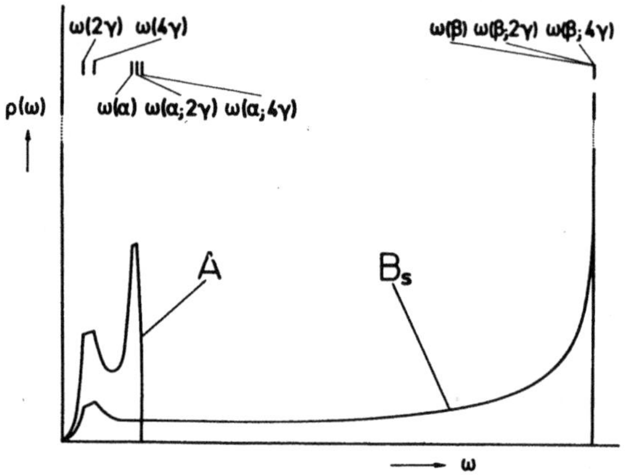

Abb. 3. Schematische Darstellung der Zustandsdichte $\varrho(\omega)$; A: der Phononen im Gitter A nach *Newell* (3) (vgl. Abb. 2); B_s: der s-Phononen (Streckschwingungen) im Gitter B nach *Genensky* und *Newell* (5). Das Strichspektrum (oben) gibt wiederum die von den Federkonstanten abhängige Frequenzlage der Singularitäten an. Im Falle B_s fallen die drei hochfrequenten Singularitäten wegen $\beta \gg \gamma$ praktisch zusammen

Die *Debye*-Näherung stellt im Falle B eine schlechte Näherung unter anderem deshalb dar, weil sich die „lang gestreckte" Zustandsdichte $\varrho(B_s)$ auf keinen Fall durch eine Parabel mitteln läßt. Ursache hierfür ist die Bedingung $\beta \gg \alpha, \gamma$, also die starke Anisotropie der Wechselwirkungskräfte im Gitter B.

Darüber hinaus können wir aus Abb. 3 eine weitere Folge der Anisotropie entnehmen: Die Zustandsdichte der s-Phononen im Gitter B gleicht oberhalb der allein von den zwischenmolekularen Wechselwirkungskräften bestimmten Singularitäten weitgehend der Zustandsdichte der longitudinal polarisierten Phononen in einer isolierten linearen Kette[3]). Dieses Resultat läßt sich ohne weiteres zu der (auch für die b-Phononen und die Phononen in einem aus ebenen Zickzack-Ketten aufgebauten Kristall gültigen) Aussage verallgemeinern, daß als Folge der starken Anisotropie der Wechselwirkungskräfte die Zustandsdichte der Phononen in Polymer-Kristallen mit steigender Energie mehr und mehr in die Zustandsdichte der Phononen in den isolierten Ketten übergeht.

Tarasow (6, 7) und *Lifschitz* (8) haben daraus geschlossen, daß die Zustandsdichte der Phononen in Polymer-Kristallen innerhalb der Kontinuums-Näherung nur in einem kleinen Bereich $0 \leqslant \omega \leqslant \omega_3$ durch die Zustandsdichte

$$\varrho \sim \omega^2 \quad [4]$$

des *dreidimensionalen* elastischen Kontinuums ersetzt werden könne und in einem daran anschließenden Intervall $\omega_3 \leqslant \omega \leqslant \omega_1$ durch die Zustandsdichte

$$\varrho = \text{const.} \quad [5]$$

eines *eindimensionalen* elastischen Kontinuums genähert werden müsse. Diese Annahme führt über [3] auf eine Formel, welche die Gültigkeit des *Debye*schen T^3-Gesetzes auf einen nur noch sehr kleinen Temperaturbereich beschränkt:

$$C_v \sim T^3,\ 0 \leqslant T \ll \Theta_3. \quad [6]$$

Bei höheren Temperaturen sollte an Stelle des *Debye*schen T^3-Gesetzes die polymerspezifische Proportionalität

$$C_v \sim T,\ \Theta_3 \ll T \ll \Theta_1 \quad [7]$$

treten.

Für die Aussage [7] findet man jedoch keine generelle Bestätigung. Sie gilt sicher nicht für das auf 100% Kristallinität extrapolierte Polyäthylen (9). Hier ist zu bedenken, daß [4] und [5] eine Dispersionsrelation der Form

$$\omega \sim |\mathfrak{k}| \quad [8]$$

voraussetzen, daß aber die Gültigkeit von [8] durch die Valenzwinkel-Abhängigkeit der Gitterkräfte stark eingeschränkt werden kann. Ehe wir in der Betrachtung der Wärmekapazität fortfahren, haben wir daher den Einfluß der Valenzwinkelsteifigkeit auf die Dispersion der Phononen zu klären.

4. Dispersion und Geschwindigkeit der Phononen

In Abb. 4, links, ist der Typ der Dispersionsrelationen [1] derjenigen Phononen dargestellt, die sich im Gitter A längs der Kristallachsen ausbreiten. Zugleich ist das der Typ der Dispersionsrelationen, den wir für die s-Phononen erhalten, die sich im Gitter B längs der Kristallachsen ausbreiten und den wir allgemein als *Normalfall* ansehen können. Man erkennt, daß bei nicht zu großen Wellen-

[3]) Vgl. z. B. mit Abb. 25 in (1). Die beiden Spektren unterscheiden sich im Bereich $\omega \gg \omega(4\gamma)$ praktisch nur in der Art der Singularitäten bei $\omega(\beta)$. Auf die Wärmekapazität hat dieser Unterschied keinen Einfluß.

zahlen in der Tat die von *Tarasow* und *Lifschitz* vorausgesetzte Proportionalität [8] erfüllt wird. Sie entspricht der Beziehung $\nu\lambda = \text{const.}$ $(\nu \equiv \omega/2\pi)$, die für die dispersionslose Ausbreitung von Licht- und Schallwellen gilt.

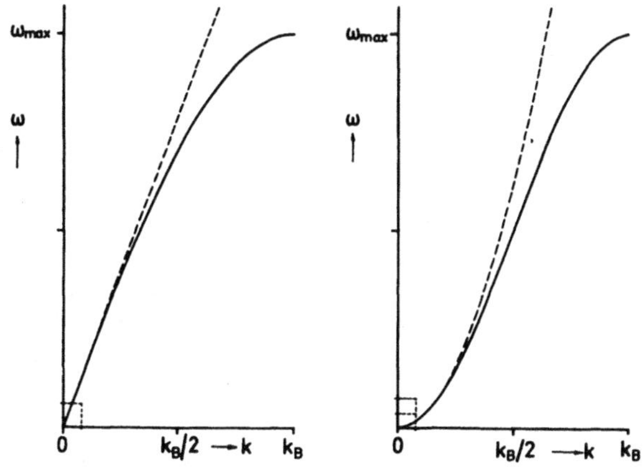

Abb. 4. *Ausgezogene Kurven*: Typen der Dispersionsrelationen [1]; links: für die Phononen im Gitter A und die *s*-Phononen im Gitter B, die sich längs der Kristallachsen ausbreiten; rechts: für die *b*-Phononen, die sich im Gitter B längs der Ketten ausbreiten. k_B: Grenze der ersten *Brillouin*-Zone. Die Darstellungen sind durch Spiegelung an der Ordinate und periodische Fortsetzung über den Bereich $-k_B < |\mathfrak{k}| \leqslant +k_B$ hinaus zu ergänzen. *Gestrichelte Kurven:* Kontinuums-Näherung (Vernachlässigung der Gitterstruktur). Die kleinen Rechtecke am Ursprung umgrenzen die in Abb. 6 wiedergegebenen Ausschnitte

In Abb. 4, rechts, sehen wir dagegen die Auswirkung des Faktums, daß im Gitter B in Kettenrichtung Kräfte wirken, die keine Zentralkräfte sind. Es handelt sich um die Dispersionsrelation der transversal polarisierten *b*-Phononen, die sich im Gitter B entlang der Ketten bewegen. Die Dispersionsrelation ist im Gegensatz zum Normalfall in ihrem unteren Teil konvex gegen die $|\mathfrak{k}|$-Achse gekrümmt und entspricht dem Typ, den man gewöhnlich für die Magnonen (die Teilchen der Spinwellen) in Ferromagneten und für die Metall-Elektronen findet.

Die Krümmung können wir als polymerspezifisch ansehen. Sie muß jedoch nicht in allen Polymer-Kristallen in gleicher Weise ausgebildet sein. Die Stärke der Krümmung hängt vielmehr von dem Verhältnis $\varkappa/\alpha$ und dem Verhältnis c/a der Abstände nächster Nachbarn ab (vgl. [12], weiter unten). Sie ist am größten in den isolierten Ketten und verschwindet ganz, wenn α die Größenordnung von $\varkappa$ erreicht. Eine stärkere Ausprägung der konvexen Krümmung ist also nur dann zu erwarten, wenn es sich bei den zwischenmolekularen Wechselwirkungskräften um verhältnismäßig schwache *van der Waals*-Kräfte handelt, wie z. B. in Polyäthylen. Sie wird sicher abgeschwächt, wenn zwischen den Ketten Dipol-Kräfte herrschen oder Wasserstoff-Brücken bestehen und verschwindet, wenn in allen drei Raumrichtungen starke homöopolare Bindungen gegeben sind, wie z. B. in Diamant oder in chemisch stark vernetzten Polymeren.

In der Kontinuums-Näherung (gestrichelte Kurven in Abb. 4) folgt für die *b*-Phononen der isolierten Ketten an Stelle von [8] die Relation

$$\omega \sim |\mathfrak{k}|^2 \qquad [9]$$

(9). Die Energie der Phononen ist, wie bei freien, mit einer trägen Masse belegten Teilchen, proportional zum Quadrat des Impulses. Mit einer gewissen formalen Berechtigung können wir daher auch von *trägen Phononen* sprechen. Im folgenden werden wir diese Bezeichnung auf alle Phononen übertragen, die Zweigen entstammen, deren Dispersionsrelation in der unteren Hälfte der ersten *Brillouin*-Zone konvex gegen die $|\mathfrak{k}|$-Achse gekrümmt ist. Es wird sich dabei herausstellen, daß im dreidimensionalen Gitter nicht alle *b*-Phononen auch träge Phononen sind.

Daß die konvexe Krümmung das dynamische Verhalten der Phononen gegenüber dem Normalfall erheblich verändert, erkennt man unmittelbar, wenn man die Gruppengeschwindigkeit (Ausbreitungsgeschwindigkeit der Phononen) $\mathfrak{v} = \partial\omega/\partial\mathfrak{k}$ und die Phasengeschwindigkeit $w = \omega/|\mathfrak{k}|$ als Funktion der Wellenzahl betrachtet:

Im Normalfall (Abb. 5, links) besitzen $v \equiv |\mathfrak{v}|$ und w ihr Maximum bei $|\mathfrak{k}| = 0$ und fallen mit steigender Wellenzahl ab. Dabei ist stets $w > v$. Bei Vernachlässigung der Gitterstruktur (Kontinuums-Näherung) wird $v = w = \text{const.}$ (wie z. B. für die Photonen im Vakuum).

Im Falle der sich längs der Ketten ausbreitenden *b*-Phononen (Abb. 5, rechts) steigt dagegen v zunächst mit der Wellenzahl an, erreicht bei $|\mathfrak{k}| = k_B/2$ ein Maximum und fällt dann erst ab (in Analogie zu den Metall-Elektronen). w bleibt dabei in einem größeren Bereich kleiner als v. In der Kontinuums-Näherung wird $v > w$ und verläuft proportional zur Wellenzahl (d. h. proportional zum Impuls, wie bei freien trägen Teilchen).

Der wesentlichste Unterschied, der sich somit ergibt ist der, daß die trägen Phononen

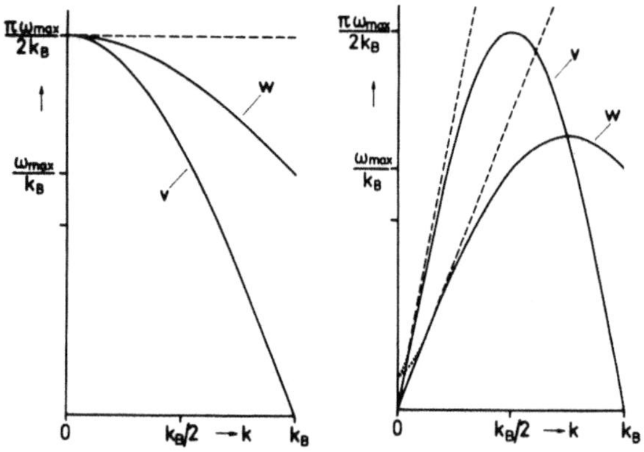

Abb. 5. Gruppengeschwindigkeit $v = |\mathfrak{v}|$ und Phasengeschwindigkeit w als Funktion der Wellenzahl; links: entsprechend der Dispersionsrelation Abb. 4, links; rechts: entsprechend der Dispersionsrelation Abb. 4, rechts. Im Falle der b-Phononen, die sich im Gitter B längs der Ketten ausbreiten (rechts), besteht bei sehr kleinen Wellenzahlen zwischen den isolierten Ketten und den Ketten im zwischenmolekularen Wechselwirkungsfeld ein Unterschied, der in Abb. 4 innerhalb der Zeichengenauigkeit liegt. Die gepunkteten Kurven, rechts, geben die Korrektur wieder, die durch das zwischenmolekulare Wechselwirkungsfeld in v und w hervorgerufen werden

bei kleineren Wellenzahlen eine erheblich kleinere Geschwindigkeit besitzen, als die normalen Phononen. Über [2] folgt daraus eine erheblich größere Zustandsdichte der trägen Phononen bei niederen Energien. Ferner führen [9] und [2] im dreidimensionalen Fall nicht mehr auf [4], sondern auf

$$\varrho \sim \omega^{1/2} \qquad [10]$$

und im eindimensionalen Fall nicht auf [5], sondern auf

$$\varrho \sim \omega^{-1/2}. \qquad [11]$$

v und w verschwinden mit $|\mathfrak{k}| \to 0$ allerdings nur in der isolierten Kette. Im dreidimensionalen Gitter tritt, verursacht durch die zwischenmolekularen Bindungen, für die b-Phononen an die Stelle von [9] im Bereich $|\mathfrak{k}| \ll k_B$ eine Beziehung der Form

$$\omega = [A(\alpha;\gamma)|\mathfrak{k}|^2 + B(\varkappa)|\mathfrak{k}|^4]^{1/2} \qquad [12a]$$

(10). Hieraus folgt [9] nur, wenn $A/B \ll |\mathfrak{k}|^2$ ist. Für $|\mathfrak{k}|^2 \ll A/B$ verschwindet die konvexe Krümmung und es gilt wie im Normalfall die Proportionalität [8]. Für sehr kleine Beträge $|\mathfrak{k}|$ wird daher im dreidimensionalen Gitter auch für die trägen Phononen $v = w$ und beide Geschwindigkeiten erreichen mit $|\mathfrak{k}| \to 0$ einen endlichen Grenzwert (Abb. 5, gepunktete Kurven). Der Grenzwert bleibt aber klein, da er unabhängig von der Ausbreitungsrichtung, nur von den zwischenmolekularen Wechselwirkungsparametern α,γ und nicht auch von $\varkappa$ und β bestimmt wird (vgl. weiter unten).

Die zwischenmolekularen Wechselwirkungskräfte verhindern damit im übrigen eine Katastrophe: Folgten die trägen Phononen im Kristall bis $|\mathfrak{k}| \to 0$ der Relation [9] so würden die mittleren thermischen Schwankungen der Gitterbausteine auch im dreidimensionalen Gitter derart groß, daß die Fernordnung, ähnlich wie im Falle ein- und zweidimensionaler Gitter (1), (11), keinen Bestand hätte (vgl. Abschnitt 6).

Die starke Anisotropie im Gitter B bewirkt eine Abhängigkeit der Dispersionsrelationen [1] von der Ausbreitungsrichtung $\mathfrak{k}/|\mathfrak{k}|$ der Phononen. Speziell werden im Bereich $|\mathfrak{k}| \ll k_B$ die Proportionalitätsfaktoren in [8] und [9] bzw. die Faktoren A und B in [12a] von der Ausbreitungsrichtung abhängig.

Für die (normalen) s-Phononen erhalten wir

$$\omega = C^{1/2}|\mathfrak{k}| \qquad [13a]$$

mit

$$C \equiv \frac{1}{M}[2\gamma a^2 \sin^2\vartheta + (\beta + 4\gamma)c^2\cos^2\vartheta] \qquad [13b]$$

[vgl. (10). M: Masse der Gitterbausteine; a: Abstand nächster Nachbarn in benachbarten Ketten; c: Abstand nächster Nachbarn in den Ketten; ϑ, φ: Polarwinkel im $\mathfrak{k}$-Raum, $\vartheta = 0; \pi$: Kettenrichtung]. Daß C nicht von α und φ abhängt, ist eine Folge der Symmetrie des Gitters B. Die aus [13] resultierende Abhängigkeit der Dispersionsrelationen vom Winkel ϑ zwischen den Kettenachsen und der Ausbreitungsrichtung $\mathfrak{k}/|\mathfrak{k}|$ ist in Abb. 6, links, dargestellt. Wie zu erwarten, bewirkt die Anisotropie der Wechselwirkungskräfte eine starke Auffächerung mit ϑ. Die Geschwindigkeit der s-Phononen, die sich in Kettenrichtung bewegen, ist größer als die Geschwindigkeit der s-Phononen, die sich senkrecht zu den Ketten bewegen. Mit $\gamma = 0.001\,\beta$ und $c/a = 0.5$ wird z. B.

$$\frac{v_\parallel}{v_\perp} = \frac{c}{a}\left[\frac{\beta + 4\gamma}{2\gamma}\right]^{1/2} = 22{,}4\,\frac{c}{a} = 11{,}2.$$

Ganz andere Verhältnisse verursacht dagegen die Valenzwinkelsteifigkeit bei den b-Phononen (Abb. 6, rechts). Hier haben wir zunächst zwischen zwei verschiedenen Zweigen zu unterscheiden, so daß in [12a] einmal

$$A_1 \equiv \frac{1}{M}[(\alpha + 4\gamma)a^2\sin^2\vartheta\cos^2\varphi + 2\gamma a^2\sin^2\vartheta\sin^2\varphi + 2\gamma c^2\cos^2\vartheta] \qquad [12b]$$

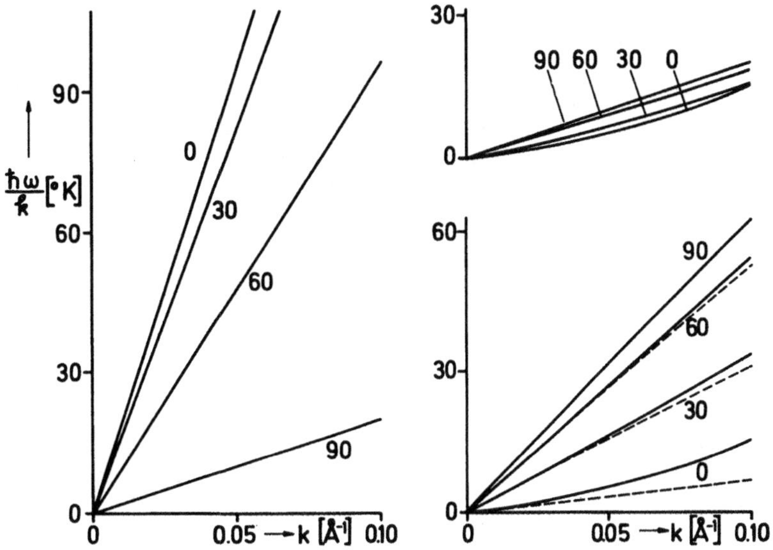

Abb. 6. Dispersionsrelationen [1] in Abhängigkeit vom Winkel $\vartheta = 0$, 30, 60, 90° zwischen der Kettenrichtung und der Ausbreitungsrichtung; links: für die *s*-Phononen im Gitter B nach [13]; rechts, oben und unten: für die beiden Zweige der *b*-Phononen im Gitter B nach [12], mit $\varphi = 0$. Bei $\varphi = 90°$ vertauschen sich die Abbildungen rechts oben und unten. Parameter-Werte: $\beta = 2{,}30 \cdot 10^5$ dyn/cm, $\varkappa = 1{,}70 \cdot 10^4$ dyn/cm, $\alpha = 3{,}23 \cdot 10^3$ dyn/cm, $\gamma = 2{,}11 \cdot 10^2$ dyn/cm, $c = 2{,}5$ Å, $a = 6{,}2$ Å, $M = 23{,}43 \cdot 10^{-24}$ gr (10). Die gestrichelten Geraden sind *Hilfslinien*, welche die Krümmung der Dispersionsrelationen verdeutlichen sollen. Die wiedergegebenen Ausschnitte entsprechen den kleinen Rechtecken am Ursprung in Abb. 4

und einmal

$$A_2 \equiv \frac{1}{M}\left[(\alpha + 4\gamma)a^2 \sin^2\vartheta \sin^2\varphi + 2\gamma a^2 \sin^2\vartheta \cos^2\varphi + 2\gamma c^2 \cos^2\vartheta\right] \qquad [12\text{c}]$$

zu setzen ist. Für B erhält man in beiden Fällen

$$B \equiv \frac{1}{M}\varkappa c^4 \cos^4\vartheta. \qquad [12\text{d}]$$

In Kettenrichtung ($\vartheta = 0; \pi$) sind die Zweige entartet.

Aus Abb. 6, rechts, ist zu entnehmen, daß die Abhängigkeit der Geschwindigkeit der *b*-Phononen vom Winkel ϑ genau umgekehrt verläuft, wie im Normalfall. Die *b*-Phononen, die sich in Kettenrichtung ausbreiten, besitzen eine kleinere Geschwindigkeit, als die *b*-Phononen, die sich senkrecht zu den Ketten ausbreiten. Ferner ist festzustellen, daß die Auffächerung mit ϑ keineswegs so ausgeprägt ist, wie im Normalfall. Die Geschwindigkeit der *b*-Phononen wird im Bereich $|\mathfrak{k}| \ll k_B$, unabhängig von der Ausbreitungsrichtung, weitgehend nur von den zwischenmolekularen Wechselwirkungsparametern α, γ bestimmt. Die Anisotropie spielt nur eine untergeordnete Rolle.

Aus Abb. 6, rechts, ist schließlich zu entnehmen, daß sowohl die Ausdehnung des Bereiches

$$0 \leqslant |\mathfrak{k}| \leqslant k_n \qquad [14]$$

in dem auch die *b*-Phononen einer Relation der Form [8] folgen, als auch die Ausprägung der an diesen Bereich anschließenden konvexen Krümmung eine Abhängigkeit von ϑ zeigen. Der Bereich [14] ist am kleinsten und die konvexe Krümmung am größten für die *b*-Phononen, die sich in Kettenrichtung ausbreiten. Der Bereich [14] ist am größten und die konvexe Krümmung verschwindet ganz für die *b*-Phononen, die sich senkrecht zu den Ketten ausbreiten. Die *b*-Phononen mit $\mathfrak{k} = (k_x; k_y; 0)$ verhalten sich also normal. Für die *b*-Phononen $\mathfrak{k} = (0; 0; k_z)$ erhalten wir mit den in Abb. 6 angegebenen Parameterwerten als Begrenzung des Bereiches [14] $k_n \approx 0{,}01$ Å^{-1} ($\lambda_n \approx 630$ Å) bzw. $\omega_n \approx 10^{11}$ Hz ($\nu \approx 1{,}6 \cdot 10^{10}$ Hz). Unterhalb von $\omega \approx 10^{11}$ Hz ($\Theta \approx 0{,}8$ °K) breiten sich *alle* Phononen dispersionslos aus.

5. Beitrag der trägen Phononen zur Wärmekapazität

Da Phononen, wie Magnonen, der *Bose-Einstein*-Statistik genügen, kann man erwarten, daß die trägen Phononen, so lange sie annähernd der Relation [9] folgen, zur Wärmekapazität einen Beitrag leisten, dessen Verlauf bei genügend tiefen Temperaturen durch das *Bloch*sche $T^{3/2}$-Gesetz bestimmt wird. Da jedoch [9] bei sehr kleinen $|\mathfrak{k}|$-Werten in [8] übergeht (Abb. 6), muß das $T^{3/2}$-Gesetz bei sehr tiefen Temperaturen wieder in ein T^3-Gesetz einmünden. An Stelle von [6] sollte also eine Beziehung der Form

$$C_v = a_3 T^3 + b_3 T^m, \; 0 \leqslant T \ll \Theta_3 \qquad [15]$$

bestehen, wobei m mit steigender Temperatur von 3 nach 3/2 abfällt[4]). Tragen wir

$$\log\left[\frac{C_v}{a_3 T^3} - 1\right] \quad \text{gegen} \quad \log T$$

[4]) Genau genommen wären auch a_3 und b_3 als temperaturabhängig anzunehmen.

auf, so sollte die Steigung der Kurve mit steigender Temperatur von 0 auf $-3/2$ abfallen.

Vergleichen wir mit den von *Wunderlich* (12) auf 100% Kristallinität extrapolierten experimentellen Werten des Polyäthylens, so finden wir zwischen diesen Werten und [15] zumindest keinen Widerspruch (Abb. 7).

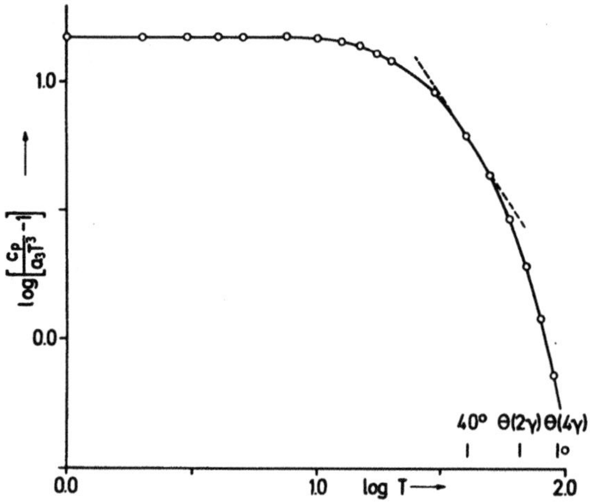

Abb. 7. Wärmekapazität des auf 100% Kristallinität extrapolierten Polyäthylens nach (12). Aufgetragen ist $\log[(C_p/a_3 T^3) - 1]$ als Funktion von $\log T$, mit $a_3 = 1{,}644 \cdot 10^{-6}$ [cal/Mol · Grad⁴] (10). Die gestrichelte Gerade entspricht dem Exponenten $m = 3/2$ in [15]

Hierin allerdings eine Bestätigung der Existenz der trägen Phononen zu sehen, ist sicher nicht erlaubt, da auf der einen Seite die Feststellung $m = 3 \to 3/2$ zu vage ist und auf der anderen Seite die Ausbildung eines reinen $T^{3/2}$-Beitrages der trägen Phononen über einen größeren Temperaturbereich hinweg wegen der relativ niedrigen Lage der Gültigkeitsgrenze Θ_3 gar nicht möglich ist.

Etwas schlüssiger scheint in dieser Beziehung der Verlauf der auf 100% Kristallinität extrapolierten Wärmekapazität des Polyäthylens bei höheren Temperaturen zu sein. Der Argumentation von *Tarasow* und *Lifschitz* folgend, sollte man bei höheren Temperaturen einen Übergang des dreidimensionalen *Bloch*schen $T^{3/2}$-Gesetzes in ein eindimensionales *Bloch*sches $T^{1/2}$-Gesetz erwarten. An die Stelle von [7] sollte daher die Beziehung

$$C_v = a_1 T + b_1 T^{1/2}, \quad \Theta_3 \ll T \ll \Theta_1 \qquad [16]$$

treten, wobei der erste Beitrag von den normalen Phononen und der zweite Beitrag von den trägen Phononen herrührt. Trägt man

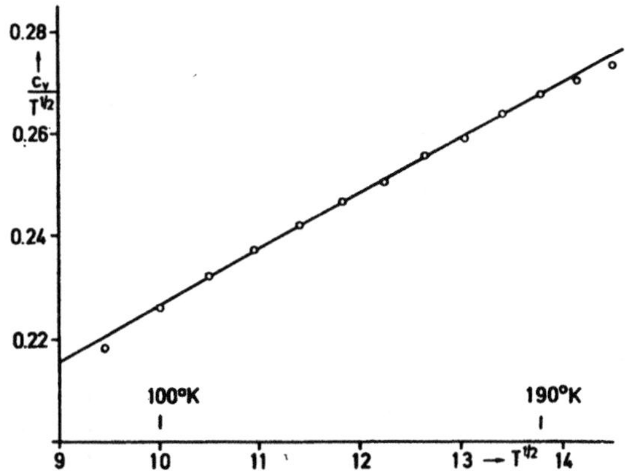

Abb. 8. Auf C_v reduzierte Wärmekapazität des 100% kristallinen Polyäthylens nach (12) [vgl. (9)]. Aufgetragen ist $C_v/T^{1/2}$ [cal/Mol · Grad$^{3/2}$] als Funktion von $T^{1/2}$

$C_v/T^{1/2}$ gegen $T^{1/2}$ auf, so sollte sich eine Gerade ergeben. In der Tat liegen nun die mit Hilfe der *Nernst-Lindemann*schen Formel auf C_v reduzierten Werte von *Wunderlich* zwischen 100 °K und 190 °K sehr genau auf einer solchen Geraden [Abb. 8; vgl. (9–10)].

Aus der kompletten Zustandsdichte der Phononen im Gitter B kann man ebenfalls auf [16] schließen (5). Sowohl die Gittertheorie, als auch die vollständige Kontinuums-Approximation liefern jedoch für $\Theta_3 \triangleq \Theta(\alpha; 4\gamma)$ eine Größenordnung von 200 °K. Hier bleibt also in bezug auf das Gültigkeitsintervall der einfachen Abschätzformel [16] ein gewisses Mißverhältnis zum Experiment. Eine ganz ähnliche Abweichung findet man auch in bezug auf das *Euckensche* T-Gesetz, dem oberhalb Θ_3 der Wärmewiderstand genügen sollte (13, 14). Der gemessene, auf 100% Kristallinität extrapolierte Wärmewiderstand des Polyäthylens (15) folgt diesem Gesetz schon ab etwa 90 °K.

6. Phononen als thermische Störungen

Die Phononen sind mit den mittleren thermischen Schwankungen $\langle u^2\rangle^{1/2}$ der Gitterbausteine ursächlich verbunden. Bei Streuexperimenten an Kristallen treten daher neben den Gitterfehlstellen auch die Phononen als Störungen auf. Im Falle der *Bravais*-Gitter A und B (Abb. 1) gilt

$$\langle u^2\rangle = \frac{1}{MN} \int_0^{\omega_{max}} \frac{1}{\omega^2}\, \varrho(\omega) \langle \varepsilon(\omega; T)\rangle d\omega \qquad [17]$$

[vgl. z. B. (1)].

Setzt man hierin für $\varrho(\omega)$ die aus [4], [5], [10] und [11] folgende und zwischen 0 °K und 200 °K an die Wärmekapazität des 100% kristallinen Polyäthylens angeglichene Kontinuumsnäherung ein, so erhält man das in Abb. 9 durch die ausgezogene Kurve dargestellte Resultat (16). Die Kreise in Abb. 9

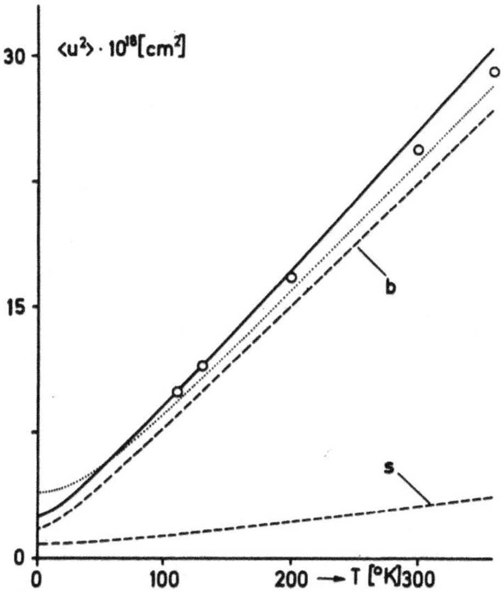

Abb. 9. *Ausgezogene Kurve:* Kontinuums-Näherung des mittleren thermischen Schwankungsquadrates [17] der Bausteine im Gitter B. Für die normalen Phononen wurde die Gültigkeit von [4] im Bereich $0 \leqslant \omega \leqslant \omega_3$ und die Gültigkeit von [5] im Bereich $\omega_3 \leqslant \omega \leqslant \omega_1$ angenommen. Für die trägen Phononen wurden [4] im Bereich $0 \leqslant \omega \leqslant \omega_3'$, [10] im Bereich $\omega_3' \leqslant \omega \leqslant \omega_3$ und [11] im Bereich $\omega_3 \leqslant \omega \leqslant \omega_1$ als gültig angenommen; $\Theta_3' = 30$ °K, $\Theta_3 = 200$ °K, $\Theta_1 = 1000$ °K [vgl. (16)]. *Gestrichelte Kurven:* (*s*), Beitrag der normalen Phononen; (*b*), Beitrag der trägen Phononen. *Kreise:* Experimentelle Werte von *Ruland*, mit der Annahme einer anisotropen Unordnungsfunktion (17). *Gepunktete Kurve*: Formale *Debye*-Näherung mit $\Theta_D = 200$ °K (17)

entsprechen den Werten, die *Ruland* (17) aus Röntgenstreuexperimenten an Polyäthylen unter der Annahme ermittelt, daß die Auslenkungen der Gitterbausteine nur senkrecht zu den Ketten erfolgt.

Teilen wir das mittlere Schwankungsquadrat in die Anteile auf, die von den normalen und den trägen Phononen herrühren [gestrichelte Kurven (*s*) und (*b*) in Abb. 9], so stellen wir fest, daß der Anteil der trägen Phononen den Anteil der normalen Phononen bei weitem übertrifft. Wir kommen somit zu dem Schluß, daß bei der elastischen Streuung von Röntgenlicht an Polyäthylen als thermische Störungen vor allem die trägen Phononen wirksam sind. Da die trägen Phononen *b*-Phononen sind, bedeutet das ferner, daß die Gitterbausteine, wie von *Ruland* vorausgesetzt und inzwischen durch Untersuchungen von *Iohara, Imada, Tagayanagi* (18) auch experimentell bestätigt wird, hauptsächlich in den Ebenen ausgelenkt werden, die zu den Kettenachsen senkrecht stehen.

Die Ursache hierfür ist primär weniger in der Anisotropie der Wechselwirkungskräfte zu sehen – wie es vielleicht zunächst scheinen mag –, als in der konvexen Krümmung der Dispersionsrelationen, in der geringen Geschwindigkeit und in der daraus resultierenden größeren Zustandsdichte der trägen Phononen bei kleineren Frequenzen, wobei den kleineren Frequenzen durch den Faktor $1/\omega^2$ in [17] noch ein besonderes Gewicht erteilt wird. Die Proportionalität [10] würde im übrigen, wenn sie bis $\omega \to 0$ gültig wäre, ein divergentes Integral [17], d. h. unendlich große mittlere Schwankungen liefern. Eine Fernordnung der Gitterbausteine wäre nicht möglich. Der große Beitrag der trägen Phononen zum mittleren Schwankungsquadrat rührt zum Teil sozusagen von der Restwirkung der durch die zwischenmolekularen Wechselwirkungskräfte (und die endliche Ausdehnung der realen Kristalle) verhinderten Divergenz her. Würden wir die konvexe Krümmung der Dispersionsrelationen ignorieren, so erhielten wir weit kleinere Schwankungen, wie man sie eigentlich aufgrund der starken C—C-Bindung und der großen C—C—C-Valenzwinkelsteifigkeit in Polyäthylen auch erwarten könnte.

Das Faktum, daß die Gitterbausteine in Polyäthylen überwiegend senkrecht zu den Ketten ausgelenkt werden, hat *Weick* und *Tsobanis* (19) veranlaßt, bei der Berechnung der thermischen Schwankungen ein zweidimensionales Gitter zugrunde zu legen. Im zweidimensionalen Gitter erhält man, Zentralkräfte vorausgesetzt, bei kleinen Wellenzahlen

$$\varrho(\omega) \sim \omega .$$

Das Integral [17] wird damit ebenfalls divergent (11).

Die Annahme eines zweidimensionalen Gitters ist jedoch nur berechtigt, wenn auch die Ausbreitung der Phononen auf zwei Dimensionen beschränkt ist. Das ist aber nicht der Fall. Die *b*-Phononen, die mit den zu den Kettenachsen senkrechten Auslenkungen der Gitterbausteine gekoppelt sind, breiten sich in allen Raumrichtungen aus.

Nach Abb. 6, rechts, sind sogar die transversal polarisierten b-Phononen, die sich in Kettenrichtung bewegen, bei kleinen Wellenzahlen energetisch begünstigt. Ihre Anzahl ist zumindest bei tieferen Temperaturen größer, als die Anzahl der b-Phononen, die sich in den Ebenen der Auslenkungen ausbreiten. Das Problem bleibt daher dreidimensional.

Die gepunktete Kurve in Abb. 9 stellt eine formale *Debye*-Näherung mit $\Theta_D = 200$ °K dar (17). Es hat den Anschein, daß auch die *Debye*-Näherung zur Erklärung der Schwankungsquadrate in Polyäthylen herangezogen werden könnte. Eine direkte Verwendung der *Debye*-Näherung bei der Auswertung der experimentellen Streukurven des Polyäthylens führt jedoch auf eine größere *Debye*-Temperatur und auf erheblich kleinere Schwankungsquadrate, die mit den „isotropen" Daten von *Ruland* (17) vergleichbar sind (20). Daß die *Debye*-Näherung bei nicht zu niedrigen Temperaturen formal mit unserer Näherung in Übereinstimmung zu bringen ist, liegt lediglich daran, daß einmal jede stückweise Approximation der Zustandsdichte durch Potenzreihen

$$\varrho(\omega) = \sum_m a_m \, \omega^m$$

bei genügend hohen Temperaturen auf eine Proportionalität des mittleren Schwankungsquadrates zur Temperatur führt (wenn nur für $\omega \to 0$ $m > 1$ ist) und daß zum anderen mit $\Theta_3 = 200$ °K und $\Theta_1 = 1000$ °K die Phononen aus dem Bereich $\omega_3 \leqslant \omega \leqslant \omega_1$ wegen des Gewichtes $1/\omega^2$ in [17] nur eine untergeordnete Rolle spielen. Die Differenz zwischen beiden Näherungen bei tiefen Temperaturen (in Abb. 9 etwa unterhalb 50 °K) kommt dadurch zustande, daß in der *Debye*-Näherung mit der Zusammendrängung der $3\,N$ Freiheitsgrade der Phononen auf den Bereich

$$0 \leqslant \omega \leqslant \omega_D = \omega_3 \ll \omega_1$$

die Wirkung der Nullpunktsschwingungen überschätzt wird.

Ferner sind die mittleren thermischen Schwankungen nach *Lindemann* (21) mit dem Schmelzen der Kristalle verbunden. Die *Lindemann*sche Hypothese behauptet, daß ein Kristall dann schmilzt, wenn die mittleren thermischen Schwankungen einen bestimmten Bruchteil δ des mittleren Abstandes $\langle l \rangle$ der nächsten Nachbarn erreichen. Wenn auch die von *Lindemann* gestellten Voraussetzungen eine Anwendbarkeit seiner Hypothese auf Polymere fraglich erscheinen lassen, so ist die Ermittlung des Verhältnisses δ und ein Vergleich mit atomaren bzw. niedermolekularen Kristallen doch von Interesse.

Aus unserer Kontinuums-Näherung erhalten wir am Schmelzpunkt $T_m = 415$ °K des Polyäthylens als mittlere kritische Schwankung

$$\langle u_m^2 \rangle^{1/2} = 0{,}59 \text{ Å}$$

und als Beitrag der trägen Phononen

$$\langle u^2_{bm} \rangle^{1/2} = 0{,}55 \text{ Å}.$$

Beziehen wir $\langle u_m^2 \rangle^{1/2}$ auf die mittlere Gitterkonstante $\langle l \rangle_{abc} = 5{,}0$ Å bzw. auf den mittleren Abstand $\langle l \rangle = 4{,}0$ Å nächster Nachbarn in Polyäthylen, so folgt als *Lindemann*-Konstante $\delta = 0{,}118$ bzw. $\delta = 0{,}147$. Beziehen wir den Beitrag der trägen Phononen $\langle u^2_{bm} \rangle^{1/2}$ auf den mittleren Abstand $\langle l \rangle_\perp = 4{,}7$ Å nächster Nachbarn in den zu den Kettenachsen senkrechten Ebenen, so folgt $\delta_b = 0{,}117$. Wir kommen damit zu dem überraschenden Resultat, daß die *Lindemann*-Konstante durchaus in dem von Atomkristallen her bekannten Bereich liegt[5]). Wir gelangen in diesen Bereich aber nur, wenn wir die Besonderheiten der trägen Phononen berücksichtigen.

7. Phononen-Wechselwirkung

Die harmonische Näherung gestattet in erster Näherung eine Erklärung der Wärmekapazität, der thermischen Schwankungen, der elastischen Konstanten und der optischen Eigenschaften eines idealen Kristalls. Wir finden dagegen keine Erklärung z. B. für die Wärmeausdehnung, die Temperaturabhängigkeit der elastischen Kennzahlen oder die Transportphänomene, wie die Wärmeleitfähigkeit. Diese Eigenschaften sind vielmehr mit den anharmonischen Gliedern der *Taylor*-Reihe für das Potential der Gitterbausteine, d. h. im Teilchenbild, mit der Phonon-Phonon-Wechselwirkung verknüpft.

---

[5]) So gibt z. B. *Shapiro* (22) für die kubisch flächenzentrierten Metall-Gitter Al, Cu, Ag, Au, Pb und Ni δ-Werte zwischen 0,112 und 0,133 und für die kubisch raumzentrierten Alkali-Metall-Gitter δ-Werte zwischen 0,192 und 0,201 an. (Die Original-Werte von *Shapiro* beziehen sich auf lineare Schwankungen $[\langle u_m^2 \rangle/3]^{1/2}$. Um diese mit unseren Werten vergleichen zu können, haben wir sie mit $3^{1/2}$ multipliziert.)

Die Wechselwirkung der Phononen untereinander wird durch Erzeugungs- und Vernichtungsprozesse beschrieben. Charakteristische Größen, die sich aus den Wahrscheinlichkeiten dieser Prozesse herleiten lassen, sind die Relaxationszeit $\tau(\omega;\mathfrak{k})$ und die Relaxationslänge

$$l(\omega;\mathfrak{k}) \equiv v(\omega;\mathfrak{k})\tau(\omega;\mathfrak{k}) \qquad [18]$$

oder die Lebensdauer und die mittlere freie Weglänge der Phononen $(\omega;\mathfrak{k})$ (2). Wir beschränken uns im folgenden auf diejenigen Phononen-Prozesse, die aus dem nächst höheren Glied der *Taylor*-Entwicklung folgen. Das sind die sog. 3-Phononen-Prozesse, bei denen entweder ein Phonon in zwei andere zerfällt oder zwei Phononen vernichtet werden und dafür ein anderes Phonon in Erscheinung tritt:

$$(\omega_3;\mathfrak{k}_3) \rightleftharpoons (\omega_1;\mathfrak{k}_1) + (\omega_2;\mathfrak{k}_2). \qquad [19]$$

Nach den Feststellungen in Abschnitt 4 ist zu erwarten, daß die trägen Phononen auch bei der Phononenwechselwirkung eine Auszeichnung erfahren. Auf welche Weise die „Trägheit" (d. h. die konvexe Krümmung der Dispersionsrelation und die verminderte Geschwindigkeit bei kleineren Wellenzahlen) auf die Phononenwechselwirkung Einfluß nehmen kann, soll durch zwei einfache, unmittelbar an Abschnitt 4 anschließende Beispiele angedeutet werden:

I. Sowohl die Phonon-Phonon-Wechselwirkung (2) als auch die Phonon-Elektron-Wechselwirkung (23) hängen von dem Verhältnis $|\mathfrak{k}|/w$, dem sog. dynamischen Faktor der Phononen, ab. Bei den 3-Phononenprozessen [19] ist die Wahrscheinlichkeit der Prozesse proportional zu dem Verhältnis $|\mathfrak{k}_1||\mathfrak{k}_2||\mathfrak{k}_3|/w_1w_2w_3$. Bei der Phonon-Elektron-Wechselwirkung ist die Wahrscheinlichkeit für die Streuung eines Elektrons infolge der Emission oder Absorption eines Phonons $(\omega;\mathfrak{k})$ proportional zu $|\mathfrak{k}|/w$.

In Abb. 10 ist nun der dynamische Faktor der Phononen in unserem Modellgitter B dargestellt; links für die Phononen, die sich längs der x- und y-Richtung (also senkrecht zu den Ketten) ausbreiten; rechts für die Phononen, die sich längs der z-Richtung (Kettenrichtung) ausbreiten. Die Zweige (2γ) und $(\beta;4\gamma)$ enthalten s-Phononen, die Zweige (2γ) und $(\alpha;4\gamma)$ normale b-Phononen und der Zweig $(\varkappa;2\gamma)$ träge b-Phononen. [In Abb. 6 entspricht (2γ) den Zweigen 90 links und rechts oben, $(\alpha;4\gamma)$ dem Zweig 90 rechts unten, $(\beta;4\gamma)$ dem Zweig 0 links und $(\varkappa;2\gamma)$ den Zweigen 0 rechts oben und unten.]

Die „Trägheit" ruft danach eine starke Überhöhung des dynamischen Faktors bei kleineren Wellenzahlen hervor, die sogar das Niveau des sonst energetisch schwächsten Zweiges (2γ) übertrifft. Da die trägen Phononen mit allen Phononen in Wechselwirkung

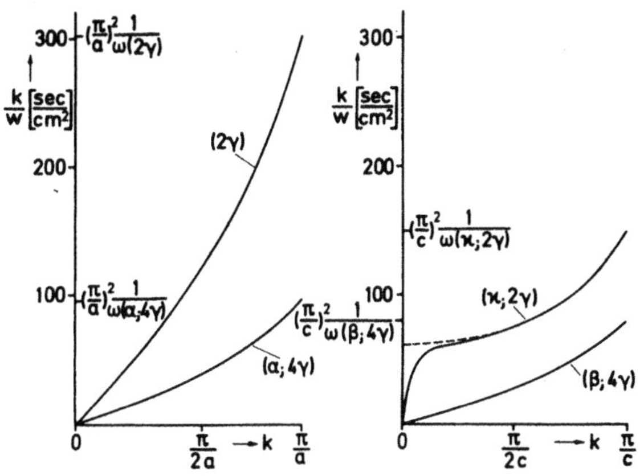

Abb. 10. Dynamischer Faktor $|\mathfrak{k}|/w$ als Funktion der Wellenzahl; links: für die Phononen, die sich im Gitter B längs der x- und y-Richtung ausbreiten (ähnliche Verhältnisse gelten im Gitter A längs der Kristallachsen); rechts: für die Phononen die sich im Gitter B in z-Richtung (Kettenrichtung) ausbreiten. Gestrichelte Kurve: Dynamischer Faktor der transversal polarisierten Phononen in der isolierten linearen Kette. Parameter-Werte wie in Abb. 6

stehen, bedeutet das gegenüber dem Normalfall eine Verminderung der Relaxationszeiten aller Phononen und speziell eine stärkere Verminderung der Relaxationszeiten der trägen Phononen geringerer Energie. Ebenso folgt über [18] eine Verminderung der Relaxationslängen, wobei bei den trägen Phononen geringerer Energie als zusätzlich vermindernd wirkender Effekt noch die sehr kleine Geschwindigkeit hinzukommt. Daraus ist auf eine Verringerung sowohl der Wärmeleitfähigkeit als auch der elektronischen Leitfähigkeit zu schließen. Besonders sollten die trägen Phononen die Wärmeleitfähigkeit in Kettenrichtung vermindern. Die Größenordnung des Verhältnisses der Wärmeleitfähigkeit in Kettenrichtung zur Wärmeleitfähigkeit in senkrechter Richtung zu den Ketten sollte auf keinen Fall, wie man zunächst vermuten möchte und wie bisher auch vielfach angenommen wurde [vgl. z. B. (24), (25)], allein durch die Anisotropie der Bindungskräfte bestimmt sein (14, 26).

II. Beschränken wir uns weiter auf 3-Phononen-Prozesse unter Phononen, die sich in der gleichen Richtung ausbreiten, und nehmen der Einfachheit halber an, daß in diesen Richtungen nur zwei Phononen-Zweige existieren. Bezeichnen wir dann mit l die Phononen, die dem Zweig mit der höheren Phasengeschwindigkeit, und mit t die Phononen, die dem Zweig mit der niedrigeren Phasengeschwindigkeit entstammen, so sind bei normaler Dispersion nach dem Energieerhaltungssatz

$$\hbar\omega_3 = \hbar\omega_1 + \hbar\omega_2 \qquad [20]$$

und der Auswahlregel für den Impuls

$$\hbar\mathfrak{k}_3 + \hbar\mathfrak{g} = \hbar\mathfrak{k}_1 + \hbar\mathfrak{k}_2 \qquad [21]$$

nur die Prozesse

$$l_3 \rightleftharpoons t_1 + l_2$$

$$l_3 \rightleftharpoons t_1 + t_2$$

möglich (11, 27). Die Ursache ist leicht geometrisch einzusehen: Ohne Verletzung von [20] und [21] sind, von dem t-Zweig ausgehend, ein t- und ein l-Zweig nur mit dem l-Zweig zum Schnitt zu bringen (vgl. Abb. 11, links). Prozesse der Form

$$l_3 \rightleftharpoons l_1 + l_2$$

$$t_3 \rightleftharpoons l_1 + l_2$$

$$t_3 \rightleftharpoons t_1 + l_2$$

$$t_3 \rightleftharpoons t_1 + t_2$$

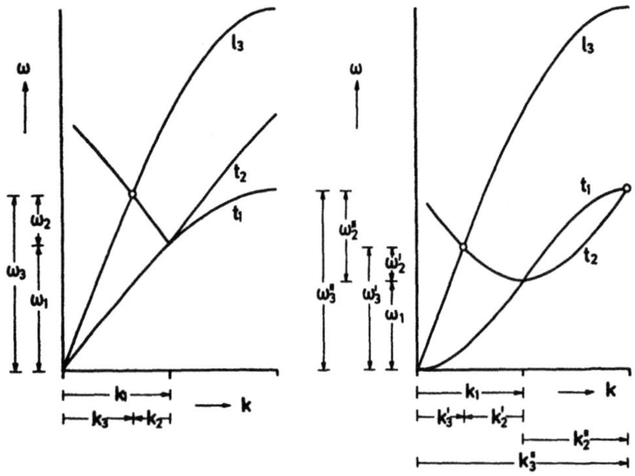

Abb. 11. Geometrische Konstruktion von möglichen 3-Phononen-Prozessen, die den Energieerhaltungssatz [20] und den Impulserhaltungssatz [21] (mit $\mathfrak{g} = 0$) erfüllen; links: für einen Prozeß der Form $l_3 \rightleftharpoons t_1 + t_2$ bei normaler Dispersion; rechts: für Prozesse der Form $l_3' \rightleftharpoons t_1 + t_2'$ und $t_3'' \rightleftharpoons t_1 + t_2''$, bei denen die t-Phononen träge Phononen sind

sind nicht möglich[6]). Speziell ist der Zerfall eines t-Phonons unmöglich.

Ist dagegen die Dispersionsrelation der t-Phononen in ihrem unteren Teil konvex gegen die $|\mathfrak{k}|$-Achse gekrümmt, so sind auch Prozesse der Form

$$t_3 \rightleftharpoons t_1 + t_2$$

erlaubt (vgl. Abb. 11, rechts). Dies trägt zu einer Verringerung der Relaxationszeiten der trägen Phononen hoher Energie bei.

Entscheidenden Einfluß auf die Phonon-Phonon- und Phonon-Elektron-Wechselwirkung hat allerdings auch die Polarisation der Phononen, die wir bei unserer Argumentation völlig unberücksichtigt gelassen haben.

8. Vergleich der linearen Kette mit der ebenen Zickzack-Kette

An Hand des Modelles B kommt man zu dem Schluß, daß die Valenzwinkelabhängigkeit der Gitterkräfte in Kettenrichtung, in Kombination mit schwachen Bindungskräften in den anderen Richtungen dazu führt, daß

1. ein Teil der akustischen Phononen in Polymeren bei kleineren Wellenzahlen unabhängig von der Ausbreitungsrichtung (entgegen den Erwartungen also auch in Kettenrichtung) eine ausgesprochen kleine Geschwindigkeit besitzt und
2. ein Teil der Dispersionsrelationen der akustischen Phononen in Polymeren, wie im Falle der Magnonen und Metall-Elektronen, im unteren Teil konvex gegen die $|\mathfrak{k}|$-Achse gekrümmt ist.

Hier erhebt sich natürlich die Frage inwieweit diese Feststellungen an das Modell, insbesondere an die Voraussetzung *linearer* Ketten gebunden sind. Wir wollen daher auch noch die lineare Kette mit der z. B. im Polyäthylen real vorhandenen ebenen Zickzack-Kette vergleichen.

In der Elementarzelle der isolierten linearen Kette aus gleichen Massenpunkten (Valenzwinkel $\varepsilon = 180°$) liegt ein Gitterbaustein. Die lineare Kette besitzt daher lediglich drei akustische Zweige. Ein Zweig ist longitudinal polarisiert (s-Zweig; Auslenkung der Gitterbausteine in Richtung der Kettenachse), zwei Zweige sind transversal polarisiert (b-Zweige; Auslenkung der Gitterbausteine senkrecht zur Kettenachse in x- und y-Richtung). Die b-Zweige sind wegen der Rotationssymmetrie

[6]) Aufgrund der Energieunschärfe (Verbreiterung der Dispersionsrelationen durch die endliche Lebensdauer der Phononen) gelten die angegebenen Regeln nicht exakt (28).

der Kette um ihre Achse untereinander entartet. Bei nicht zu großen Auslenkungen der Gitterbausteine hängen der s-Zweig allein von der Federkonstanten β und die b-Zweige allein von der Federkonstanten $\varkappa$ ab. Im Bereich $|\mathfrak{k}| \ll k_B = \pi/c$ genügen der s-Zweig der Relation [8] und die b-Zweige der Relation [9] [vgl. z. B. (9)].

Beträgt der Valenzwinkel nicht mehr 180° [Übergang zur ebenen Zickzack-Kette; vgl. *Kirkwood* (29) und *Pitzer* (30)], so ergeben sich demgegenüber folgende Änderungen:

1. Die Rotationssymmetrie um die Kettenachse geht verloren. Die Entartung der b-Zweige wird aufgehoben. Es ist zu unterscheiden zwischen einem b_1-Zweig mit Auslenkungen der Gitterbausteine senkrecht zur Kettenachse in der Kettenebene und einem b_2-Zweig mit Auslenkungen der Gitterbausteine senkrecht zur Kettenebene.

2. Es sind keine Streckschwingungen mehr möglich, die nicht auch die $\varkappa$-Federn beanspruchen und keine Biegeschwingungen in der Kettenebene, die nicht die β-Federn beanspruchen. Der s-Zweig und der b_1-Zweig werden beide (auch in erster Näherung) sowohl von β als auch von $\varkappa$ abhängig. Für den b_2-Zweig ist eine zweite Federkonstante $\varkappa' < \varkappa$ für die Valenzwinkelbeanspruchung einzuführen.

3. Die geometrische Wiederholungseinheit der Kette aus gleichen Massenpunkten mit einem Valenzwinkel $\varepsilon \neq 180°$ besteht nicht mehr aus einem einzelnen Kettenglied, sondern aus zwei benachbarten Kettengliedern. Die Elementarzelle der ebenen Zickzack-Kette enthält zwei Gitterbausteine. Die Frequenz-Zweige spalten auf in je einen akustischen Zweig (a) und einen optischen Zweig (o), die sich darin unterscheiden, daß benachbarte Gitterbausteine im akustischen Zweig mit gleichgerichteter Amplitude und im optischen Zweig mit entgegengesetzt gerichteter Amplitude ausgelenkt werden[7]).

Auf diese Weise erhält man beim Übergang von der linearen Kette zur ebenen Zickzack-Kette die folgenden Aufspaltungen

$$s(\beta) \to \begin{cases} so(\beta;\varkappa) \\ sa(\beta;\varkappa) \end{cases}$$

$$b(\varkappa) \to \begin{cases} b_1 o(\beta;\varkappa) \\ b_1 a(\beta;\varkappa) \\ b_2 o(\varkappa') \\ b_2 a(\varkappa') \end{cases}$$

(vgl. Abb. 12).

[7]) In der linearen Kette werden benachbarte Gitterbausteine im Bereich $0 \leqq |\mathfrak{k}| < \pi/2c$ mit gleichgerichteter Amplitude und im Bereich $\pi/2c < |\mathfrak{k}| \leqq \pi/c$ mit entgegengesetzt gerichteter Amplitude ausgelenkt.

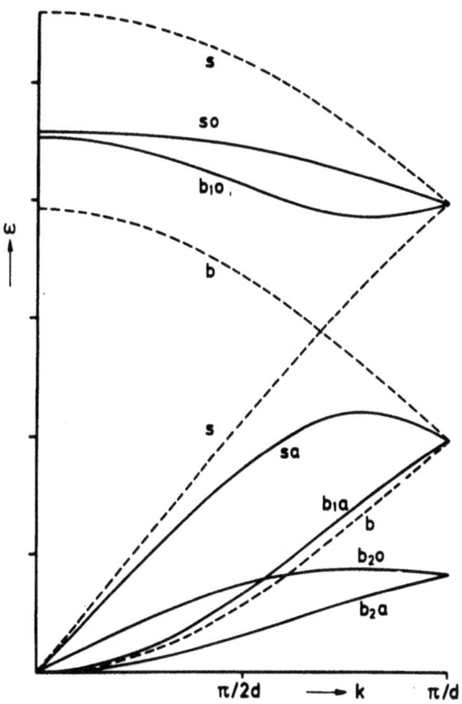

Abb. 12. *Ausgezogene Kurven*: Dispersionsrelationen [1] der akustischen und optischen Phononen in der isolierten ebenen Zickzack-Kette mit Valenzwinkeln von 110°, nach *Kirkwood* (29) und *Pitzer* (30). *d:* Länge der Elementarzelle der ebenen Zickzack-Kette. *Gestrichelte Kurven:* Dispersionsrelationen [1] der s- und b-Phononen in der isolierten linearen Kette. Um einen Vergleich zu ermöglichen, wurden $c = d/2$ gesetzt (c: Länge der Elementarzelle der linearen Kette) und die Dispersionsrelationen der linearen Kette durch Spiegelung an der Geraden $|\mathfrak{k}| = \pi/2c$ auf die erste *Brillouin*-Zone der Zickzack-Kette reduziert [vgl. (26)]

Der Zweig b_2o enthält die Schwingungen, bei denen die Gitterbausteine senkrecht zur Kettenebene und benachbarte Gitterbausteine in entgegengesetzter Richtung ausgelenkt werden. Das sind die *Torsionsschwingungen* der Kette, die in der linearen Kette, wegen des mit $\varepsilon \to 180°$ verschwindenden Trägheitsmomentes um die Kettenachse in Biegeschwingungen übergehen. In der isolierten Zickzack-Kette ist der Zweig b_2o zu einem akustischen Zweig entartet ($\omega \to 0$ mit $|\mathfrak{k}| \to 0$, vgl. Abb. 12). Im Festkörper geht er dagegen in einen echten optischen Zweig mit einer relativ niedrigen Frequenzlage über. Zu bemerken ist, daß in der Literatur die beiden Zweige b_2a und b_2o häufig zusammen als torsional modes oder internal rotation modes bezeichnet werden[8]). Tatsächlich handelt es sich jedoch bei den Be-

[8]) Zum Beispiel bezeichnen *Tasumi, Shimanouchi, Miyazawa* (31) die Zweige b_2a und b_2o der Polyäthylen-Kette zusammen mit ν_9 (skeletal torsional modes).

wegungen des b_2a-Zweiges physikalisch um reine Biegeschwingungen (bending modes).

Neben den Aufspaltungen und dem Auftreten von Torsionsschwingungen ergibt sich als weiterer Unterschied zur linearen Kette eine Kopplung der Streckschwingungen mit den Biegeschwingungen, vor allem bei größeren Wellenzahlen. Die Amplituden der Schwingungen des *sa*-Zweiges sind nur noch im Bereich kleiner Wellenzahlen (großer Wellenlängen) in Richtung der Kettenachse orientiert. In diesem Bereich werden große Blöcke benachbarter Gitterbausteine in die gleiche Richtung ausgelenkt. Die Valenzwinkel werden daher kaum beansprucht und der Unterschied zwischen dem *s*-Zweig der linearen Kette und dem *sa*-Zweig der Zickzack-Kette bleibt gering. Mit zunehmender Wellenzahl (abnehmender Wellenlänge) werden dagegen die Blöcke benachbarter Gitterbausteine, die in die gleiche Richtung schwingen, immer kleiner. Es werden mehr und mehr auch die Valenzwinkel beansprucht. Der *sa*-Zweig „biegt um" und mündet schließlich in den *b*-Zweig der linearen Kette (Abb. 12). Die Amplituden der Gitterbausteine werden dabei mit zunehmender Wellenzahl mehr und mehr in Richtung der Valenzbindungen orientiert. Der *sa*-Zweig der Zickzack-Kette enthält also im Bereich größerer Wellenzahlen ein Gemisch von Streck- und Biegeschwingungen[9]).

Unberührt von diesen Änderungen bleibt jedoch das Faktum bestehen, daß wir zwischen normalen und trägen Phononen unterscheiden können und daß die trägen Phononen bei kleineren Wellenzahlen durch eine ausgesprochen kleine Geschwindigkeit ausgezeichnet sind. Nach den von *Kirkwood* (29) und *Pitzer* (30) angegebenen Dispersionsrelationen genügen im Bereich $|\mathfrak{k}| \ll \pi/d$ (*d:* Länge der Elementarzelle) auch in der Zickzack-Kette der Zweig *sa* der Relation [8] und die Zweige b_1a und b_2a der Relation [9]. Ferner genügt in der isolierten Zickzack-Kette im Bereich $|\mathfrak{k}| \ll \pi/d$ der Zweig b_2o der Relation [8], entsprechend der Dispersionsrelation der Torsionsschwingungen eines homogenen dünnen Stabes (Kontinuums-Modell).

Nach dem Einbau der ebenen Zickzack-Kette in einen dreidimensionalen Festkörper geht, wie gesagt, der b_2o-Zweig in einen echten optischen Zweig über. Außerdem spalten weitere optische Zweige ab, wenn sich die Zahl der Gitterbausteine in den Elementarzellen vermehrt. [Im innenzentrierten orthorhombischen Gitter des Polyäthylens ist z. B. $n = 4$; vgl. (32).] Es ist aber wohl kaum anzunehmen, daß sich dabei die aus dem Modell B erschlossenen Besonderheiten der akustischen Phononen in Polymeren wesentlich verändern.

[9]) Dementsprechend fassen *Tasumi, Shimanouchi, Miyazawa* (31) die Zweige b_1a und *sa* der Polyäthylen-Kette zu dem Zweig ν_5 der skeletal deformation modes zusammen.

Zusammenfassung

An Hand zweier einfacher Modelle wird das dynamische Verhalten der akustischen Phononen in atomaren bzw. niedermolekularen und hochpolymeren idealen Kristallen verglichen.

In Polymer-Kristallen bewirkt die Valenzwinkelabhängigkeit der Gitterkräfte in Kettenrichtung in Verbindung mit der starken Anisotropie der Gitterkräfte, daß

1. ein Teil der akustischen Phononen bei kleineren Wellenzahlen unabhängig von der Ausbreitungsrichtung (d. h. auch in Kettenrichtung) eine bemerkenswert kleine Geschwindigkeit besitzt,

2. ein Teil der Dispersionsrelationen der akustischen Phononen, wie im Falle der Magnonen in Ferromagneten und der Elektronen in Metallen, im unteren Teil konvex gegen die Abszisse gekrümmt ist.

Der Einfluß dieser Eigenschaften auf die Wärmekapazität und das mittlere thermische Schwankungsquadrat der Gitterbausteine und auf die Phononen-Wechselwirkung (Wärmeleitung) wird abgeschätzt.

Summary

By means of two simple models the dynamic behaviour of the acoustical phonons in monatomic resp. low molecular and high polymer ideal crystals is compared.

In polymer-crystals the dependence of the lattice forces on the valency angles in one direction provokes, together with the strong anisotropy of the lattice forces, the following effects:

1) In case of smaller wave-numbers a part of the acoustical phonons has a remarkably small velocity, independently of the direction of the propagation (i. e. also in direction of the chains).

2) A part of the dispersion relations of the acoustical phonons shows like those of the magnons in ferromagnets and of the electrons in metals a convex curvature in the lower part towards the abscissa.

The influence of these properties on the heat capacity, the mean square amplitudes of the lattice units and the phonon interaction (thermal conductivity) is assessed.

Literatur

1) *Leibfried, G.*, Gittertheorie der mechanischen und thermischen Eigenschaften der Kristalle, Handb. d. Physik (Herausg. *S. Flügge*) Bd. VII/1 (Berlin-Göttingen-Heidelberg 1955).

2) *Ziman, J. M.*, Electrons and Phonons (Oxford 1960).

3) *Newell, G. F.*, J. Chem. Phys. **21**, 1877 (1953).

4) *Blackman, M.*, The Specific Heat of Solids, Handb. d. Physik (Herausg. *S. Flügge*) Bd. VII/1 (Berlin-Göttingen-Heidelberg 1955).

5) *Genensky, S. M.* and *G. F. Newell*, J. Chem. Phys. **26** 486 (1957).

6) *Tarasow, V. V.*, Zhur. Fiz. Khim. **24**, 111 (1950); Zhur. Fiz. Khim **27**, 1430 (1953).
7) *Tarasow, V. V.* and *G. A. Junitzkii*, Zhur. Fiz. Khim. **39**, 2077 (1965).
8) *Lifschitz, E. M.*, JETP **22**, 471 (1952).
9) *Baur, H.*, Kolloid-Z. u. Z. Polymere **241**, 1057 (1970).
10) *Baur, H.*, Kolloid-Z. u. Z. Polymere **244**, 293 (1971).
11) *Peierls, R. E.*, Quantum Theory of Solids (Oxford 1955).
12) *Wunderlich, B.* and *H. Baur*, Adv. Polymer. Sci. **7**, 151 (1970).
13) *Wada, Y., A. Itani*, and *T. Nishi*, J. Polymer Sci. A2, **7**, 201 (1969).
14) *Baur, H.*, Kolloid-Z. u. Z. Polymere **247**, 753 (1971).
15) *Eiermann, K.*, Kolloid-Z. u. Z. Polymere **201**, 3 (1965).
16) *Baur, H.*, Kolloid-Z. u. Z. Polymere **250**, 289 (1972).
17) *Ruland, W.*, Faserforschung und Textiltechnik **18**, 59 (1967).
18) *Iohara, K., K. Imada*, and *M. Takayanagi*, Rep. Prog. Polymer Phys. (Japan) **14**, 171 (1971).
19) *Weick, D.* und *D. Tsobanis*, Kolloid-Z. u. Z. Polymere **247**, 774 (1971).
20) *Kilian, H. G.*, private Mitteilung.
21) *Lindemann, F. A.*, Phys. Z. **11**, 609 (1910).
22) *Shapiro, J. N.*, Phys. Rev. B**1**, 3982 (1970).
23) Vgl. z. B. *Sham, L. J.* and *J. M. Ziman*, Solid State Physics (ed. *F. Seitz* and *D. Turnbull*) **15**, 221 (1963).
24) *Eiermann, K.*, Kolloid-Z. u. Z. Polymere **199**, 125 (1964).
25) *Hansen, D.* and *G. A. Bernier*, Polymer Engineering and Science **12**, 204 (1972).
26) *Baur, H.*, Z. Naturforschg. **26**a, 979 (1971).
27) *Herpin, A.*, Ann. Physique **7**, 91 (1952).
28) *Bross, H.*, Phys. Stat. Sol. **2**, 481 (1962).
29) *Kirkwood, J. G.*, J. Chem. Phys. **7**, 506 (1939).
30) *Pitzer, K. S.*, J. Chem. Phys. **8**, 711 (1940).
31) *Tasumi, M., T. Shimanouchi*, and *T. Miyazawa*, J. Mol. Spectr. **9**, 261 (1962).
32) *Kitagawa, T.* and *T. Miyazawa*, Bull. Chem. Soc. Japan, **43**, 372 (1970).

Anschrift des Verfassers:
Dr. *H. Baur*
WHM, G201
Badische Anilin- und Soda-Fabrik AG
D-6700 Ludwigshafen am Rhein

From the Centre Nationale de la Recherche Scientifique, Centre de Recherches sur les Macromolécules, Strasbourg (France)

Crystallization and fusion of self-seeded polymers

II. Growth rate, morphology and isothermal thickening of single crystals of low molecular weight poly(ethylene-oxide) fractions

By A. J. Kovacs and A. Gonthier

Paper presented at the Arbeitstagung des Fachausschusses „Physik der Hochpolymeren"; Frühjahrstagung des Regionalverbandes Hessen–Mittelrhein–Saar der Deutschen Physikalischen Gesellschaft vom 22. bis 24. März 1972 in Bad Nauheim, meanwhile published in Kolloid-Zeitschrift und Zeitschrift für Polymere, Band **250**, 530–551 (1972)

Kolloid-Z. u Z. Polymere **250**, 1017–1025 (1972)

Aus der Abteilung für Experimentelle Physik II der Universität Ulm

Defektkristall und Mäandermodell*)

*Von W. Pechhold, E. Liska und A. Baumgärtner***)

Mit 9 Abbildungen und 1 Tabelle

(Eingegangen am 9. August 1972)

I. Einleitung

Ein molekulares Modell für Polymere im kondensierten Zustand muß sowohl den Defektkristall als auch die Schmelze beschreiben, da beide Zustände im teilkristallinen Festkörper gemeinsam auftreten. Als Modelle für Aggregatstrukturen in amorphen Polymeren und Schmelzen wurden bisher im wesentlichen drei Typen vorgeschlagen (Abb. 1):

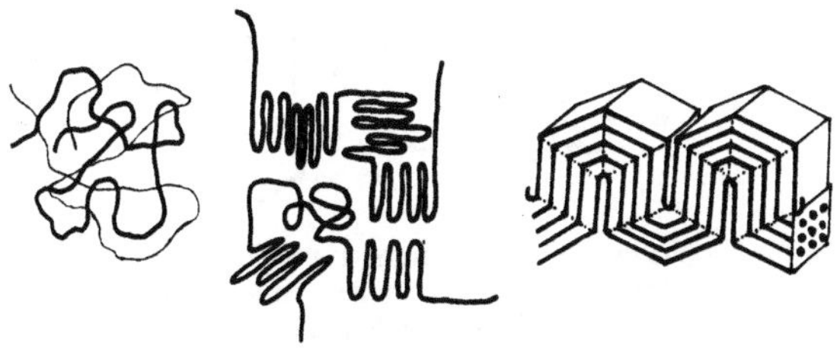

Abb. 1. Modelle für Aggregatstrukturen in amorphen Polymeren: Knäuelmodell, Perlschnurmodell (*Schoon*), Mäandermodell

1. sich durchdringende statistische Molekülknäuel (die für eine dichte Molekülpackung notwendige Kettenparallelisierung wurde bisher nur qualitativ diskutiert),
2. dicht gepackte Perlschnurmoleküle, die abschnittweise gefaltet vorliegen (dieses Modell wurde noch nicht theoretisch begründet),
3. das Mäandermodell aus gefalteten Molekülbündeln.

Ausgehend vom idealen Kettenkristall wurden spezielle Rotationsisomere als Defekte eingeführt, die in kleiner Konzentration den Defektkristall und in hoher Konzentration – bei kooperativer Behandlung – einen Zustand des Molekülbündels ergeben, der die Nahordnung der Polymerschmelze richtig beschreibt (1–6). Durch Ausbildung von gauche-Flächen (Abknicken und Falten der Molekülbündel) wird die freie Enthalpie des Bündels erniedrigt. Dies führt zum Mäandermodell, das einerseits die in amorphen Polymeren beobachteten Superstrukturen, andererseits die Isotropie größerer amorpher Bereiche erklären kann (2–5). Die Prüfung des Mäandermodells und seiner wohldefinierten molekularen Parameter (siehe III) erfolgt durch Vergleich mit Strukturdaten, thermodynamischen Eigenschaften (2); mit Ergebnissen über Molekülbewegung (1, 3, 10) sowie mittels semiempirischer Potentialrechnungen (7, 8, 9).

Aus den bisherigen Untersuchungen ergibt sich die Notwendigkeit für eine Reihe von Erweiterungen des Mäandermodells, die zur Zeit bearbeitet werden:

1. Als Defekte im Molekülbündel sollen kurze Torsionsfehler – kooperativ mit Kinken gekoppelt – eingeführt und in der Schmelztheorie (Einsegmentschichttheorie) behandelt werden.
2. Das bisher nur für kondensierte Polymere konzipierte Mäandermodell soll auch für Lösungskristalle diskutiert werden: beim Ankristallisieren eines Einzelmoleküls aus der Lösung an eine Lamellenwachstumsfront ist die strenge Faltung (Abb. 2, $r/d = 1$) zwar möglich, aber – wie in III gezeigt wird – wegen der hohen Faltenenergie nicht am wahrscheinlichsten. Abb. 2 zeigt mögliche Mäanderstrukturen (aus Einzelmolekülen) von Lösungslamellen. Es bedeuten r den Mäanderradius und d den mittleren Molekülabstand.
3. Für das vieldiskutierte Langperiodenwachstum erscheint es notwendig, eine kinetische Bedingung zu formulieren, die für die Kinetik des Wachstums, für die Endlangperiode und – wie im nächsten Abschnitt gezeigt wird – für die Defektstruktur der Kristallbereiche verantwortlich ist.

---

*) Teilweise vorgetragen auf der Arbeitstagung des Fachausschusses „Physik der Hochpolymeren"; Frühjahrstagung des Regionalverbandes Hessen–Mittelrhein–Saar der Deutschen Physikalischen Gesellschaft vom 22. bis 24. März 1972 in Bad Nauheim.

**) Herrn Prof. Dr. *R. Hosemann* zum 60. Geburtstag gewidmet.

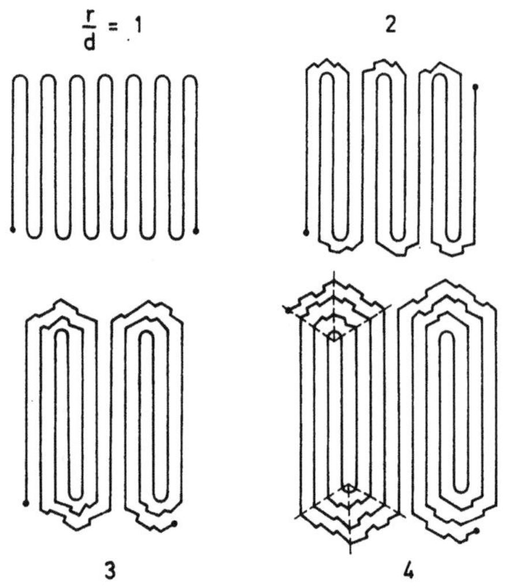

Abb. 2. Modelle für lösungskristallisierte Mäander mit zunehmenden amorphen Anteilen

II. Defektkristall im teilkristallinen Mäander

Ähnlich wie bei niedermolekularen Kristallen erhebt sich die Frage, ob die in den kristallinen Bereichen des Mäanders vorhandenen Defekte im thermodynamischen Gleichgewicht vorliegen, oder ob sie während des Kristallwachstums entstanden sind und metastabil im Kristall verbleiben. Alle experimentellen Hinweise auf eine Temperaturabhängigkeit der Konzentrationen von Kristalldefekten deuten auf Metastabilität hin (10, 11).

Während der Kristallisation aus Schmelze oder Lösung und auch während des Langperiodenwachstums beim Tempern findet Materietransport längs der Polymerketten statt, der sich am einfachsten durch Diffusion von kettenverkürzenden Rotationsisomeren (z. B. von Kinken) verstehen läßt. Es ist zwar vorstellbar, doch sehr unwahrscheinlich, daß durch Wanderung einer einzigen Kinke pro Makromolekül das Lamellenwachstum erfolgt. Eine sehr viel günstigere Kinetik[1]) ergibt sich unter der Annahme, daß in jedem die Kristallamelle durchlaufenden Kettenstück mindestens eine Kinke vorhanden ist. Dann nämlich können die im Mäandermodell gebotenen Möglichkeiten für einen kooperativen Transport unter Wahrung der thermodynamisch günstigsten Mikrostruktur voll ausgenutzt werden.

Die im folgenden – ohne weitere Begründung[1]) – getroffene Annahme, mindestens eine Kinke pro Kettenstück der Kristallitdicke L^* vorzufinden, ist in der Nähe des Schmelzpunkts äquivalent mit der Forderung, zwei Segmentschichten[2]) des Kristallbereichs im Schmelzzustand, d. h. – nach der Theorie des Bündelmodells (2, 5) – im Zustand hoher Kinkdichte anzutreffen.

In Abb. 3 wurden in das Modell eines lösungskristallisierten Mäanders ($r/d = 3$) in der rechten Hälfte (hohe Temperatur) zwei Defektschichten im Schmelzzustand und in

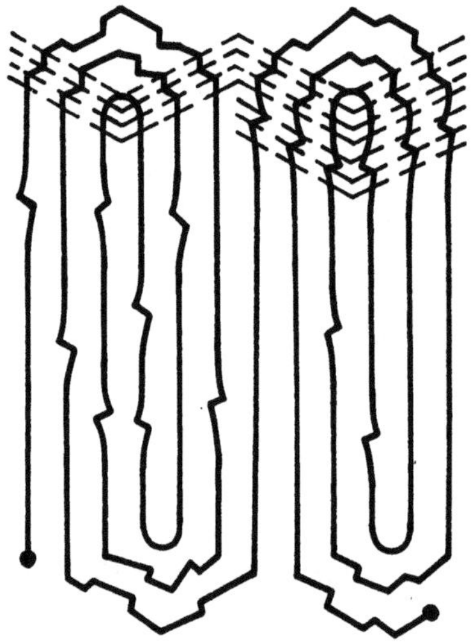

Abb. 3. Modell eines lösungskristallisierten Mäanders mit zwei Defektschichten, deren innere in der linken Hälfte in Einzeldefekte dissoziiert ist

der linken Hälfte (niedere Temperatur) eine Defektschicht und die Kinken einer zweiten Schicht als dissoziierte Kristalldefekte eingezeichnet. Entfernt man sich nämlich durch Abkühlen vom Schmelzpunkt, so wächst die Freie Enthalpie der Schmelzschichten ($\sim \Delta T$), d. h. die Dissoziation der inneren Schmelzschicht in Einzeldefekte wird wahrscheinlich. Bei tiefen Temperaturen besteht dann wieder eine Tendenz zur Bildung kleiner Blöcke aus Einzeldefekten im Kristallinneren. dann wieder die Tendenz zur Blockbildung der Einzeldefekte.

Unter der Annahme solcher Defektschichten wird die Existenz einer Mosaikblockstruktur verständlich, wie sie von *Hosemann*, *Wilke* und Mitarb. (11–15) an PE-Lamellenkristallen gefunden wurde: Aus energeti-

[1]) In einer späteren Arbeit wird die Kinetik des Lamellenwachstums mit der hier entwickelten Modellvorstellung behandelt.

[2]) In *einer* Segmentschicht sind im Schmelzzustand mehr als 90% aller Segmente Kinksegmente. Das heißt aber auch, daß ca. jedes 10. Segment gestreckt vorliegt. Mit der Forderung *zweier* Segmentschichten im Schmelzzustand wird die Wahrscheinlichkeit für ein kinkfreies Kettenstück kleiner als 1% und damit für ein Kettenbündel vernachlässigbar.

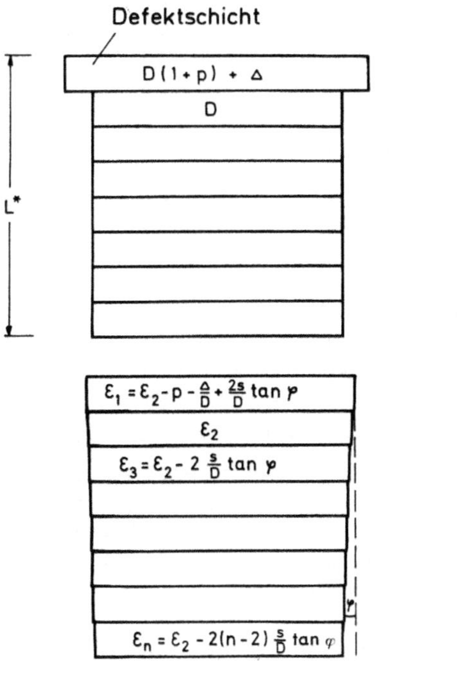

Abb. 4. Mosaikblock (Seitenansicht) entstanden durch Kompression einer Defektschicht unter der vereinfachen den Nebenbedingung, daß Kristallketten nicht gebogen, sondern nur schräggestellt werden. Es bedeuten: D Ausgangsdurchmesser des guten Kristallteils, p relative Gitteraufweitung der isolierten Defektschicht, Δ Passungsfehler an der Mosaikblockgrenze, s Segmentlänge, ε_i Deformationen der einzelnen Segmentschichten, φ Schrägstellung der Mosaikblockgrenzen in bezug auf die mittlere Kettenrichtung

schen Gründen befinden sich diese Defektschichten alternierend an der oberen bzw. unteren Grenze des Kristallbereichs (L^*) und werden durch die Kopplung an den guten Kristallteil komprimiert. Dabei entstehen schräggestellte Mosaikblockgrenzen ($\varphi < 1^0$), die die Kohärenz für Röntgenbeugung zerstören. Für das in Abb. 4 stark vereinfachte Modell eines Mosaikblocks mit einer doppelten Defektschicht (Dicke $2s$) an der einen Kristalloberfläche wurden die Deformationsenergien nach ε_2, $\mathrm{tg}\,\varphi$ und D minimalisiert und die Gestalt des Blöckchens näherungsweise berechnet. Für PE (und auch für PET) ergab sich

$$\bar{D} \approx L^* \qquad [1]$$

und mit $2p = \Delta v/v$ (Volumeneffekt Schmelze-Kristall, für PE $2p = 0,18$) die Deformationsenergie h_{el} pro Segment einer Defektschicht

$$h_{\mathrm{el}} \approx \frac{1}{2}(c_{11} + c_{22})\left(1 - \frac{T}{2T_m}\right)p^2 \frac{M_s}{\varrho_a}. \qquad [2]$$

Darin bedeuten (Werte für PE): $c_{11} = 14 \cdot 10^{10}$, $c_{22} = 13 \cdot 10^{10}$ dyn/cm² (8), die *Voigt*schen Elastischen Konstanten, deren Temperaturabhängigkeit mit

$$\left(1 - \frac{T}{2T_m}\right)$$

angenähert wird, $M_s = 56$ g/mol das Molekulargewicht eines Kettensegments (aus $4\,CH_2$-Gruppen) und $\varrho_a = 0,86$ g/cm³ die amorphe Dichte.

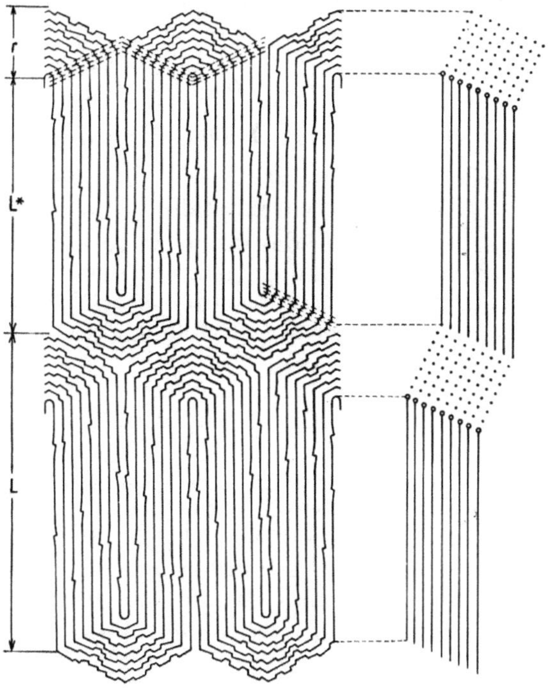

Abb. 5. Teilkristalliner Mäander mit Defektschicht (gestrichelt) und Kristallkinken

In der Nähe des Schmelzpunkts ergibt sich $h_{\mathrm{el}} \approx 1$ kcal/mol Segment. Abb. 5 zeigt das Modell eines aus der Schmelze entstandenen Mäanders. Die innere Defektschicht ist in Kristallkinken oder kleine Kinkblöcke dissoziiert, die äußere Defektschicht ist durch vier gestrichelte Linien (4 CH_2-Gruppen pro Segment) gekennzeichnet und verläuft hier zu $^3/_4$ an der oberen, zu $^1/_4$ an der unteren Kristallgrenze. An der dadurch entstandenen Mosaikblockgrenze können Kinkblöcke durch den Kristall wandern. Diese Kinkdiffusion ist vermutlich der Elementarschritt sowohl für Plastizität als auch für Langperiodenwachstum.

Der Defektkristall des Mäanders enthält nach Dissoziation der inneren Defektschicht – d. h. unterhalb der Tempertemperatur[3]) – Kinken in definierter Konzentration

$$x_{1c} = \frac{1}{N^*} = \frac{c}{2L^*}, \qquad [3]$$

[3]) Dies wird in III als Postulat eingeführt.

die als parakristalline Störungen wirken. Solche Störungen wurden von *Hosemann* und Mitarb. postuliert und auch bereits Kinkdefekten zugeschrieben. Eine kurze Abschätzung soll diese Zuordnung bestätigen: Die integrale Linienbreite $\delta\beta$ der Weitwinkelreflexe sei durch die Mosaikblockstruktur ($\bar{D}$) und parakristalline Störungen (g_{hkl}) bestimmt Dann gilt nach *Hosemann* und *Wilke* (12–15)

$$\delta\beta = \frac{\int I_{\mathrm{hkl}} \cdot (b')\,db'}{I_{\max}(b'=0)} = \frac{1}{D_{\mathrm{hkl}}} + \frac{(\pi g_{\mathrm{hkl}}\, p)^2}{d_{\mathrm{hkl}}}\,; \qquad [4]$$

dabei wurden *Lorentz*-Profile für die beiden Anteile vorausgesetzt. $g = \sqrt{\overline{\Delta d^2}}/d$ ist der sog. g-Wert für parakristalline Störungen und $\overline{\Delta d^2} = \overline{d^2} - \bar{d}^2$ das durch sie verursachte mittlere Schwankungsquadrat des Netzebenenabstandes d. Im eindimensionalen Fall gilt – für Kinken als Kristalldefekte – der Zusammenhang (15)

$$g = \frac{\Delta}{d}\,\frac{\sqrt{x_{1c}(1-x_{1c})}}{1 + x_{1c}\Delta/d} \approx \frac{\Delta}{d}\sqrt{x_{1c}}\,, \qquad [5]$$

worin Δ die durch eine Kinke hervorgerufene lokale Auslenkung der Netzebene bedeutet.

Δ ist für die Kinklagen P_1 bis P_4 (1) in verschiedenen Kristallrichtungen unterschiedlich. Zur Abschätzung eines mittleren Schwankungsquadrates $\overline{\Delta d^2}$ für (hko)-Ebenen wird vereinfachend angenommen, daß die halbe Kinkzahl maximale Auslenkung (Δ = 1,1 Å) einer Netzebene hervorrufen, die anderen keine Auslenkung bewirken. Dann folgt aus [5] und [3]

$$g \cdot d = \sqrt{\overline{\Delta d^2}} = \Delta\sqrt{\frac{x_{1c}}{2}} \approx 1{,}1\sqrt{\frac{1}{2N^*}}\ [\text{Å}]. \qquad [5a]$$

Für PE-Lamellenkristall mit $L^* = 125$ Å ergibt sich $\sqrt{\overline{\Delta d^2}} \approx 0{,}078$ Å in brauchbarer Übereinstimmung mit den in (14) angegebenen Werten; für $L^* = 250$ Å wären 0,055 Å zu erwarten.

Der Wert des von *Hosemann* (15) gefundenen empirischen Faktors α^* – der Mosaikblockgrößen und parakristalline Störungen offenbar generell verknüpft – bestimmt sich in diesem Modell (mit $d \approx 4{,}5$ Å) zu

$$\alpha^* = g\sqrt{N^*} = \frac{\Delta}{d\sqrt{2}} \approx 0{,}17 \qquad [5b]$$

in bester Übereinstimmung mit *Hosemann* (15).

Bevor wir uns der weiteren Diskussion des Mäandermodells mit Mosaikblockstruktur zuwenden, sei an eine interessante Analogie dieser Modellvorstellung zu den Defektstrukturen bei niedermolekularen Kristallen erinnert. Dort gibt es wie auch hier durch kinetische Bedingungen bei Wachstums- oder Tempervorgängen entstandene Superstrukturen (Kleinwinkelkorngrenzen, Versetzungsnetzwerke), die bei Abkühlung metastabil erhalten bleiben und Materialeigenschaften wesentlich beeinflussen oder – wie z. B. die Plastizität – erst ermöglichen.

III. Berechnung von Struktur- und Umwandlungsdaten im Mäandermodell. Vergleich mit experimentellen Daten für Polyäthylen

A. Molekulare Parameter des Mäandermodells

Zu den schon in der Schmelztheorie (2) verwendeten und mit semiempirischen Potentialen in (7, 8, 9) berechneten Nahordnungsparametern – Defektvolumina und -energien im nahezu gestreckten Bündel – sind zur Beschreibung der Superstruktur (Mäandermodell) noch die in Tab. 1 aufgeführten streng molekular definierten Parameter erforderlich. Auf die Schmelztheorie des nahezu gestreckten Bündels, die für PE Nahordnung, Umwandlungsdaten ($T_m{}^0 \approx$ 414 °K, $\Delta h_m{}^0 \approx 4$ kcal/mol Segment, $\Delta v/v \approx 0{,}18$) und thermische Eigenschaften der Schmelze (α, $\varkappa$) richtig wiedergibt (2) wird hier nicht mehr eingegangen. Mit den in Tab. 1 aufgeführten Defekttypen bzw. -anordnungen kann nun die Freie Enthalpie für das Mäandermodell (in Schmelze und Festkörper) bezogen auf den Idealkristall anschaulich aufgestellt werden. In Abb. 6

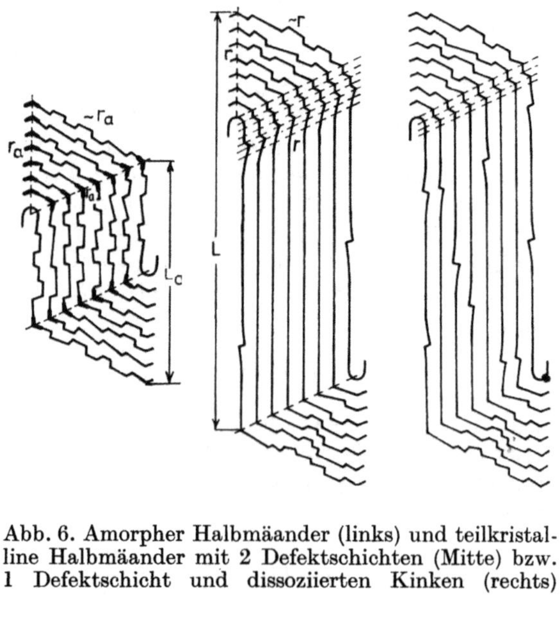

Abb. 6. Amorpher Halbmäander (links) und teilkristalline Halbmäander mit 2 Defektschichten (Mitte) bzw. 1 Defektschicht und dissoziierten Kinken (rechts)

Tab. 1. Molekulare Parameter des Mäandermodells (Mittelwerte für PE pro Kettensegment – 4 CH_2-Gruppen – bezogen auf den Idealkristall)

Defekttyp bzw. -Anordnung	Freie Enthalpie g	$g\,(T_m^0)$ kcal/mol Segment	Enthalpie h	h kcal/mol Segment
Defektschicht an Kristallgrenze	$g_{el} = h_{el}$	1	h_{el} [2]	1
Falte an Kristallgrenze	$g_{fc} = h_{fc}$	5[4])	h_{fc}	5
Falte im amorphen Mäander	$g_{fa} = g_{fc} - RT \ln 4$	3,9	h_{fc}	5
gauche-Fläche an Kristallgrenze	$g_{gc} = h_{gc}$	0,6	h_{gc} (7,5)	0,6
gauche-Fläche[5]) im amorphen Mäander	$g_{ga} = h_{gc} + 0{,}2 - RT \ln 4$	−0,3	$h_{ga} = h_{gc} + 0{,}2$	0,8
Kinkdefekt im Kristall[6]) in fester Position	$g_{dc} = h_{dc} = h_{dc}^0\; T/T_m^0$	4,5	$h_{dc} = h_{dc}^0\; T/T_m^0$	4,5
mittleres Kettensegment im Amorphen[7])	$\bar{g}_s = \bar{h}_s - T\,\bar{s}_s$ $\bar{g}_s = \Delta T/T_m^0\,\bar{h}_s$	0	$\bar{h}_s = \Delta h_m^0$	4

[4]) Schätzwert, Berechnung mittels semiempirischer Potentiale in Bearbeitung.

[5]) Der additive Enthalpiewert (0,2) ist aus den Kinkpaarrechnungen von *Wobser* (7, 8) abgeschätzt und berücksichtigt die laterale Aufweitung der gauche-Paare in der Schmelze.

[6]) Das Problem der Einzelkinke im Kristall wird z. Zt. bearbeitet. Die Temperaturabhängigkeit von $h_{dc} = h_{dc}^0\; T/T_m^0$ soll die mit Abkühlung zunehmende Blockbildung (6) der Kristallkinken pauschal berücksichtigen. Der angegebene Wert von $h_{dc}^0 = 4{,}5$ kcal/mol Segment ergab sich aus der Anpassung in Abb. 7.

[7]) Die mittlere Freie Enthalpie $\bar{g}_s$ eines Kettensegmentes im Schmelzzustand ist nur kooperativ zu berechnen; sie muß am Schmelzpunkt verschwinden. $\bar{g}_s\,(T \neq T_m^0)$ wird hier aus der experimentellen Schmelzwärme bestimmt.

sind drei Halbmäander dargestellt, die den Schmelzzustand und zwei mögliche Zustände des Teilkristalls veranschaulichen sollen. L ist die Gesamthöhe des Mäanders (Langperiode in Kettenrichtung), r der Mäanderradius (Bündeldurchmesser). Als Mäandervariable wird später das Verhältnis $\alpha = (L - r)/L$ verwendet. d bezeichnet den mittleren Kettenabstand und s die Segmentlänge (bei PE wird $d \approx s \approx 5$ Å gesetzt).

B. Schmelzmäander

Die Freie Enthalpie pro Segment (bezogen auf den Idealkristall) ist

$$\frac{G_a - G_{id}}{N} = \frac{s\,d}{L_a\, r_a}\left[\Delta g_{fa} + 3\left(\frac{r_a}{d} - 1\right)\Delta g_{ga} + \frac{L_a\, r_a}{s \cdot d}\,\bar{g}_s\right]. \qquad [6]$$

N bedeutet die Gesamtzahl von Segmenten, die Differenzbildung Δ den Bezug auf das mittlere Schmelzsegment.

Diese Gleichung enthält zwei Unbekannte L_a und r_a, von denen L_a nicht aus der Gleichgewichtsbedingung bestimmt werden kann*). Aus topologischen Gründen sollte $L_a \sim r_a$ sein[4]) und wird im folgenden

$$L_a = 2 r_a \qquad [7]$$

gesetzt. Der Mäanderradius r_a ergibt sich aus $\frac{\partial \Delta G/N}{\partial r_a} = 0$ zu

$$\frac{r_a}{d} = -\frac{2\Delta g_{fa}}{3\Delta g_{ga}} + 2 \approx 10{,}6\,, \qquad [8]$$

d. h. r_a kann für PE als etwa 50 Å angenommen werden.

Durch Einsetzen von [8] in [6] folgt

$$\frac{G_a - G_{id}}{N} = \frac{s\,d}{L_a\, r_a}\left(-\Delta g_{fa} + 3\Delta g_{ga}\right) + \bar{g}_s \approx - 24\,\frac{\text{cal}}{\text{mol Segment}}\,. \qquad [6a]$$

Dies drückt quantitativ aus, daß der Schmelzmäander wahrscheinlicher als das nahezu gestreckte Schmelzbündel ist (3).

C. Teilkristalliner Mäander

Für diesen ergibt sich die Freie Enthalpie anschaulich zu [9]

*) Vgl. hierzu die Anmerkung bei der Korrektur am Schluß dieser Arbeit.

[4]) L_a spielt vermutlich bei der Theorie der Muskelelastizität im Bündelmodell eine zentrale Rolle.

$$\frac{G_c - G_{\text{id}}}{N} = \frac{sd}{Lr}\left[g_{\text{fc}} + \left(\frac{r}{d} - 1\right)(\Delta g_{\text{ga}} + 2\,g_{\text{gc}}) + \frac{r^2}{sd}\bar{g}_s\right]$$

$$+ \frac{s}{d}\left\{\begin{matrix}(\bar{g}_s + h_{\text{el}})\xi + (1-\xi)\left(g_{\text{dc}} - RT\ln 8\dfrac{L-r}{s}\right) \\ (\bar{g}_s + h_{\text{el}})\eta + (1-\eta)\left(g_{\text{dc}} - RT\ln 4\dfrac{L-r}{s}\right)\end{matrix}\right\}$$

ξ und η sind Variablen eines kooperativen Problems, das hier nicht behandelt werden kann: Liegen 2 Defektschichten vor, ist $\xi = \eta = 1$; ist die innere Schicht in Einzeldefekte dissoziiert, wird $\xi = 0$, $\eta = 1$ und im (unwahrscheinlichen) Fall der Dissoziation beider Defektschichten wäre $\xi = \eta = 0$ zu setzen.

1. *Endkristallitdicke*

Zur Berechnung der Endkristallitdicke $(L - r)$ in Kettenrichtung während eines Tempervorgangs postulieren wir als kinetische Bedingung die Dissoziation der inneren Defektschicht in Einzeldefekte, d. h. wir fordern

$$\bar{g}_s + h_{\text{el}} = g_{\text{dc}} - RT\ln 8\,\frac{L-r}{s}, \qquad [10]$$

die Endkristallitdicke ergibt sich daraus zu

$$L - r = \frac{s}{8}\exp\left(-\frac{h_{\text{el}}}{RT}\right)\exp\frac{g_{dc} - \bar{g}_s}{RT}$$

$$= \frac{s}{8}\exp\left(-\frac{h_{\text{el}}}{RT}\right)\exp\left(\frac{g_{\text{dc}}{}^0}{RT_m{}^0}\right)\exp\left(-\frac{\Delta T\,\Delta h_m{}^0}{T_m{}^0 RT}\right) \qquad [10a]$$

Nach Erreichen dieser Kristallitdicke dissoziiert also die innere Defektschicht in Einzeldefekte, die ein weiteres kooperatives Wachstum (wandern von Defektschichten durch die Kristallamelle) behindern. Das Langperiodenwachstum kann dann nur mehr in Einzeldefektschritten, d. h. deutlich langsamer ablaufen.

In Abb. 7 wurde eine theoretische Kurve nach [10a] an experimentellen Daten (16) für schmelzkristallisiertes PE angepaßt und ergab für die Kristalldefektenthalpie (am Schmelzpunkt) $h_{\text{dc}}{}^0 \approx 4{,}5$ kcal/mol Segment. Der ähnliche Verlauf für lösungskristallisiertes PE ist abgesenkt, was nur zum Teil durch das um 35 Å kleinere r (siehe unten) erklärt werden kann.

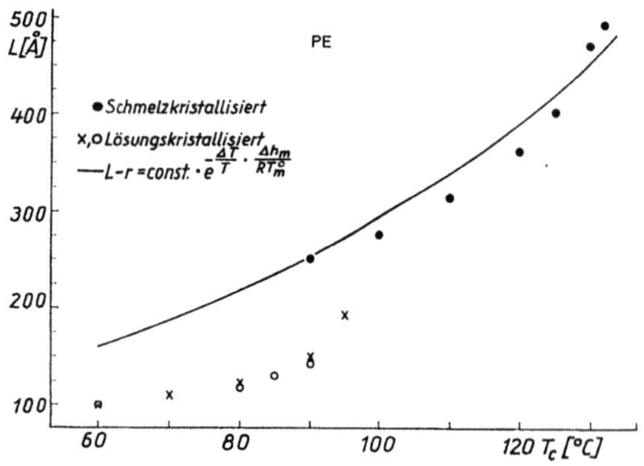

Abb. 7. Langperioden [nach langer Temperzeit entnommen aus (16, 17, 18)] als Funktion der Tempertemperatur T_c

2. *Mäanderradius r*

Die Gleichgewichtsbedingung $\dfrac{\partial \Delta G/N}{\partial r} = 0$ angewendet auf [9] ergibt

$$r^2 = s \cdot d\;\frac{g_{fc} - \Delta g_{\text{ga}} - 2g_{\text{gc}}}{\bar{g}_s} \qquad [11]$$

Für Lösungskristalle folgt daraus unter der Näherungsannahme $\bar{g}_s = \Delta T/T_m{}^0 \cdot \Delta h_m{}^0$ (Tab. 1) für eine Unterkühlung ΔT

$\Delta T = 40$ °K, $(r/d)^2 \approx 10$,

$\Delta T = 70$ °K, $(r/d)^2 \approx 5$.

Der wahrscheinlichste Mäanderradius für Lösungskristalle ist demnach $r \approx 3d \approx 15$ Å.

Für schmelzkristallisiertes PE würden sich nach [11] für die übliche Unterkühlung ΔT (10–15 °K) r/d-Werte von 7 bis 5 ergeben. Doch wird r/d für Schmelzkristalle wahrscheinlich durch $r_a/d \approx 10$ bestimmt sein, da eine Änderung der Bündeldicke beim Kristallisieren kinetisch unwahrscheinlich ist.

3. *Schmelzpunktverschiebung ΔT des teilkristallinen Mäanders gegenüber Idealkristall*

Aus der Bedingung für Schmelzumwandlung – teilkristalliner Mäander ⤳ Schmelzmäander –

$$\frac{G_c - G_{\text{id}}}{N} = \frac{G_a - G_{\text{id}}}{N} \qquad [12]$$

folgt nach Einsetzen von [6] und [9] mit $\xi = \eta = 1$

$$\Delta T = \Delta T_\infty + \frac{T_m{}^0 \cdot 2\sigma_e}{\Delta H \cdot \varrho_c(L - r - 2s)}; \qquad [13]$$

darin bedeuten $\Delta H = \Delta h_m{}^0/M_s \approx 70$ [cal/g] die Schmelzwärme pro Gramm, ϱ_c die Kristalldichte und

$$\Delta T_\infty = \frac{T_m{}^0}{\Delta h_m{}^0} \frac{d \cdot s}{L_a r_a} (\Delta g_{\text{fa}} - 3 \Delta g_{\text{ga}}) \approx 2{,}5\,^\circ\text{K} \quad [13a]$$

$$2\sigma_e = \frac{\varrho_c}{M_s} \frac{d \cdot s}{r} \left[g_{\text{fc}} + \frac{r(r+2s)}{L_a r_a} (\Delta g_{\text{fa}} - 3 \Delta g_{\text{ga}}) + \left(\frac{r}{d} - 1\right)(\Delta g_{\text{ga}} + 2 g_{\text{gc}}) + 2 \frac{r}{d} h_{\text{el}} \right]. \quad [13b]$$

$\Delta T_\infty \approx 2{,}5$ °K bedeutet, daß der gedachte Schmelzpunkt für einen Übergang des unendlichen Kettenkristalls in ein nahezu gestrecktes Schmelzbündel um 2,5 °K höher läge als der Übergang in den Schmelzmäander.

Für die Oberflächenenergie $2\sigma_e$ erhält man aus [13b] mit den Daten der Tab. 1 folgende Werte:

Für lösungskristallisiertes PE $(r/d = 3)$ $2\sigma_e = 165$ erg/cm².

Für schmelzkristallisiertes PE $(r/d = 10)$ $2\sigma_e = 136$ erg/cm² in befriedigender Übereinstimmung mit dem Experiment (19).

4. *Schmelzenthalpie des teilkristallinen Mäanders*

Aus [12], [6] und [9] folgt mit $\xi = \eta = 1$ für die Schmelzenthalpie

$$h_a - h_c = \Delta h = A_h \alpha - B_h, \quad [14]$$

worin $\alpha = (L - r)/L$ die Mäandervariable und

$$A_h = \overline{h_s}\left(1 + \frac{2s}{r}\right) + \frac{ds}{r^2}\left[h_{\text{fc}} + \left(\frac{r}{d} - 1\right) \times (\Delta h_{ga} + 2 h_{gc})\right] + \frac{2s}{r} h_{\text{el}}$$

$$B_h = \overline{h_s}\frac{2s}{r} + \frac{ds}{L_a r_a}(\Delta h_{\text{fa}} - 3\Delta h_{\text{ga}}) + \frac{ds}{r^2}\left[h_{\text{fc}} + \left(\frac{r}{d} - 1\right)(\Delta h_{\text{ga}} + 2 h_{\text{gc}})\right] + \frac{2s}{r} h_{\text{el}}.$$

$$A_h - B_h = \overline{h_s} - \frac{ds}{L_a r_a}(\Delta h_{\text{fa}} - 3\Delta h_{\text{ga}}) \approx \overline{h_s} \approx 4 \text{ kcal/mol Segment}$$

gibt die extrapolierte Schmelzwärme wieder.

Der negative Ordinatenabschnitt B_h berechnet sich mit den Daten der Tab. 1 für lösungskristallisiertes PE zu 3,4 kcal/mol Segment = 60 cal/cm³ und für schmelzkristallisiertes PE zu 0,92 kcal/mol Segment = 16,4 cal/cm³. In Abb. 8 wurde $\Delta H' = \Delta H \cdot \varrho$ für schmelzkristallisiertes PE nach (20) bzw. für lösungskristallisiertes PE nach (17) über der Mäandervariablen $\alpha = (L - r)/L$ aufgetragen und liefert Ordinatenabschnitte von 15 bzw. 48 cal/cm³.

5. *Die Dichte des teilkristallinen Mäanders*

Die Dichte ϱ des teilkristallinen Mäanders mit 2 Defektschichten kann anschaulich aus Abb. 6 entnommen werden:

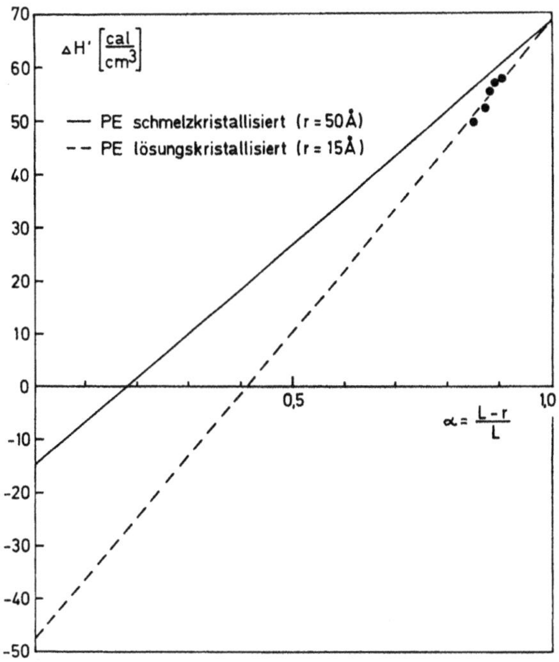

Abb. 8. Schmelzwärme pro Volumeinheit $(\Delta H \cdot \varrho)$ für PE, aufgetragen über der Mäandervariablen α

$$\varrho - \varrho_a = \Delta\varrho = \alpha(\varrho_c - \varrho_a) - \frac{2s}{L}(\varrho_c - \varrho_d) = A_\varrho \alpha - B_\varrho \quad [15]$$

mit

$$A_\varrho - B_\varrho = \varrho_c - \varrho_a, \qquad B_\varrho = \frac{2s}{r}(\varrho_c - \varrho_d),$$

$\varrho_c - \varrho_d$ ist darin der Dichtedefekt, den die Defektschichten im kristallinen Bereich hervorrufen (und kann maximal $\varrho_c - \varrho_a$ sein).

Abb. 9 zeigt eine Auftragung von experimentellen Ergebnissen (20, 17), aus der die Ordinatenabschnitte B_ϱ entnommen werden können. Für schmelzkristallisiertes PE $(r/s = 10)$ findet man $B_\varrho = 0{,}03$ g/cm³, für lösungskristallisiertes $(r/s = 3)$ $B_\varrho = 0{,}075$g Aus diesen Werten ergibt sich $\varrho_c - \varrho_d$ zu 0,15 bzw. 0,11 g/cm³, also Dichtedefekte, die in der Nähe der oberen Grenze liegen.

6. *Konzentration gestreckter Kettensegmente im Mäander*

Die Konzentration x_t, von Segmenten in trans-Konformation (wie auch die von Kinksegmenten $x_1 = x_g = 1 - x_t$) kann IR-spektroskopisch bestimmt werden. Anschaulich läßt sich für den teilkristallinen Mäander angeben:

$$x_t = x_{\text{ta}}(1 - \alpha) + \alpha - \frac{2s}{L},(1 - x_{\text{ta}}), \quad [16]$$

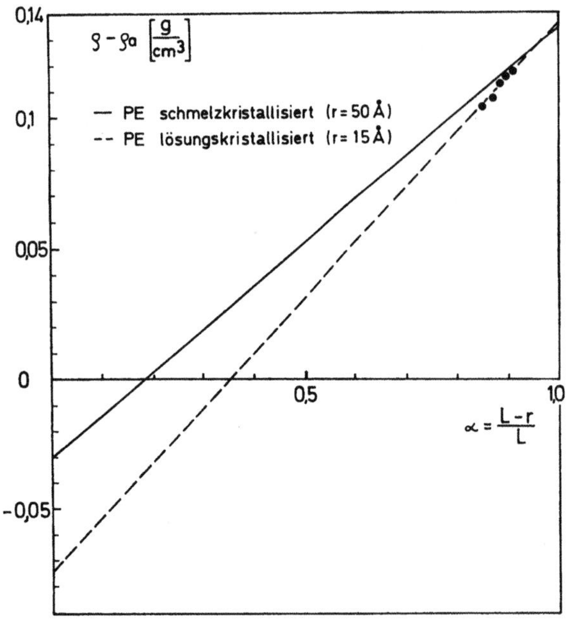

Abb. 9. Dichtedifferenz gegenüber dem Amorphen für PE (bei Zimmertemperatur) über der Mäandervariablen α aufgetragen

daraus folgt

$$x_t = A_{x_t}\alpha - B_{x_t}$$

mit $A_{x_t} = \left(1 + \frac{2s}{r}\right)(1 - x_{ta})$ und $B_{x_t} = \frac{2s}{r} - x_{ta}$

Für PE kann x aus Meßwegen der Extinktion strukturempfindlicher Banden (trans 1894 cm^{-1}, gauche 1352 cm^{-1}), wie sie von *Okada* und *Mandelkern* (23) ausgeführt wurden, ermittelt werden. Nach ihren Resultaten (23, Abb. 2 und 3) läßt sich für die kristalline (trans) und die amorphe (gauche) Bande folgender Ansatz rechtfertigen:

$$\varepsilon_t = \varepsilon_{ta} + (\varrho - \varrho_a)\frac{\varepsilon_{tc} - \varepsilon_{ta}}{\varrho_c - \varrho_a} = \varepsilon_{tc}\, x_t \qquad [17]$$

$$\varepsilon_g = \varepsilon_{ga} - (\varrho - \varrho_a)\frac{\varepsilon_{ga}}{\varrho_c - \varrho_a} = \varepsilon_{ga}\frac{1 - x_t}{1 - x_{ta}}$$

Darin bedeuten ε_{ta}, ε_{tc} die Extinktionen der trans-Bande in der voll amorphen bzw. voll kristallinen Probe, ε_{ga} die Extinktion der gauche-Bande im Amorphen. Die rechten Seiten der Gleichungen sind entsprechend dem *Lambert-Beer*schen Gesetz angesetzt.

Aus beiden Gleichungen [17] folgt übereinstimmend

$$x_t = x_{ta} + \frac{\varrho - \varrho_a}{\varrho_c - \varrho_a}(1 - x_{ta}), \qquad [18]$$

wobei sich $x_{ta} = \frac{\varepsilon_{ta}}{\varepsilon_{tc}} \approx 0{,}08$ (23) aus der ersten Gl. [17] ergibt.

Führt man noch den in [15] für $\varrho - \varrho_a$ erhaltenen Ausdruck – mit der guten Näherung $\varrho_d \approx \varrho_a$ – in [18] ein so folgt die aus dem teilkristallinen Mäandermodell anschaulich hergeleitete Gl. [16]. Der Wert $x_{ta} \approx 0{,}08$ stimmt befriedigend mit der Konzentration $1 - y \approx \frac{1}{1 + \Omega_s} \approx 0{,}06$ der gestreckten Kettensegmente in der PE-Schmelze überein (2).

IV. Ausblick

Das Mäandermodell mit Defektkristall erklärt darüber hinaus wahrscheinlich das von *Fischer* (19) beschriebene Oberflächenschmelzen der Kristallite, soweit es eine Dicke von zwei Defektschichten (10 Å) nicht übersteigt. Auch die in (24) gefundene Elektronendichteprofiländerung beim Tempern sollte in diesem Zusammenhang diskutiert werden. Die von *Hosemann*[5]) gefundene Abnahme der parakristallinen g-Werte kurz vor dem Schmelzpunkt deutet ebenfalls auf die in diesem Temperaturbereich vorausgesagte Assoziation der Kristallkinken in die innere Defektschicht ($\bar{g}_s \to 0$) hin.

Mit den Methoden der dielektrischen und mechanischen Relaxation wurden in (1,10) bewegliche Kinkdefekte im Kristall als γ_{II}-Prozesse gefunden. Ihre Konzentration ($x_{1c} \approx 0{,}4\%$) entspricht bei einer Kristalldicke L^* von ca. 300 Å (also 230 Kettengliedern) recht genau dem hier entworfenen Modell mit je einer Kinke pro Kristallkettenstück.

Eine weitere Prüfung des Mäandermodells wird von einer detaillierten Behandlung der Plastizität und Gummielastizität sowie der Kinetik des Langperiodenwachstums mit mit diesem Modell erwartet.

Der Deutschen Forschungsgemeinschaft sei für die Förderung dieser Untersuchungen gedankt.

Zusammenfassung

Es wird über eine Erweiterung des Mäandermodells durch Einführen einer kinetischen Bedingung berichtet, die gestattet, den Defektzustand der Kristallbereiche zu beschreiben: bei Tempervorgängen sind danach im Mittel 2 Segmentschichten in einem komprimierten Schmelzzustand an einer der beiden Kristallgrenzen vorhanden, deren innere beim Abkühlen in einzelne Kristalldefekte dissoziiert.

Mit diesem Modell wurden Struktur- und Umwandlungsdaten für PE quantitativ diskutiert.

[5]) Private Mitteilung.

Summary

An extension of the meander model by introduction of a kinetic condition is described, which allows one to define the defect state of the crystalline regions: during annealing in the average 2 segment layers in a compressed molten state should exist on one of the two crystal-boundaries, the inner layer getting dissociated into single crystal defects on cooling. With this model X-Ray and transition data of PE are quantitatively discussed.

Literatur

1) *Pechhold, W.*, Kolloid-Z. u. Z. Polymere **228**, 1 (1968).
2) *Blasenbrey, S.* und *W. Pechhold*, Ber. Bunsenges. Phys. Chem. **74**, 784 (1970).
3) *Pechhold, W.* und *S. Blasenbrey*, Kolloid-Z. u. Z. Polymere **241**, 955 (1970).
4) *Pechhold, W.* und *S. Blasenbrey*, Angew. Makromol. Chemie **22**, 3 (1972).
5) *Pechhold, W.*, Plenarvorträge Physik (DPG 1971).
6) *Scherr, H., W. Pechhold* und *S. Blasenbrey*, Kolloid-Z. u. Z. Polymere **238**, 396 (1970).
7) *Hägele, P. C., G. Wobser, W. Pechhold* und *S. Blasenbrey*, IUPAC-Symposium, Boston 1971.
8) *Wobser, G.*, Dissertation (Stuttgart 1971).
9) *Hägele, P. C.*, Dissertation (Ulm 1972).
10) *Pechhold, W.* und *B. Stoll*, Ber. Bunsenges. Phys. Chem. **74**, 887 (1970).
11) *Höhne, G.*, Dissertation (Berlin 1970).
12) *Hosemann, R.* und *W. Wilke*, Makromol. Chemie **118**, 230 (1968).
13) *Čačković, H., R. Hosemann* und *W. Wilke*, Kolloid-Z. u. Z. Polymere **234**, 1000 (1969).
14) *Wilke, W., W. Vogel* und *R. Hosemann*, Kolloid-Z. u. Z. Polymere **237**, 317 (1970).
15) *Hosemann, R.* Ber. Bunsenges. Phys. Chem. **74**, 755 (1970).
16) *Fischer, E. W.* und *G. F. Schmidt*, Angew. Chem. **74**, 551 (1962).
17) *Fischer, E. W.* und *G. Hinrichsen*, Kolloid-Z. u. Z. Polymere **247**, 858 (1971).
18) *Blackadder, D. A* and *T. L. Roberts*, Makromol. Chem. **162**, 116 (1969).
19) *Fischer, E. W.*, Kolloid-Z. u. Z. Polymere **231**, 458 (1969).
20) *Hendus, H.* und *K. H. Illers*, Kunststoffe **57**, 193 (1967).
21) *Schönherr, F.*, Faserforsch. und Textiltechn. **21**, 246 (1970).
22) *Baumgärtner, A., S. Blasenbrey, W. Dollhopf, E. Liska* und *W. Pechhold*, Kolloid-Z. u. Z. Polymere im gleichen Heft.
23) *Okada, T.* and *L. Mandelkern*, J. Polymer Sci. A 2, **5**, 239 (1967).
24) *Loboda-Čačković, R. Hosemann* und *H. Čačković*, Kolloid-Z. u. Z. Polymere **247**, 824 (1971).
25) *Pechhold, W.*, Publikation in Vorbereitung.

Anmerkung bei der Korrektur:

Der in Tab. 1 angegebene Parameterwert $g_{ga} = -0{,}3$ kcal/Mol Segment muß im Rahmen einer kooperativ-statistischen Segmenttheorie noch überprüft werden. Er könnte durchaus auch schwach positive Werte annehmen. In diesem Fall wäre die Existenz des Schmelzmäanders (vgl. [8]) in der hier vorgelegten Theorie nicht mehr begründet. Man kann jedoch zeigen (25), daß bei Einführung eines Oberflächenenergieterms und der in dieser Arbeit nicht berücksichtigten Vertauschungsentropie der Segmentschichten in [6] die Mäandergeometrie ein stabiles Minimum der Freien Enthalpie darstellt. Der Bündeldurchmesser (r_a) wird im wesentlichen durch Δg_{fa}, und $(L_a - r_a)$ durch die Oberflächenenergie bestimmt. Diese letzte Größe konnte in der vorliegenden Arbeit nur durch eine topologische Annahme festgesetzt werden.

Anschrift der Verfasser:
Abteilung für experimentelle Physik II der Universität
7900 Ulm/Donau
Oberer Eselsberg

Kolloid-Z. u. Z. Polymere **250**, 1026–1032 (1972)

Aus der Abteilung für Experimentelle Physik II der Universität Ulm

Zur Mikrostruktur von PET*)

*Von A. Baumgärtner, S. Blasenbrey**), W. Dollhopf, E. Liska und W. Pechhold*

Mit 12 Abbildungen

(Eingegangen am 8. August 1972)

I. Einleitung

Die Grundlage für die Diskussion experimenteller Resultate an Polyäthylenterephthalat (PET) bildet in dieser Arbeit das Mäandermodell. Dieses Bild wurde von *Pechhold* und Mitarb. im Rahmen des Bündelkonzepts für polymere Stoffe entwickelt. Eine quantitative Formulierung, die auch den Defektkristall einschließt (1), wird hier auf das amorphe und teilkristalline PET angewendet.

Behandelt werden Struktur- und Umwandlungsdaten, die zum Teil eigenen Experimenten, zum Teil Arbeiten anderer Autoren entnommen sind.

Ein wichtiger Modellparameter in dieser Behandlung der Zweiphasenstruktur ist die Mäandervariable α. Sie ist durch

$$\alpha = \frac{L - r}{L}$$

definiert. Hierin bedeutet L die Langperiode in Kettenrichtung (vgl. II B) und r den Mäanderradius. Letzterer entspricht der Dicke der amorphen Schichten im teilkristallinen Mäanderbild [vgl. Abb. 5 in (1)]. Er bleibt beim Tempern über den ganzen Temperaturbereich konstant, da sich der Durchmesser des durch den Gesamtmäander laufenden Molekülbündels nicht ändern kann, obwohl die Kristallite in Richtung der Molekülketten wachsen.

Der Mäanderradius für PET wird für die folgenden Rechnungen zu $r = 42$ Å festgelegt. Das ist die halbe Langperiode des amorphen Stoffes, ehe die Kristallisation einsetzt (vgl. IIB), und gleichzeitig der halbe Durchmesser der elektronenmikroskopisch im amorphen PET gefundenen Überstruktur (2).

*) Teilweise vorgetragen auf der Tagung des Fachausschusses Hochpolymere der DPG, Bad Nauheim, März 1972.

**) Am. 21. 12. 1971 tödlich verunglückt.

II. Experimente an PET

Berichtet wird über Strukturdaten (IR-Spektroskopie, Röntgenanalyse) im gesamten verfügbaren Kristallinitätsbereich, ebenso über die Umwandlungsdaten der so charakterisierten Proben.

A. Ergebnisse der Infrarotspektroskopie

In Abb. 1 sind Messungen von *Schönherr* (3) wiedergegeben. Sie zeigen als Funktion der Kristallisationstemperatur die Konzentration der gestreckten Kettensegmente (trans-Konzentration), wobei als Kettensegment die Monomereinheit verstanden wird. Der Verlauf dieser Kurve ist ähnlich dem der Dichte mit dem stufenartigen Anstieg bei etwa 100 °C.

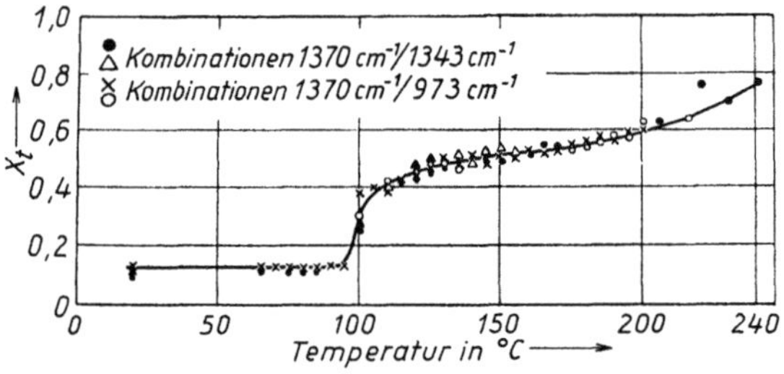

Abb. 1. Abhängigkeit des trans-Anteils bei PET von der Kristallisationstemperatur [nach *Schönherr* (3)]

Zur Auswertung wurden zwei konformationsempfindliche Banden von Schwingungen im Glykolrest (CH_2-wagging, C—O-stretching) untersucht, deren Frequenzen sich im gestreckten Molekülzustand (trans) und im gestörten Zustand (gauche) unterscheiden.

B. Ergebnisse der Röntgenkleinwinkelstreuung

PET zeigt ein von Polyäthylen unterschiedliches Verhalten: Die zu Beginn der Kristallisation registrierte Langperiode L nimmt mit wachsender Kristallisationstemperatur T_c zu, wird aber im Verlaufe der weiteren isothermen Kristallisation wieder kleiner. Experimentell wurde dies von *Zachmann* und *Schmidt* (4) sowie von *Yeh* und *Geil* (2) gefunden.

Abb. 2 zeigt die Zeitabhängigkeit von L für verschiedene T_c. Aufgetragen ist jedoch L als Funktion der gleichzeitig wachsenden Kristallinität, hier der dilatometrischen Kristallinität α_D. Die abgeschreckte (amorphe) Probe wurde bei 80° ohne merkliche Dichteänderung getempert und zeigt noch vor dem Einsetzen einer meßbaren Kristallisation eine konstante Langperiode von 85 Å (2).

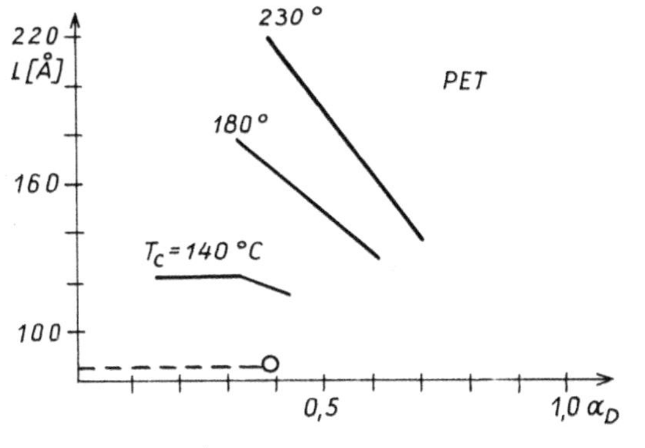

Abb. 2. Isotherme Kristallisation von PET als Funktion der dilatometrischen Kristallinität α_D [nach *Zachmann* und *Schmidt* (4) und *Yeh* und *Geil* (2)]

Die Anfangswerte von L sind in Abb. 3 als Funktion von T_c aufgetragen. Sie sind als Kleinwinkelperiode in Kettenrichtung bezeichnet und werden für die Diskussion der Kristalldicke in Kettenrichtung benötigt. Die ausgezogene Kurve wurde theoretisch-modellmäßig berechnet (vgl. III A).

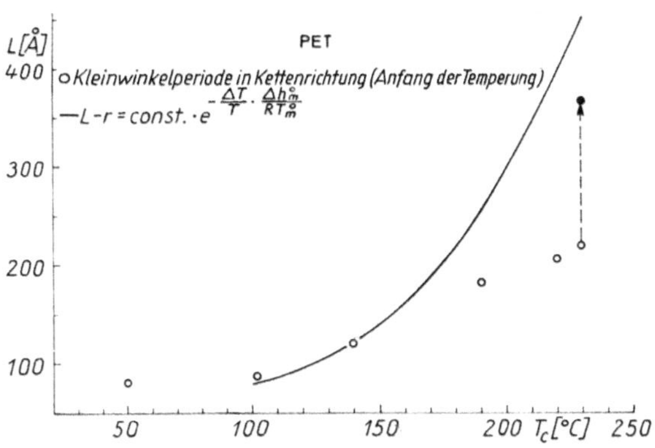

Abb. 3. Anfangswert der Langperiode in Abhängigkeit von der Kristallisationstemperatur T_c. Meßpunkte nach (4) und (2), ausgezogene Kurve theoretisch, vgl. III A 2

Die Abnahme der Langperiode während des Temperns kann im Bündelmodell verstanden werden (5). Bei der anfänglichen Kristallkeimbildung ist die gegenseitige Anordnung der Molekülsegmente in den amorphen und kristallinen Bereichen noch ungünstig: die verschiedenen Gitterabstände in den beiden Zonen verursachen entweder eine Kompression der amorphen Bereiche oder eine Verschiebung mit Dilatation in den Kristallbereichen (Abb. 4). Beim weiteren isothermen Kristallisationsprozeß wird nun eine thermodynamisch günstige Anordnung angestrebt. Dies geschieht durch Abscheren längs der Ketten innerhalb der Kristallamellen (tilting), bis die Ketten mit ihrem Identitätsabstand (c = 10,75 Å) ideal aufeinanderpassen. Durch dieses Abscheren wird die Abnahme der Langperiode verständlich.

Bei Polyäthylen tritt dieser Prozeß, infolge der kleinen Identitätsperiode c, nicht auf.

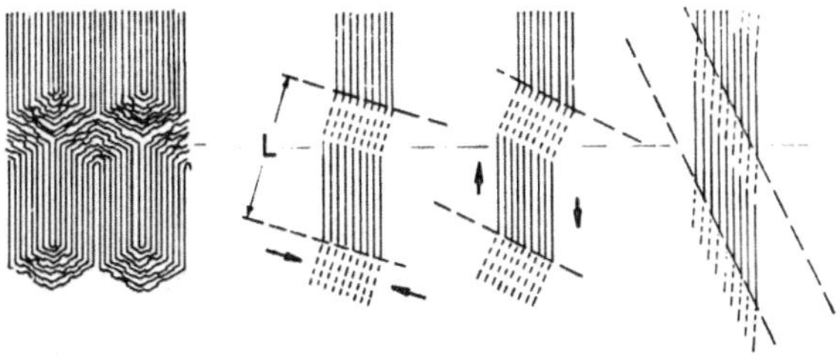

Abb. 4. Kristallisationsverhalten von PET. Veränderung der gegenseitigen Anordnung der kristallinen und amorphen Bereiche während der isothermen Kristallisation

C. *Ergebnisse der Röntgenweitwinkelstreuung*

Abb. 5 zeigt die Weitwinkeldiagramme verschieden kristallisierter Proben nach *Zachmann* und *Schmidt* (4). Für Kristallisationstemperaturen oberhalb 150 °C ergeben sich in zunehmendem Maße schärfere Reflexe, welche der triklinen Struktur des Kristallanteils zuzuordnen sind. Für kleinere Kristallisationstemperaturen findet man nur drei verbreiterte Reflexe. Für die Deutung dieses Befundes wurde die Bildung einer Pseudostruktur ohne Ordnung in Kettenrichtung vorgeschlagen (6). In Konkurrenz hierzu kann auch ein Kristallitgrößeneffekt zur Linienverbreiterung führen (7). Es fällt auch auf, daß die Reflexlagen von den Kristallisationsbedingungen abhängen (6).

Der Anteil der amorphen Bereiche an der Weitwinkelstreuung kann als Halo abgetrennt werden. In Abb. 5 ist für die Kurve

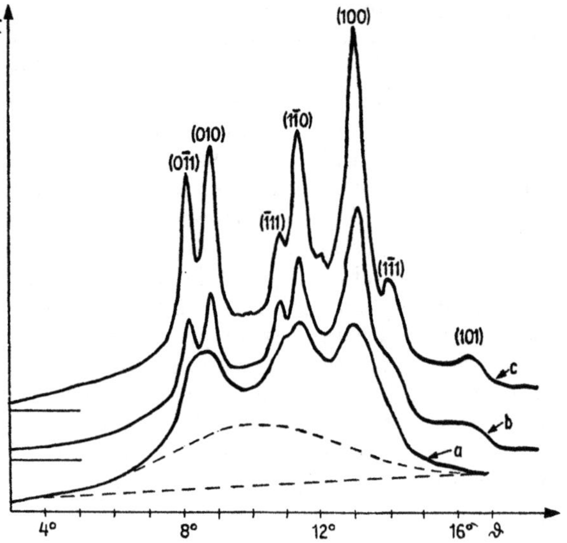

Abb. 5. Röntgenstreukurven von isotropem PET [nach (4)]. a) isotherm bei 140 °C kristallisiert, b) isotherm bei 220 °C kristallisiert, c) bei 260 °C kristallisiert, langsam erhitzt und langsam abgekühlt, gestrichelte Kurven bei Kurve a: amorphe Streukurve (Halo) und Untergrundstreuung

$T_c = 140°$ dieser Halo eingezeichnet. Seine Intensität wird durch die zugehörige Kristallinität festgelegt. Letztere ist im teilkristallinen Mäandermodell durch die Mäandervariable $\alpha = L - r/L$ bestimmt und beträgt hier 65%.

Die Linienbreiten werden etwas eingehender im Zusammenhang mit den Strukturdaten in III, *Ac* diskutiert.

D. *Bestimmung der Umwandlungswärmen und des Volumensprungs als Funktion der Kristallisationstemperatur*

Ausgehend vom amorphen PET[1]) entstehen durch Variation der Kristallisationsbedingungen Dichten zwischen 1,335 und 1,42 g/cm³. Die Ermittlung der zugehörigen Schmelzwärmen wird für diejenigen Proben schwierig, die beim Aufheizen (Durchfahren der Schmelzkurve) noch kristallisieren können. Das betrifft alle unterhalb 180 °C, oder oberhalb 180 °C nur kurze Zeit kristallisierten Proben.

[1]) Farbwerke Hoechst AG, Polymerisationsgrad $P_n = 82$.

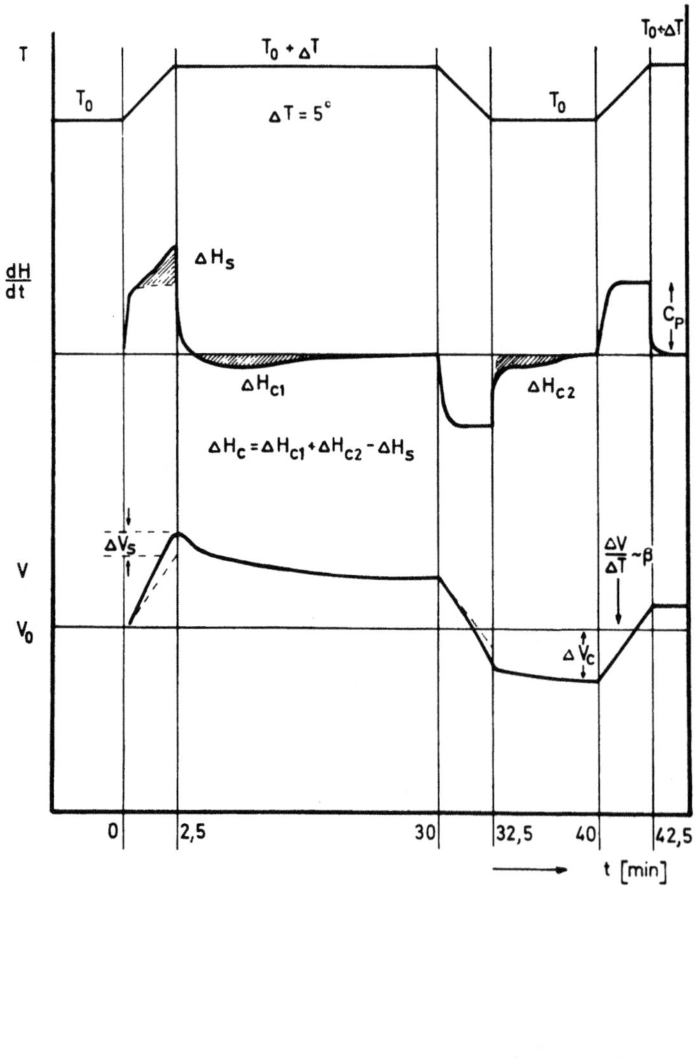

Abb. 6. Die Methode zur Messung der Umwandlungsdaten

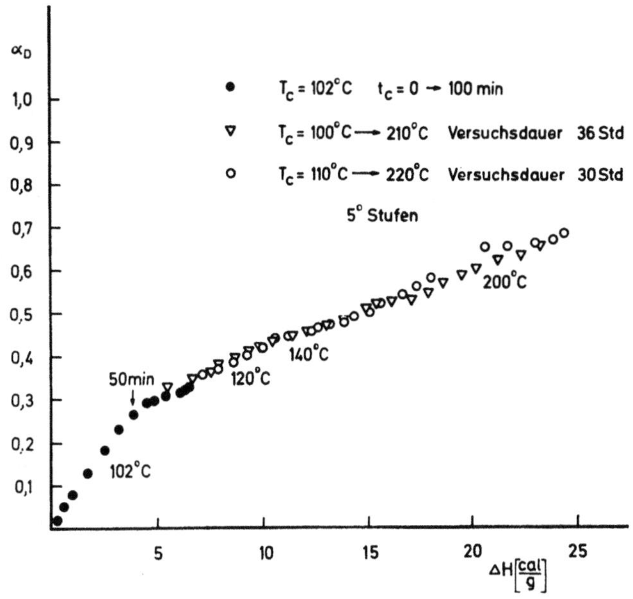

Abb. 7. Dilatometrische Kristallinität in Abhängigkeit von der Umwandlungswärme bei PET

Zur Ermittlung einer Beziehung zwischen Volumensprung und Umwandlungswärme wurde daher ein anderer Weg beschritten. Es wurden parallel in einem DSC-1B Kalorimeter (Perkin-Elmer) und in einem Kapillardilatometer mit Quecksilberfüllung Temperatursprünge von 5° zyklisch durchlaufen. Dabei konnten Umwandlungseffekte (ΔH, ΔV) und Temperatureffekte (c_p, β) getrennt werden (Abb. 6).

Die Ausgangsprobe war amorph. Die Kristallisation wurde an einer Probe stufenweise von 102 °C bis 220 °C abgetastet. Bei höheren Temperaturen überlagert sich dem Kristallisationsprozeß bei gleichfalls wachsenden Kristallisationszeiten stärkeres Aufschmelzen, so daß in diesem Bereich die Messung ungenauer wird.

In Abb. 7 ist die unter der Annahme eines Zweiphasenmodells bestimmte dilatometrische Kristallinität $\alpha_D = \sum \Delta v_i / \Delta v_c$ als Funktion der Enthalpieänderung $\sum \Delta H_i$ aufgetragen ($\Delta v_i = v_{i-1} - v_i$, $\Delta v_c = v_a - v_c$, $v_a = 1/1{,}335$ cm³/g, $v_c = 1/1{,}455$ cm³/g). Die erste zyklische Temperaturstufe ($i = 1$) wurde bei 102 °C gestartet. Sie liefert bei ausreichend langer Meßzeit – nach Beendigung des hierbei ablaufenden Kristallisationsprozesses – $\Delta H \approx$ 7 cal/g. Die kleineren Werte $\Delta H <$ 7 cal/g wurden zusammen mit den zugehörigen Werten α_D aus dem zeitlichen Verlauf dieser ersten Kristallisationsstufe gewonnen.

Im Bereich $\Delta H >$ 7 cal/g ergibt sich näherungsweise eine lineare Beziehung zwischen α_D und ΔH die aber für $\Delta H \to 0$ nicht $\alpha_D = 0$ liefert und somit der Annahme eines einfachen Zweiphasenmodells mit einer über den gesamten Kristallisationsbereich konstanten Struktur des kristallinen und amorphen Anteils widerspricht. Die Extrapolation auf $\alpha_D = 1$ (Dichte des Kristalls) ergibt die Umwandlungswärme $\Delta H_c \approx$ 37 cal/g.

Dieser Wert der Umwandlungswärme wird durch den Verlauf der Umwandlungstemperatur in Abhängigkeit vom Druck bestätigt. Eine Auswertung des experimentell gefundenen linearen Zusammenhangs mit Hilfe der *Clausius-Clapeyron*schen Gleichung führt auf etwa 35 cal/g.

III. Diskussion

Die quantitative Behandlung der experimentellen Resultate stützt sich auf die in (1) modellmäßig hergeleiteten Gleichungen, denen das Mäandermodell mit zwei Defektschichten im kristallinen Bereich zugrunde liegt. Die betrachteten Größen sind meist als Funktion der Mäandervariablen α dargestellt mit Ausnahme der Langperioden L. Die für PET benutzten Parameter sind: Mäanderradius r = 42 Å, Segmentlänge s = 10,7 Å. Alle anderen molekularen Parameter wurden in erster Näherung von PE übernommen[1]).

A. Strukturdaten

1. Konzentration der gestreckten Segmente

Die Abweichung der trans-Konzentration von eins, dem im idealen Kristall gültigen

[1]) Es ist geplant, diese Parameter auch für PET mittels semiempirischer Potentiale zu berechnen.

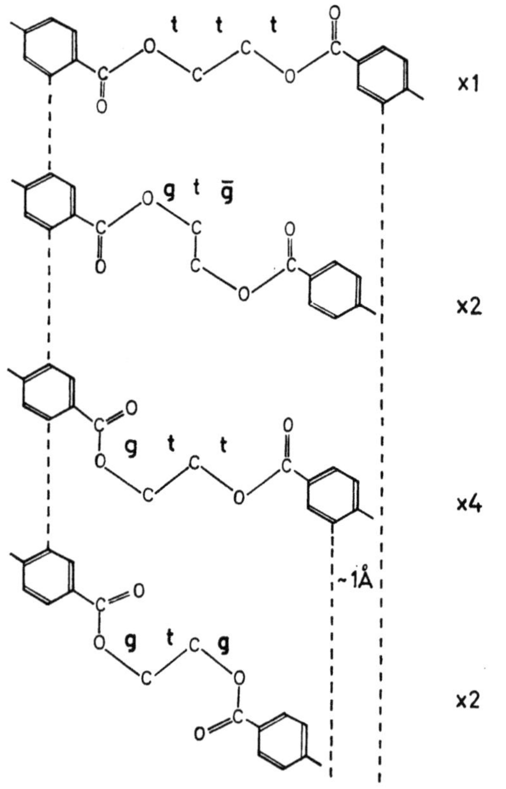

Abb. 8. Gestreckte Rotationsisomere eines Segments von PET

Wert, wird durch Defekte bewirkt. Im Bündelmodell, das den gesamten Zustandsbereich – Schmelze und kristalliner Zustand – beschreibt, werden dabei als häufigste Defekte Kinken diskutiert.

Die in PET innerhalb eines Segments möglichen Kinken sind in Abb. 8 dargestellt. Die C—O-Bindung an der Carbonylgruppe läßt sich wegen partieller Doppelbindung nicht aus der trans-Stellung herausdrehen. Daher kann auch die in der Mitte liegende C—C-Bindung zur Bildung einer Kinke im Segment nicht in gauche-Stellung gebracht werden. Zur Kinkbildung kommen deshalb nur die C—O-Bindungen und die C-Bindungen unmittelbar an den Benzolringen in Frage. Unter Berücksichtigung des Rotationspotentials der C—O-Bindung (8) und der nahezu freien Drehbarkeit um die C-Bindung ergeben sich im Segment neben der gestreckten Konformation noch 8 Kinkisomere in 3 Gruppen. In der ersten Gruppe mit einer Kinke in der Segmentmitte gibt es aus Symmetriegründen 2 Möglichkeiten. In der zweiten Gruppe mit einer Kinke am Rande des Segments – unter Mitwirkung der Drehung um die C-Bindung am Benzolring – sind es 4 Möglichkeiten und in der dritten Gruppe mit je einer Kinke an beiden Rändern des Segments sind es wieder 2 Möglichkeiten.

Die Konzentration der gestreckten Segmente x_{ta} im amorphen PET wurde nach (3) zu $x_{ta} = 0{,}13$ gemessen. Modellmäßig kann dieser Wert mit der Annahme der Unabhängigkeit und Gleichwahrscheinlichkeit der in Abb. 8 dargestellten 9 verschiedenen Konformationen der PET-Segmente verstanden werden. Danach ist $x_{ta} = {}^1/_9$.

Für den teilkristallinen Zustand sind in Abb. 9 die experimentellen Werte von x_t nach (3) als Funktion der zugehörigen Mäandervariablen α eingezeichnet. α ist durch den konstanten Mäanderradius r und die Langperiode definiert (vgl. I). Die Langperiodenwerte nach (4) und (2) finden sich in Abb. 3. Die durch die Punkte gezogene Gerade läßt sich mit der analytischen Darstellung $x_t(\alpha)$ [Gl. (16) aus (1)] vergleichen. Der Ordinatenabschnitt, der sich formal für $\alpha = 0$ ergibt, ist nach der Gleichung

$$B_{x_t}^{\text{theor}} = \frac{2s}{r} - x_{ta}\left(1 + \frac{2s}{r}\right) = 0{,}50 - 0{,}16 = 0{,}34$$

in guter Übereinstimmung mit der experimentellen Extrapolation.

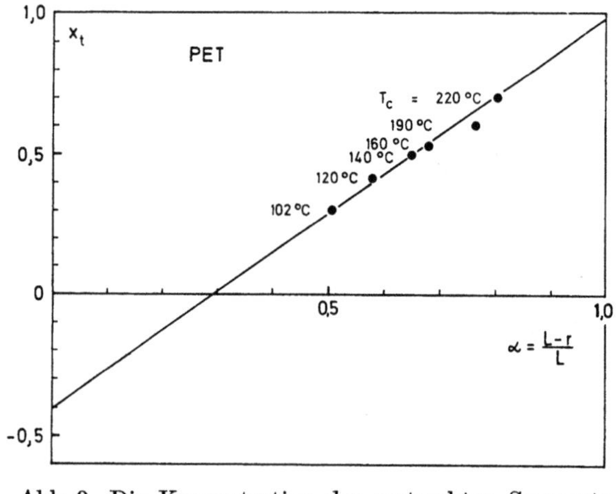

Abb. 9. Die Konzentration der gestreckten Segmente in Abhängigkeit von der Mäandervariablen α

2. *Langperiode*

Die Langperiode L, wie sie sich zu Beginn der Kristallisation einstellt, ist in Abb. 3 als Funktion der Kristallisationstemperatur zusammen mit einer theoretischen Kurve nach Gl. [10] aus (1) eingezeichnet. Die berechnete Kurve wurde bei den unteren T_c an die experimentellen Werte angepaßt, wobei die Anpassung für die Energie der Defekte im Kristall $w_d \approx 8$ kcal/mol liefert.

Die Langperiode zu Beginn der Kristallisation wird bei PET als Maß für die Periodizität der Struktur in Kettenrichtung genommen. Bei den höheren T_c sind nun die gemessenen Werte kleiner als die berechneten. Die Ursache mag der in IIB besprochene Abscherprozeß sein, der den Langperiodenwert reduziert. Dieser Abscherprozeß wird sich bei hohen T_c zeitlich nicht mehr vom eigentlichen Kristallwachstum trennen und dadurch das zu Anfang gemessene L bereits kleiner erscheinen lassen. Eine Zurückrechnung des erreichten Endwertes von L auf die Langperiode in Kettenrichtung unter Berücksichtigung einer Abscherung um ein Monomer pro Netzebene bringt die Meßpunkte bei hohen T_c in bessere Übereinstimmung mit der theoretisch erwarteten Kurve. Als Beispiel ist in Abb. 3 bei $T_c = 230$ °C ein solcher Punkt eingetragen.

3. *Mosaikblockstruktur und parakristalline Störungen (PET bei 140 °C kristallisiert)*

Zur Diskussion der Linienbreite der Röntgenreflexe werden Mosaikblockstruktur (D) und parakristalline Störungen betrachtet. Nach Gl. [1] in (1) ergibt sich für $\bar{D} = L^*$. Für die bei 140 °C kristallisierte Probe mißt man eine Langperiode $L = 120$ Å, daraus ergibt sich $L^* = 78$ Å entsprechend einem Mäanderradius von 42 Å.

Die bewegliche Kinkdichte im Kristall ist modellmäßig $x_{1c} = 1/6$. Nach Gl. [5b] in (1) läßt sich der Zusammenhang zwischen L^* und $\bar{g}$ mit $\alpha^* = \Delta/\bar{d}\sqrt{2} \approx 0{,}17$ formulieren:

$$\bar{g} = \alpha^* \frac{1}{\sqrt{N^*}} = \frac{0{,}17}{\sqrt{6}} = 7 \cdot 10^{-2}.$$

Mit diesen beiden Anteilen ($\bar{D}$ und $\bar{g}$) kann unter der Näherungsannahme von *Gauß*-Profilen der Reflexe die integrale Linienbreite $\overline{\delta\beta}$ nach *Hosemann* (9), Gl. [9] und damit auch die Halbwertsbreite der Reflexe $\overline{\Delta\vartheta}$ angegeben werden und wird mit $\bar{d} = 5$ Å:

$$\overline{\delta\beta}_{\text{theor}} = \sqrt{\frac{1}{\bar{D}^2} + \left(\frac{(\pi\bar{g})^2}{\bar{d}}\right)^2} = \sqrt{1{,}7 + 1} \cdot 10^{-2}\,\text{Å}^{-1}.$$

Daraus folgt nach einfacher Zwischenrechnung die mittlere Halbwertsbreite $\overline{\Delta\vartheta} = 0{,}8°$.

Zum experimentellen Vergleich wurde versucht, in das Weitwinkeldiagramm von PET

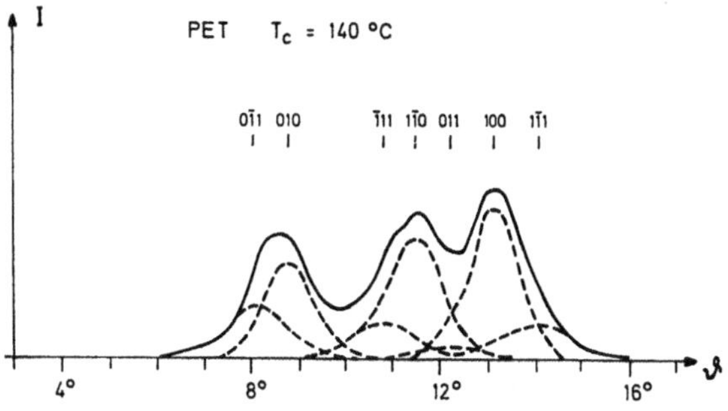

Abb. 10. Analyse des Weitwinkeldiagramms (nach Abzug von Untergrund und Halo) von PET, bei 140 °C kristallisiert

(bei 140 °C kristallisiert) die intensivsten Reflexe einzuzeichnen (Abb. 10). Für die mittlere Hablbwertsbreite der Linien ergibt sich $\overline{\Delta\vartheta} \approx 1{,}2°$.

B. *Umwandlungsdaten*

1. *Schmelzenthalpie*

Die auf das Volumen bezogene Umwandlungswärme $\Delta H'$[cal/cm³] wurde für PET in Abb. 11 als Funktion der Mäandervariablen α aufgetragen. Die Ordinatenwerte wurden aus Abb. 7, die Abszissenwerte entsprechend Abb. 9 aus Abb. 3 bestimmt.

Der Ordinatenabschnitt aus der Extrapolation der Meßpunkte ergibt $B_{\Delta H'} = 33$ cal/cm³ $= 4{,}4$ kcal/mol · Segment.

Im Vergleich dazu liefert Gl. [14] aus (1) $B_{\Delta H'}^{\text{theor.}} = 28$ cal/cm³. Für diese Berechnung wurde angenommen, daß die Enthalpie der Falte und der gauche-Lage den Werten von Polyäthylen entsprechen. Weiterhin wurde der Wert für die mittlere Enthalpie eines Schmelz-Segments zu $\bar{h}_s = 6{,}7$ kcal/mol·Seg-

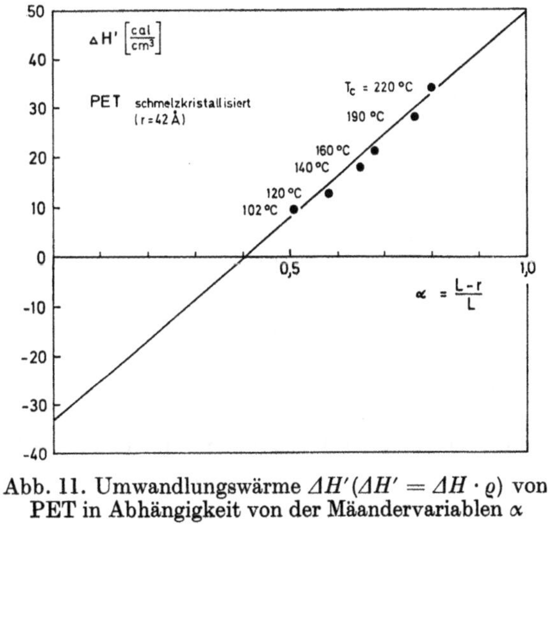

Abb. 11. Umwandlungswärme $\Delta H'$($\Delta H' = \Delta H \cdot \varrho$) von PET in Abhängigkeit von der Mäandervariablen α

ment angenommen, wie er sich aus der experimentell ermittelten Schmelzenthalpie des Kristalls (35 cal/g) und dem Molgewicht des Segments $M_s = 192$ g/mol errechnet.

2. *Dichtesprung*

Der Schmelzenthalpie entsprechend wurde die Dichte ϱ bezogen auf die amorphe Dichte ϱ_a ($\varrho_a = 1{,}335$ g/cm³) als Funktion von α aufgetragen (Abb. 12). Die ϱ-Werte sind aus Abb. 7 bestimmt. Der Ordinatenabschnitt bei $\alpha = 0$ ergibt $B_\varrho = 0{,}06$ g/cm³ in guter Übereinstimmung mit dem theoretischen Wert nach Gl. [15] aus (1). Dieser errechnet sich mit $B_\varrho = 2s/r \cdot (\varrho_c - \varrho_d)$ für einen oberen Wert von $\varrho_c - \varrho_d = \varrho_c - \varrho_a = 0{,}12$ g/cm³ zu $B_\varrho^{\text{theor}} = 0{,}06$ g/cm³.

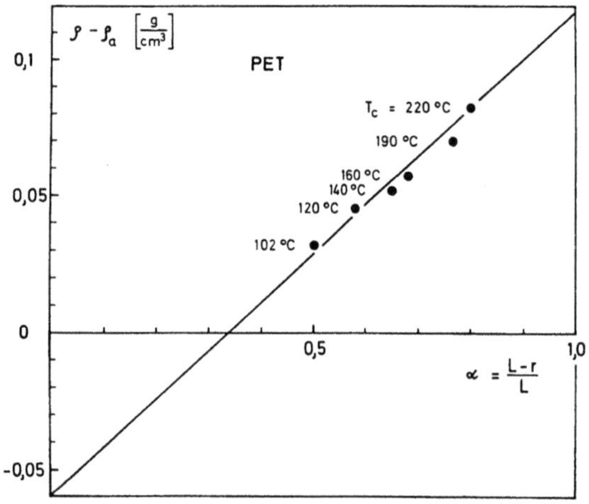

Abb. 12. Dichtedifferenz gegenüber dem Amorphen für PET (bei Raumtemperatur) über der Mäandervariablen α aufgetragen

C. *Molekülbewegung*

Aufgrund der Modellvorstellung kann vorausgesagt werden, daß neben den Kinken im Amorphen bei tiefer Temperatur auch im Defektkristall bewegliche Kinken vorhanden sind und zu einer Relaxationserscheinung führen müssen. Man erwartet daher bei tiefen Temperaturen zwei Relaxationsprozesse (γ_I- und γ_{II}-Prozeß), die sich in ihrer Relaxationszeit unterscheiden (10, 11, 12). Das Verhältnis der Relaxationsbeträge von kristallinem (γ_{II}) zu amorphem (γ_I) γ-Prozeß müßte um den Wert 1/4 liegen. Erste dielektrische Messungen (Frequenzbereich 10^{-3} bis 10^6 Hz, Temperaturbereich -180 °C bis $+100$ °C) an PET, das bei 102 °C kristallisiert wurde, zeigen in die erwartete Richtung. Näheres hierzu in (13).

Wir danken der Deutschen Forschungsgemeinschaft für finanzielle Hilfestellung und den Farbwerken Hoechst für Bereitstellung des Probenmaterials.

Zusammenfassung

Zur quantitativen Behandlung der Mikrostruktur von PET werden Strukturdaten (infrarotspektroskopisch und röntgengraphisch ermittelt) und Umwandlungsdaten (kalorimetrisch und dilatometrisch ermittelt) in Abhängigkeit von den Kristallisationsbedingungen zusammengestellt. Das Mäandermodell und dessen quantitative Formulierung werden daran geprüft. Zur Beschreibung des großen Kristallinitätsbereichs von PET wird die Mäandervariable α benutzt.

Langperiode und Kinkkonzentration sowie Umwandlungsenthalpie und Dichtesprung in Abhängigkeit von der Kristallisationstemperatur werden durch die Theorie in (1) richtig wiedergegeben.

Summary

Transition data of PET from calorimetric and dilatometric measurements, as well as IR and X-Ray studies of crystalline structure, are summarized in order to test quantitative predictions of the meander model in a wide range of crystallinities, described by the meander variable $\alpha = L - r/L$.

The long period, kink concentrations and changes in enthalpy and density during crystallization, which were calculated from theory (1) as a function of crystallization temperature, are in good agreement with experimental data.

Literatur

1) *Pechhold, W., E. Liska,* and *A. Baumgärtner,* Kolloid-Z. u. Z. Polymere **250,** 1017 (1972).

2) *Yeh, G. S. Y.* and *P. H. Geil,* J. Macromol. Sci. (Phys.) B1(2), 235 (1967).

3) *Schönherr, F.,* Faserforschg. Textiltechnik **21,** 246 (1970).

4) *Zachmann, H. G.* und *G. F. Schmidt,* Makromol. Chem. **52,** 23 (1962).

5) *Pechhold, W.* und *S. Blasenbrey,* Angew. Makromol. Chemie **22,** 3 (1972).

6) *Kilian, H. G., H. Halboth* und *E. Jenckel,* Kolloid-Z. u. Z. Polymere **172,** 166 (1960).

7) *Bonart, R.,* Kolloid-Z. u. Z. Polymere **213,** 1 (1966).

8) *Riveros, J. M* and *E. B. Wilson,* J. chem. Phys. **46,** 4605 (1967).

9) *Hosemann, R.,* Ber. Bunsenges. physik. Chemie **74,** 755 (1970).

10) *Pechhold, W.,* Kolloid-Z. u. Z. Polymere **228,** 1 (1968).

11) *Pechhold, W.* und *S. Blasenbrey,* Kolloid-Z. u. Z. Polymere **241,** 955 (1970).

12) *Pechhold, W.* und *B. Stoll,* Ber. Bunsenges. physik. Chemie **74,** 887 (1970).

13) *Baumgärtner, A.,* Dissertation, Ulm (in Vorbereitung).

Anschrift der Verfasser:
Dipl.-Phys. *Armin Baumgärtner*
Dipl.-Phys. *Walter Dollhopf*
Dr. *Ewald Liska*
Prof. Dr. *Wolfgang Pechhold*
Universität Ulm
Abteilung für Experimentelle Physik II
79 Ulm, Oberer Eselsberg

Aus der Abteilung für Experimentelle Physik I der Universität Ulm

Das Babinet-Theorem im Streuexperiment

Von R. Brämer und H. G. Kilian

Vorgetragen auf der Arbeitstagung des Fachausschusses „Physik der Hochpolymeren"; Frühjahrstagung des Regionalverbandes Hessen–Mittelrhein–Saar der Deutschen Physikalischen Gesellschaft vom 22. bis 24. März 1972 in Bad Nauheim, bereits erschienen in Kolloid-Zeitschrift und Zeitschrift für Polymere, Band **250**, 410-413 (1972)

Kolloid-Z. u. Z. Polymere **250**, 1034–1038 (1972)

Aus der Abteilung für experimentelle Physik I der Universität Ulm

Eindimensionale Röntgenkleinwinkelstreuformeln parakristalliner Lamellenclusterstrukturen*)

Von R. Brämer

Mit 6 Abbildungen

(Eingegangen am 23. März 1972)

Es hat sich in den letzten Jahren als zunehmend erfolgreich erwiesen, isotrope Röntgenkleinwinkeldiagramme lösungs- bzw. schmelzkristallisierter Hochpolymerer, deren Kristallite die Form von Lamellen besitzen, mit Hilfe eindimensionaler Strukturmodelle zu interpretieren (1–14).

Dabei finden im wesentlichen zwei unterschiedliche parakristalline Streuformeln (15), im folgenden als „Stapel"- bzw. „Gitterformel" bezeichnet, Verwendung, ohne daß allerdings im Einzelfall Gründe für den Gebrauch der einen oder anderen Formel angegeben werden (mit Ausnahme von (9)).

Das Ziel dieses Beitrags ist es, die häufiger verwendete Gitterformel (1–3, 6–8, 10–12) so zu problematisieren, daß sich daraus eine eindeutige Empfehlung zum Gebrauch der Stapelformel ableiten läßt.

Dazu seien zunächst die den beiden unterschiedlichen Streuformeln zugrunde liegenden Strukturmodelle im einzelnen vorgestellt.

Beide Modelle gehen davon aus, daß die für das Streuverhalten lamellar kristallisierender Polymerer entscheidenden Überstrukturelemente sogenannte Lamellencluster sind, Bereiche also, innerhalb derer die Lamellen im wesentlichen parallel zueinander angeordnet sind.

In Abb. 1 ist ein Ausschnitt aus einer solchen Struktur schematisch dargestellt. Man sieht drei Bereiche, innerhalb derer die weißgezeichneten Kristallamellen jeweils parallel zueinander verlaufen, wodurch übrigens auch die zwischen je zwei Kristallen schwarz eingezeichneten amorphen Zwischenschichten die Form von Lamellen besitzen.

Nimmt man nun an, daß, wie in diesem Bild, die Dicke der Kristalle in der jeweiligen Longitudinalrichtung z klein ist gegenüber deren dazu senkrechten Lateralabmessungen,

Abb. 1. Idealisierte Lamellenclusterstruktur im Zweiphasenmodell

so tragen zum Kleinwinkeldiagramm einer solchen Struktur nur diejenigen Cluster bei, deren Clusterachse z mit der Richtung des primären Röntgenstrahles in etwa einen rechten Winkel bildet, während alle anderen Cluster vom Standpunkt des Kleinwinkelexperimentes aus unsichtbar erscheinen. Das hat zur Folge, daß man eine solche an sich dichtgepackte Polymerprobe behandeln kann wie ein Clustergas, zumal die vereinzelt „sichtbaren" Cluster in ihren äußeren Abmessungen im allgemeinen relativ anisotrop und polydispers sein dürften (16).

Die Annahme lateral praktisch unendlich ausgedehnter Lamellen hat weiterhin zur Folge, daß die Lateralabmessungen der Cluster auf deren Streuverhalten keinerlei Einfluß mehr haben.

Insgesamt läßt sich daher die von einer derartigen Lamellenclusterstruktur gestreute isotrope Kleinwinkelintensität IR berechnen als das $1/2\pi b^2$fache einer Intensitätsverteilung $I(b)$, die über das Absolutquadrat einer *Fourier*-Transformation $\int \varrho(z)\, e^{-2\pi i b z}\, dz$ lediglich von der eindimensionalen Verteilung

*) Vorgetragen auf der Arbeitstagung des Fachausschusses „Physik der Hochpolymeren"; Frühjahrstagung des Regionalverbandes Hessen–Mittelrhein-Saar der Deutschen Physikalischen Gesellschaft vom 22. bis 24. März 1972 in Bad Nauheim.

der mittleren Elektronendichte $\varrho(z)$ längs der jeweiligen Clusterachse abhängt:

$$IR(b) = \frac{1}{2\pi b^2} I(b)$$

$$I(b) = \langle |\int \varrho(z) e^{-2\pi i b z} dz|^2 \rangle .$$

(b: Betrag des Ortsvektors des reziproken Raumes).

Die Winkel, die das Absolutquadrat in dieser Gleichung umschließen, sollen andeuten, daß $I(b)$ nicht unmittelbar identisch ist mit der von einem einzelnen Cluster gestreuten Intensität; vielmehr steht dazwischen noch der Prozeß einer Erwartungswertbildung über alle innerhalb einer konkreten Probe denkbaren Clusterstrukturen, d. h. genauer über alle denkbaren longitudinalen Dichteverteilungen innerhalb der Cluster.

An dieser Stelle nun unterscheiden sich die beiden in Frage stehenden Strukturmodelle.

Zwar wird in beiden Fällen statistische Homogenität für die innere Struktur der Cluster vorausgesetzt, d. h. den Variablen dieser inneren Struktur, den Dicken x_n der Kristalle, den Dicken y_n der amorphen Zwischenschichten sowie den Abständen $z_n = x_n + y_n$ benachbarter Kristalle werden Verteilungsfunktionen zugeordnet, die unabhängig sind von den Lagen der jeweiligen Bestimmungsstücke innerhalb des Clusters.

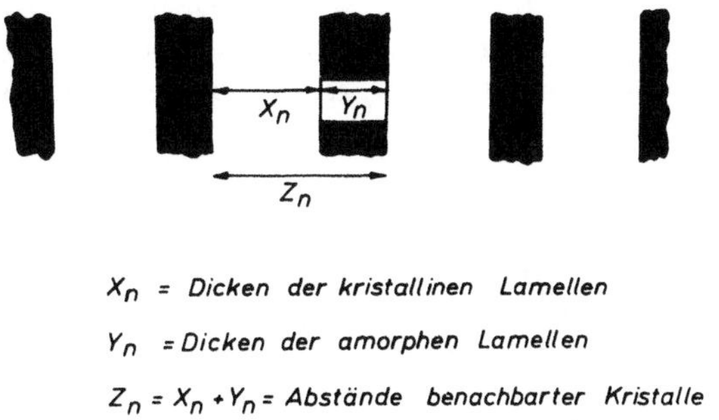

Abb. 2. Zur Definition der Clustervariablen

Was jedoch die statistische Dominanz der verschiedenen Variablen angeht, so unterscheiden sich hierin Stapel- und Gittermodell grundlegend.

Konstituierend für das Stapelmodell (9, 17, 18) ist die Annahme, daß die Dicken x der Kristalle und die Dicken y der amorphen Zwischenschichten insgesamt einen Satz untereinander statistisch unabhängiger Variabler darstellen. Anschaulich bedeutet das, daß man sich den Prozeß des Aufbaus eines Stapelclusters etwa folgendermaßen vorstellen muß:

Man hat auszugehen von zwei jeweils unendlich viele Elemente umfassenden Mengen kristalliner bzw. amorpher Lamellen, deren Dicken jeweils eine vorgegebene Verteilung, etwa Hx für die kristallinen Dicken, Hy für die amorphen Dicken aufweisen. Aus diesen Mengen werden nun blind in alternierender Weise kristalline und amorphe Lamellen herausgegriffen und in derselben Reihenfolge aufeinandergestapelt. Auf diese Weise entsteht ein Cluster, in welchem die Dicke einer gerade aufgelegten Lamelle unabhängig ist von den Dicken aller Vorgänger und Nachfolger. Dabei haben die Kristallabstände z_n und damit auch das von ihnen gebildete Gitter nur residualen Charakter.

Das Gittermodell (9, 15, 19) hingegen beruht auf der Annahme, daß zur Menge der statistisch untereinander unabhängigen Variablen neben den Kristalldicken x_n die Kristallabstände z_n gehören.

Das Gittermodell hingegen beruht auf der Annahme, daß zur Menge der statistisch untereinander unabhängigen Variablen neben den Kristalldicken x_n die Kristallabstände z_n gehören.

Das hat zur Folge, daß man, um ein Gittercluster aufzubauen, zweckmäßigerweise zunächst durch einfaches Aneinanderreihen von Kristallabständen z_n, die blind aus einer durch die a-priori-Verteilung Hz gekennzeichneten Abstandsmenge herausgegriffen worden sind, ein parakristallines Gitter konstruiert. Erst dann verteilt man die ebenfalls nach einem Zufallssystem aus der Kristalllamellenmenge mit der Dickenverteilung Hx herausgegriffenen Lamellenkristalle auf die nun schon vorhandenen Gitterplätze. Bei einem solchen Clusteraufbau sind es die Dicken y_n der amorphen Zwischenschichten, die sozusagen als Nebenprodukt entstehen.

Die unterschiedlichen statistischen Grundannahmen der beiden Modelle finden ihren

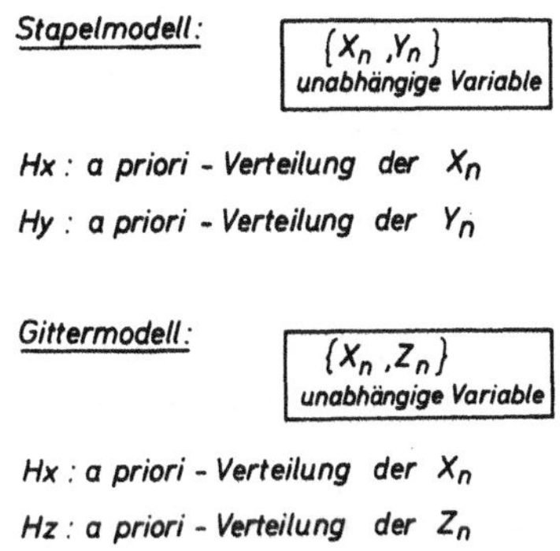

Abb. 3. Die statistischen Ansätze von Stapel- und Gittermodell

Niederschlag in charakteristischen Unterschieden der entsprechenden Streuformeln.

So liefert die im Falle des Stapelmodells unter der Voraussetzung statistischer Unabhängigkeit der kristallinen und amorphen Lamellendicken durchgeführte Erwartungswertbildung den folgenden Zusammenhang zwischen der gestreuten Intensität IS und den *Fourier*-Transformierten fx, fy der Verteilungen Hx und Hy:

$$IS \propto \frac{1}{2\pi^2 b^2} \cdot Re\left\{\frac{(1-fx)(1-fy)}{1-fxfy}\right\}$$

$$(fx = \int Hx(x)e^{-2\pi ibx}dx,\ fy \text{ analog}).$$

Häufiger als die Stapelformel wird in der Literatur die Gitterformel verwendet, die man erhält, wenn man bei der Erwartungswertbildung über alle Clusterstrukturen von Hx und Hz als a-priori-Verteilungen ausgeht:

$$IG \propto (\overline{|F|^2} - |\overline{F}|^2) + |\overline{F}|^2 Re\left\{\frac{1+fz}{1-fz}\right\},$$

$$(fz = \int Hz(z)e^{-2\pi ibz}dz).$$

Dabei ist F die Formamplitude einer Kristallamelle. Im übrigen ist in beiden Formeln der Übersichtlichkeit halber angenommen, daß die Zahl der Lamellen pro Cluster vergleichsweise unendlich groß ist, so daß der Einfluß der Clusterlongitudinalausdehnung wie schon der Lateralausdehnung auf die Streukurve vernachlässigt werden kann.

Ein Vergleich der beiden Formeln wird erleichtert, wenn man sie folgendermaßen umformt:

Stapelformel:

$$4\pi^2 b^2 \cdot IS = \frac{Re fx}{|fx|^2}(1-|fx|^2) - Re\left\{\frac{(1-fx)^2}{fx} \cdot \frac{1+fz}{1-fz}\right\}$$

Gitterformel:

$$4\pi^2 b^2 \cdot IG = (1-|fx|^2) + |1-fx|^2 \cdot Re\left\{\frac{1+fz}{1-fz}\right\}.$$

Ohne auf Einzelheiten einzugehen, sei hier nur darauf hingewiesen, daß sowohl die Stapelformel als auch die Gitterformel in jeweils zwei Summanden zerfällt, von denen der jeweils erste, der sogenannte „Untergrund", nur von fx abhängt und im allgemeinen nur langsam mit dem Streuwinkel variiert, so daß der Verlauf der Kleinwinkelkurven im wesentlichen von den jeweils zweiten Summanden bestimmt wird.

Der Grund für die Dominanz dieser zweiten Summanden hängt mit dem in ihnen durch den reinen fz-abhängigen Term $(1+fz)/(1-fz)$ zum Ausdruck kommenden Gittereinfluß zusammen, wobei sich die beiden Formeln nun gerade in der Art der Berücksichtigung dieses Gittereinflusses grundlegend unterscheiden. Während in der Gitterformel, der dominierenden Rolle des Gitters im Gittermodell entsprechend, der reine Gitterfaktor

$$G = Re\left\{\frac{1+fz}{1-fz}\right\}$$

explizit auftritt, taucht er in der Stapelformel nur implizit auf.

Diese Separierung der Gitterformel in Form- und Gitterfaktor ist wegen der damit verbundenen größeren Übersichtlichkeit vermutlich der Hauptgrund für die bevorzugte Verwendung dieser Formel.

In der entsprechenden Literatur mangelt es indes durchweg an der im Umgang mit der Gitterformel notwendigen Vorsicht, die deshalb geboten ist, weil das Gittermodell als Folge seines statistischen Ansatzes nur einen begrenzten Anwendungsbereich besitzt.

Das wird unmittelbar klar, wenn man bedenkt, daß die Dicken der Kristallamellen und deren Abstände durchaus nicht in jedem Fall, wie vorausgesetzt, untereinander unabhängig sein können.

Vielmehr wird die statistische Unabhängigkeit der x_n, z_n dadurch eingeschränkt, daß sich benachbarte Lamellen infolge ihres materiellen Charakters nicht überlappen dürfen: Die Dicke eines Kristalls muß also stets kleiner sein als der dazugehörige Kristallabstand:

$$\boxed{x_n \leq z_n} \quad \text{für alle } n.$$

Die Gitterformel läßt sich infolge dieser Einschränkung streng genommen nur aufrechterhalten, wenn die untere Grenze der Verteilung Hz der Kristallabstände größer ist als die obere Grenze der Verteilung Hx der Kristalldicken.

Da eine solche Bedingung in der Regel von den in realen Proben vorliegenden Verteilungen nur selten erfüllt sein dürfte, wird es im allgemeinen, will man das Gittermodell zumindest noch partiell aufrechterhalten, notwendig sein, den statistischen Ansatz dieses Modells zu modifizieren. Allerdings wird dabei auf jeden Fall die Voraussetzung der statistischen Homogenität der Clusterstruktur verletzt werden müssen, was eine erhebliche Verkomplizierung der entsprechenden Streuformel zur Folge hat.

Eine andere Möglichkeit, die Gitterformel für die Praxis zu retten, könnte darin bestehen, zu untersuchen, in welchem Maße sie auf Strukturen anwendbar ist, in denen sich die a-priori-Statistiken Hx und Hz zwar überlappen, der damit verbundene Fehler in der Streukurve jedoch eine bestimmte Grenze nicht überschreitet.

Dazu bedarf es allerdings eines sinnvollen Maßes für den Fehler, der durch die Zulässigkeit der Überlappung benachbarter Kristalle in die Gitterformel eingebracht wird. Als ein solches Maß bietet sich die unter der Voraussetzung der Unabhängigkeit von Hx und Hz berechenbare Verteilungsfunktion Hy für die Dicken der amorphen Zwischenbereiche an. Im Hy nämlich treten Überlappungen von Hx und Hz als entsprechende negative Zwischenraumdicken mit von Null verschiedener Wahrscheinlichkeit auf.

Ein sinnvolles Kriterium für die Anwendbarkeit der Gitterformel könnte daher in der Forderung bestehen, daß die Gesamtwahrscheinlichkeit für das Auftreten negativer Zwischenschichtdicken bei Überlappung von Hx und Hz klein zu sein haben gegen 1:

$$\int_{-\infty}^{0} Hy(y)\,dy \ll 1 .$$

Wertet man diese Grenzbedingung für die Anwendbarkeit der Gitterformel beispielsweise für den Fall aus, daß Hx und Hz *Gauß*-Statistiken sind, so findet man folgende, die Parameter der mit der Gitterformel analysierbaren Strukturen einschränkende Bedingung:

$$(+) \qquad \frac{w_c^2 gx^2 + gz^2}{(1 - w_c)^2} \lesssim 0{,}1 .$$

Dabei ist w_c der Kristallanteil der Probe; gx und gz sind die relativen Schwankungsbreiten der Verteilungsfunktionen Hx und Hz für die Kristalldicken bzw. -abstände.

Wie stark der Anwendungsbereich der Gitterformel durch diese Bedingung eingeschränkt wird, wird deutlich, wenn man etwa $gx = gz$ setzt. Dann nämlich leitet sich aus (+) folgende Beschränkung für gz ab:

$$gz \lesssim \begin{cases} 28\% & \text{für } w_c = 10\% \\ 14\% & \text{für } w_c = 50\% \\ 2\% & \text{für } w_c = 90\% \end{cases}$$

Für große Kristallanteile ist die Gitterformel also praktisch nur auf kristalline Ordnungen anwendbar.

Es stellt sich nun die Frage, an welchen Stellen und in welchem Maße sich die mit der Gitterformel innerhalb ihres relativ begrenzten Anwendungsbereiches berechenbaren Streukurven von den entsprechenden Stapelmodellkurven unterscheiden.

In den folgenden Abbildungen sind die Verläufe einander entsprechender, d. h. auf der Basis identischer Werte für w_c, gx und gz berechneter Stapel- und Gitterkurven miteinander verglichen. Wie man sieht, sind die Unterschiede zwischen den Modellkurven minimal, so lange (+) erfüllt ist (Abb. 4 und Abb. 5). Wie ein ausführlicherer Vergleich zeigt, kann man ganz generell sagen, daß die Unterschiede zwischen Gitter- und Stapelkurven innerhalb des Anwendungsbereiches der Gitterformel für die Praxis vernachlässigbar klein sind.

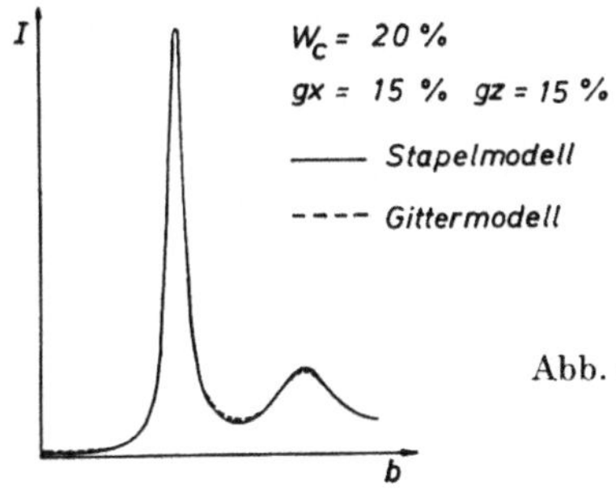

Abb. 4

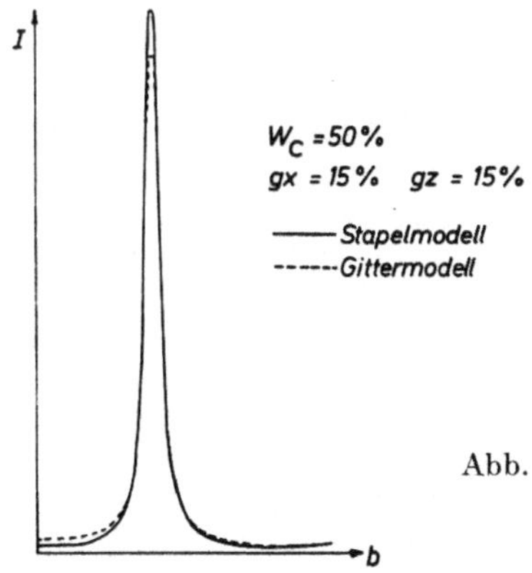

Abb. 5

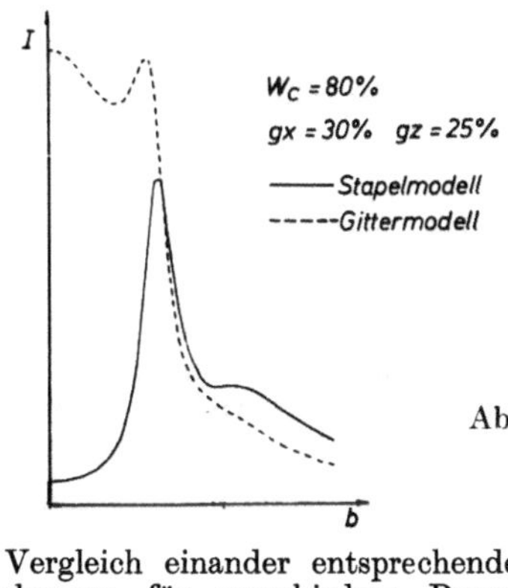

Abb. 6

Abb. 4–6. Vergleich einander entsprechender Stapel- und Gitterkurven für verschiedene Parametersätze

Das gilt jedoch nicht mehr, wenn der Anwendungsbereich der Gitterformel verlassen wird. Die Kurven der Abb. 6 sind ein extremes Beispiel dafür; hier ist

$$\frac{w_c^2 gx^2 + gz^2}{(1 - w_c)^2} = 3{,}0 .$$

Offenbar als Folge der damit verbundenen starken Überlappung benachbarter Kristalle im Gittermodell bildet die Gitterkurve ein in der Stapelkurve auch nicht andeutungsweise vorhandenes nulltes Maximum aus.

Insgesamt ergibt sich daher aus dem Vergleich von Gitter- und Stapelkurven, daß die Gitterformel in Zusammenhang mit der Interpretation von isotropen Kleinwinkelstreukurven lamellenclusterstrukturierter Hochpolymerer zumindest überflüssig ist. Denn wo sie anwendbar ist, kann sie ohne nennenswerten Fehler durch die Stapelformel ersetzt werden, und umgekehrt, wo Gitter- und Stapelkurven merkliche Unterschiede aufweisen, ist sie nicht anwendbar.

Allerdings wird man die Gitterformel nur in Zusammenhang mit Lamellenclusterstrukturen als überflüssig bezeichnen dürfen, da hier mit der Stapelformel ein ebenso praktikables und darüber hinaus unbegrenzt anwendbares Äquivalent zur Gitterformel vorhanden ist. Das gilt jedoch nicht mehr für den Fall mehrdimensionaler Strukturen. Da nämlich das Stapelmodell grundsätzlich nicht über die modellmäßige Erfassung von Lamellenclusterstrukturen hinaus anwendbar ist, stellt das Gittermodell zur Zeit die einzige Möglichkeit zur Beschreibung des Streuverhaltens echt zwei- oder dreidimensionaler Strukturen dar, obwohl die von seinem statistischen Ansatz her gegen das Gittermodell zu erhebenden Einwände auch im Falle mehrdimensionaler Strukturen (eventuell in modifizierter Form) ihre Berechtigung behalten.

Zusammenfassung

Die beiden gebräuchlichsten Modelle zur Interpretation isotroper Röntgenkleinwinkelstreukurven lamellar kristallisierender Hochpolymerer werden diskutiert und miteinander verglichen. Dabei stellt sich heraus, daß das von der Annahme statistischer Unabhängigkeit der Lamellendicken und -abstände ausgehende „*Gittermodell*" im Gegensatz zum „*Stapelmodell*", in dem die Dicken benachbarter kristalliner und amorpher Lamellen als statistisch unabhängig gelten, nur einen begrenzten Anwendungsbereich hat. Da sich innerhalb dieses Anwendungsbereiches die Streukurven des Gittermodells nur vernachlässigbar wenig von den entsprechenden Kurven des Stapelmodells unterscheiden, kann man im vorliegenden Zusammenhang das Gittermodell zumindest als überflüssig bezeichnen.

Summary

The two most commonly used models to interprete isotropic small angle scattering curves of lamellarly crystallizing polymers are discussed and compared with each other. One of the two, the "*Gittermodell*", which is based on the assumption of the lamellar thicknesses and distances being statistically independent, has in contrast to the "*Stapelmodell*", where the thicknesses of neighbouring crystalline and amorphous lamellae are considered as independent, only a small range of application. As within this range the differences between corresponding scattering curves of the "*Gittermodell*" and the "*Stapelmodell*" are not remarkable, in this connection the "*Gittermodell*" can be regarded as at least superfluous.

Literatur

1) *Tsvankin, D. Ya.*, Vysokomol. soyed. **6**, 2078, 2083 (1964) [Übersetzt in Polymer Sci. U.S.S.R. **6**, 2304, 2310 (1964)].

2) *Reinhold, Chr., E. W. Fischer*, and *A. Peterlin*, J. Appl. Phys. **35**, 71 (1964).

3) *Kilian, H. G.*, Kolloid-Z. u. Z. Polymere **205**, 7 (1965).

4) *Bonart, R.*, Kolloid-Z. u. Z. Polymere **211**, 14 (1966).

5) *Vonk, C. G.* und *G. Kortleve*, Kolloid-Z. u. Z. Polymere **220**, 19 (1967).

6) *Fischer, E. W., H. Goddar* und *G. F. Schmidt*, Kolloid-Z. u. Z. Polymere **226**, 30 (1968).

7) *Tsvankin, D. Ya., Yu. A. Zubov* und *A. I. Kitaigorodskii*, J. Polym. Sci. **C16**, 4081 (1968).

8) *Gerasimov, V. I.* und *D. Ya. Tsvankin*, Vysokomol. soyed. **A11**, 2652 (1969). [Übersetzt in Polymer Sci. U.S.S.R. **11**, 3013 (1969).]

9) *Blundell, D. J.*, Acta Cryst. **A26**, 472, 476 (1970).

10) *Takahashi, K., K. Miyasaka* und *K. Ishikawa*, Makromolekulare Chem. **138**, 37 (1970).

11) *Kavesh, S.* and *J. M. Schultz*, J. Polym. Sci. **A-2 8**, 243 (1970); **9**, 85 (1971).

12) *Buchanan, D. R.*, J. Polym. Sci. **A-2 9**, 645 (1971).

13) *Wenig, W.*, Diplomarbeit (Ulm 1971).

14) *Kilian, H. G.* und *W. Wenig*, in Vorb.

15) *Hosemann, R.* and *S. N. Bagchi*, Direct Analysis of Diffraction by Matter (Amsterdam 1962).

16) *Alexander, L. E.*, X-Ray Diffraction Methods in Polymer Science (New York 1969).

17) *Hermans, J. J.*, Rec. Trav. Chim. Pays-Bas **63**, 211 (1944).

18) *Hosemann, R.*, Z. Phys. **127**, 16 (1949).

19) *Guinier, A.* and *G. Fournet*, Small-Angle Scattering of X-Rays (New York 1955).

Anschrift des Verfassers:

R. Brämer

Abteilung für experimentelle Physik I der Universität

7900 Ulm/Donau, Oberer Eselsberg

Kolloid-Z. u. Z. Polymere **250**, 1039–1046 (1972)

Aus dem Institut für Physikalische Chemie an der Universität Mainz

Analyse von spaltverschmierten Kleinwinkelstreukurven lamellarer Strukturen*)

Von G. R. Strobl

Mit 1 Abbildung und 1 Tabelle

(Eingegangen am 24. Juli 1972)

I. Einleitung

Beim Studium des thermischen Verhaltens von Kettenmolekülkristallen waren an einer Serie molekulareinheitlicher, langkettiger Paraffine Kleinwinkelstreuexperimente unternommen worden. Sie dienten zur Bestimmung der lamellaren Struktur dieser Kristalle, welche, wie sich zeigte, beim Aufheizen sehr deutlich ausgeprägte Veränderungen erfährt. Nachdem schon an anderer Stelle kurz über die Meßergebnisse berichtet wurde (1), soll hier ausführlicher die Methode beschrieben werden, die zur Auswertung der Meßkurven herangezogen worden war. Diese Methode erlaubt die Bestimmung absoluter Streuintensitäten aus spaltverschmierten Kleinwinkelstreukurven. Ihre Anwendung kann zu einer vollständigen Charakterisierung lamellarer Strukturen führen.

Im folgenden werden zunächst einige unmittelbar anzugebende Zusammenhänge formuliert, welche Bestimmungsgrößen der Kleinwinkelreflexe mit Parametern der Lamellarstruktur verknüpfen. Daran anschließend wird beschrieben, wie diese Bestimmungsgrößen aus spaltverschmierten Streukurven abgeleitet werden können. Als Beispiel für die Anwendung der vorgeschlagenen Methode wird die Streukurve einer schmelzkristallisierten Probe des Paraffins $C_{62}H_{126}$ diskutiert.

II. Kleinwinkelstreuverhalten lamellarer Kristalle

Bei der Streuung von Röntgenstrahlen an Kettenmolekülkristallen erscheint im Bereich kleiner Streuwinkel eine Folge von Reflexen, in denen sich die lamellare Struktur dieser Kristalle abbildet. Die Eigenschaften dieser Abbildung und darauf aufbauend die Möglichkeit einer Charakterisierung von lamellaren Strukturen durch eine geeignete Analyse von Kleinwinkelstreukurven sollen im folgenden genauer untersucht werden.

Ganz allgemein erfolgt eine vollständige Beschreibung der lamellaren Struktur eines Kettenmolekülkristalls durch Angabe des Verlaufs der mittleren Elektronendichte längs eines „Durchschusses" senkrecht zu den lamellaren Grenzflächen. Wir nennen diese Größe $\eta(z)$ und definieren sie als

$$\eta(z) = \frac{1}{F} \int_F \eta_0(x, y, z)\, dx\, dy\,.$$

Hier sind x, y, z kartesische Koordinaten, wobei z senkrecht zu den lamellaren Grenzschichten verläuft. $\eta_0(x, y, z)$ gibt die Elektronendichteverteilung im Kristall wieder und $\eta(z)$ ist ihr Mittelwert in der Höhe z. Gemittelt wird, innerhalb von Ebenen parallel zu den Grenzflächen, über eine Fläche F, welche groß im Vergleich zum Kettenquerschnitt gewählt werden muß.

Als Folge des Kettenaufbaus aus monomeren Einheiten schwankt $\eta(z)$ im Lamelleninnern um einen mittleren Wert η_c. Im allgemeinen ist die Periodizitätslänge dieser Schwankungen jedoch klein gegenüber der Lamellendicke und ohne Bedeutung für die Streuintensitätsverteilung im Kleinwinkelbereich. Hier wirkt das Lamelleninnere wie ein Bereich konstanter Elektronendichte.

Abweichungen von diesem Wert (η_c wird bei Polymer-Einkristallen häufig „kristalline Elektronendichte" genannt) kommen allein innerhalb bestimmter Schichten um die lamellaren Grenzflächen vor. Da ganz allgemein die Intensitätsverteilung gestreuter Röntgenstrahlen allein von *Differenzen* in der Elektronendichte des Streuers abhängt, kann die Streukurve als ausschließlich durch Anordnung und Struktur dieser Grenzschichten bestimmt aufgefaßt werden.

Zur Festlegung der Anordnung müssen die Abstände angegeben werden, in welchen die Grenzschichten aufeinander folgen. Im all-

*) Vorgetragen auf der Arbeitstagung des Fachausschusses „Physik der Hochpolymeren"; Frühjahrstagung des Regionalverbandes Hessen–Mittelrhein–Saar der Deutschen Physikalischen Gesellschaft vom 22. bis 24. März 1972 in Bad Nauheim.

gemeinen werden diese Abstände innerhalb der Probe geringfügig schwanken. Der mittlere Abstand, üblicherweise „Langperiode" genannt, sei L, und die Schwankungsbreite sei δL. Schwankungen können entweder innerhalb des Einzelkristalls vorliegen, oder aber zwischen den verschiedenen Kristallen der Probe auftreten. Im ersten Fall spricht man vom Vorhandensein „parakristalliner Störungen", im letzteren Fall ist die Probe in sich uneinheitlich.

Zur Beschreibung der Struktur der Grenzschicht eignet sich die Funktion

$$\Delta\eta(z) = \eta_c - \eta(z),$$

welche das Profil des „Elektronendichtedefekts" wiedergibt.

Diese drei Parameter, L, δL, $\Delta\eta(z)$ sind in erster Linie entscheidend für das Kleinwinkelstreuverhalten lamellarer Substanzen. Sie spiegeln sich in der Lage, Breite und Intensität der Kleinwinkelreflexe.

Es ist nicht schwer, aus den allgemeinen Prinzipien der Streutheorie [siehe beispielsweise (2)] für den speziellen Fall einer isotropen Probe aus lamellaren Kristallen eine Beschreibung für die Folge der Kleinwinkelreflexe abzuleiten. Streuintensitäten werden üblicherweise durch Vergleich mit der Intensität einer von einem einzelnen Elektron ausgehenden Streuwelle festgelegt. $j(s)$ sei die Anzahl von Elektronen, welche, bei voneinander unabhängiger Streuung, in einer bestimmten, durch die Koordinate s im reziproken Raum gekennzeichneten Richtung dieselbe Streuintensität bewirken wie eine Volumeinheit Streuersubstanz. Für $j(s)$ gilt in unserem Fall

$$4\Pi s^2 j(s) = \frac{2}{L}\cdot\frac{\varrho_p}{\varrho}\cdot B^2(s)\cdot\frac{1}{L}\sum_{l>0} R_l\left(s-\frac{l}{L}\right). \quad [1]$$

Dabei ist das Reflexprofil normiert gewählt:

$$\int R_l\left(s-\frac{l}{L}\right)ds = 1. \quad [2]$$

Der Grenzschicht-Strukturfaktor ist die *Fourier*-Transformierte von $\Delta\eta(z)$:

$$B(s) = \int \Delta\eta(z)\exp 2\Pi isz\,dz = \int \Delta\eta(z)\cos 2\Pi sz\,dz, \quad [3]$$

letzteres unter der Annahme $\Delta\eta(z) = \Delta\eta(-z)$.

Weiterhin sind ϱ_p und ϱ die Dichten der Probe und der Einzelkristalle.

Der Faktor 2 in Gl. [1] ist durch die Überlagerung der Reflexe mit den Indizes l und $-l$ bedingt.

Aus den Gln. [1], [2] folgt nun der genaue Zusammenhang zwischen der integralen Intensität eines Reflexes und dem Wert des Strukturfaktors an der Stelle des Reflexes:

$$\int\limits_{\text{Reflex } l\text{-ter Ordnung}} j(s)4\Pi s^2 ds = \frac{2}{L^2}\frac{\varrho_p}{\varrho}\cdot B^2\left(\frac{l}{L}\right) \quad [4]$$

Falls ausreichend viele Reflexe vermessen werden können, kann aus den daraus mittels Gl. [4] abzuleitenden Strukturfaktorwerten $B(l/L)$ durch *Fourier*-Synthese das Elektronendichteprofil $\Delta\eta(z)$ errechnet werden. Eine solche vollständige Kenntnis wird jedoch nur in Ausnahmefällen erreicht. Man hätte dazu Kleinwinkel- und Weitwinkelstreuexperimente zu kombinieren, was selten geschieht. Es stellt sich deshalb die Frage, welche Eigenschaften der Funktion $\Delta\eta(z)$ allein aus den in Kleinwinkelstreuexperimenten erscheinenden Reflexen niedriger Ordnung bestimmbar sind. Zu ihrer Beantwortung entwickeln wir die rechte Seite von Gl. [3] in eine Potenzreihe:

$$B\left(\frac{l}{L}\right) = \int \Delta\eta(z)dz - \frac{1}{2}\left(\frac{2\Pi}{L}\right)^2 l^2\cdot\int z^2\Delta\eta(z)dz + \ldots$$

und quadrieren:

$$B^2\left(\frac{l}{L}\right) = \left(\int \Delta\eta(z)dz\right)^2 - \left(\frac{2\Pi}{L}\right)^2 l^2\cdot\int \Delta\eta(z)dz \times \int z^2\Delta\eta(z)dz + 0(l^4).$$

Bei Einführung der Parameter

$$\varkappa = \int \Delta\eta(z)dz$$

$$\sigma^2 = \int z^2\Delta\eta(z)dz/\int \Delta\eta(z)dz$$

erhalten wir schließlich:

$$B^2\left(\frac{l}{L}\right) = \varkappa^2 - \left(\frac{2\Pi}{L}\right)^2\cdot\varkappa^2\cdot\sigma^2\cdot l^2 + 0(l^4). \quad [5]$$

Die Bedeutung der eingeführten Parameter ist unmittelbar ersichtlich. $\varkappa = B(0)$ gibt den gesamten Elektronendichtedefekt pro Flächeneinheit der Grenzschicht an. σ^2 ist das zweite Moment des Elektronendichteprofils $\Delta\eta(z)$ und somit ein brauchbares Maß für die Dicke der Grenzschicht. Gl. [5] zeigt, wie diese beiden wichtigen Parameter einem Kleinwinkelstreuexperiment entnommen werden können. Bei Vermessung der Reflexe bis einschließlich n-ter Ordnung hat man durch die n erhaltenen Meßwerte $B^2(l/L)$, $l = 1, 2, \ldots, n$ ein gerades Polynom der Ordnung $2n-2$

$$B^2\left(\frac{l}{L}\right) = C_0 + C_2 l^2 + C_4 l^4 + \cdots + C_{2n-2} l^{2n-2}$$

zu legen. $\varkappa^2$ und σ^2 ergeben sich dann aus C_0 und C_2. Schon bei Kenntnis der 2 Reflexe $l = 1,2$ kann so $\varkappa^2$ und σ^2 abgeschätzt werden. Es sei darauf hingewiesen, daß es sich bei dem genannten Zusammenhang zwischen σ^2 und C_2, also zwischen der Grenzschichtdicke und der Krümmung der Strukturfaktor-Funktion im Ursprung $s = 0$, um eine bekannte und häufig genutzte Beziehung handelt. Er findet bei Kleinwinkelstreuexperimenten an verdünnten Systemen seine Anwendung in der „Auftragung nach *Guinier*" ($\ln j$ als Funktion von s^2) zur Ermittlung von Trägheitsradien.

Eine Bestimmung der Breiten der Kleinwinkelreflexe gestattet Rückschlüsse auf den Charakter von Lamellendickenschwankungen, falls solche in der Probe vorhanden sein sollten. Bei Benutzung der integralen Breite

$$\delta s_l = \frac{1}{4\Pi \frac{l^2}{L^2} j\left(s = \frac{l}{L}\right)} \cdot \int_{\text{Reflex } l\text{-ter Ordnung}} j(s) 4\Pi s^2 ds \qquad [6]$$

als Maß für die Breite eines Kleinwinkelreflexes, kann man für ihre Abhängigkeit von der Reflexordnung die folgende Beziehung ansetzen:

$$(\delta s_l)^2 \approx \frac{1}{L^2}\,(a^2 + (bl)^2 + (cl^2)^2). \qquad [7]$$

Hierin ist $a = 1/m$ umgekehrt proportional zur mittleren Zahl der Lamellen pro Kristall,

$$b = \frac{\delta L}{L}\bigg|_{\text{intrakristallin}}$$

ist durch die Schwankungen der Lamellendicke zwischen verschiedenen Kristallen einer uneinheitlichen Probe gegeben,

und $$c = \left(\frac{\Pi}{2}\right)^2 \left(\frac{\delta L}{L}\bigg|_{\text{interkristallin}}\right)^2$$

[vgl. (3)] ist durch die Schwankungen der Lamellendicke innerhalb der einzelnen Kristalle, also durch den Grad parakristalliner Störungen bestimmt. Mit dem obigen Ansatz wurde unterstellt, daß alle drei Einflußfaktoren unabhängig voneinander wirken und jeweils zu Reflexprofilen führen, die durch *Gauß*-Kurven angenähert werden können. Bei Kenntnis der Breiten von mindestens drei Reflexen können dann die Koeffizienten a, b, c abgeschätzt und somit die drei überlagerten Verbreiterungskomponenten voneinander getrennt werden.

Nach Formulierung dieser allgemeinen Beziehungen zwischen Parametern der Lamellarstruktur einerseits und Eigenschaften der Kleinwinkelreflexe andererseits wenden wir uns jetzt der für die Praxis wichtigen Frage nach dem genauen Zusammenhang zwischen gemessenen Streudaten und der Streufunktion $j(s)$ zu.

III. Bestimmung absoluter Streuintensitäten aus spaltverschmierten Streukurven

Kleinwinkelstreuexperimente werden aus Intensitätsgründen üblicherweise unter Verwendung eines spaltförmigen Primärstrahls durchgeführt. Als Ergebnis der Messung erhält man dann eine „spaltverschmierte" Streukurve. Im folgenden sollen allein derartige Meßkurven behandelt und ihre Beziehung zur zugrundeliegenden Streufunktion $j(s)$ erörtert werden.

Zunächst haben wir das Meßsystem, wie es beispielsweise durch eine *Kratky*-Kammer gegeben ist, durch Einführung eines Satzes geeigneter Parameter genau zu beschreiben. Dazu gehört als erstes die Angabe des in der Registrierebene (das ist die Ebene, in der die Streustrahlung durch ein Zählrohr registriert wird) zu messenden Längsprofils des spaltförmigen Primärstrahls. Wir nennen diese Intensitätsverteilung $i(u)$, wobei u die Koordinate längs des Primärstrahls ist, und schreiben sie als Produkt:

$$i(u) = i(u = 0) \cdot I(u).$$

Hier gibt $I(u)$ die relative Intensitätsverteilung an [$I(0) = 1$], und $i(0)$ ist der Energiefluß pro Längeneinheit im Zentrum des Primärstrahls. Des weiteren müssen die Abmessungen des rechteckigen Fensters des registrierenden Zählrohrs bekannt sein. Wir nennen seine Länge, parallel zur Primärstrahlebene, $2C_1$ und seine Breite C_5 (üblicherweise gilt $C_5 \ll 2C_1$). Schließlich muß der Abstand R zwischen Präparat und Zählrohr angegeben werden.

$i(0)$ läßt sich auf besonders einfache Art mit Hilfe eines von *Kratky* eingeführten Eichpräparates aus Lupolen bestimmen. Es ist anwendbar im üblichen Falle eines Primärstrahls mit trapezförmigem Längsprofil. Dann gilt

$$C_5 \cdot 2C_1 \cdot i(0) = \frac{R}{K_r} \cdot \tilde{S}_E \qquad [8]$$

wobei $\tilde{S}_E$ die Streuintensität des Eichpräparates in einer Höhe entsprechend $s = 1/150$ Å bedeutet und K_r eine bestimmte Konstante ist (4).

Die genannten Parameter beeinflussen Form und Intensität der Meßkurven. Sie bestimmen die „Gewichtsfunktion" V in der bekannten integralen Beziehung [vgl. (5) und die dort angeführte Literatur]

$$\tilde{S}(h) = \int_{u'=-\infty}^{+\infty} V(u')\, S_0\left(\sqrt{h^2 + u'^2}\right) du' \quad [9]$$

zwischen der spaltverschmierten Meßkurve $\tilde{S}(h)$ (die Koordinate h gibt die Höhe des Meßpunkts über der Primärstrahlebene an) und der entsprechenden, bei Verwendung eines punktförmigen („pinhole"-) Primärstrahls in der Registrierebene erscheinenden isotropen Streufigur, der „pinhole"-Streukurve $S_0(b)$ (b ist hier die Radialkoordinate). $V(u')$ ist definiert als

$$V(u') = \int_{u=u'-C_1}^{u'+C_1} I(u)\, du \quad [10]$$

$S_0(b)$ ist proportional zu $j(s = b/\lambda R)$. Wie man sich unschwer überlegen kann, lautet die genaue Beziehung:

$$S_0(b) = \left(\frac{e^2}{mc^2}\right)^2 \cdot \frac{C_5 \cdot D \cdot i(0) \cdot A}{R^2} \cdot j\left(s = \frac{b}{\lambda R}\right) \quad [11]$$

und bei Verwendung des *Kratky*-Eichpräparats:

$$S_0(b) = \left(\frac{e^2}{mc^2}\right)^2 \cdot \frac{\tilde{S}_E \cdot D \cdot A}{2 C_1 \cdot K_r \cdot R} \cdot j\left(s = \frac{b}{\lambda R}\right) \quad [11a]$$

wobei D und A die Dicke (in Durchstrahlungsrichtung) und den Absorptionsfaktor der Probe bezeichnen.

Natürlich müssen bei Anwendung dieser Gleichungen alle Streuwerte in zueinander passenden Einheiten ausgedrückt werden, beispielsweise [Impulse/min.] für $\tilde{S}_E$ und $\tilde{S}$, [Impulse/(min. cm^2)] für S_0.

Durch Anwendung der Gln. [9] bis [11] kann für eine Probe mit bekannten Streueigenschaften $j(s)$ die für ein Streuexperiment zu erwartende spaltverschmierte Streukurve $\tilde{S}(h)$ errechnet werden.

Wenn umgekehrt aus einer Meßkurve $\tilde{S}(h)$ auf die zugrundeliegende Streufunktion $j(s)$ zurückgeschlossen werden soll, muß zuerst die Integralgleichung [9] nach $S_0(b)$ aufgelöst werden. Dies kann, wie eine Reihe von Autoren gezeigt haben, auf unterschiedliche Art geschehen.

Eine neue, von uns kürzlich eingeführte Methode (5) erwies sich als besonders gut geeignet für die Auswertung von Kleinwinkelstreukurven lamellarer Strukturen. Im Gegensatz zu den anderen „Entschmierverfahren" wird hier die Errechnung von S_0 nicht direkt, sondern in zwei getrennten Schritten vollzogen. In einem ersten Schritt wird eine Funktion $T(b)$ bestimmt, welche als

$$T(b) = \int_{b'=b}^{\infty} S_0(b')\, db'^2 = \int_{b'=b}^{\infty} S_0(b')\, 2b'\, db' \quad [12]$$

definiert ist. $T(b)$ hat die Bedeutung einer projizierten Intensität. Wie sich leicht nachweisen läßt, beschreibt das Integral [12], abgesehen von einem hinzuzufügenden Faktor Π, eine Projektion der (dreidimensional-) isotropen Intensitätsverteilung $S_0(b = \lambda R s)$ auf einen Radiusvektor. Es kann gezeigt werden, daß diese projizierte Intensität $T(b)$ aus der Meßkurve $\tilde{S}(h)$ durch Faltung mit einer gewissen „Entschmierfunktion" G^+ erhalten werden kann:

$$T(b) = \int_{h=b}^{\infty} G^+(h^2 - b^2)\, \tilde{S}(h)\, dh^2. \quad [13]$$

G^+ ist allein mit $V(u)$ verknüpft [vgl. (5)] und damit charakteristisch für ein gegebenes Kollimations- und Registriersystem. Aus $T(b)$ läßt sich dann, in einem zweiten Schritt durch Differentiation, die „pinhole"-Streukurve $S_0(b)$ ableiten. Für die Auswertung von Kleinwinkelstreukurven lamellarer Strukturen ist dies jedoch überflüssig. Hier können alle wichtigen Struktureigenschaften unmittelbar dem Verlauf von $T(b)$ entnommen werden. Die Vorgehensweise wird im nächsten Kapitel geschildert.

Das genannte Entschmierverfahren wird direkt auf die mit statistischen Meßfehlern behafteten Meßdaten angewandt und führt auf Ergebnisse mit genau anzugebender Schwankungsbreite. Dies bedeutet einen entscheidenden Vorteil gegenüber allen Verfahren, welche geglättete Kurven verwerten und so jede Kenntnis der durch die statistischen Schwankungen in den Meßdaten bestimmten Genauigkeit aller abgeleiteten Größen verlieren.

Allgemein wird festgestellt, daß die Schwankungsbreite der Werte $T(b)$ geringer ist, als diejenige der Meßdaten. Dies bedeutet, daß Messungen mit Spaltkollimationssystemen in vorteilhafter Weise zur Messung direkt aus $T(b)$ ableitbarer, d. h. „integraler" Größen eingesetzt werden können. Dazu gehören insbesondere die integralen Intensitäten von Reflexen. Andererseits kann es sich als schwierig herausstellen, den genauen Verlauf von $S_0(b)$ zu ermitteln. Hier können recht große Schwankungsbereiche auftreten, was prinzipielle Gründe hat, und auf keinerlei Art vermieden werden kann. Solange wir uns jedoch nicht für die Profile der Kleinwinkelreflexe interessieren, sind wir von diesen Unsicherheiten nicht betroffen.

IV. Praktische Auswertung von Kleinwinkelstreukurven lamellarer Kristalle

Bei der praktischen Auswertung spaltverschmierter Streukurven lamellarer Kristalle kann, aufgrund der in den Kapiteln II, III dargelegten Zusammenhänge, wie folgt vorgegangen werden.

Nach Durchführung einer Messung wird aus der Meßkurve $\tilde{S}(h)$ numerisch der Verlauf $T(b)$ der projizierten Intensität errechnet. [Voraussetzung dafür ist die Kenntnis des Primärstrahl-Längsprofils $I(u)$ und der Länge $2C_1$ des Zählrohrfensters.] Die Kleinwinkelreflexe erscheinen in $T(b)$ als Stufen. Aus der Lage, Breite und Höhe dieser Stufen können die Werte aller interessierenden Eigenschaften einer lamellaren Stuktur abgeleitet werden.

Die Stufenzentren, wo dT/db seinen maximalen Wert annimmt, entsprechen den Zentren der Kleinwinkelreflexe. Aus ihrer Lage kann auf die mittlere Lamellendicke L geschlossen werden, und zwar über die Beziehung

$$L = \frac{R\lambda}{b_1}, \qquad [14]$$

wobei R den Abstand zwischen Präparat und Zählrohrfenster, λ die Wellenlänge der verwendeten Röntgenstrahlung, und b_1 die Meßhöhe des Reflexes erster Ordnung bedeuten.

Die integrale Breite δs_l der Reflexe folgt als

$$\delta s_l = \frac{1}{4\Pi \frac{l^2}{L^2} j\left(s = \frac{l}{L}\right)} \cdot \int\limits_{\text{Reflex } l\text{-ter Ordnung}} j(s) 4\Pi s^2 ds$$

$$\approx \frac{1}{\lambda R} \frac{1}{2 b_1 S_0(b_1)} \cdot \int\limits_{\text{Reflex } l\text{-ter Ordnung}} 2b S_0(b)\, db$$

oder, da mit Gl. [12] auch gilt

$$-2b \cdot S_0 db = dT \qquad [15]$$

aus der $T(b)$-Kurve als

$$\delta s_l = \frac{1}{\lambda R} \cdot \frac{1}{\frac{dT}{db}(b_l)} \cdot \Delta T_l. \qquad [16]$$

Dabei bezeichnen b_l und T_l die Lage und Höhe der Stufe, welche den Reflex l-ter Ordnung anzeigt. Von den Werten δs_l her kann Art und Grad von Schwankungen der Lamellendicke in der Probe charakterisiert werden (vgl. Gl. [7]).

Aus der Höhe der Stufen können direkt die integralen Intensitäten der zugeordneten Kleinwinkelreflexe ermittelt werden und daraus die Werte $B^2(l/L)$ des Strukturfaktors. Letztere folgen in absoluten Einheiten [Elektronen/cm^2]^2, falls die Primärstrahlintensität $i(0)$ bekannt ist. Aus den Gln. [4], [11a] folgt zunächst

$$B^2\left(\frac{l}{L}\right) = \frac{L^2}{2} \frac{\varrho}{\varrho_P} \frac{1}{\lambda^3 R^3} \frac{2C_1 \cdot K_r \cdot R}{\tilde{S}_E \cdot D \cdot A} \cdot \left(\frac{mc^2}{e^2}\right)^2 \times \int\limits_{\text{Reflex } l\text{-ter Ordnung}} S_0(b) 4\Pi b^2 db,$$

dies im Falle der Verwendung des *Kratky*-Lupolenpräparats zur Messung von $i(0)$. Mit Gl. [15] gelangt man dann auf den Zusammenhang

$$B^2\left(\frac{l}{L}\right) \approx \frac{L^2 \varrho}{\varrho_P} \cdot \left(\frac{mc^2}{e^2}\right)^2 \cdot \frac{2C_1 \cdot K_r \cdot \Pi}{\lambda^3 \cdot R^2 \cdot D \cdot A \cdot \tilde{S}_E} b_l \cdot \Delta T_l, \qquad [17]$$

dessen Benutzung die gewünschte Bestimmung von Strukturfaktorwerten ermöglicht.

Aus den erhaltenen Werten $B^2(l/L)$ werden anschließend, durch Extrapolation nach $s = 0$, die Strukturparameter $\varkappa^2$ und σ^2 ermittelt. Diese Extrapolation geschieht, wie in Kapitel II beschrieben, mit Hilfe eines geraden Polynoms der Ordnung $2n - 2$, welches durch n bekannte Punkte der Funktion $B^2(s)$ gelegt wird.

Das vorgeschlagene Verfahren soll nun im nächsten Kapitel anhand eines Beispiels vorgeführt werden.

V. Anwendungsbeispiel

Eine Probe des Paraffins $C_{62}H_{126}$ wurde durch Abschrecken der Schmelze in Eiswasser hergestellt. Die Untersuchung ihres Kleinwinkelstreuverhaltens bei Raumtemperatur erfolgte mit Hilfe einer *Kratky*-Kammer mit Zählrohrregistrierung unter Verwendung eines Impulshöhendiskriminators. Das Ergebnis der Messung ist in Abb. 1a wiedergegeben [die Auswertungsdaten dieser Messung erscheinen in der Arbeit (1) in den Abbn. 18 und 20 als ausgefüllte Kreise]. Die erhaltenen Meßwerte sind hier zusammen mit den zugeordneten statistischen Schwankungsbreiten aufgezeichnet. Der aus der Meßkurve numerisch errechnete Verlauf $T(b)$ der projizierten Intensität ist in Abb. 1b gezeigt. Auch hier erscheinen die Werte zusammen mit den ihnen zuzuschreibenden Schwankungsbreiten.

Die Langperiodenreflexe sind als voneinander getrennte Stufen klar erkennbar. Zwischen den Stufen verläuft $T(b)$ im wesentlichen horizontal.

Durch die Messung wurden vier Reflexe erfaßt. Ihre Lagen, Breiten und die zugehörigen Strukturfaktoren $B^2(l/L)$ wurden,

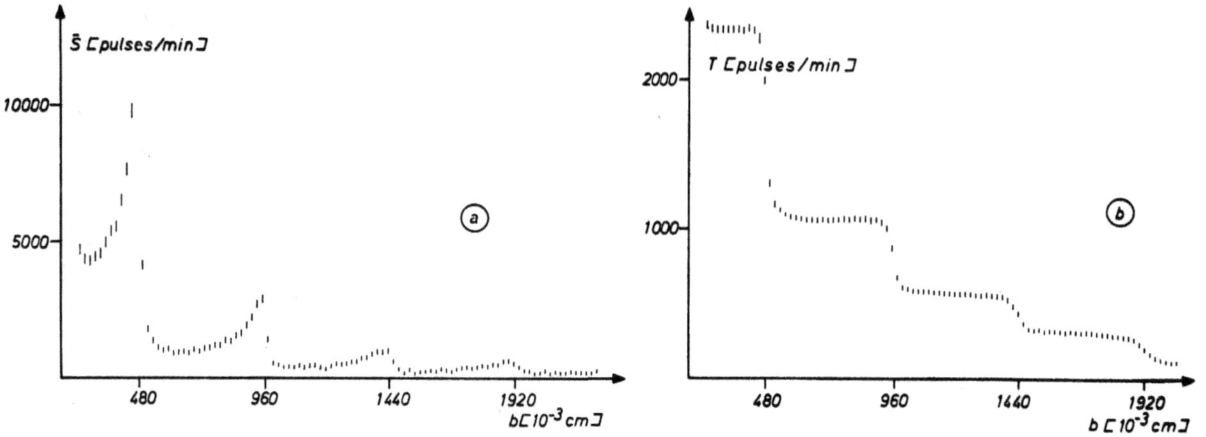

Abb. 1. $n-C_{62}H_{126}$, kristallisiert durch Abschrecken der Schmelze in Eiswasser, bei 25 °C gemessen. a) Spaltverschmierte Kleinwinkelstreukurve, gemessen mit einer *Kratky*-Kammer ($R = 22$ cm, $\lambda_{\mathrm{CuK}\alpha} = 1{,}55$ Å). b) Errechneter Verlauf der projizierten Intensität $T(b)$

wie in Kapitel IV beschrieben, der Kurve $T(b)$ entnommen. Die Resultate sind in Tab. 1 zusammengestellt.

Diese Resultate legen die lamellare Struktur der untersuchten Probe wie folgt fest:

Die mittlere Lamellendicke beträgt $L = 71$ Å.

Die gefundenen Werte für die Reflexbreiten können durch die Gleichung

$$\left(\frac{\delta s_l}{s_1}\right)^2 = 36{,}2 \cdot 10^{-4} + 8{,}6 \cdot 10^{-4} \cdot l^2 + 1{,}19 \cdot 10^{-4} \cdot l^4$$

erfaßt werden. Dies führt, über Ansatz [7], für die Kristalldicke und die Schwankungsparameter auf die Werte:

$$m \approx 17;$$

$$\left.\frac{\delta L}{L}\right|_{\mathrm{interkristallin}} \approx 0{,}03; \qquad \left.\frac{\delta L}{L}\right|_{\mathrm{intrakristallin}} \approx 0{,}06\,.$$

Aus den vier gemessenen Strukturfaktoren wurden erhalten (Gl. [5]): Der Wert

$$\varkappa = 2{,}02\,\frac{\text{Elektronen}}{\text{Å}^2}$$

für den Elektronendichtedefekt pro Grenzschichtflächeninhalt (es sei angemerkt, daß in der Arbeit (1) an Stelle von $\varkappa$ der Elektronendichtedefekt pro Kettenquerschnitt,

$$\langle p\rangle = \varkappa \cdot 7{,}5 \cdot 2{,}5 \approx 27 \text{ Elektronen},$$

angegeben ist), und der Wert $\sigma^2 = 12{,}1$ Å² für das zweite Moment des Grenzschicht-Elektronendichteprofils.

Die Bedeutung dieser Werte erhellt aus einem Vergleich mit den Streueigenschaften einer lösungskristallisierten Probe derselben Substanz. Hier wurden folgende Daten festgestellt:

$$L = 80{,}8 \text{ Å}$$

$$\varkappa = 0{,}55\,\frac{\text{Elektronen}}{\text{Å}^2}$$

Es konnte weder eine Reflexverbreiterung, noch, für die vermessenen ersten 3 Reflexe, eine merkliche Abnahme des Strukturfaktors beobachtet werden. d. h. es war $\delta L/L = 0$, $\sigma^2 \approx 0$.

Das sind fast genau diejenigen Werte, die für die ungestörte orthorhombische Modifikation [vgl. (6)] zu erwarten sind. Hier stehen die Ketten senkrecht zu den lamellaren Grenzflächen und sind in Kettenrichtung voneinander durch „Löcher" der Länge 2 Å getrennt (allg. ist $L_{\mathrm{orthorh.}} = 1{,}27 \cdot z + 2{,}0$ Å,

Tab. 1. Ergebnis der Auswertung der Streukurve von Abb. 1. Den Stufen in $T(b)$ wurden entnommen: Reflexlagen $s_l = b_l/\lambda R$, Reflexbreiten δs_l, und Werte $B^2(l/L)$ des Grenzschicht-Strukturfaktors, für $l = 1, 2, 3, 4$

l	1	2	3	4	
s_l	$1{,}41 \cdot 10^{-2}$	$2{,}83 \cdot 10^{-2}$	$4{,}24 \cdot 10^{-2}$	$5{,}60 \cdot 10^{-2}$	Å^{-1}
δs_l	$0{,}98 \cdot 10^{-3}$	$1{,}31 \cdot 10^{-3}$	$2{,}04 \cdot 10^{-3}$	$3{,}08 \cdot 10^{-3}$	Å^{-1}
$B^2(l/L)$	1,84	1,44	1,00	0,76	$\left(\frac{\text{Elektronen}}{\text{Å}^2}\right)^2$

wo z die Zahl der C-Atome der Kette ist). Die „Lochlänge" 2 Å ist charakteristisch für eine dichte Packung zweier benachbarter, mit CH_3-Endgruppen besetzter Lamellenoberflächen [vgl. (7)] und führt auf einen Elektronendichtedefekt

$$\varkappa = 2 \cdot \eta_c - \frac{2}{7{,}5 \cdot 2{,}5} \frac{\text{Elektr.}}{\text{Å}^2} = 0{,}57 \frac{\text{Elektr.}}{\text{Å}^2}$$

(der zweite Summand entspricht der Flächendichte der zusätzlichen Methylgruppenelektronen), was mit dem Meßergebnis sehr gut übereinstimmt.

Wie man sieht, zeigt die schmelzkristallisierte Probe eine deutlich andersartige Lamellarstruktur.

Der für die Langperiode gefundene, kleinere Wert läßt den Schluß zu, daß nach Kristallisation aus der Schmelze die Kettenachse nicht senkrecht, sondern geneigt zur Lamellenoberfläche steht. Solche Strukturen wurden schon häufiger, sowohl an Paraffinen mittlerer Kettenlänge (6), wie auch an langkettigen Paraffinen (8), (9) beobachtet.

Die für $\varkappa$ und σ^2 gemessenen hohen Werte zeigen direkt an, daß im Falle der schmelzkristallisierten Probe die Ordnung in den Lamellenoberflächen sehr stark gestört ist. Die bei lösungskristallisierten Proben ebene, mit CH_3-Gruppen belegte Lamellenoberfläche erscheint hier rauh und mit Oberflächendefekten durchsetzt. Diese lochartigen Fehlstellen könnten entweder durch unregelmäßige Kettenanlagerung beim Kristallisieren oder aber durch Kinkdefekte in den Ketten verursacht sein. Die Störungen dringen recht tief ins Lamelleninnere ein und schaffen so eine etwa 10 Å ($= 3\sigma$) dicke gestörte Grenzflächenschicht.

Die quantitative Analyse der vorliegenden Kleinwinkelstreukurve vermag uns also ein recht detailliertes Bild der lamellaren Struktur der untersuchten Substanz zu vermitteln.

VI. Verallgemeinerung der Methode

Die vorgeschlagene Methode war hier im Zusammenhang mit Kleinwinkelstreukurven eingeführt worden, bei denen die Kleinwinkelreflexe klar voneinander getrennt auftreten. Dies ist bei kristallinen Oligomeren in der Regel der Fall. Das Erscheinungsbild ändert sich beim Übergang zu den von Polymeren ausgebildeten lamellaren Strukturen. Bei Proben aus Einkristallen polymerer Substanzen werden allgemein breite, sich gegenseitig überlappende Reflexe beobachtet. Eine Auftrennung ist insbesondere für die Reflexe höherer Ordnung nicht mehr möglich. Trotzdem lassen sich Strukturfaktorwerte $B^2(l/L)$ und Reflexbreiten bestimmen. Die Auswertungsgleichungen [16], [17] können weiterhin verwendet werden, falls dort für die Stufenhöhe ΔT_l der Zuwachs

$$T\left(\frac{l-\frac{1}{2}}{L}\right) - T\left(\frac{l+\frac{1}{2}}{L}\right)$$

der Funktion $T(b)$, gemessen von einem Punkt in der Mitte zwischen zwei Reflexen zum benachbarten Mittelpunkt, eingesetzt wird. Eine Begründung dieser Vorgehensweise geht über den Rahmen dieser Veröffentlichung hinaus und wird ausführlich an anderer Stelle gegeben werden (10).

Herrn Prof. Dr. *E. W. Fischer* danke ich für zahlreiche, sehr fruchtbare Diskussionen. Die vorliegende Arbeit wurde im Rahmen des Sonderforschungsbereichs 41 von der Deutschen Forschungsgemeinschaft entscheidend gefördert.

Zusammenfassung

Die Beschreibung der lamellaren Struktur von Kettenmolekülkristallen kann erfolgen durch Angabe des Mittelwerts L und der Schwankungsbreite δL der Lamellendicke, und des Verlaufs der Elektronendichte im Bereich um die lamellaren Grenzflächen. Diese drei Parameter lassen sich in einem Röntgenkleinwinkel-Streuexperiment durch Messung der Lagen, Breiten und integralen Intensitäten der Langperiodenreflexe bestimmen. Es kann dabei von spaltverschmierten Streukurven ausgegangen werden. Nach Durchführung einer Eichmessung folgen die integralen Reflexintensitäten in absoluten Einheiten. Schon bei Kenntnis der integralen Intensitäten der Reflexe erster und zweiter Ordnung kann der Elektronendichtedefekt pro Flächeneinheit der Grenzschicht näherungsweise ermittelt werden. Als Beispiel wird die Streukurve einer schmelzkristallisierten Probe des Paraffins $C_{62}H_{126}$ analysiert.

Summary

The lamellar structure of crystals of chain molecules can be specified by giving the mean L and the range of fluctuation δL of the lamellar thickness, and the electron density distribution within the boundary layers around the lamellar interfaces. These three parameters can be determined by measuring the positions, widths, and integral intensities of the long period reflexions observed in small angle X-ray scattering experiments. The measurement can be done using slit collimation systems. After determining the primary beam intensity by use of a standard sample the integral intensities are obtained in absolute units. The intensity of the zeroth order reflexion, which follows from an appropriate extrapolation, yields the electron density defect per square unit of the lamellar interface. As an example we analyse the scattering curve of a sample of the paraffin $C_{62}H_{126}$, crystallized by quenching from the melt.

Literatur

1) *Fischer, E. W.*, J. Pure and Applied Chem. **26**, 385 (1971).
2) *Guinier, A.*, X-Ray Diffraction (San Francisco 1963).
3) *Hosemann, R.* and *S. N. Bagchi*, Direct Analysis of Diffraction by Matter (Amsterdam 1962).
4) *Kratky, O.* and *K. Pilz*, J. Colloid Interface Sci. **21**, 24 (1966).
5) *Strobl, G.*, Acta Cryst. A **26**, 367 (1970).
6) *Broadhurst, M.*, J. Res. N. B. S. **66** A, 241 (1962).
7) *Kitaigorodskii, A. I.*, Organic Chemical Crystallography (New York 1961).
8) *Khoury, F.*, J. Appl. Phys. **34**, 73 (1963).
9) *Sullivan, P. K.* and *J. J. Weeks*, J. Res. N.B.S. **74** A, 203 (1970).
10) *Strobl, G.*, J. Appl. Cryst., im Druck (1973).

Anschrift des Verfassers:
Dr. *G. R. Strobl*
Institut für Physikal. Chemie der Universität
6500 Mainz, Jakob-Welder-Weg 15

Aus der Chemische Werke Hüls AG, ZBFE/Physikalische Chemie, aus dem Fritz-Haber-Institut, Berlin und der Abteilung für Experimentelle Physik I der Universität Ulm

Kristallitgröße und Kristallitgrößenverteilung bei Copolymeren des Äthylens

Von W. Glenz, B. Renwanz und W. Wilke

Vortragen auf der Arbeitstagung des Fachausschusses „Physik der Hochpolymeren"; Frühjahrstagung des Regionalverbandes Hessen–Mittelrhein–Saar der Deutschen Physikalischen Gesellschaft vom 22. bis 24. März 1972 in Bad Nauheim, bereits erschienen in Kolloid-Zeitschrift und Zeitschrift für Polymere, Band **250**, 453–458 (1972)

Kolloid-Z. u. Z. Polymere **250**, 1048–1065 (1972)

Aus dem Battelle-Institut e. V. Frankfurt/Main

Elektronenspinresonanz, eine molekulare Sonde bei der mechanischen Beanspruchung von Thermoplasten*)

Von H. H. Kausch und J. Becht

Mit 12 Abbildungen und 1 Tabelle

(Eingegangen am 29. Mai 1972)

1. Einleitung

Die Methode der Elektronenspinresonanz (ESR) hat sich zu einem für die Physik wie für die Chemie gleich wertvollen, vielseitigen Werkzeug entwickelt, mit dem z. B. der Ablauf von Radikalreaktionen, der g-Faktor, die magnetische Umgebung des in Resonanz befindlichen Elektronenspins oder die Struktur des Radikals untersucht werden können. In allen diesen Fällen betätigt sich der freie Elektronenspin als Sonde, die – zumindest zeitweilig – an einem bestimmten Molekül befestigt ist, die sich mit ihm bewegt und die mit dem sie umgebenden Magnetfeld wechselwirkt.

Bei der Untersuchung der Deformationsmechanismen von hochpolymeren Festkörpern durch das ESR-Verfahren ergeben sich zum Teil ähnliche Fragestellungen wie in den oben genannten Anwendungen der ESR-Spektroskopie:

Aufklärung der Form eines beobachtbaren Spektrums, d. h. die Bestimmung der Position des freien Elektrons innerhalb des Moleküls;

Messung der Intensität eines Spektrums, d. h. Bestimmung der Anzahl freier Elektronen;

Beobachtung der Umwandlung von Spektren ineinander, d. h. Aufklärung der Art und Geschwindigkeit von Radikalreaktionen.

Aus dieser primären Information sucht man Antwort zu gewinnen auf eine Fülle von Fragen, die sich im Hinblick auf das Deformationsverhalten von Molekülketten, von Bestandteilen möglicher Überstrukturen oder des Festkörpers insgesamt ergeben. In dem hier vorliegenden Überblick wollen wir vornehmlich auf diese Fragen eingehen, auf die Fragen, an welcher Stelle die bei einem Kettenbruch auftretenden freien Radikale sitzen, welches die schwächsten Stellen einer Kette sind und bei welcher Belastung sie brechen. Wir wollen die Zahl der Kettenbrüche in Abhängigkeit von Zeit, Temperatur und äußerer Spannung untersuchen und die Rolle der Kettenbrüche bei der Alterung diskutieren. Bei alledem ist der Einfluß der Überstrukturen und der thermischen Vorbehandlung der Probekörper zu berücksichtigen.

*) Vorgetragen auf der Arbeitstagung des Fachausschusses „Physik der Hochpolymeren“; Frühjahrstagung des Regionalverbandes Hessen–Mittelrhein–Saar der Deutschen Physikalischen Gesellschaft vom 22. bis 24. März 1972 in Bad Nauheim.

2. Aufnahme und Auswertung der ESR-Spektren

2.1. *Prinzip der ESR, Lage der Absorptionslinien*

Wie der Name schon sagt, beruht das Prinzip der ESR auf der Wechselwirkung zwischen dem mit dem mechanischen Drehimpuls (Spin) eines Elektrons verknüpften magnetischen Moment und einem äußeren Magnetfeld H. Makromoleküle, die nur intakte kovalente Bindungen aufweisen, besitzen in der Regel kein aus Elektronenspins resultierendes magnetisches Moment, da nach dem *Pauli*-Prinzip eine „Spinabsättigung“ stattfindet. Wird nun, z. B. durch Kettenbruch, eine Bindung zerstört, so entstehen freie Radikale mit ungepaarten Elektronenspins, also meßbare magnetische Momente, die in dem äußeren Magnetfeld H zwei energetisch verschiedene Zustände einnehmen können. Die Energiedifferenz zwischen diesen beiden Zuständen beträgt

$$\Delta E = g \mu_B H, \qquad [1]$$

wobei μ_B das *Bohr*sche Magneton und g ein (je nach Radikaltyp etwas variierender) Zahlenfaktor der Größe 2 ist.

Übergänge zwischen den Energieniveaus lassen sich durch eine überlagerte hochfrequente elektromagnetische Strahlung der Frequenz ν induzieren, wenn die folgende Resonanzbedingung erfüllt ist:

$$\Delta E = h\nu = g\,\mu_B H \qquad [2]$$

(h = *Planck*sches Wirkungsquantum).

Hierbei wird, genügend starke Relaxationsmechanismen vorausgesetzt, von der Probe Energie absorbiert. Bei den üblichen ESR-Spektrometern ist die Mikrowellenfrequenz ν fest vorgegeben (~9,5 GHz), so daß bei der Resonanzfeldstärke

$$H_{\text{res}} = \frac{h\nu}{g\,\mu_B} \qquad [3]$$

ein Absorptionssignal beobachtet wird (H_{res} ~3200 Oe).

2.2 *Anzahl der Spins*

Aus technischen Gründen wird von den ESR-Spektrometern nicht die Absorptionskurve selber, sondern die erste Ableitung nach dem Magnetfeld registriert. Durch zweimalige Integration erhält man also die Fläche unter der eigentlichen Absorptionskurve, die der Gesamtzahl der in der Probe vorhandenen freien Radikale proportional ist. Durch Vergleichsmessungen an Proben mit bekannter Radikalkonzentration, wie z. B. Lösungen mit stabilen freien Radikalen (sehr häufig wird in Benzol gelöstes DPPH benutzt), lassen sich die Proportionalitätsfaktoren bestimmen, so daß Absolutwerte für Radikalkonzentrationen angegeben werden können; der Fehler ist hierbei aber nicht kleiner als $\pm 50\%$. Wesentlich genauer können dagegen Relativmessungen an einer Probe sein, wie z. B. bei der Registrierung der Radikalkonzentration als Funktion der Zeit (z. B. bei reaktionskinetischen Untersuchungen). Die Auswertung vereinfacht sich in den meisten Fällen noch dadurch, daß sich während des Versuches nur die Intensität, nicht aber die Form des Spektrums ändert, so daß als Maß für die Intensitätsänderung einfach die Änderung der Linienhöhe genommen werden kann. Auf weitere Parameter, die hierbei zu beachten sind, wie z. B. Sättigungsverhalten bei zu hoher Mikrowellenleistung, soll hier nicht weiter eingegangen werden, dazu sei auf die einschlägige Fachliteratur (z. B. 1, 2) verwiesen.

2.3. *Hyperfeinstruktur der Spektren*

Außer dem Nachweis und der Bestimmung der Konzentration von Radikalen bietet die ESR zusätzlich die Möglichkeit, die vorliegenden Radikale zu identifizieren, da die meisten Spektren eine Hyperfeinstruktur der Absorptionslinie aufweisen. Sie entsteht durch Wechselwirkung des magnetischen Momentes des ungepaarten Elektrons mit solchen Atomkernen des Radikals, die ebenfalls magnetische Momente besitzen (wie Wasserstoff- und Stickstoffkerne) und ist damit für die Struktur des Radikals charakteristisch. Durch diese zusätzliche magnetische Wechselwirkung wird der Einfluß des äußeren Magnetfeldes modifiziert; entsprechend beschrieben wird dieser Effekt durch Zusatzglieder zu Gl. [3]

$$H_{\text{res}} = \frac{h\nu}{g\,\mu_B} - \sum_{i=1}^{n} (A_i + B_i)\, m_{Ii}. \qquad [4]$$

Hierbei sind: m_{Ii} die magnetische Spinquantenzahl des koppelnden Kernes i, A_i der isotrope Anteil der magnetischen Kopplung zwischen Radikalelektron und Kern i und B_i der anisotrope Anteil, der von der Orientierung der Radikale im äußeren Magnetfeld abhängt.

Für die wichtige Klasse der Kohlenwasserstoffradikale ist B nur für α-Protonen von Null verschieden, d. h. für die Kerne solcher H-Atome, die direkt an das Radikal-Kohlenstoffatom gebunden sind. Hieraus folgt, daß diese Kohlenwasserstoff-Radikale in gut geordneten Systemen (hochorientierte Kunststoffe, Einkristalle) eine sehr stark orientierungsabhängige Hyperfeinstruktur aufweisen.

Gl. [4] soll nun im Hinblick auf die folgenden Anwendungen etwas ausführlicher besprochen werden, ohne daß damit eine vollständige Diskussion des Phänomens angestrebt wird. Als einfachstes Beispiel wird ein Radikal betrachtet, bei dem $B = 0$ (also ausschließlich isotrope Aufspaltung) gilt und bei dem nur ein Proton mit dem Radikalelektron koppelt. Dann hat die Kernspinquantenzahl I den Wert 1/2, m_I kann also die Werte $+1/2$ und $-1/2$ annehmen. Für die Resonanzbedingung folgt also:

$$H_{\text{res}} = \frac{h\nu}{g\,\mu_B} \pm \frac{1}{2} A.$$

Das Spektrum besteht also aus zwei Linien, die symmetrisch zur Mitte – durch $h\nu/g\,\mu_B$ gegeben – liegen.

Koppeln nun statt eines Kernes zwei (äquivalente) Kerne, so kann m_I die Werte

$+1$, 0, -1 annehmen, so daß ein Triplett nach folgendem Schema entsteht:

$$H_{1\,\mathrm{res}} = \frac{h\nu}{g\,\mu_B} - A.$$

$$H_{2\,\mathrm{res}} = \frac{h\nu}{g\,\mu_B}.$$

$$H_{3\,\mathrm{res}} = \frac{h\nu}{g\,\mu_B} + A.$$

Da der Zustand mit $m_I = 0$ doppelt so häufig auftritt wie die beiden anderen

$$(m_I = 1 \mathrel{\widehat{=}} \uparrow\uparrow;\; m_I = -1 \mathrel{\widehat{=}} \downarrow\downarrow;\; m_I = 0 \mathrel{\widehat{=}} \uparrow\downarrow + \downarrow\uparrow),$$

weisen die einzelnen Resonanzlinien Intensitäten (d. h. Linienhöhen) wie 1:2:1 auf. Allgemein gilt, daß n äquivalente Protonen ein Spektrum mit $(n+1)$ Linien ergeben, deren Intensitätsverteilung den Binomialkoeffizienten zum Exponenten n entsprechen.

Abb. 1 zeigt die Spektren von Alkylradikalen $-\underset{\beta}{CH_2}-\underset{\alpha}{\dot{C}H}-\underset{\beta}{CH_2}-$ in hochorientierten Polyäthylen-Monofilen, die durch Bestrahlen mit schnellen Elektronen erzeugt wurden. In einer bestimmten Anordnung (Faserachse $\parallel H$, unteres Spektrum) wird der (orientierungsabhängige) Gesamt-Aufspaltungsparameter $(A + B)$ der α-Protonen gerade so groß wie der isotrope Parameter der 4 äquivalenten β-Protonen, so daß ein Spektrum beobachtet wird, dessen Hyperfeinstruktur von 5 äquivalenten Protonen verursacht sein könnte (Sextett, Intensitäten wie 1:5:10:10:5:1), abgesehen von dem Untergrund, der durch ein zweites vorhandenes Radikal verursacht wird und zu dem auch die „Mittellinie" gehört.

In der dazu senkrechten Anordnung dagegen nehmen die Aufspaltungsparameter der α- und β-Protonen unterschiedliche Werte an, so daß jetzt durch die 4 äquivalenten β-Protonen ein Quintett entsteht, dessen einzelne Linien durch das α-Proton in Dubletts aufgespalten sind. Insgesamt resultieren 10 Linien mit der Intensitätsverteilung 1:1:4:4:6:6:4:4:1:1, wobei hier wieder das unterlagerte Spektrum des zweiten Radikals stört. Die Richtungsabhängigkeit der Hyperfeinstruktur dieser Kohlenwasserstoffradikale bietet also auch die Möglichkeit, Rückschlüsse auf die Orientierung der Molekülketten zu ziehen.

2.4. *Reaktionen von Radikalen*

Bekanntlich reagieren die meisten Radikale sehr leicht, deshalb werden sie z. B. auch als Initiatoren für Polymerisationsreaktionen verwendet. Wird jedoch die Mög-

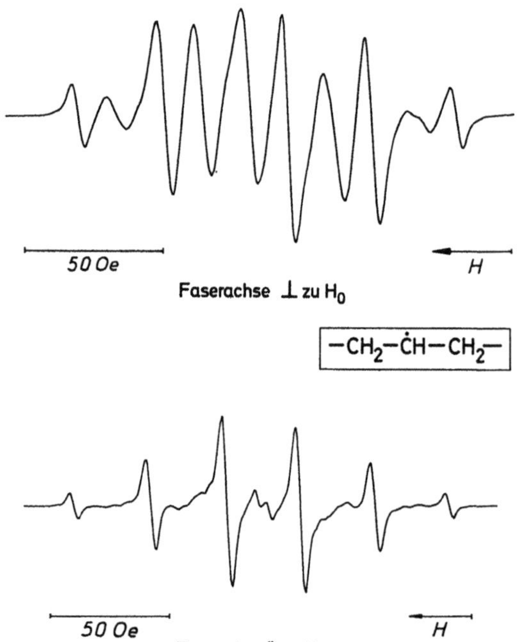

Abb. 1. Richtungsabhängigkeit der ESR-Spektren von Alkylradikalen in orientiertem Polyäthylen (nach 3). H_0 = äußeres Magnetfeld

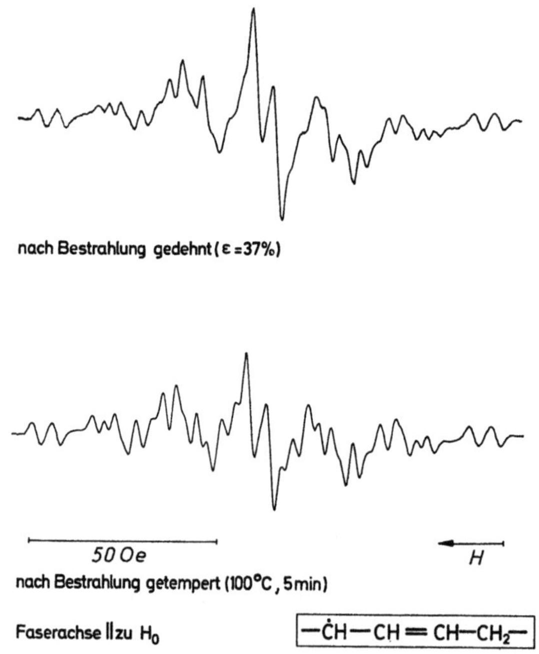

Abb. 2. Einfluß erhöhter Molekülbeweglichkeit auf die Geschwindigkeit von Radikalreaktionen: Umwandlung der in Abb. 1 gezeigten, durch Bestrahlung in hochverstreckten PE-Monofilen erzeugten Alkylradikale in Allylradikale (nach 3)

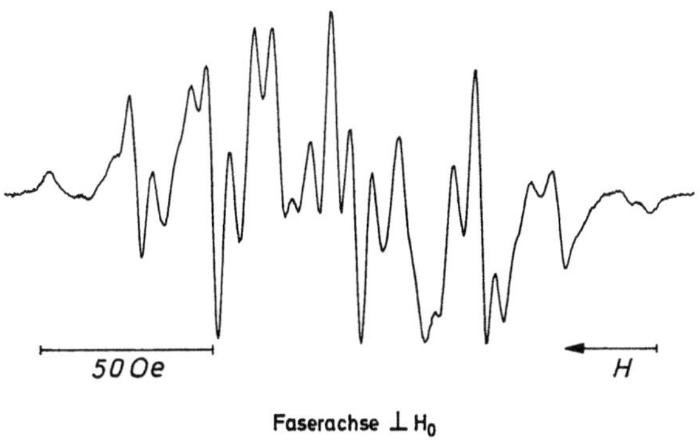

Abb. 3. ESR-Spektrum von bestrahlten, hochorientierten Polypropylen-Monofilen (nach 3)

lichkeit der Radikale, mit Reaktionspartnern zusammenzutreffen, stark eingeschränkt, z. B. bei sehr niedrigen Temperaturen oder dadurch, daß die Radikale in Kristalle eingebaut sind, so werden sehr viel größere Lebensdauern beobachtet. So sinkt die Konzentration der in Abb. 1 gezeigten Alkylradikale, die in den kristallinen Bereichen des Polyäthylens lokalisiert sind, erst in etwa 5 Std. auf die Hälfte des Ausgangswertes ab (bei 23 °C). Wird die Beweglich-

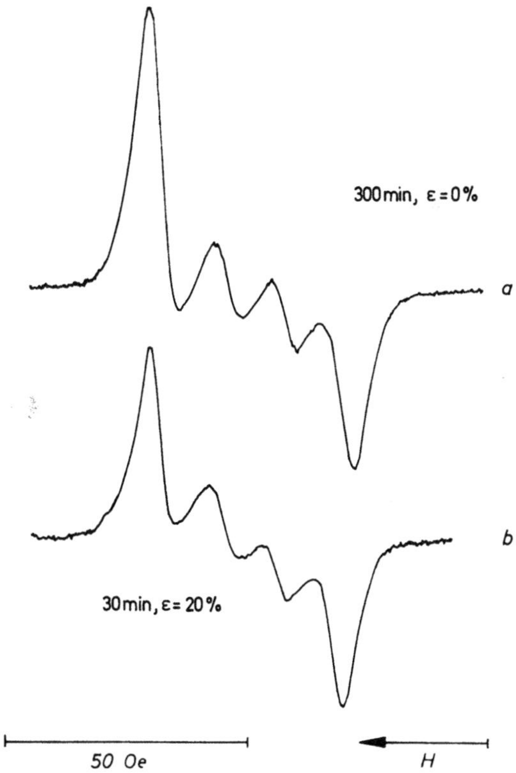

Abb. 4. Umwandlung des in Abb. 3 gezeigten Spektrums nach Zutritt von Sauerstoff: a) 300 min nach Luftzutritt, b) 30 min nach Luftzutritt und einer unmittelbar nach Luftzutritt erfolgten, zwanzigprozentigen Dehnung (nach 3)

keit der Molekülketten in der Probe erhöht (z. B. durch Temperaturerhöhung auf 100 °C oder durch mechanisches Dehnen der Fäden), so findet man bereits nach 5 min in dem ESR-Spektrum der Polyäthylenfäden höchstens noch Andeutungen des ursprünglichen Spektrums (Sextett); es bleibt das Spektrum des relativ stabilen Allylradikales (Abb. 2). Auf diese Weise können „Radikalsonden" in günstigen Fällen Aufschluß über intermediäre Veränderungen der Gitterkohäsion geben.

Ähnliche Informationen kann man im Falle des Polypropylens erhalten, wenn man die Reaktion der Kohlenwasserstoffradikale mit dem Luftsauerstoff zu Peroxidradikalen betrachtet. Abb. 3 zeigt das Spektrum der ursprünglichen Radikale, Abb. 4 das Spektrum nach Lufteinwirkung. Wieder ist deutlich der beschleunigende Einfluß der mechanischen Beanspruchung auf die Reaktion zu erkennen.

3. Anwendung der ESR auf mechanisch beanspruchte Hochpolymere

Freie Radikale in mechanisch beanspruchten Hochpolymeren wurden zuerst 1959 von *Bresler*, *Butyagin*, *Zhurkov* und Mitarb. (4) an zermahlenem Polyäthylen (PE), Polyisobutylen (PiB) und Polypropylen (PP) festgestellt. In der Folgezeit sind eine große Anzahl von Thermoplasten und Elastomeren in dieser Weise untersucht worden (siehe Zusammenstellung in Ref. 5), wobei insbesondere nachgewiesen werden konnte, daß hier freie Radikale unmittelbar durch den Bruch von kovalenten Bindungen (homolytische Spaltung) in der Hauptkette entstehen. Die Reaktionen dieser primären Radikale konnten verfolgt und mit den Reaktionen solcher Radikale verglichen werden, die z. B. durch γ- oder Elektronenbestrahlung entstanden waren. Das Mahlen von fester Substanz hatte allerdings den Nachteil, daß die Erzeugung der freien Radikale unter wenig übersichtlichen Spannungs- und Dehnungsverhältnissen erfolgte und daß der Vorgang der Materialtrennung bereits vollständig abgeschlossen war, ehe eine ESR-Untersuchung der Proben beginnen konnte.

Wesentlich fruchtbarer waren dagegen ESR-Untersuchungen an hochverstreckten Fasern, in denen freie Radikale unter gut bestimmbaren Dehnungs- und Spannungsbedingungen beobachtet werden konnten – und zwar lange bevor der Bruch einer belasteten Probe eintrat. Diese Untersuchungen wurden 1964 – ebenfalls von *Zhurkov* und Mitarb. in Leningrad – begonnen und sind seither in mehreren Instituten der UdSSR, der Vereinigten Staaten, Deutschlands, Englands und Japans fortgesetzt worden. Über diese Arbeiten soll hier berichtet oder – soweit sie in der deutschen Literatur bereits erschienen sind – auf sie Bezug genommen werden.

4. Kettenbrüche in orientierten Fasern

4.1. Morphologie

Die molekulare Überstruktur eines mechanisch beanspruchten Körpers beeinflußt in entscheidender Weise die Richtung und Verteilung der an Kristalliten, Kettenabschnitten und amorphen Bereichen angreifenden Kräfte, also auch die durch diese Kräfte bewirkten Deformationsvorgänge – einschließlich Kettenbruch.

Jede Analyse der ESR-Untersuchungen mechanisch induzierter Kettenbrüche erfordert daher eine Modellvorstellung der Anordnung und der Wechselwirkung der Moleküle im Festkörper. Für die hier folgenden Überlegungen wird das in Abb. 5 gezeigte, bereits früher (6) benutzte Modell

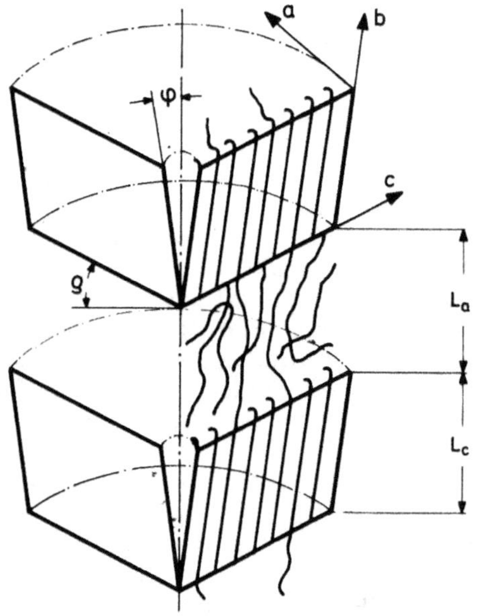

Abb. 5. Modell einer teilkristallinen, hochorientierten Faser (6-Polyamid, nach *Ishikawa* et al., 7)

zugrunde gelegt, das auch nach den gegenwärtigen Kenntnissen die Morphologie teilkristalliner, hochverstreckter Fasern gut repräsentiert. Es wird also angenommen, daß innerhalb der sogenannten Mikrofibrillen kristalline und nichtkristalline Bereiche in Serie angeordnet sind. Die Kettenachsen sind innerhalb der Kristallite in Richtung der b-Achse der Kristalle orientiert und schließen mit der Faserachse einen Winkel φ ein. An unbelasteten, vierfach verstreckten 6-Polyamidfäden (6-PA) z. B. haben *Ishikawa* et al. (7) aus den (200)-Reflexen φ zu 4° bestimmt. Die Deckflächen der Kristalle sind gegen den Faserquerschnitt um den Winkel ϱ geneigt. An den genannten Proben betrug ϱ gleich 30°. Sowohl φ wie ϱ ändern sich bei mechanischer Beanspruchung. Beim Polyamid 6 liegen die die Wasserstoff-Brückenbindungen enthaltenden Rostebenen in den von den a- und b-Achsen des Kristalls gebildeten Ebenen.

Die laterale Ausdehnung der Kristallite liegt bei einer ganzen Reihe von hochverstreckten Fasern bei 50–200 Å. Bei Polyamid 6 z. B. beträgt die Ausdehnung in a-Richtung 50–90 Å, in c-Richtung 40 Å (8). Die Länge der Kristallite in Kettenrichtung berechnet sich aus der Langperiode und dem Kristallinitätsgrad; sie beträgt bei Polyamid 6 etwa 50–80 Å (7, 8), beim linearen Polyäthylen 160–290 Å (9). Die laterale Ausdehnung der PE-Fibrillen liegt bei 200 Å (10).

Die nichtkristallinen (amorphen) Bereiche der Mikrofibrillen werden von den amorphen Deckflächen der Kristallite sowie von Kettensegmenten gebildet, die teilweise zu Kettenenden und rücklaufenden Schlaufen, teilweise zu durchlaufenden, in verschiedenen Kristalliten verankerten Verbindungsmolekülen (tie molecules) gehören. Über den Anteil der Verbindungsmoleküle an der amorphen Matrix liegen für PE Abschätzungen vor, die bei 30% Massenanteil liegen (11). Für PA gibt es derzeit noch keine derartigen Messungen und auch kaum Argumente dafür, daß der für PE bestimmte Anteil auch für PA Gültigkeit hat.

Zur Beurteilung des mechanischen Verhaltens der amorphen Bereiche ist es wichtig, etwas über die Konformationen der drei genannten Kettenformen (Enden, Schlaufen, Verbindungsmoleküle) zu wissen, und die wesentlichen Gesichtspunkte sollen hier bereits genannt werden. Bei den Verbindungsmolekülen interessiert das Verhältnis der gestreckten Länge L zum Abstand der Kristalldeckflächen L_a, der Zusammenhang zwischen Konformation und elastischer Kettenanspannung sowie die Fragen, ob in Verbindungsmolekülen Kettenfaltungen vorkommen und ob diese bei Dehnung eines solchen Moleküls sich (teilweise) zurückbilden bzw. beim Tempern neu entstehen können. Weiter interessiert, ob die amorphe Matrix aus Kettenenden und längeren Schlaufen die Eigenschaften einer isotropen „Flüssigkeit" hat, welchen Masseanteil die Kristalldeckflächen an den amorphen Bereichen haben und wie diese sich unter Last verformen.

Einige dieser Überlegungen gelten übrigens auch für praktisch vollständig nichtkristalline Festkörper, bei denen dann zwar keine Verbindungsmoleküle vorhanden sind, wohl aber Kettensegmente, die über größere Abschnitte hinweg nahezu gestreckt verlaufen.

Die in den teilkristallinen Fasern beobachteten Mikrofibrillen sind im Vergleich zu ihrer Breite ($\sim$200 Å) außerordentlich lang (10^5 Å und mehr); sie liegen – in hochverstreckten Fasern – gut ausgerichtet nebeneinander (10). Benachbarte Mikrofibrillen sind durch wenige interfibrilläre Moleküle miteinander verbunden, deren Verankerungspunkte natürlich eine erheblich größere Entfernung als L_a haben können (10). Die elastische Anspannung dieser interfibrillären Ketten wird durch die Verschiebung der Mikrofibrillen gegeneinander bestimmt. Die laterale Anziehung zwischen benachbarten Fibrillen beruht allerdings überwiegend auf nebenvalenten Kräften.

Schließlich soll noch darauf hingewiesen werden, daß einige Fasern eine sogenannte Kern-Mantel-Struktur besitzen, d. h. ein dünner Mantel besitzt eine wesentlich höhere Ausrichtung als der restliche Kern.

4.2. Lage der Kettenbruchstellen

ESR-Experimente haben zunächst einmal darüber Aufschluß gegeben, wo innerhalb der Moleküle und des Faservolumens Kettenbrüche auftreten. Solche Versuche wurden zunächst bei 77 K an einer großen Zahl von gemahlenen Thermoplasten und Elastomeren durchgeführt, z. B. an PE, PP, PiB, Polystyrol (PS), Polycarbonat (PC), PA usw. Ausnahmslos konnten die beobachteten Spektren der bei der Zerkleinerung gebildeten primären Radikale Kettenendradikalen zugeordnet werden [eine ausführliche Übersicht ist in (5) gegeben]. Wie in Abschnitt 2.4 bereits erwähnt ist, reagieren diese primären Radikale bei höherer Temperatur sehr rasch mit ihrer Umgebung, und es werden sekundäre Radikale gebildet, die unter Umständen recht stabil sind und deren Spektren dann aufgenommen werden können. An belasteten (PE-, Polyäthylenterephthalat – PET –, 6- und 66-PA-) Fasern lassen sich praktisch nur sekundäre Radikale beobachten. Diese Radikale entsprechen denen, die aus Kettenendradikalen als Folge genau der Radikalreaktionen hervorgehen, die man an gemahlenen Proben direkt beobachten kann. Daraus ist bisher übereinstimmend der Schluß gezogen worden, daß auch in belasteten Fasern freie Radikale durch den Bruch von Molekülketten entstehen, zumal im Fall des PA auch eine Abnahme des Molekulargewichtes durch die mechanische Beanspruchung beobachtet wurde (3).

Die Bruchstellen innerhalb der Moleküle sind anhand der Form der primären Spektren für die oben genannten Polymeren identifiziert worden (5). So hat *Zakrevskii* (12) ermittelt, daß im 6-Polyamid nur die beiden C—C-Bindungen in unmittelbarer Nachbarschaft zur Carbonamid-Gruppe brechen – und zwar mit gleicher Wahrscheinlichkeit. Auf das Ergebnis der Identifizierung der Bruchstellen in anderen Ketten soll hier nicht eingegangen werden, da es für die weiteren Darstellungen nicht erforderlich ist.

Ferner haben ESR-Experimente darüber Aufschluß gegeben, an welcher Stelle einer zügig oder stufenweise gedehnten Faser Kettenbrüche auftreten. Übereinstimmend ist bei allen bisherigen Experimenten festgestellt oder angenommen worden, daß Kettenbrüche nur in den amorphen Bereichen vorkommen (3, 5). Der Nachweis gründet sich insbesondere auf die Beobachtung von *Becht* und *Fischer* (3), daß bei einer Dehnung von mit Methacrylsäure gequollenen Polycaprolactamfasern lediglich das Polymerisationsradikal der Methacrylsäure als Sekundärradikal zu sehen war. Man weiß, daß von einer Quellung nur die amorphen Bereiche erfaßt werden und auch, daß sich Primärradikale offenbar lediglich dort gebildet haben, wo auch Methacrylsäure anwesend war, also in den amorphen Bereichen.

Es ist übereinstimmend festgestellt worden, daß diejenigen Kettenbrüche, die bereits vor Ausbildung eines sich fortpflanzenden Risses auftreten – und das kann die überwältigende Mehrheit sein –, gleichmäßig auf alle amorphen Bereiche der belasteten Faser verteilt sind, sich also nicht bevorzugt im Bereich der späteren Bruchebene konzentrieren. Daraus kann man schließen, daß in so einem Fall die Mehrheit der gebildeten freien Radikale auf voneinander unabhängige Brüche einzelner Kettensegmente zurückgeht. Mit dem Zustandekommen dieser Kettenbrüche müssen wir uns also zunächst beschäftigen.

4.3. *Deformation und Spaltung einzelner Molekülabschnitte*

Bereits wenige Jahre bevor der Nachweis von Kettenbrüchen in belasteten Hochpolymeren gelang (4), wiesen unabhängig voneinander *Bueche* (13) und *Zhurkov* (14) auf die Rolle primärer Bindungen bei der Zerstörung eines Hochpolymeren hin. Für die Lebensdauer einer Probe unter der gemeinsamen Wirkung von thermischen Molekularprozessen und mechanischer Anspannung fanden sie eine Beziehung, wie sie aus der Reaktionskinetik auch für andere Stoffgruppen mit Erfolg entwickelt worden war. Für eine Hauptkettenbindung lautet diese Beziehung:

$$\tau = \frac{1}{\omega_b} \exp\{(U_0 - \beta\psi)/RT\}. \qquad [5]$$

Hierbei sind τ die mittlere Lebensdauer der Bindung, ω_b die Frequenz, mit der sich die thermischen Anregungszustände der Bindung ändern, U_0 die Aktivierungsenergie für Spaltung der unbelasteten Bindung, ψ die auf den Molekülquerschnitt q bezogene mechanische Anspannung der Bindung und R und T die Gaskonstante und absolute Temperatur. Der Parameter β gibt den Einfluß einer (konstanten) mechanischen Kraft auf die Aktivierungsenergie wieder, seine genaue Bedeutung ist verschiedentlich diskutiert worden (5). Die Größe von β könnte natürlich direkt aus dem Atompotential $U(r)$ ausgerechnet werden, da mit $U(r)$ auch der Verlauf von $U(\psi) = U(r) - N_L(r - r_0)\psi q$ bekannt ist, dessen spannungsabhängiges Maximum die Höhe der Aktivierungsschwelle bezeichnet (r_0 ist die Länge der unbelasteten Bindung, N_L die *Loschmidt*sche Zahl). Solche Rechnungen sind z. B. von *Gubanov* und *Chevychelov* (15) unternommen worden. Bei der Beurteilung der numerischen Ergebnisse solcher Rechnungen sollte man allerdings berücksichtigen, daß alle bisher benutzten Atompotentiale (*Morse, Buckingham, Lennard-Jones* 6–12) empirischen Charakter haben. Da die Anpassung der in den Potentialen vorkommenden Konstanten im Bereich des Potentialminimums vorgenommen wird, lassen sich über die Abweichungen der empirischen Potentiale von den tatsächlichen im Bereich größerer Auslenkungen ($r > 1, 2r_0$) keine sicheren Angaben machen.

Der zweite Einwand gegen die direkte Berechnung von β aus $U(r)$ bezieht sich auf die Benutzung quasistatischer Potentiale – wie $U(\psi)$ – auf dynamische Vorgänge wie die thermische Aktivierung von Kettenbrüchen. Wir wollen auf nähere Einzelheiten hier nicht eingehen, aber feststellen, daß bei einer Interpretation von β als Aktivierungsvolumen β näherungsweise gleich $\Delta r \cdot q$ ist ($\Delta r + r_0$ ist die zu dem Potentialmaximum gehörende Bindungslänge). Für das 6-Polyamid ist β (aus der Radikalbildungsgeschwindigkeit) zu 5,5 cm^3/mol oder 9,2 $Å^3$ pro aktiviertem Kettenbruch berechnet worden (6, 16).

Die Spannungen ψ, die auf eine Kette aufgebracht werden müssen, um den Kettenbruch (bei Raumtemperatur) innerhalb weniger Minuten zu erzwingen, lassen sich – bei Kenntnis von β – aus Gl. [5] berechnen. Für 6-Polyamid ergab sich $\psi_b = 2{,}2 \cdot 10^{11}$ dyn/cm^2 (16). Man kann ψ_b als die „Kettenfestigkeit" bezeichnen. Aus der beträchtlichen Größe von ψ_b ist von allen Experimentatoren übereinstimmend geschlossen worden, daß sich die belasteten Ketten im Augenblick der Dissoziation in einer nahezu gestreckten Konformation befänden. Eine solche Konformation können während der Dehnung der amorphen Bereiche nur solche Verbindungsmoleküle zeigen, die im ungedehnten Zustand bereits vollkommen oder nahezu gestreckt waren. Insbesondere mußte auch geschlossen werden, daß die kristalline Verknüpfung der Moleküle wesentlich für das Zustandekommen der Kettenbrüche ist, daß also Kettenenden, Schlaufen oder stark verknäuelte Moleküle innerhalb von (50 Å dicken) amorphen Schichten nicht so stark angespannt werden können, daß sie brechen. Da diese Frage der Lastübertragung auf einzelne Kettenmoleküle für das Verständnis der ESR-Experimente – und, natürlich, das der Festigkeit des makroskopischen Körpers – wichtig ist, soll sie im folgenden kurz behandelt werden.

4.4. *Kette und Kristall*

Bei der Diskussion des in Abb. 5 gezeigten Modells einer teilkristallinen Faser hatten wir darauf hingewiesen, daß die Verbindungsmoleküle in benachbarten Kristalliten verankert sind. Die Endpunkte der amorphen

Kettensegmente werden also – in erster Näherung – Verrückungen der Kristallite mitmachen. Bei axialer Belastung einer Faser ist die Größe dieser Verrückung überwiegend durch die Komplianz der amorphen Bereiche gegeben. Da die Komplianzen der ausgestreckten Ketten um einen Faktor 10 bis 50 kleiner sind als die der amorphen Bereiche, kommt es zu beträchtlichen molekularen Spannungskonzentrationen. Unter der Wirkung dieser Kräfte ändern sich nicht nur die im vorstehenden Abschnitt diskutierten Potentiale der Kettenbindungen der amorphen Segmente, sondern die Verbindungsmoleküle werden ein Stück aus dem Kristall herausgezogen. Dabei werden die Kettenatome aus ihrer energetisch günstigen Lage innerhalb des Kristallgitters ausgelenkt und erfahren rücktreibende Kräfte. Auf dem Wege über diese rücktreibenden Kräfte wird die axiale Anspannung eines Verbindungsmoleküls auf den Kristall übertragen. Innerhalb des Kristalls nimmt die Anspannung des Moleküls natürlich mit der Entfernung von der Kristalloberfläche ab, wobei die

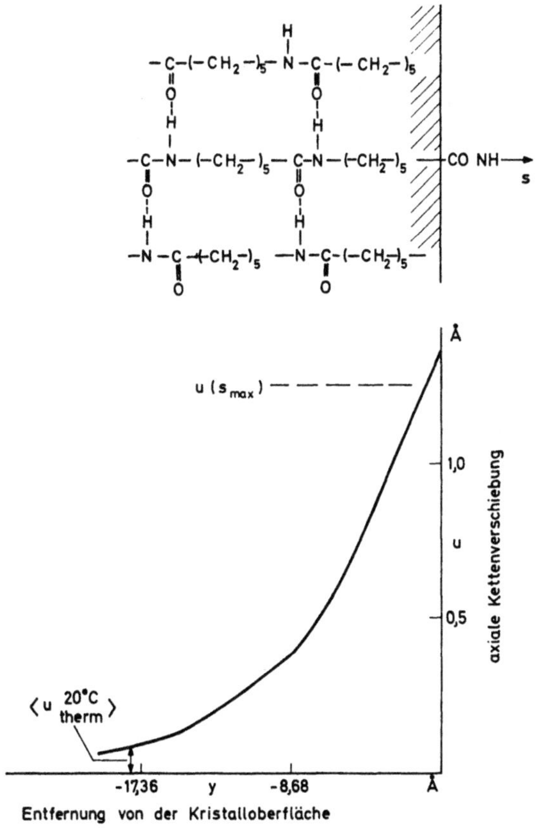

Abb. 6. Abnahme der elastischen Verschiebung eines angespannten Verbindungsmoleküls mit der Entfernung von der Kristallgrenzfläche

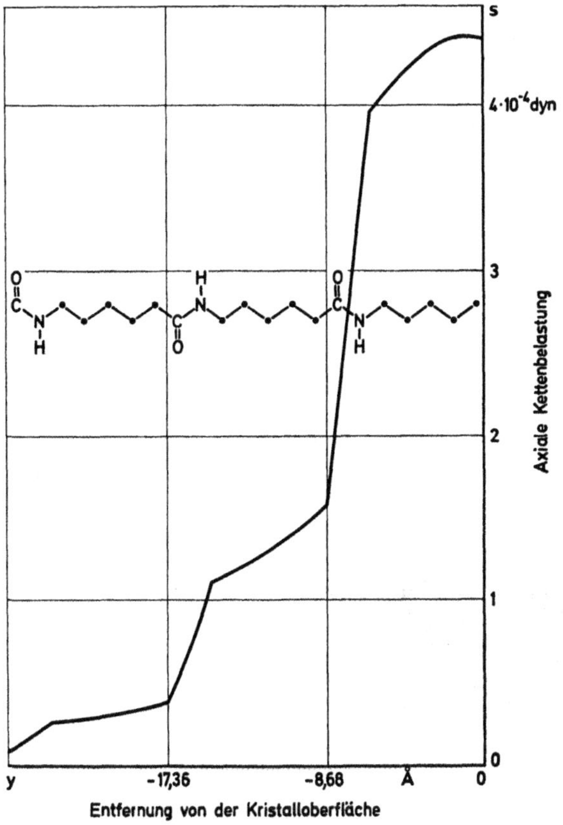

Abb. 7. Abnahme der Belastung eines angespannten Verbindungsmoleküls im Innern eines Kristalls mit der Entfernung von der Kristallgrenzfläche

Abnahme von der Elastizität der Kette und der Form des Gitterpotentials abhängt. Dieses Problem wurde zuerst von *Chevychelov* (17), später von *Kausch* und *Langbein* (18) behandelt. Für einen geradlinig begrenzten Kristall, kontinuierliche Massenverteilung, sinusförmiges Gitterpotential der Tiefe $v_1 = 5 \cdot 10^{-6}$ erg/cm an den Stellen der CH_2-Gruppen und der Tiefe $v_2 = 40{,}7 \cdot 10^{-6}$ erg/cm an den Stellen der Carbonamidgruppen sowie eine Kettenelastizitätskonstante $\varkappa = 34 \cdot 10^{-4}$dyn erhalten wir den in Abb. 6 gezeigten Verlauf der axialen Kettenverschiebung innerhalb eines Polyamidkristalls. Der Verlauf der Kettenspannung ist in Abb. 7 dargestellt. Beide Diagramme sind für den Fall der nahezu maximalen Anspannung einer Kette gezeichnet. Es erscheint bemerkenswert, daß selbst in diesem Fall die mechanische Anregung nur etwa 20 Å tief in den Kristall eindringt. Der Verlauf der Spannung längs einer – in Abb. 7 im gleichen Maßstab eingezeichneten Kette – zeigt, daß der Abfall vornehmlich an den Stellen der Wasserstoffbrückenbindungen erfolgt.

Bezieht man die Kettenanspannung auf den Querschnitt einer Kette, so ergeben sich für PE und 6-PA folgende maximale Spannungen, die im statischen Gleichgewicht zwischen einem Kristall und einer Kette übertragen werden können:

PE $\sigma_{max} = 1{,}4 \cdot 10^{11}\,\mathrm{dyn/cm^2}$
6-PA $\sigma_{max} = 2{,}84 \cdot 10^{11}\,\mathrm{dyn/cm^2}$.

Demgegenüber beträgt die Kettenfestigkeit σ_b bei quasistatischer Beanspruchung:

PE $\sigma_b \sim 4{,}0 \cdot 10^{11}\,\mathrm{dyn/cm^2}$
6-PA $\sigma_b = 2{,}2 \cdot 10^{11}\,\mathrm{dyn/cm^2}$.

Diese Gegenüberstellung erscheint nützlich für das Verständnis vieler ESR-Experimente; sie zeigt, daß für die Übertragung großer axialer Spannungen keineswegs dicke kristalline Schichten erforderlich sind, sondern daß es auf das Maximum der Kraft bei der Auslenkung des am stärksten durch das Gitter gehaltenen Kettenatoms ankommt. Gitterdefekte, erzwungene Deformation von Kettenschlaufen oder rasche Belastung erhöhen die zur axialen Kettenverschiebung erforderlichen Kräfte und damit auch die auf eine Kette übertragbaren Kräfte.

Die Beanspruchung der Kristallite durch hochbelastete Ketten ist von *Becht* und *Fischer* mit der ESR untersucht worden (3, 19, 20), wobei die Autoren die durch Bestrahlung in den kristallinen Bereichen hochorientierter Fasern erzeugten freien Radikale als Sonde zur Feststellung der Segmentbeweglichkeit benutzten. Sie überprüften ergänzend Schmelzwärme und Molekulargewicht der Substanzen vor und nach der Belastung. Dabei erhielten sie folgendes Ergebnis:

Die Geschwindigkeit von Radikalreaktionen in den kristallinen Bereichen des 6-PA und 66-PA hängt nicht von der Belastung der Kristallite ab. Bei Belastung von Proben bis zum Bruch ändert sich die Schmelzwärme nicht, das Molekulargewicht nimmt ab.

In PE, PP, PET und 12-PA ist die Geschwindigkeit von Radikalreaktionen in den Kristallen deutlich abhängig von der Dehnung einer Probe. Bei gebrochenen Proben ist das Molekulargewicht praktisch unverändert, die Schmelzwärme (PP, PET, 12-PA) geringer als bei ungebrochenen Proben.

Daraus zogen die Autoren den Schluß, daß bei der zweiten Gruppe von Thermoplasten die kristalline Verknüpfung der schwächere Teil des Systems Kette–Kristall sei und daß bei starker Belastung der Probe leichter Kristallite verformt und aufgebrochen werden, als daß Ketten brechen. Umgekehrt bleiben bei der ersten Gruppe die Kristallite intakt und Ketten brechen. Wegen weiterer Einzelheiten sei auf die Originalarbeiten (19, 20) verwiesen.

In diesem Zusammenhang soll auch auf eine neuere Arbeit von *Bonart* und *Schultze-Gebhardt* (21) hingewiesen werden. Aufgrund von Untersuchungen der Struktur und des Spannungs-Dehnungsverhaltens verstreckter Polymerer (Fasern) diskutieren diese Autoren ebenfalls das Gleiten von Ketten im Kristall oder von Kristallen gegeneinander als mögliche Mechanismen zum Abbau lokaler Spannungen.

4.5. *Radikalbildungskinetik eines Kettenbündels*

Unter der Annahme, daß die Art der Einspannung und der zeitliche Verlauf der Belastung aller – räumlich verteilten – brechenden Ketten gleich sind, kann man die Gesamtheit aller dieser Ketten als ein Kettenbündel betrachten. Das Bruchverhalten eines solchen Kettenbündels wird durch Kettenfestigkeit, Kettenlängenverteilung und Art der Wechselwirkung zwischen den Ketten bestimmt. Wenn man die Anspannung eines einzelnen Kettensegmentes als durch Kettenelastizitätsmodul E_k, Verschiebung $\varepsilon_a L_0$ der Endpunkte des Segmentes und die Konturlänge L gegeben ansieht, d. h. falls

$$\psi = E_k(\varepsilon_a L_0 - L + L_0)/L, \qquad [6]$$

dann führt die zeitabhängige Belastung eines Kettenbündels zu $N(t)$ primären Kettenbrüchen:

$$N(t) = \sum_i N(L_i, 0)\left(1 - \exp\left\{-\int_0^t dt'/\tau[L_i, \varepsilon_a(t')]\right\}\right) \qquad [7]$$

wobei $N(L_i, 0)$ die Verteilung der Segmentlängen vor Beginn der Belastung angibt. Unter der Annahme, daß jeder primäre Kettenbruch zu der gleichen Zahl n_2 von

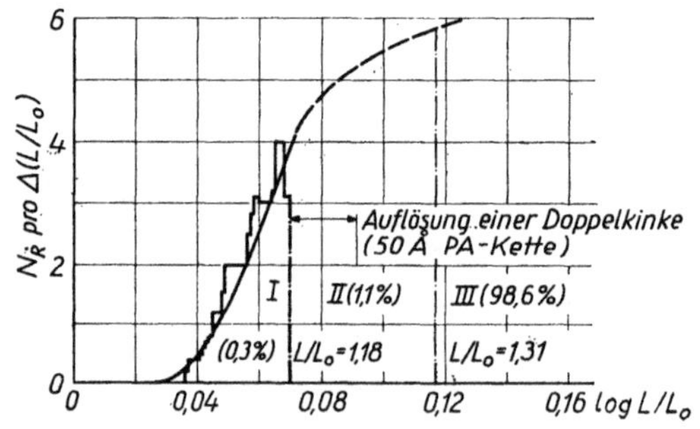

Abb. 8. Verteilung relativer Segmentlängen in den amorphen Bereichen hochverstreckten 6-Polyamids

beobachteten Radikalen führt, kann $N(L_t, 0)$ aus der gemessenen Radikalintensität $n_2 N(t)$ eines zweckmäßig geführten Experimentes berechnet werden. Die im Bereich *I* der Abb. 8 gezeigte Verteilung ist von *Kausch* und *Becht* unter der Annahme von $n_2 = 2$ ermittelt worden (16). Es sei besonders darauf hingewiesen, daß die in Bereich *I* erfaßten Ketten nur 0,3% aller Ketten einer amorphen Schicht des 6-Polyamid darstellen. Der Bereich *II* umfaßt solche Ketten, die beim makroskopischen Bruch der Faser zwar völlig ausgestreckt sind, deren Dehnung aber nicht zur Spaltung ausreicht. Aus dem statischen Elastizitätsmodul der Faser läßt sich abschätzen, daß Bereich *II* weniger als 1,1% Masseanteil an den amorphen Schichten haben kann (22). Bereich *III* umfaßt Kettenenden, Schlaufen und stärker verknäuelte Verbindungsmoleküle (98,6%). Wenn allerdings während der Anspannung eines Segments besondere (nichtgestreckte) Konformationen, z. B. Doppelkinken, bis zum Kettenbruch erhalten bleiben, werden auch Segmente im Bereich *I* erfaßt, deren Konturlänge größer als 1,18 ist. Die durch eine solche Doppelkinke verursachte Verschiebung der Grenze zwischen den Bereichen *I* und *II* ist in Abb. 8 ebenfalls gezeigt.

4.6. *Temperungseffekte*

Um die Bedeutung der Segmentlängenverteilung für die mechanischen Eigenschaften einer Faser besser zu verstehen, haben *Statton* und Mitarb. (23) den Einfluß einer thermischen Vorbehandlung auf Festigkeit und Kettenbruchverteilung näher untersucht. Ergebnisse ihrer Arbeiten sind in Abb. 9 dargestellt. Danach erhöht sich die Zahl der bis zum Faserbruch gebildeten freien Radikale, falls die 6-Polyamid-Fasern bei einer Vordehnung von 2,5 oder 5% getempert wurden. Diese Zunahme wird von den Autoren auf eine Zunahme der Verbindungsmoleküle mit nahezu gestreckter Konformation innerhalb der amorphen Bereiche zurückgeführt. Wir möchten hinzufügen, daß zusätzlich der Abbau von eingefrorenen Spannungen während der Temperung unter Zwang zu berücksichtigen ist, der zu einer gleichmäßigeren Auslastung der Moleküle im gesamten Probevolumen führt.

Die Abnahme der Kettenbrüche nach einer Temperung unter 7,5 und 10% Vordehnung (Abb. 9) wird von den Autoren darauf zurückgeführt, daß vor der Temperung – nämlich während der bei Raumtemperatur ausgeführten Vordehnung – bereits Ketten gebrochen worden sind. Deren Anzahl ist in Abb. 9 ebenfalls eingezeichnet; sie entspricht in der Tat ungefähr dem beobachteten Abfall von $N_{\dot{R}}$. Andererseits läßt sich anhand der experimentellen Daten von *Statton* und Mitarb. (23) nicht zeigen, daß durch die Temperung eine einheitliche oder teilweise Verschiebung der Kettenlängenverteilung stattfindet. Den von den Autoren gezogenen

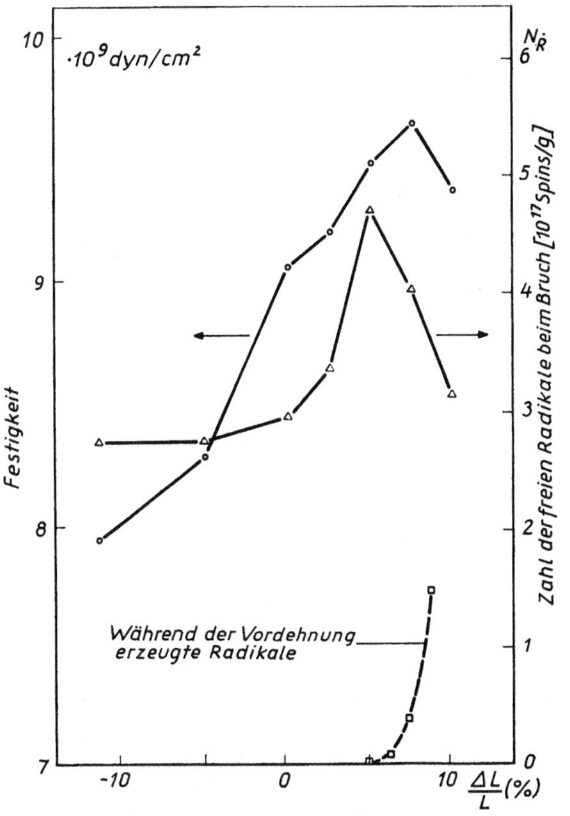

Abb. 9. Einfluß einer vor der Temperung (164 °C) bei Raumtemperatur aufgebrachten Vordehnung $\Delta L/L$ (6-Polyamid, nach *Statton* und *DeVries* et al.)

Schluß, daß während der Temperung zusätzliche Kettenfaltungen auftreten, möchten wir dahingehend ergänzen, daß diese wenigstens teilweise so stabil sein müssen, daß sie eine nachfolgende Belastung bis zum Bruch der Probe überstehen. Diese Untersuchungen sind noch nicht abgeschlossen. Insbesondere können derzeit keine Angaben über den Einfluß der Temperung auf die *inter*fibrilläre Wechselwirkung sowie auf die Einspannung der Kettenmoleküle in den Kristalliten gemacht werden.

5. Modelle der Bruchentwicklung in Fasern

5.1. Frühere Vorstellungen

Die ersten Überlegungen über den Zusammenhang zwischen Kettenspaltung und Bruchentwicklung wurden 1964 von *Zhurkov* und Mitarb. veröffentlicht (24). Die Autoren wiesen darauf hin, daß sie bei ihren Messungen an einer Faser gleiche exponentielle Ausdrücke für die Spannungsabhängigkeit der Bildungsrate freier Radikale – $dN_{\dot{R}}/dt$ – und der Bruchwahrscheinlichkeit der Faser – $1/t_b$ – erhalten hatten. Der Quotient beider Ausdrücke, so stellten sie fest, sei eine Konstante. Aus diesen Überlegungen folgt als Bruchkriterium allerdings, daß auch die Zahl der freien Radikale beim Bruch – $N_{\dot{R}}(t_b)$ – eine Konstante sei. Ein solches Kriterium ist weder von den genannten Autoren noch von anderen Experimentatoren bestätigt worden.

In nachfolgenden Untersuchungen und Veröffentlichungen haben *Campbell* und *Peterlin* (25), *DeVries*, *Roylance* und *Williams* (26), *Becht* und *Fischer* (19) und *Kausch* (5) auch den Einfluß der *Dauer* einer Belastung berücksichtigt. Das führte dann zu der Feststellung, daß die Radikalbildungsrate nicht von der Spannung, sondern von der Dehngeschwindigkeit abhängig sei, daß also bei konstanter Dehnung die Radikalbildungsrate – trotz des Vorliegens beträchtlicher axialer Spannungen – auf Null abnehmen könne. Aus der Dehnungsabhängigkeit von $[\dot{R}]$ wurde dann auf die bereits besprochene Verteilung der relativen Längen der brechenden Kettensegmente geschlossen (Abb. 8, Bereich *I*). Es ist interessant, für die unter ähnlichen Versuchsbedingungen (langsame, zügige oder stufenweise Dehnung) an Polyamidfasern verschiedener Provenienz (Perlon, Nylon-6 und -66) bestimmten Verteilungen der relativen Kettenlängen die obere Grenze anzugeben, die bei 1,19 (16), 1,18 (27) bzw. 1,17 (28) liegt. Man könnte daraus schließen, daß für diese Polyamidfasern der Wert $L/L_0 = 1{,}18 \pm 0{,}01$ eine kritische Bedeutung hat. Es soll jedoch darauf hingewiesen werden, daß bei Änderung der Geschwindigkeit der Belastung, der Versuchstemperatur oder der thermischen Vorbehandlung die Lage der oberen Grenze verschoben wird, daß also dem Wert von 1,18 für die relative Länge der gerade noch brechenden Kettensegmente keine *primäre* Bedeutung als Bruchkriterium – etwa im Sinne einer unabhängig von der Versuchsführung begrenzten Dehnbarkeit der Faser – zukommt. Die Frage, in welcher Weise der Bruch von Kettensegmenten oder die damit verbundene Bildung freier Radikale zum makroskopischen Versagen eines Hochpolymeren beiträgt, ist damit also noch nicht beantwortet. Zur Untersuchung dieser Frage haben *Zhurkov* und Mitarb. die Ergebnisse von drei Methoden (Röntgenstreuung, ESR- und IR-Spektroskopie) herangezogen und eine interessante Bruchhypothese entwickelt, die im folgenden diskutiert werden soll.

5.2. Reaktionskette, gestartet durch freie Radikale

In zahlreichen Untersuchungen mit verschiedenen Methoden hatten *Zhurkov* und Mitarb. (29–31) festgestellt, daß in belasteten Filmen aus PE, PP oder 6-PA submikroskopische Risse, freie Radikale und neugebildete stabile Kettenenden auftraten. Die Ergebnisse der quantitativen Untersuchungen sind in Tab. 1 zusammengestellt. Die Autoren weisen vor allem darauf hin, daß in den belasteten Filmen ebenso viele Mikrorisse (N_{C_r}) wie freie Radikale ($N_{\dot{R}}$) entstünden, während die Zahl N_e der neu-

Tab. 1. Mikrostrukturelle Veränderungen in bis zum Bruch belasteten hochverstreckten Polymerfilmen (nach 29, 30)

Eigenschaft	Einheit	Polymer		
		Niederdruck-PE	Polypropylen	Polycaprolactam
Bruchfestigkeit	10^8 dyn/cm²	54	30	35
Bruchdehnung	%	30	50	40
Mikrorisse: Dicke/Durchmesser	Å	130/150	200/320	50/90
Konzentration: N_{Cr}	10^{15} cm^{-3}	6	1	50
Freie Radikale: N_R'	10^{15} cm^{-3}	5	–	30
Neue Endgruppen: N_e	10^{15} cm^{-3}	19800	5000	–
$RCH{=}CH_2$		3400		
RCH_3		11800		
R(CO)H		4600		
Neue Endgruppen pro Mikroriß	–	3300	5000	–
Rißfläche/Molekülquerschnitt q	–	1000	2300	350

gebildeten Kettenenden um zwei bis drei Größenordnungen größer sei. Ferner wüchsen die Mikrorisse „explosionsartig" bis auf ihre endgültige Größe; mit der Dauer oder Stärke der Folienbelastung nähme lediglich die Menge der Mikrorisse, nicht ihre Größe weiter zu.

Gestützt auf diese Beobachtungen entwickelten die Autoren eine Hypothese, nach der die Rißentwicklung in den untersuchten Polymeren das Resultat einer Kettenreaktion ist. Der Verlauf dieser Kettenreaktion ist in Abb. 10 schematisiert dargestellt. Der erste Schritt besteht in der Bildung zweier freier Radikale (beim PE also $-CH_2-\dot{C}H_2$) durch spannungsinduzierten Bruch einer besonders stark belasteten Kette (siehe Pfeil in Abb. 10a). Diese Radikale (Abb. 10b) reagieren mit Ketten ihrer unmittelbaren Umgebung, indem sie z. B. unter Wasserstoffübertragung in eine stabile Endgruppe (•, beim PE $-CH_3$) übergehen und ein kettenständiges Radikal ($-CH_2-\dot{C}H-CH_2-$) hinterlassen (Abb. 10c). Die Geschwindigkeit der Reaktion $b \to c$ bei Zimmertemperatur ist außerordentlich hoch. Die Autoren weisen darauf hin, daß es für das Zustandekommen einer Reaktionskette wichtig ist, daß die Aktivierungsenergie zum Bruch einer Bindung in Nachbarschaft zu einem kettenständigen Radikal nur ein Drittel des Wertes einer normalen Bindung beträgt. Gestützt auf diese Aussage nehmen sie an, daß die bei Schritt (*c*) entstandenen Segmente mit kettenständigen Radikalen bevorzugt brechen, wobei erneut Endradikale (⊗) und stabile Endgruppen entstehen (Abb. 10d). Durch mehrfache Wiederholung der Schritte von (*b*) nach (*d*) entsteht so in unmittelbarer Nachbarschaft zu einem primär entstandenen Radikal eine Zone mit starker Konzentration von Kettenbrüchen, d. h. ein Mikroriß. Die Zahl der ursprünglich entstandenen Radikale vermehrt sich durch diese Prozesse nicht. Diese Hypothese erklärt in der Tat, daß die Zahl der freien Radikale und der Mikrorisse näherungsweise gleich ist (die Absolutbestimmung der Konzentration freier Radidikale ist gewöhnlich nur bis auf einen Faktor von höchstens 2 möglich; daß bei einem Primärschritt 2 Radikale gebildet werden, also $N_{\dot{R}} \sim 2N_{Cr}$ erwartet wird, spricht also nicht gegen die Erklärung der vorliegenden Experimente durch die Bruchhypothese). Die Hypothese erklärt ferner, daß die Zahl der gebildeten stabilen Kettenenden beträchtlich höher ist als die der freien Radikale. Aus dem Befund, daß die größte Ausdehnung der Mikrorisse recht genau der lateralen Ausdehnung der Mikrofibrillen entsprach, schlossen *Kuksenko* und Mitarb. (30), daß die Entstehung eines Mikrorisses durch den Bruch einer Mikrofibrille hervorgerufen werde.

Auch diese Hypothese läßt einige Fragen offen. So ist nicht geklärt, wodurch die Kettenreaktion abbricht. Die Fribrillen-„wände" stellen sicher kein wesentliches Hindernis für die Reaktionskette dar, allenfalls die mögliche Anhäufung von Radikalfängern in dem interfibrillären Bereich. Ferner ist zu berücksichtigen, daß eine Probe, bei der bereits mehr als 90% der beim makroskopischen Bruch beobachteten freien Radikale (oder Mikrorisse) vorhanden sind, noch praktisch ihre volle Kurzzeitfestigkeit hat. Der endgültige Bruch tritt erst ein, wenn sich unter der großen Zahl stabiler Mikrorisse – durch deren Wechselwirkung oder aus anderen Ursachen – ein instabiler Riß entwickelt. Fragen ergeben sich auch im Hinblick auf die Beobachtung, daß 6-Polyamid-Fasern bei mehrfacher Belastung bis zum

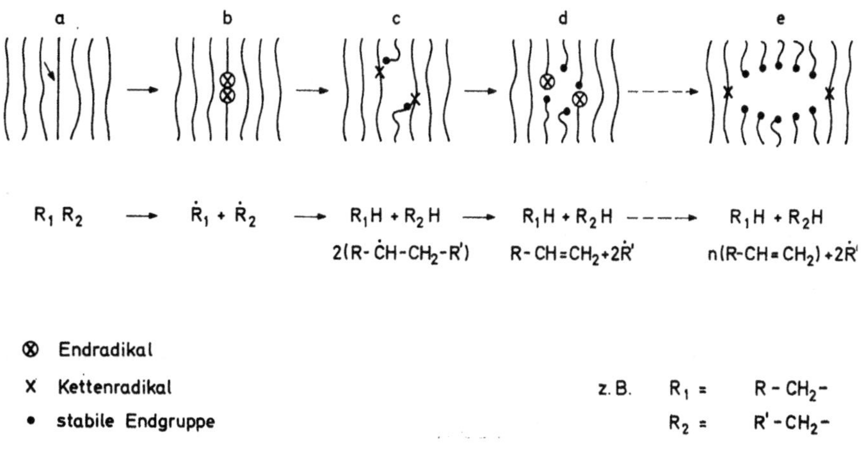

Abb. 10. Modell einer mechano-chemischen Reaktionskette (nach *Zakrevskii* und *Zhurkov*, 31, 29)

Bruch keine abnehmende, sondern eine nahezu gleichbleibende Festigkeit zeigen (32).

5.3. *Spannungskonzentration an den Enden der Mikrofibrillen*

Die im vorstehenden besprochenen experimentellen Ergebnisse der Leningrader Arbeitsgruppe führten *Peterlin* (33) dazu, ein etwas abgewandeltes Modell der Bruchentwicklung vorzuschlagen, bei dem nicht die Kettenreaktion von primären freien Radikalen, sondern die durch die Enden der Mikrofibrillen bedingte Spannungskonzentration als Ursache dafür angesehen wird, daß eine große Anzahl räumlich begrenzter Schadensbereiche (Mikrorisse) entsteht. Nach diesem Modell ist die Zahl der Mikrorisse gleich der Zahl der Spannungskonzentrationsstellen (die je nach Anordnung gleich der ganzen oder halben Anzahl der Fibrillenenden ist). Falls bei starker Belastung in der Umgebung jedes Fibrillenendes etwa 5 Fibrillen zerrissen – und zwar so, daß sämtliche Verbindungsmoleküle in einer amorphen Querschnittsfläche brächen – dann entspräche auch die Zahl der neu gebildeten Kettenenden gerade dem von *Zhurkov* und Mitarb. gefundenen Wert.

Es ist notwendig, daß – wie bei dem vorliegenden Modell geschehen – die Rolle der Überstruktur einer Faser bei der Bruchentwicklung berücksichtigt wird. Es erscheint sogar erforderlich, die Verteilung von Zug- und Schubspannungen in einem System ausgerichteter Mikrofibrillen noch eingehender zu diskutieren, da durch einzeln oder paarweise auftretende Fibrillenenden keine beträchtliche Erhöhung der Spannung in benachbarten Fibrillen erwartet werden kann. Wenn diese „Spannungserhöhung" aber doch ausreichen sollte, die betroffenen Fibrillen zu zerreißen, dann bliebe die Frage offen, warum die um jedes Fibrillenende sich bildende, 6fach größere Schadensstelle stabil bleiben kann. Eine solche Schadensstelle sollte dann zu weiterem Rißwachstum und Festigkeitsabfall Anlaß geben.

5.4. *Zufälliger Bruch benachbarter Mikrofibrillen*

Ein Modell, bei dem die statistischen Aspekte der Bruchentwicklung stärker berücksichtigt worden sind, ist von *Kausch* (22) vorgeschlagen worden. Danach wird angenommen, daß die bei zügiger oder stufenweiser Dehnung brechenden Ketten sich zunächst nicht gegenseitig beeinflussen, sich also z. B. in verschiedenen Mikrofibrillen befinden. Mit zunehmender Dehnung oder fortdauernder Belastung kommt es zum Bruch von Mikrofibrillen, wobei es dahingestellt bleiben kann, ob dabei Kettenreaktionen der zuvor beschriebenen Art mitwirken oder nicht. Der Bruch einer Mikrofibrille führt mit Sicherheit nicht zur Bildung eines instabilen Risses (die entstandene Fehlstelle gleicht ja den in großer Zahl vorhandenen Fibrillenendstellen). Es müssen vielmehr unabhängig voneinander mehrere Fibrillen in enger Nachbarschaft zueinander brechen, ehe eine Fehlstelle entsteht, deren Kerbwirkung so groß ist, daß der Bruch weiterer Fibrillen bevorzugt in unmittelbarer Nähe der Fehlstelle stattfindet. Erst damit beginnt das (thermische) Wachstum eines Risses.

Dieses Modell bringt zum Ausdruck, daß die Festigkeit (oder Lebensdauer) einer Mikrofibrille von den zuvor beschriebenen mikrostrukturellen Parametern (Art der kristallinen Verknüpfung, Verteilung relativer Segmentlängen, von gegebenenfalls ablaufenden Kettenreaktionen, Relaxationsvorgängen usw.) in recht eindeutiger Weise abhängen kann. Die makroskopische Festigkeit einer Faser ist aber nicht mit der Festigkeit einer Fibrille identisch, sondern eher mit der Festigkeit eines Fibrillenbündels zu vergleichen. Bei der Aufstellung eines Bruchkriteriums sind also zusätzlich statistische Gesichtspunkte im Hinblick auf die Reihenfolge und gegenseitige Beeinflussung der Fibrillenbrüche zu berücksichtigen. Dieser Sachverhalt ist in (22) und (34) eingehender – aber nicht abschließend – behandelt.

5.5. *Chemische Versetzung*

Mit unter die „Modelle der Bruchentwicklung" kann man das von *Zaks* und Mitarb. (35) vorgeschlagene Modell einer chemischen Versetzung rechnen. Dieses Modell ist in Abb. 11 erläutert. Es wird ein Bündel von gleichsinnig orientierten, amorphen Kettenmolekülen betrachtet. Bei starker Belastung des Bündels brechen einzelne, besonders angespannte Segmente (Pfeil in Abb. 11a), zwei Endradikale werden gebildet (Abb. 11b), die mit Segmenten ihrer Umgebung unter Kettenübertragung reagieren (Abb. 11c und 11d). Dabei entstehen wieder zwei Endradikale und zwei durchlaufende Kettensegmente, deren Konformation jedoch erheblich weniger gestreckt ist als die Konformation der Ausgangssegmente, deren me-

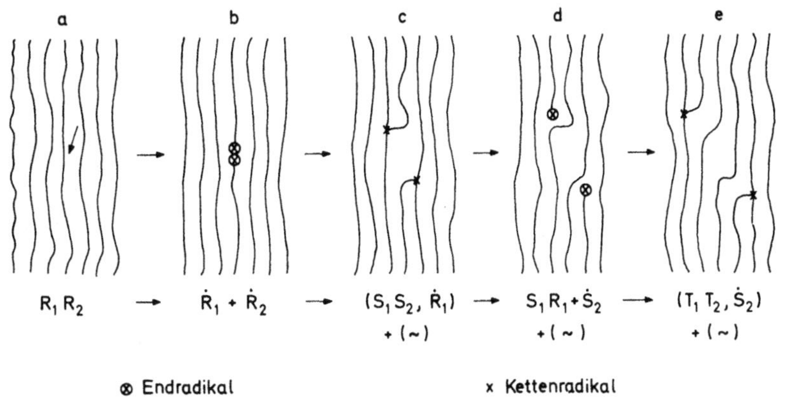

Abb. 11. Modell einer „chemischen Versetzung" (nach *Zaks* et al., 35)

chanische Anspannung also ebenfalls geringer sein wird. Durch mehrfache Wiederholung der Schritte von *b* nach *d* könnte so die Spannung in dem gesamten Kettenbündel abgebaut werden, ohne daß sich die Zahl der freien Radikale oder die Zahl der stabilen Kettenenden dabei vermehrt hätte. Die Autoren diskutieren diese Hypothese im Zusammenhang mit Experimenten an amorphem Polycarbonat. Sie beobachteten die Konzentration freier Radikale in unterschiedlich schnell verstreckten Proben sowie die Geometrie der Einschnürungszone, die sich während der Verstreckung einstellt. Die freien Radikale in einem bestimmten Volumenelement entstehen während des Durchlaufs der Einschnürungszone, also während der raschen plastischen Verformung des Volumenelementes. In der Einschnürungszone findet dann – nach Ansicht der Autoren – neben der Radikalbildung noch die Initiierung und Wanderung der „chemischen Versetzungen" statt. Da durch die „chemischen Versetzungen" Ketten entlastet werden, wirken diese der Bildung weiterer Kettenbrüche entgegen. Durch die endliche Wanderungsgeschwindigkeit der chemischen Versetzung in Richtung der (einachsigen) Spannung könnte dann die Abnahme der Länge Δ der Einschnürungszone mit zunehmender Klemmenabzugsgeschwindigkeit v wie auch die Zunahme von $N_{\dot{R}}$ erklärt werden.

Um die Rolle freier Radikale bei der Verstreckung (von PC) noch näher zu untersuchen, brachten die Autoren vor Beginn der Verstreckung freie Radikale in die Proben ein, und zwar 1. durch Beimischung stabiler Nitroxidradikale oder 2. durch Photolyse unter UV-Bestrahlung. In beiden Fällen änderte sich die Länge Δ der Einschnürungszone – verglichen mit einer unbehandelten Probe und gleicher Klemmenabzugsgeschwindigkeit. Während im ersten Fall Δ deutlich abnahm, stieg Δ im zweiten Fall an. Eine Aufklärung dieses unterschiedlichen Verhaltens steht bislang noch aus; sie wird zusätzlich erschwert durch die schlechte Auflösbarkeit der beobachteten ESR-Spektren, aus denen bisher keine Informationen über die ablaufenden Radikalreaktionen gewonnen werden konnte.

Unter Benutzung der von den Autoren gemessenen Radikalintensität $N_{\dot{R}}$, der Klemmenabzugsgeschwindigkeit v und Δ ist $N_{\dot{R}}$ als Funktion der Dehngeschwindigkeit

$$\dot{\varepsilon} = v/\Delta$$

berechnet und in Abb. 12 dargestellt worden.

Der Einfluß einer UV-Bestrahlung vor der Verstreckung ist ebenfalls ersichtlich. Es sei besonders darauf hingewiesen, daß die Konzentration der photolytisch erzeugten Radikale (Abb. 12, 1) bei Verstreckung abnimmt (Abb. 12, 2). Der erneute Anstieg mit $\dot{\varepsilon}$ liegt innerhalb der vermutlichen Fehlergrenzen der Absolutbestimmung (Abb. 12, 3). Die Zunahme von $N_{\dot{R}}$ mit $\dot{\varepsilon}$ in unbestrahlten Proben (Abb. 12, 4) erscheint selbst unter Berücksichtigung eines Fehlers von $N_{\dot{R}}$ von 100% als gesichert.

Die Ergebnisse der besprochenen Experimente bringen noch keine eindeutige Bestätigung für den Ablauf von Radikalreaktionen im Sinne einer „chemischen Versetzung". Der Anstieg von $N_{\dot{R}}$ mit $\dot{\varepsilon}$ kann z. B. auch recht gut dadurch erklärt werden, daß die Anspannung der brechenden Kettensegmente (durch Deformation der Probe) in Konkurrenz zu Relaxationsprozessen stattfindet, durch die die axiale Spannung ψ wieder vermindert wird (Gleiten der Segmentenden gegenüber der sich deformierenden Matrix, Konformationsänderungen der angespannten Segmente).

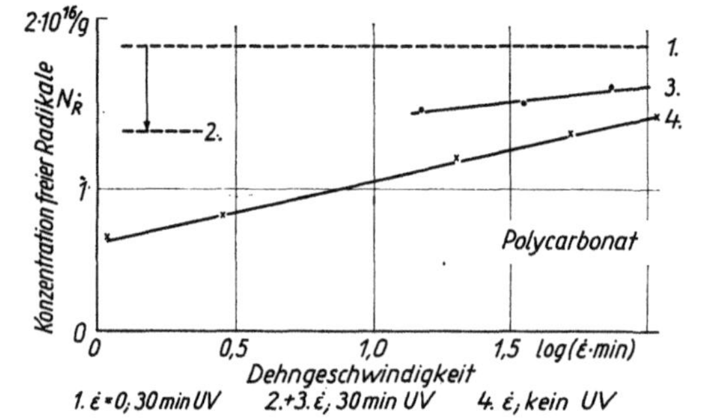

Abb. 12. Bildung freier Radikale bei Kaltverstreckung von Polycarbonat in Abhängigkeit von der Dehngeschwindigkeit in der Einschnürungszone und vorheriger UV-Bestrahlung (berechnet nach Angaben von *Zaks* et al., 35)

Zu einem im wesentlichen umgekehrten Ergebnis für den Einfluß der Klemmenabzugsgeschwindigkeit auf die Radikalausbeute bei der plastischen Verformung kamen allerdings *Brown*, *DeVries* und *Williams* (36) bei der Untersuchung vorgedehnter Acrylkautschukproben (Hycar 1043) bei tiefen Temperaturen (—130 °C).

6. Kettenbrüche in Elastomeren

Mit dem Auftreten von Kettenbrüchen als Folge chemischer Reaktionen beschäftigen sich zahlreiche ESR-Untersuchungen. Insoweit dabei Oxydationsvorgänge und die Wirkung von Stabilisatoren behandelt werden, soll auf sie hier nicht eingegangen werden. In einzelnen Arbeiten wird jedoch auch der Einfluß von Kettenbrüchen auf die mechanischen Eigenschaften elastomerer Netzwerke diskutiert (28, 36–40). *De Vries* und Mitarb. (37) haben die Wirkung von Ozon auf verschiedene natürliche und synthetische Kautschuke untersucht. Sie fanden eine sehr weitgehende Übereinstimmung zwischen der Zahl gebildeter freier Radikale – vermutlich vom Typ $R-O\dot{O}$ – und anderen Schadensmerkmalen (Spannungsrelaxation, Kriechdehnung, Oberflächenrisse). Die Bildungsrate, $dN_{\dot{R}}/dt$, erwies sich als dehnungsabhängig, im Falle des Acrylkautschuks Hycar 1043 sogar als zeitlich konstant. Die Autoren untersuchten ferner die Elastizität geschädigter Proben und stellten fest, daß die bekannte Beziehung für einachsige gummielastische Dehnung,

$$\sigma = nkT(\lambda - 1/\lambda^2) \qquad [8]$$

befriedigend erfüllt war. Dabei ist n die Zahl der effektiven Netzwerkketten pro Volumeneinheit und λ das Streckverhältnis. Die Größe n hängt vom Schädigungsgrad der Probe ab, allerdings erheblich viel stärker, als nach der Zahl der freien Radikale zu vermuten war. Die Autoren schließen daraus, daß durch Ozon die Netzwerkketten angegriffen werden, auf denen die größte Spannung lastet, deren Ausfall sich also unverhältnismäßig stark bemerkbar macht. (Der Ansatz, Alterungs- und Abbauerscheinungen an Elastomeren über ein alterungsabhängiges n zu beschreiben, ist verschiedentlich gemacht worden – siehe z. B. (41). Allerdings sollte die erwähnte Selektivität der Änderung der Kettenlängenverteilung dabei berücksichtigt werden.) Die Autoren untersuchen, ob sich die Spannung in einer gedehnten, durch Ozon geschädigten Probe nicht aus einer *griffith*ähnlichen Energiebilanz berechnen ließe. Sie prüfen daher, ob sich die elastisch gespeicherte Energie während der Schädigung um den Betrag vermindert, der erforderlich wäre, um die durch die Kettenbrüche entstehende neue Oberfläche zu erzeugen. Unter der Annahme eines Wertes von 465 erg/cm² für die Oberflächenenergie γ gelingt es ihnen, ihre umfangreichen Experimente an Hycar 1043 auf dieser Basis zu erklären.

Bruchvorgänge in Elastomeren werden seit längerer Zeit von *Andrews* und *Reed* verfolgt. Die ersten Untersuchungen (39) über die Entwicklung von Wasserstoff in stark belastetem Naturkautschuk (NR) als Folge von Kettenbrüchen wurden jetzt durch ESR-spektroskopische Beobachtungen erweitert (40). *Reed* stellte dabei fest, daß freie Radikale (und auch Wasserstoff) in 100% vorgedehnten NR-Proben nur unterhalb —120 °C und nur bei Belastung über die dann vorhandene Streckgrenze hinaus entstehen. Dieses Verhalten ist aufgrund unserer Ausführungen über die Übertragung axialer Kräfte auf einen Kettenabschnitt durchaus zu verstehen. Bei Temperaturen oberhalb —120 °C ist offenbar die „Einspannung" der besonders belasteten Kettensegmente schwächer als die Festigkeit der Ketten. Festzuhalten ist das Ergebnis, daß nicht vorgedehnte NR-Proben bei allen Versuchstemperaturen unterhalb —80 °C spröde und ohne Bildung meßbarer Radikalmengen brachen.

7. Freie radikale und Kettenbeweglichkeit

Wie schon in einem früheren Abschnitt erwähnt, hängen die Geschwindigkeiten der Reaktionen von Radikalen in festen Polymeren stark von der Beweglichkeit der Ketten in den Substanzen ab, da sie z. B. durch die Geschwindigkeit von Übertragungsreaktionen oder durch die Diffusionsgeschwindigkeit von weiteren Reaktionspartnern in der Substanz bestimmt werden, die wiederum mit der Kettenbeweglichkeit korreliert sind.

In den eingangs beschriebenen Experimenten (3) wurde das Kristallitgefüge einiger teilkristalliner Polymerer durch eine makroskopische Dehnung der Proben gestört; über das Ausmaß dieser Störungen erhält man über die Änderungen der Reaktionsgeschwindigkeit eine Aussage.

Auch der umgekehrte Fall einer Herabsetzung der Kettenbeweglichkeit durch äußere mechanische Einwirkung, d. h. durch Druck, wurde durch ESR-Experimente nachgewiesen. In den von *F. Szöcs* und Mitarb. (42) untersuchten PMMA-Proben fiel die Geschwindigkeitskonstante der Radikalrekombination bei 100 °C von 10^{-21} cm^3 · spins · s^{-1}, auf ca. 10^{-25} cm^3 · spins · s^{-1}, wenn die Proben einem Druck von 10000 bar ausgesetzt wurden. Sogar in Proben, die einer Temperatur von 160 °C ausgesetzt worden waren, ließen sich noch Radikale beobachten, obwohl sonst oberhalb der Einfriertemperatur die Lebensdauer der Radikale sehr klein ist (43). Die Reaktionsgeschwindigkeit spiegelt also die molekulare Beweglichkeit wider; sie zeigt in der Tat bei den Temperaturen der mechanischen Dämpfungsmaxima einen besonders starken Abfall (35, 44).

Eine weitere Möglichkeit, mit Hilfe der ESR Aufschluß über die Kettenbeweglichkeit in hochpolymeren Festkörpern zu erhalten, besteht darin, stabile Fremdradikale (meist Nitroxid-Radikale) in die Probe einzubringen. Die Information kann dann nicht aus einer Reaktionsgeschwindigkeit gewonnen werden; es findet ja keine Reaktion statt. Es wird in diesem Falle die Form der Spektren, hauptsächlich die Form der Einzellinien ausgewertet, die Rückschlüsse auf die Bewegungsmöglichkeiten, genauer die Frequenz der Rotation, des Radikalmoleküls ermöglicht. *Strjukov* und *Rosancev* (45) haben mit dieser Methode Proben aus Polyäthylen hoher und niedriger Dichter untersucht und dabei eine stärkere Behinderung im Falle des linearen Polyäthylens gefunden.

8. Freie Radikale und Morphologie

Die Bildung und das Verhalten freier Radikale hängen deutlich von der molekularen Überstruktur der bestrahlten oder belasteten Substanzen ab. Wir haben im vorstehenden bereits den Einfluß der Ketten- und Kristallfestigkeit auf die Erzeugung freier Radikale unter Belastung und den Einfluß der strukturbedingten Segmentbeweglichkeit auf den Ablauf von Radikalreaktionen diskutiert. Auch die Spektren der bei der (UV- oder γ-) Bestrahlung von teilkristallinen Polymeren (PE, PP) in den amorphen bzw. kristallinen Bereichen entstehenden Radikale unterscheiden sich, und zwar sowohl hinsichtlich der Linienzahl und -form wie auch der Intensität. *Kusumoto*, *Takayanagi* und Mitarb. (46, 57) haben in PE- und PP-Filmen durch Salpetersäureätzung eine schrittweise Entfernung des amorphen Materials erreicht und die Unterschiede der Spektren der durch anschließende γ-Bestrahlung erzeugten freien Radikale analysiert. Auf diesem Wege gelingt ihnen z. B. die räumliche Zuordnung des im PP beobachteten Oktetts zu Fehlstellen im Kristallinnern, des Nonetts zu den amorphen Kristalldeckflächen. Die Autoren weisen darauf hin, daß die Kristalldeckflächen besonders wirksame Fangstellen (trapping sites) für freie Radikale darstellen.

Der Einfluß der Überstruktur auf Radikalspektren läßt sich also ausnutzen, um mechanisch bedingte Änderungen der Morphologie erkennbar zu machen. So ist aus der Änderung des Linienform-Parameters β des Sextett-Spektrums von PE unterschiedlichen Zerrüttungsgrades sowie der Temperaturabhängigkeit der Radikalrekombinationsraten die Zunahme an ungeordnetem Material während der Zerrüttung berechnet worden (44).

9. Kettenbrüche und Energiedissipation

Kettenbrüche tragen in charakteristischer Weise zu den thermischen Effekten während der Deformation bei. Durch die spannungsbedingte Spaltung von Molekülketten erhöht sich die innere Energie U einer Probe; die potentielle Energie der brechenden Ketten wird bei deren Rückfederung in Wärme umgewandelt. Die durch Kettenbrüche verursachten thermischen Effekte sind natürlich überlagert von denen, die durch Änderung der Kristallinität, Nahordnung oder Entropie hervorgerufen werden. Die Untersuchung der thermischen Effekte bei der Deformation von Hochpolymeren wurde zuerst von *Müller* und Mitarb. (48) in Angriff genommen, die bereits darauf hinwiesen, daß bei z. B. PiB die innere Energie U nur während des ersten Belastungszyklus zunimmt. Vornehmlich studierten sie jedoch die thermischen Effekte während der Verstreckung thermoplastischer Stoffe. In allen untersuchten Fällen erhöhte sich die innere Energie bei der Verstreckung, wofür der Abbau von Nahordnungszuständen, aber auch Kettenbruch sowie Radikalbildung und -reaktionen verantwortlich gemacht wurden.

Die Rolle der Kettenbrüche wurde dann eingehender von *Slonimskii, Godovskii* und Mitarb. (49) diskutiert. Eine 5,5fach bei 210 °C verstreckte Polyamidfaser wurde bei Raumtemperatur mehrfach gedehnt. Dabei wurde die in einem (i-ten) Zyklus geleistete Arbeit δA_i und die erzeugte Wärme Q_i bestimmt. Die Autoren beobachteten, daß

$$\Delta U_i = \Delta A_i - \Delta Q_i = \delta A_i - \delta A_{i+1} - Q_i + Q_{i+1}$$

nur für den ersten Zyklus ($i = 1$) wesentlich von Null verschieden ist. Das Verhältnis $\Delta U_1/\Delta A_1$ war unabhängig von der mechanischen Spannung und betrug etwa 1/7. Diese Konstanz von $\Delta U_1/\Delta A_1$ ist bemerkenswert und deutet darauf hin, daß für die Erhöhung der inneren Energie Prozesse verantwortlich sind, die – wie das Zerreißen einer Kette – unabhängig von der *makroskopischen* Spannung immer dann stattfinden, wenn *lokal* eine kritische Beanspruchung erreicht wird. Wenn man U_1 ausschließlich auf Kettenbrüche zurückführt, für die Bildung eines freien Radikals einen Energiebetrag von $0{,}5 \cdot 10^{-19}$ cal, für die Bildung einer Doppelbindung $0{,}4 \cdot 10^{-19}$ cal annimmt, dann lassen sich – wie die Autoren feststellen – die gemessenen Energiebilanzen als Folge der Radikalbildung und -reaktionen erklären. Sie verwenden dabei die von *Zhurkov* et al. (29) bestimmten Konzentrationen freier Radikale und stabiler Kettenenden.

Wir müssen an dieser Stelle noch einmal auf den Beitrag viskoelastischer Verformungsprozesse zurückkommen, der von *Godovskii* et al. (49) vernachlässigt worden ist, nachdem sie festgestellt hatten, daß PA-Fasern geringer Orientierung trotz größerer plastischer Verformung gleiche thermische Effekte zeigten. Wir möchten darauf hinweisen, daß *Gleitprozesse,* die erst als Folge einer spannungsbedingten Lockerung der Nahordnung oder des Kristallgitters stattfinden, die Energiebilanz in völlig gleicher Weise beeinflussen wie *Kettenbrüche,* wenn sie eine Abnahme der Nahordnung, Auflösung von Wasserstoffbrückenbindungen oder innerkristalliner Verspannungen zur Folge haben. Auch in diesem Fall erhöht sich U nur während des ersten Belastungszyklus, ΔA und ΔQ sind eine Funktion der Dehnung; $\Delta U_1/\Delta A_1$ bleibt – wegen der Forderung konstanter lokaler Anspannung – ebenfalls konstant. Das Vorkommen solcher Gleitprozesse zugleich mit Kettenbrüchen ist bei makroskopischen Dehnungen von 10–20% nicht auszuschließen. So haben *Kausch* und *Becht* (16) darauf hingewiesen, daß für die Spannungsrelaxation stark gedehnter PA-Fasern vornehmlich Gleitvorgänge und nicht Kettenbrüche verantwortlich sind. *Schultze-Gebhardt* (50, 21) untersuchte das elastische Verhalten mehrfach gedehnter PA-Fasern und schloß aus der Tatsache, daß die Spannungsdehnungskurve des zweiten Belastungszyklus die des ersten schneidet, daß die Moduländerung überwiegend durch mechanisch irreversible Gleitvorgänge verursacht wird. Daß bei Thermoplasten Kettensegmente durch Gleitprozesse in metastabile, gestrecktere Konformationen übergehen können, steht außer Frage. Dies wird auch durch die Zunahme der bis zum Bruch gebildeten Zahl freier Radikale mit dem Verstreckungsgrad einer (6-PA-) Faser bestätigt (51).

Eine einheitliche Deutung der Art der Gleitprozesse (Segmente innerhalb der amorphen Phase, Einzelketten im Kristallit, Rostebenen gegeneinander, Fibrillen gegeneinander) steht bisher noch aus. Gestützt auf unsere Erfahrung bevorzugen wir die Deutung, daß die mechanisch irreversiblen Gleitprozesse in der amorphen Phase stattfinden.

Zusammenfassung

In dieser Übersichtsarbeit werden zunächst Erkenntnisse diskutiert, die sich an Elektronenspinresonanz-Untersuchungen (ESR) im Hinblick auf Erzeugung, Lage, Anzahl, Beweglichkeit und Reaktionen freier Radikale in beanspruchten Hochpolymeren gewinnen lassen. Die sich daraus ergebenden Folgerungen für die mechanische Beanspruchung eines Kettensegmentes und der Überstruktur sowie für die Bruchentwicklung in Fasern und Elastomeren werden ebenfalls ausführlich besprochen.

Summary

In this review paper the immediate information is reported which is obtainable from electron spin resonance (ESR) investigations on formation, position, number, mobility, and reaction kinetics of free radicals in stressed high polymers. The conclusions which can be drawn with respect to the mechanical excitation of chain segments and other parts of the superstructure and the development of fracture in fibres and elastomers are extensively discussed.

Für die finanzielle Unterstützung der Arbeit sei dem Battelle Memorial Institute, Columbus, Ohio, USA, aufrichtig gedankt.

Literatur

1) *Fischer, H.*, Magnetische Eigenschaften freier Radikale, *Landolt-Börnstein*-Tabellen, Neue Serie, Gruppe II, Bd. 1 (Berlin-Heidelberg-New York 1965).
2) *Scheffler, K.* und *H. B. Stegmann*, Elektronenspinresonanz (Berlin-Heidelberg-New York 1970).
3) *Becht, J.*, Dissertation, Techn. Hochschule (Darmstadt 1971).
4) *Bresler, S. E., S. N. Zhurkov, E. N. Kazbekov, E. M. Saminskii* und *E. E. Tomashevskii*, Zh. Tekhn. Fiz. **29**, 358 (1959). – *Bresler, S. E., E. N. Kazbekov*, and *E. M. Saminskii*, Polymer Sci. (USSR) (English Transl.) **1**, 540 (1959). – *Butyagin, P. Yu., A. A. Berlin, A. E. Kalmanson* und *L. A. Blumenfeld*, Vysokomolekul. Soedin. **1**, 865 (1959).
5) *Kausch, H. H.*, Revs. Macromol. Chem. **5(2)**, 97 (1970).
6) *Kausch, H. H.*, Kolloid-Z. u. Z. Polymere **247**, 168 (1971).
7) *Ishikawa, K., K. Miyasaka, M. Maeda*, und *M. Yamada*, J. Polym. Sci. A-2 **7**, 1259 (1969).
8) *Juilfs, J.* und *H. Berg*, Kolloid-Z. **179**, 29 (1961).
9) *Fischer, E. W., H. Goddar* und *G. F. Schmidt*, Makromolek. Chemie **118**, 144 (1968).
10) *Peterlin, A.*, J. Polymer Sci. C**32**, 297 (1971).
11) *Glenz, W.* und *A. Peterlin*, Kolloid-Z. u. Z. Polymere **247**, 786 (1971).
12) *Zakrevskii, V. A., E. E. Tomashevskii* und *V. V. Baptizmanskii*, Soviet Phys.-Solid State (English Transl.) **9**, 1118 (1967).
13) *Bueche, F.*, J. Appl. Phys. **26**, 1133 (1955) und ibid. **28**, 784 (1957).
14) *Zhurkov, S. N.* und *B. N. Narzulaev*, J. Techn. Phys. (USSR) **23**, 1677 (1953). – *Zhurkov, S. N.*, Z. phys. Chemie (Leipzig) **213**, 183 (1960).
15) *Gubanov, A. I* und *A. D. Chevychelov*, Soviet Phys.-Solid State (English Transl.) **4**, 681 (1962).
16) *Kausch, H. H.* und *J. Becht*, Rheol. Acta **9**, 137 (1970).
17) *Chevychelov, A. D.*, Polymer Sci. USSR **8**, 49 (1966); Polymer Mechanics (Mekhanika Polimerov) **2**, 415 (1966).
18) *Kausch, H. H.* und *D. Langbein*, J. Polymer Sci. A-2, im Druck.
19) *Becht, J.* und *H. Fischer*, Kolloid-Z. u. Z. Polymere **240**, 766 (1970).
20) *Becht, J.* und *H. Fischer*, Angew. Makrom. Chemie **18**, 81 (1971); J. Polymer Sci. C**32**, 319 (1971).
21) *Bonart, R.* und *F. Schultze-Gebhardt*, Angew. Makrom. Chemie **22**, 41 (1972).
22) *Kausch, H. H.*, Proceedings of the "Internat. Conf. on Mech. Behavior of Materials", Aug. 1971, Kyoto, Japan.
23) *Statton, W. O.*, J. Polymer Sci. C**32**, 219 (1971).
24) *Zhurkov, S. N., A. Ya. Savostin* und *E. E. Tomashevskii*, Dokl. Akad. Nauk SSSR **159**, 303 (1964); Soviet Phys. "Doklady" (English Transl.) **9**, 986 (1964). – *Zhurkov, S. N.* und *E. E. Tomashevskii*, Proc. Conf. Phys. Basis of Yield and Fracture, Oxford 1966, p. 200.
25) *Campbell, D.* und *A. Peterlin*, Polymer Letters **6**, 481 (1968).
26) *DeVries, K. L., D. K. Roylance* und *M. L. Williams*, J. Polymer Sci. A-1 **8**, 237 (1970).
27) *Verma, G. S. P.* und *A. Peterlin*, Polymer Preprints **10**, 1051 (1969).
28) *DeVries, K. L.*, J. Polymer Sci. C**32**, 325 (1971).
29) *Zhurkov, S. N., V. A. Zakrevskii, V. E. Korsukov* und *V. S. Kuksenko*, Fiz. Tverd. Tela **13**, 2004 (1971), übersetzt in: Physics-Solid State **13**, 1680 (1972). – *Veliev, S. I., V. I. Vettegren* und *I. I. Novak*, Mekhanika Polimerov **3**, 433 (1970). – *Zhurkov, S. N., V. S. Kuksenko* und *A. I. Slutsker*, Fiz. Tverd. Tela **11**, 296 (1969), übersetzt in: Soviet Physics-Solid State **11**, 238 (1969).
30) *Kuksenko, V. S., A. I. Slutsker* und *M. A. Gezalov*, IUPAC Int. Symp. on Macromolecules, Leiden, Vol. II, 985 (1970).
31) *Zakrevskii, V. A.*, Vysokomolek. Soed. B**13**, 105 (1971).
32) *Prevorsek, D. C.*, J. Polymer Sci. A-2 **4**, 63 (1966).
33) *Peterlin, A.*, Int. J. Fracture Mech. **7**, 496 (1971); J. Phys. Chem. **75**, 3921 (1971).
34) *Kausch, H. H.*, J. Polymer Sci. C**32**, 1 (1971).
35) *Zaks, Yu. B., M. L. Lebedinskaya* und *V. N. Chalidze*, Vysokomol. soyed. A**12**, 2669 (1970). [Engl. Übers. in Polymer Sci. USSR **12**, 3025 (1971).]
36) *Brown, R., K. L. DeVries* und *M. L. Williams*, Polymer Preprints **11**, 429 (1970).
37) *DeVries, K. L., E. R. Simonson* und *M. L. Williams*, J. Macromol. Sci.-Phys. B**4(3)**, 671 (1970; J. Appl. Polymer Sci. **14**, 3049 (1970).
38) *DeVries, K. L., D. K. Roylance* und *M. L. Williams*, J. Polymer Sci. A-2 **10**, 599 (1972).
39) *Andrews, E. H.* und *P. E. Reed*, Polymer Letters **5**, 317 (1967).
40) *Reed, P. E.*, Polymer Preprints **12**, 575 (1971). – *Natarajan, R.* und *P. E. Reed*, J. Polymer Sci. A-2, **10**, 585 (1972).
41) *Landel, R. F.* und *R. F. Fedors*, Proceedings of the "Intern. Conf. on Mech. Behavior of Materials", Kyoto, Japan, Aug. 1971.
42) *Szöcs, F., J. Placek* und *E. Borsig*, Polymer Letters **9**, 753–756 (1971).
43) *Waterman, D. C.* und *M. Dole*, J. Physic. Chem. **74**, 1913 (1970).
44) *Nagamura, T., N. Kusumoto* und *M. Takayanagi*, Proceedings of the "Intern. Conf. on Mech. Behavior of Materials", Kyoto, Japan, Aug. 1971.
45) *Strjukov, V. B.* und *E. G. Rosancev*, Pol. Sci. USSR **10**, 732–740 (1968).
46) *Kusumoto, N., K. Matsumoto* und *M. Takayanagi*, J. Polymer Sci. A-1, **7**, 1773 (1969).
47) *Kusumoto, N., T. Yamamoto* und *M. Takayanagi*, Memoirs of the Faculty of Engineering, Kyushu University **30**, 87 (1971).
48) *Engelter, Ad.* und *F. H. Müller*, Kolloid-Z. **157**, 89 (1958) s. auch *F. H. Müller* u. *W. Dick*, Kolloid-Zeitschrift **172**, S. 15 u. 16 (1960).
49) *Godovskii, Yu. K., V. S. Papkov, A. I. Slutsker, E. E. Tomashevskii* und *G. L. Slonimskii*, Fiz. Tverd. Tela **13**, 2289 (1971). [Engl. Übers. in Soviet Physics-Solid State **13**, 1918 (1972).]
50) *Schultze-Gebhardt, F.*, Kolloid-Z. u. Z. Polymere **236**, 19 (1970).
51) *Levin, B. Ya., A. V. Savitskii, A. Ya. Savostin* and *E. E. Tomashevskii*, Vysokomol. soed. A**13**, 941 (1971). [Engl. Übers. in Polymer Sci. USSR **13**, 1061 (1971).]

Anschrift der Verfasser:
H. H. Kausch und *J. Becht*
Battelle Institut eV.
6000 Frankfurt/Main 90
Am Römerberg 35

Kolloid-Z. u. Z. Polymere **250**, 1066–1073 (1972)

Aus dem Institut für Festkörpermechanik Freiburg, Fraunhofer-Gesellschaft e. V

Einfluß des Molekulargewichtes auf die beim Bruch von PMMA freiwerdende Wärme*)

Von W. Döll

Mit 12 Abbildungen

(Eingegangen am 23. Juli 1972)

I. Einleitung

Das Bruchverhalten von glasartigen Hochpolymeren kann bei Erfüllung bestimmter Voraussetzungen mit Hilfe der Bruchmechanik quantitativ beschrieben werden. Die wesentliche Voraussetzung ist das linear elastische Gesamtverhalten des untersuchten Materials, das einen Riß enthält. Abweichungen vom makroskopisch linear elastischen Verhalten sind, sofern sie auf die Umgebung der Rißspitze beschränkt sind, in das Konzept der Bruchmechanik einbezogen worden. Dadurch sind Aussagen sowohl über die Quantität der elastischen Energie, die zum Bruchvorgang angeliefert wird, als auch über die Größe der inelastischen Zone an der Rißspitze möglich.

Polymethylmethacrylat (PMMA) bricht bei Raumtemperatur spröde. Bei Entstehung dieses Trennbruches bewegt sich die Bruchspitze mit wachsender Geschwindigkeit, die die maximale Bruchgeschwindigkeit erreichen kann, durch das Material. Dabei tritt eine Erwärmung der Bruchflächen auf, die mit Thermoelementen meßbar ist (1).

Dieser Vorgang – Anlieferung von elastischer Energie für den Bruchvorgang an der Rißspitze und die dortige Umsetzung in Wärme – ist für verschieden molekulares PMMA mit Hilfe der Bruchmechanik untersucht worden.

II. Bruchmechanische Vorbetrachtung

1. Spezifische Bruchenergie

Beim Bruch wird ein Teil der im elastischen Spannungsdehnungsfeld der Probe gespeicherten elastischen Energie für den Bruchfortschritt zur Verfügung gestellt. Diese Änderung dU des elastischen Energieinhaltes U der Probe bei Bruchflächenvergrößerung um dA wird als spezifische Bruchenergie G definiert:

$$G \equiv \left| \frac{dU}{dA} \right|. \qquad [1]$$

Die spezifische Bruchenergie G ist für verschiedene Proben- und Rißgeometrien berechnet worden. Zum Beispiel gilt für eine Platte mit einem kurzen zentralen Randriß der Länge a, die unter einachsiger Zugspannung σ steht (s. Abb. 4), für den Zustand ebener Dehnung (2):

$$G = 1{,}27\pi \frac{\sigma^2 a}{E} (1 - \nu^2). \qquad [2]$$

B = Plattenbreite, E = Elastizitätsmodul, ν = *Poisson*-Zahl. Dabei ist $a/B \ll 1$ vorausgesetzt.

Bei konstanter Zugspannung σ wächst die spez. Bruchenergie G demnach linear mit der Rißlänge a an.

Beim Bruchvorgang wird die angelieferte spez. Bruchenergie G hauptsächlich in folgenden Energieanteilen verbraucht [siehe z. B. *Kerkhof* (3)]: als Oberflächenenergie E_{ob} für die Bildung neuer Bruchflächen, als plastische Energie E_{pl} für die plastischen Deformationen an der Rißspitze und als kinetische Energie E_{kin} für die Auseinanderbewegung der Rißflanken beim laufenden Bruch.

$$G \to E_{ob} + E_{pl} + E_{\text{kin}}. \qquad [3]$$

Die Größe der Energieterme kann qualitativ abgeschätzt werden. Es zeigt sich, daß die Oberflächenenergie im allgemeinen vernachlässigbar klein gegenüber der plastischen Energie ist. Als ein Maß für die plastischen Deformationen kann die Größe der plastischen Zone herangezogen werden, die mit Hilfe von folgenden Modellen abgeschätzt werden kann.

2. Plastische Zonenmodelle

Die Spannungsverteilungen, die für die Umgebung einer scharfen Rißspitze berech-

*) Vorgetragen auf der Arbeitstagung des Fachausschusses „Physik der Hochpolymeren"; Frühjahrstagung des Regionalverbandes Hessen–Mittelrhein–Saar der Deutschen Physikalischen Gesellschaft vom 22. bis 24. März 1972 in Bad Nauheim.

net worden sind, weisen an der Rißspitze eine Spannungssingularität auf. Bei einem realen Material kommt es beim Überschreiten der Fließspannung zu plastischen Deformationen. In zwei verschiedenen Modellen kann dieses reale Materialverhalten durch die Bruchmechanik beschrieben werden.

a) *Irwin-McClintock-Modell*

Die Spannungen im Aufpunkt P vor der Rißspitze, dessen Polarkoordinaten (r, φ) seien, können durch die *Williams-Irwin*-Gleichungen (4,5) beschrieben werden:

$$\sigma_{ik} = \frac{K}{\sqrt{2\pi r}} f_{ik}(\varphi) \qquad i, k = 1, 2, 3 \qquad [4]$$

σ_{ik} = Spannungen, $f_{ik}(\varphi)$ = Winkelfunktion, K = Spannungsfaktor, der ein Maß für die Stärke des Spannungsanstiegs ist.

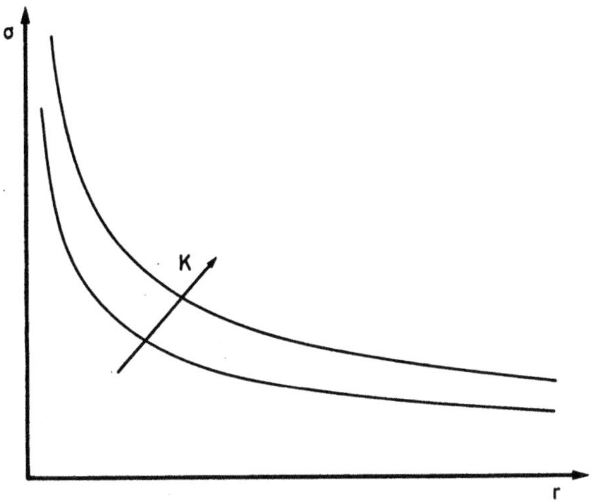

Abb. 1. Spannungsverlauf vor dem Riß

Der Verlauf der Spannungen ist qualitativ in Abb. 1 dargestellt. Zur Beschreibung der plastischen Verformung an der Rißspitze wird nach *Irwin-McClintock* (6) das *von Mises*che Fließkriterium mit Gl. [4] kombiniert. Zur Vereinfachung wird hier die Größe r_F der so berechneten plastischen Zone unabhängig vom Spannungszustand und der Winkelfunktion als Kreis abgeschätzt:

$$r_F \approx \frac{1}{2\pi} \frac{K^2}{\sigma_F^2}. \qquad [5]$$

Die Größe der plastischen Zone wird im wesentlichen durch den Spannungsfaktor K und die Fließspannung σ_F bestimmt. Unter Berücksichtigung der Beziehung zwischen dem Spannungsfaktor K und der spezifischen Bruchenergie G, die von *Irwin* (7) hergeleitet wurde,

$$K^2 = E\,G \quad \text{(ebener Spannungszustand)} \qquad [6]$$

folgt, daß die Größe der plastischen Zone r_F direkt proportional zur spez. Bruchenergie ist:

$$r_F \approx \frac{1}{2\pi} \frac{E\,G}{\sigma_F^2}. \qquad [7]$$

b) *Dugdale-Muskhelishvili-Modell*

In diesem Modell wird eine flache Ellipse der Länge $2c$ betrachtet, deren Mittelteil aus einem Riß der Länge $2a$ besteht und deren Enden in schmale plastische Zonen der Länge s auslaufen (s. Abb. 2). Die Ränder dieser Zonen stehen unter einer inneren Druckspannung. Da für die intern aufgebrachten Kräfte statisches Gleichgewicht erforderlich ist, muß diese interne Druckspannung gleich der in der plastischen Zone herrschenden Fließspannung σ_F sein.

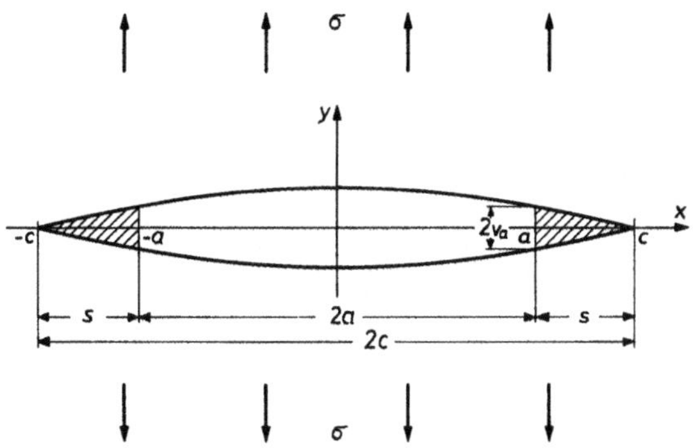

Abb. 2. Riß mit plastischen Zonen beim *Dugdale*-Modell

Dugdale (8) wendet das von *Muskhelishvili* (9) angegebene Lösungsverfahren auf einen Riß an. Aus der Bedingung, daß an den Stellen $x = \pm c$ keine Spannungssingularität auftreten darf, wird die Länge s der plastischen Zone bestimmt, die für $\sigma \ll \sigma_F$ genähert werden kann zu

$$s \approx \frac{\pi}{8} \frac{K^2}{\sigma_F^2} \approx \frac{\pi}{8} \frac{E\,G}{\sigma_F^2}. \qquad [8]$$

Die Verschiebungen v_a am Übergang vom Riß zur plastischen Zone sind von *Goodier* und *Field* (10) berechnet worden und können näherungsweise $(\sigma \ll \sigma_F)$ mit

$$v_a \approx \frac{1}{2} \frac{K^2}{E\sigma_F} \approx \frac{1}{2} \frac{G}{\sigma_F} \qquad [9]$$

angegeben werden.

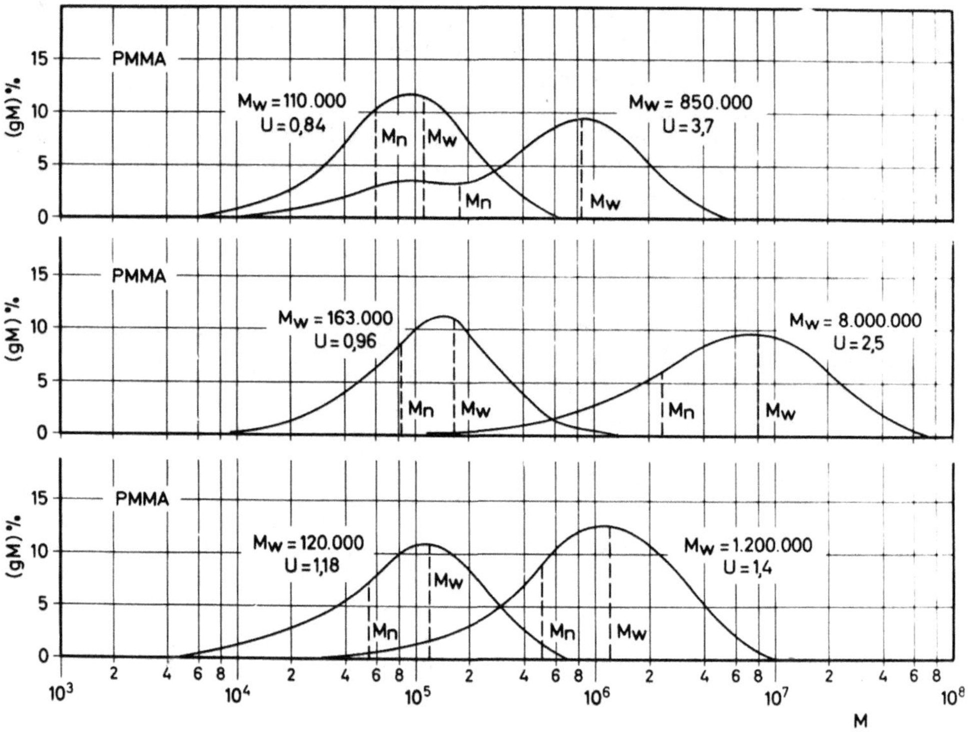

Abb. 3. Untersuchte Molekulargewichtsverteilungen

In beiden Modellen wird die plastische Zone im wesentlichen durch die spez. Bruchenergie G und die Fließspannung σ_F bestimmt. Hinsichtlich der Größe, (Dicke v_a, r_F) und Form ergeben sich Unterschiede, jedoch ungefähre Übereinstimmung hinsichtlich der Länge (s, r_F).

III. Experimente

Die Untersuchungen wurden an PMMA für sechs verschiedene gewichtsmittlere Molekulargewichte im Bereich von $110000 \leqslant M_w \leqslant 8000000$ durchgeführt. Das Material wurde von der Firma Röhm zur Verfügung gestellt, von der auch die Molekulargewichtsverteilung mittels Gelpermeatographie bestimmt wurde. Abb. 3 zeigt die gemessenen Molekulargewichtsverteilungen, zu denen zu bemerken ist, daß die Verteilungen mit $M_w = 110000$ und $M_w = 120000$ sehr eng zusammenliegen und daß die Verteilung für $M_w = 850000$ wegen des auftretenden Nebenmaximums eine große Uneinheitlichkeit aufweist.

Die plattenförmigen Proben, deren Abmessungen im allgemeinen $200 \times 40 \times 4$ mm³ bzw. für $M_w = 120000$ und $M_w = 1200000$ $240 \times 60 \times 4$ mm³ betrugen, wurden mit einem scharfen seitlichen Randriß versehen und im einachsigen Zugversuch bei Raumtemperatur und konstanter Abzugsgeschwindigkeit von 12 bzw. 15 mm/min zerrissen.

Die Temperaturerhöhungen, die in der Nähe der Bruchfläche auftreten, wurden mit 40 μ dicken Eisen-Konstantan-Thermoelementen auf der Probenoberfläche gemessen. Dazu wurde die eine Lötstelle möglichst nah, d. h. in etwa 0,2–1 mm Entfernung, die andere Lötstelle weit, d. h. in etwa 30 mm Entfernung, vom voraussichtlichen Bruchweg durch Funkenentladung zusammengeschweißt. Die prinzipielle Anordnung des Thermoelementes auf der Probe zeigt Abb. 4. Der Ort der rißnahen Lötstelle wurde von Versuch zu Versuch längs des Bruchweges variiert. Die in der Differenzanordnung entstehenden Thermospannungen wurden

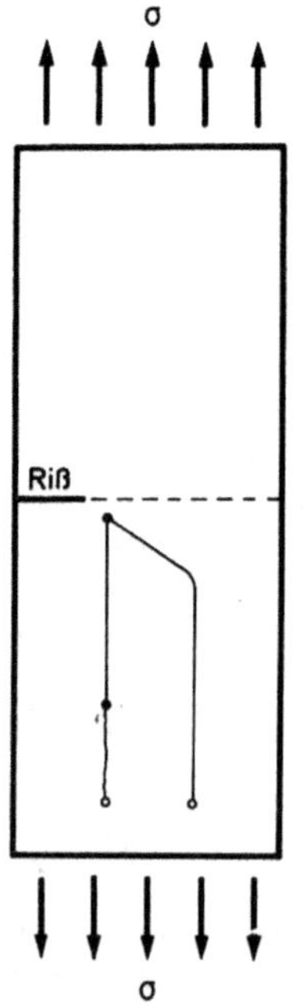

Abb. 4. Probengeometrie mit prinzipieller Anordnung des Thermoelements

verstärkt und mit einem Oszillographen registriert. Die gemessenen Temperaturmaxima lagen in der Größenordnung von 0,1–1 °C, die zugehörigen Meßzeiten im Bereich von 0,2–5 sec. Abb. 5 zeigt das Oszillogramm eines Temperatur-Zeit-Verlaufes. Die Bruchgeschwindigkeit wurde mit einer elektrooptischen Methode (11) gemessen. Längs des Bruchweges stieg die registrierte Bruchgeschwindigkeit von etwa 200 m/s bis zur maximalen Bruchgeschwindigkeit von etwa 700 m/s an, die jedoch bei langen Anfangsrißlängen nicht in jedem Versuch erreicht wurde. Die Zeit für den Bruchvorgang betrug bis zu 150 μs.

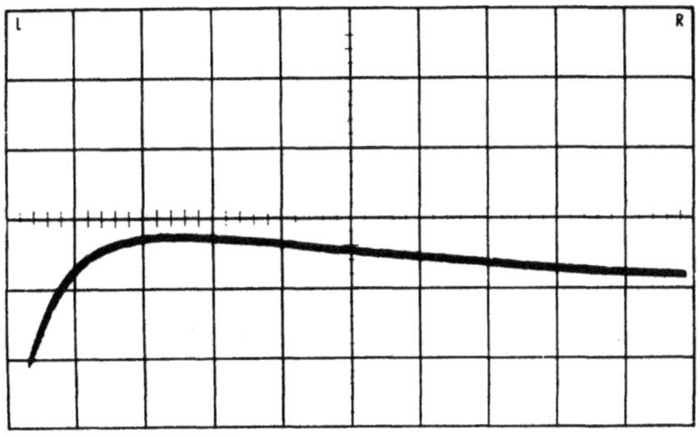

Abb. 5. Gemessener Temperatur-Zeit-Verlauf (0,47 °C/vertikale Einheit; 0,5 s/horizontale Einheit)

Die Geschwindigkeits- und Temperaturmessung wurde durch Zerreißen eines aufgedampften Aluminiumstreifens getriggert.

IV. Auswertung der Temperatur-Zeit-Kurven

Aus den gemessenen Temperatur-Zeit-Kurven kann mit Hilfe der Wärmeleitungstheorie auf die freiwerdende Wärme geschlossen werden.

Dazu wird die Bruchfläche als zweidimensionale Wärmequelle betrachtet, deren Wärme momentan frei wird. Diese Annahme ist durch die experimentellen Gegebenheiten gerechtfertigt, da der eigentliche Bruchvorgang sehr schnell abläuft, während sich die Wärme sehr langsam ausbreitet.

Als Lösung der eindimensionalen Wärmeleitungsgleichung erhält man dann für den zeitlichen Verlauf der Temperaturerhöhungen $\vartheta(t)$ in einem festen Abstand d von der Bruchfläche (12):

$$\vartheta(t) = \frac{Q_F}{c\varrho\sqrt{4\pi k t}}\, e^{-\frac{d^2}{4kt}} \qquad [10]$$

mit Q_F = freiwerdende Wärme [Energie/Fläche], c = spez. Wärme, ϱ = Dichte, k = Temperaturleitfähigkeit.

Durch Differentiation von Gl. [10] folgt für die Zeit t_m, zu der das Temperaturmaximum ϑ_m eintritt, die Gleichung

$$t_m = \frac{d^2}{2k}\,. \qquad [11]$$

Mit Hilfe dieser Gleichung wurde die Temperaturleitfähigkeit k bestimmt, die innerhalb der Meßgenauigkeit keine Abhängigkeit des Molekulargewichtes aufwies. Das steht in Übereinstimmung mit den Überlegungen von *Knappe* (13) zur Wärmeleitfähigkeit $\lambda = c\varrho k$ und den Ausführungen von *Wunderlich* und *Baur* (14) zur spezifischen Wärme.

Für die Auswertungen wurden die folgenden konstanten Werte benutzt: $\varrho = 1{,}18$ g/cm³, $c = 0{,}35$ cal/g °C, $k = 10{,}8 \cdot 10^{-4}$ cm²/s. Durch Ausmessen des Abstandes d unter dem Meßmikroskop und Auswerten der gemessenen Temperatur-Zeit-Kurve wurde die freiwerdende Wärme Q_F mit Hilfe von Gl. [10] bestimmt. Der Fehler in der Q_F-Bestimmung betrug bei großen Q_F-Werten bis zu 20%, bei kleineren sogar bis zu 30%.

Wärmeverluste, die durch Wärmekonvektion und Temperaturstrahlung verursacht werden können, wurden abgeschätzt und vernachlässigbar klein gefunden.

V. Ergebnisse und Diskussion

1. *Kontinuumstheoretische Überlegungen*

Die gemessenen Einzelwerte der Wärme Q_F sind als Funktion der am Ort der Meßstelle herrschenden Bruchgeschwindigkeit v_b für

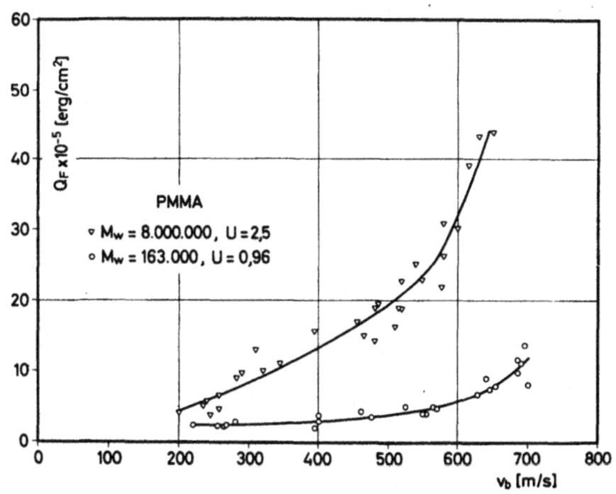

Abb. 6. Freiwerdende Wärme als Funktion der Bruchgeschwindigkeit

die gewichtsmittleren Molekulargewichte $M_w = 8\,000\,000$ und $M_w = 163\,000$ in Abb. 6 aufgetragen. Eine zusammenfassende Darstellung aller Einzelkurven ist in Abb. 7 gegeben. Der gemessene Geschwindigkeitsbereich überstreicht die Bruchgeschwindigkeiten von etwa 200 m/s bis zur maximalen Bruchgeschwindigkeit von etwa

700 m/s. Das gemeinsame Ergebnis aller Kurven besteht darin, daß die freiwerdende Wärme Q_F mit der Bruchgeschwindigkeit v_b ansteigt. Damit wird der in früheren Arbeiten (1, 11) an handelsüblichem PMMA [M_w circa $(2–4) \times 10^6$] festgestellte Befund auf einen größeren Molekulargewichtsbereich ausgedehnt. In Abb. 7 ist außerdem die generelle Tendenz zu erkennen, daß bei konstant angesehener Bruchgeschwindigkeit die freiwerdende Wärme mit dem gewichtsmittleren Molekulargewicht ansteigt. Eine dementsprechende Reihenfolge der Kurven wird geringfügig von der Kurve mit $M_w = 120.000$ und stark von der Kurve mit $M_w = 850000$ durchbrochen, deren Molekulargewichtsverteilung die größte Uneinheitlichkeit besitzt.

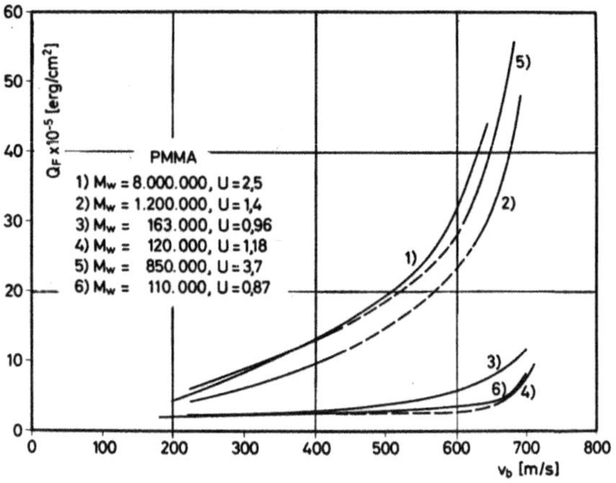

Abb. 7. Zusammenfassende Darstellung der gemessenen Wärmekurven als Funktion der Bruchgeschwindigkeit

Zur Vereinfachung der weiteren Diskussion werden die nahe zusammenliegenden Meßergebnisse für die Molekulargewichte M_w = 8000000, 1200000 und 850000 als hochmolekulare Gruppe und die für M_w = 163000, 120000 und 110000 als niedermolekulare Gruppe zusammengefaßt.

Zur Erklärung sowohl des generellen Anstiegs der Wärme Q_F mit der Bruchgeschwindigkeit v_b als auch des Anstiegs der Wärme Q_F mit dem Molekulargewicht bei konstant betrachteter Bruchgeschwindigkeit v_b ist es zweckmäßig, von der angelieferten Energie auszugehen, von der ein Teil in plastische Deformationen dissipiert wird, wobei Wärme entsteht. Der Betrag der spez. Bruchenergie G kann bei der vorliegenden Geometrie aus der statischen Formel Gl. [2] bestimmt werden, die näherungsweise auch für schnell laufende Brüche gültig ist, wie experimentelle Arbeiten zeigen (15, 16). G wurde unter Benutzung von $\nu = 0{,}36$ und dem jeweils gemessenen statischen Elastizitätsmodul $E = (31900 \pm 790)$ kp/cm² berechnet, der unsystematisch mit dem Molekulargewicht variierte.

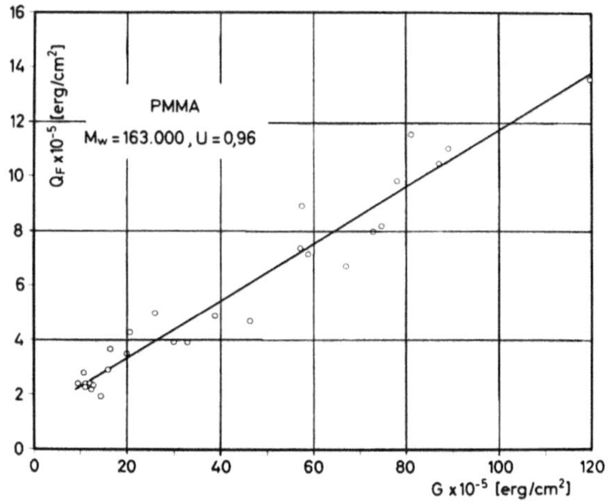

Abb. 8. Freiwerdende Wärme als Funktion der spez. Bruchenergie

Die Auftragung der Wärmewerte Q_F gegen die so berechneten G-Werte ergibt in guter Näherung Geraden, von denen Abb. 8 beispielhaft eine Einzelkurve und Abb. 9 das zusammenfassende Ergebnis zeigen. Die dargestellten Regressionsgeraden enden im Bereich derjenigen G-Werte, bei denen der Bruch sich makroskopisch verzweigt und in zwei Ästen weiterläuft. Die Steigungen der Geraden sind nahezu gleich, jedoch wird für niedermolekulares PMMA bei konstant betrachteter spez. Bruchenergie G weniger Wärme frei als bei hochmolekularem PMMA.

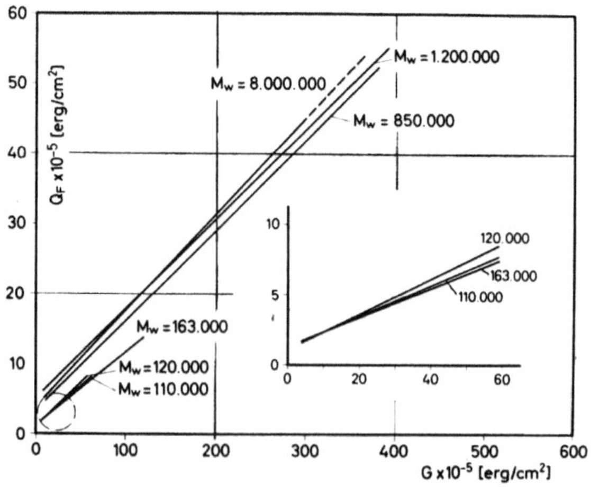

Abb. 9. Zusammenfassung der Regressionsgeraden: freiwerdende Wärme als Funktion der spez. Bruchenergie

Dieser Sachverhalt kann durch die unterschiedliche Größe der plastischen Zone an der Rißspitze erklärt werden, in der die Umsetzung der elastischen Energie in plastische Deformationen und damit in Wärme geschieht. Überträgt man die aus beiden plastischen Zonenmodellen erhaltenen Formeln auf den schnell laufenden Riß, so kann die Schichtdicke r_F bzw. v_a der plastischen Zone senkrecht zur Bruchausbreitungsebene als ein qualitatives Maß für die plastischen Deformationen betrachtet werden.

Wachsende spez. Bruchenergie G führt somit nach Gl. [7] bzw. Gl. [9] zu einer größeren plastischen Zone r_F bzw. v_a und die damit verbundenen plastischen Deformationen zu höheren Wärmewerten Q_F.

Für die Größe der plastischen Zone ist sowohl die spezifische Bruchenergie G als auch die Fließspannung σ_F bestimmend, die abhängig ist vom Material und von den makroskopischen Parametern Temperatur T, Dehnungsgeschwindigkeit $\dot{\varepsilon}$ und hydrostatischer Druck P. Um zu prüfen, ob das Molekulargewicht einen Einfluß auf die Fließspannung σ_F hat, wurden im Zugversuch Spannungs-Dehnungs-Kurven aufgenommen. Da PMMA bei Raumtemperatur sprödbruchempfindlich ist, wurden diese Versuche bei erhöhten Temperaturen durchgeführt. Die Ergebnisse in Abb. 10 zeigen, daß die Fließspannung σ_F des niedermolekularen PMMA größer ist als die des hochmolekularen.

Ein zusätzlicher Einfluß kann durch die hohen Dehnungsgeschwindigkeiten $\dot{\varepsilon}$ verursacht werden, die an der Spitze eines schnellaufenden Risses auftreten. Diese sind im wesentlichen proportional zur Bruchgeschwindigkeit v_b, d. h. es tritt mit steigender Bruchgeschwindigkeit eine Versprödung des Materials an der Rißspitze ein.

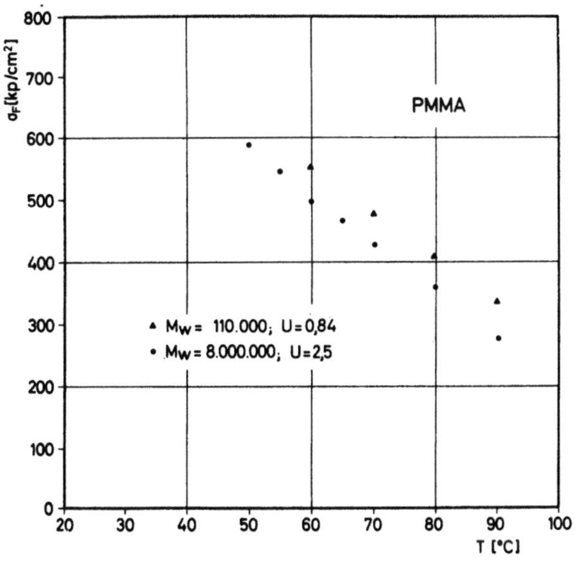

Abb. 10. Fließspannung in Abhängigkeit von der Temperatur

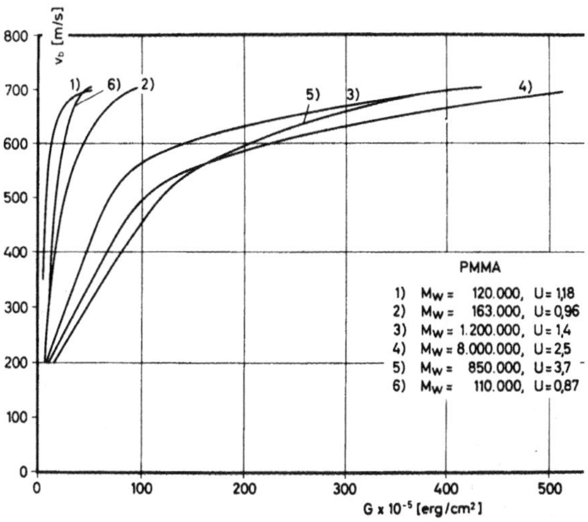

Abb. 11. Bruchgeschwindigkeit als Funktion der spez. Bruchenergie

Die als Funktion von G gemessenen Bruchgeschwindigkeitskurven weisen eine starke Abhängigkeit des Molekulargewichtes auf (s. Abb. 11). Bei niedrigen, konstant betrachteten G-Werten sind die Bruchgeschwindigkeiten für das niedermolekulare PMMA größer als diejenigen des hochmolekularen. Dadurch wird die Dehnungsgeschwindigkeit $\dot{\varepsilon}$ und damit die Fließspannung σ_F für das niedermolekulare PMMA erhöht. Die Unterschiede in der Fließspannung σ_F infolge des Molekulargewichts werden durch diesen unterschiedlichen großen Einfluß der Dehnungsgeschwindigkeit vergrößert und demzufolge ist bei konstant betrachteter spez. Bruchenergie G die plastische Zone beim niedermolekularen PMMA und damit die freiwerdende Wärme Q_F kleiner als beim hochmolekularen PMMA (vgl. Abb. 9).

Die eingangs gestellten Fragen können mit Hilfe von Abb. 9 und 11 erklärt werden, da beide Größen, die Wärme Q_F und die Bruchgeschwindigkeit v_b, von der spez. Bruchenergie G abhängen. Der generelle Anstieg der Wärme mit der Bruchgeschwindigkeit, der im Bereich der maximalen Bruchgeschwindigkeit besonders hoch ist, ergibt sich aus der unterschiedlichen Abhängigkeit der Wärme und der Bruchgeschwindigkeit von der spez. Bruchenergie. Der spezielle Einfluß des Molekulargewichtes auf die freiwerdende Wärme, der bei konstant betrachteter Bruchgeschwindigkeit auftritt, ist auf die verschieden große plastische Zone zurückzuführen, die beim hochmolekularen PMMA nach Gl. [7] und Gl. [9] wegen der größeren spez. Bruchenergie G (s. Abb. 11) und der niedrigeren Fließspannung größer ist als beim niedermolekularen PMMA.

2. *Mikrostrukturelle Deutung*

Die Meßergebnisse können qualitativ durch beide plastischen Zonenmodelle, die aus der Kontinuumstheorie hergeleitet wurden, gleichermaßen erklärt werden. Um Aussagen über die Vorgänge, die zu plastischen Deformationen und zur Wärmeentwicklung an der Rißspitze führen, machen zu können, müssen mikrostrukturelle Untersuchungen herangezogen werden.

Einen ersten Hinweis brachte die Deutung der farbigen PMMA-Bruchflächen durch *Berry* (17). Die Entstehung der Farben führte er auf Interferenzen zurück, die dadurch entstehen, daß die Bruchfläche aus einer hochorientierten, dünnen Schicht besteht, die einen vom Grundmaterial verschiedenen Brechungsindex hat. *Kambour* (18) bestimmte an den farbigen Bruchflächen den Brechungsindex, der mit dem der PMMA-crazes übereinstimmte. Er schloß daraus, daß beim Aufbau der orientierten Schicht an der Bruchfläche und bei der craze-Bildung der gleiche Mechanismus wirkt. Crazes sind in ihrer geometrischen Form „rißähnliche Gebilde", die an Thermoplasten bei Belastung auftreten. Sie können als sehr dünne, einige μm lange Zonen beschrieben werden, die in Belastungsrichtung orientiertes, verstrecktes Material enthalten, das einen geringeren Brechungsindex und eine geringere Dichte als das umgebende Polymermaterial besitzt (19, 20).

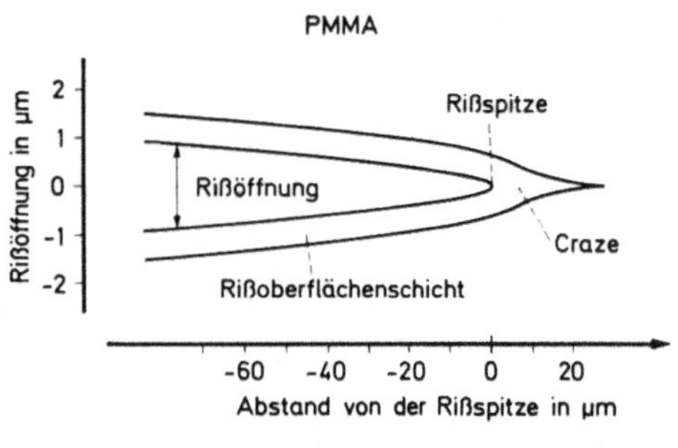

Abb. 12. Rißspitze mit *Craze*-Zone nach *Kambour* (21)

Eine weitere Verknüpfung zwischen craze und Bruch brachte die interferenzoptische Messung der Rißöffnung an einem statischen Riß in PMMA. *Kambour* (21) fand zwei Arten von Interferenzstreifen, die einerseits durch die parabelförmige Rißöffnung und andererseits durch eine vor der Rißspitze befindliche, keilförmige Zone aus „gecraztem" Material hervorgerufen wird. Abb. 12 zeigt den gemessenen Verlauf, dem der aus dem *Dugdale*-Modell erhaltene Verlauf sehr ähnelt. Eine numerische Abschätzung zeigt, daß das *Dugdale*-Modell (Gl. [9]) eine etwa um den Faktor 2 größere plastische Zone als die von *Kambour* gemessene liefert, während aus dem *Irwin-McClintock*-Modell (Gl. [7]) eine um eine Größenordnung größere und in der Form wesentlich verschiedene Zone folgt.

Die Wärmeentstehung kann auf das Gleiten der Ketten und Kettenbündel bei der Bildung des orientierten, verstreckten Materials in der craze-Schicht an der Rißspitze zurückgeführt werden.

Zusammenfassung

An plattenförmigen Proben aus PMMA wurden für sechs verschiedene Molekulargewichte ($110000 \leqslant M_w \leqslant 8000000$) Zerreißversuche bei einachsiger Zugbelastung durchgeführt. Die beim Bruch je cm² Bruchfläche freiwerdende Wärme wurde mit Hilfe von Thermoelementen nahe der Bruchfläche in Abhängigkeit von der Bruchgeschwindigkeit gemessen. Die Wärmeenergie steigt mit wachsender Bruchgeschwindigkeit an. Die Wärmekurven für Molekulargewichte mit $M_w \geqslant 850000$ liegen etwa um den Faktor 3 höher als diejenigen für Molekulargewichte $M_w \leqslant 163000$. Dieser Befund kann durch die unterschiedliche Größe der plastischen Zone an der Rißspitze, die mit Hilfe der Modelle von *Irwin-McClintock* und von *Dugdale* abgeschätzt wird, erklärt werden; das *Dugdale*-Modell liefert eine bessere Übereinstimmung mit *Kambour*'s Messungen der craze-Zone.

Summary

Single edge notched PMMA plate specimens of six different molecular weights M_w ($110000 \leqslant M_w \leqslant 8000000$) were tested in uniaxial tension. At fracture the crack velocities were measured and the heat outputs determined by means of thermocouples. The heat output increases with crack velocity and molecular weight. These results can be explained from the plastic zone models given by *Irwin-McClintock* and *Dugdale* – the *Dugdale* model yields better agreement with the craze zone measurements of *Kambour*.

Literatur

1) *Manitz, G.*, Dissertation (Freiburg i. Br. 1959).
2) *Irwin, G. R.*, NRL-Report 5120 (1958).
3) *Kerkhof, F.*, Kunststoffe, Bd. 1, S. 440, Hrsg. von *R. Nitsche* und *K. A. Wolf* (Berlin-Göttingen-Heidelberg 1962).
4) *Williams, M. L.*, J. Appl. Mech. **24**, 109 (1957).

5) *Irwin, G. R.*, J. Appl. Mech. **24**, 361 (1957).

6) *Irwin, G. R.* and *F. A. McClintock*, ASTM STP 381, S. 84, American Society for Testing and Materials (Philadelphia 1965).

7) *Irwin, G. R.*, Handbuch der Physik, Bd. 6, S. 551. Hrsg. von *S. Flügge* (Berlin-Göttingen-Heidelberg 1958).

8) *Dugdale, D. S.*, J. Mech. Phys. Solids **8**, 100 (1959).

9) *Muskhelishvili, N. J.*, Some Basic Problems of the Mathematical Theory of Elasticity, S. 340 (Groningen 1953).

10) *Goodier, J. N.* and *F. A. Field*, Fracture of Solids, Hrsg. von *D. C. Drucker* und *J. J. Gilman*, S. 103 (New York-London 1963).

11) *Döll, W.*, Wiss. Bericht des Ernst-Mach-Institutes (Freiburg i. Br. 1967).

12) *Carslaw, H. S.* and *J. C. Jaeger*, Conduction of Heat in Solids, 2nd Edn. (London 1959).

13) *Knappe, W.*, Adv. Polymer Sci. **7**, 477 (1971).

14) *Wunderlich, B.* and *H. Baur*, Adv. Polymer Sci. **7**, 151 (1971).

15) *Wells, A. A.* and *D. Post*, Proc. Soc. for Exp. Stress Analysis **16**, 69 (1958).

16) *Manogg, P.*, Dissertation (Freiburg i. Br. 1964).

17) *Berry, J. P.*, J. Polymer Sci. **50**, 107 (1961).

18) *Kambour, R. P.*, J. Polymer Sci. **17**, 3, 1713 (1965).

19) *Spurr, O. K.* and *W. D. Niegisch*, J. Appl. Polymer Sci. **6**, 585 (1962).

20) *Kambour, R. P.*, Polymer **5**, 143 (1964).

21) *Kambour, R. P.*, J. Polymer Sci. **A-2**, **4**, 349 (1966).

Anschrift des Verfassers:
Dipl.-Phys. *W. Döll*
Institut für Festkörpermechanik
Fraunhofer-Gesellschaft eV.
78 Freiburg i. Brsg.

Aus den Anwendungstechnischen Abteilungen der Bayer AG, Leverkusen

Zum Einfluß von Härte, chemischer Vernetzung und Vorverlängerung auf das Erweichungsverhalten von Polyurethan-Elastomeren mit 1,4-Butandiol als Kettenverlängerer

Von H. Hespe, E. Meisert, U. Eisele, L. Morbitzer und W. Goyert

Vorgetragen auf der Arbeitstagung des Fachausschusses „Physik der Hochpolymeren"; Frühjahrstagung des Regionalverbandes Hessen–Mittelrhein–Saar der Deutschen Physikalischen Gesellschaft vom 22. bis 24. März 1972 in Bad Nauheim, bereits erschienen in Kolloid-Zeitschrift und Zeitschrift für Polymere, Band **250**, 797–811 (1972)

Kolloid-Z. u. Z. Polymere **250**, 1075–1080 (1972)

Aus dem Physikalisch-Chemischen Institut der Technischen Universität Clausthal

Elektrostriktion von Polystyrol*)

Von J. Fuhrmann

Mit 4 Abbildungen

(Eingegangen am 10. Mai 1972)

Einleitung

Die Eigenschaften polymerer Festkörper unter dem Einfluß starker elektrischer Felder, d. h. im Feldstärkebereich von 10^3 bis 10^5 V/cm sind noch weitgehend ungeklärt; zum Teil fehlt es an umfangreichen experimentellen Daten, zum anderen fehlt es aber noch an theoretischen Ansätzen zur Beschreibung der verschiedenartigen Erscheinungen unter einheitlichen Gesichtspunkten.

Auf der Grundlage eines Elektronen-Energieschemas wird von einigen Autoren eine Interpretation der elektrischen Leitfähigkeit und der Ladungsspeicherung im Inneren von Polymeren gegeben (1, 2). Dabei werden – anders als beim Molekülkristall, auf den die Vorstellung durchgehender Energiebänder anwendbar ist (3) – bei Polymeren im allgemeinen lokalisierte Energieniveaus als Punktzentren diskutiert. Diese zwischen den Niveaus des Valenz- und Leitungsbands liegenden, lokalisierten Energieniveaus sind durch Potentialberge voneinander getrennt. Ein in das Polymere (z. B. durch eine injizierende Elektrode) injiziertes Elektron (oder „Loch") wird von einem oberen (oder unteren) Niveau eingefangen und kann aus diesem nach einer gewissen Verweilzeit in einem Hüpfprozeß zu einem benachbarten Niveau kommen, wobei auch Tunnelprozesse auftreten können. Unter dem Einfluß eines elektrischen Feldes laufen die Hüpfprozesse gerichtet ab; man spricht von Hopping-Leitfähigkeit (4, 5).

Die Höhe der Energieniveaus und der Potentialberge kann prinzipiell vom Abstand und der gegenseitigen Orientierung der Polymersegmente bzw. der Seitengruppen abhängen, so daß ein als Haftstelle wirksames lokalisiertes Energieniveau einen Ladungsträger einfangen kann und je nach Nahordnung der Umgebung für eine mehr oder weniger lange Zeit festhält. Hieran läßt sich folgende Überlegung anschließen: Für den Fall, daß die Umgebung eines solchen Punktzentrums nicht unmittelbar im Gleichgewicht mit dem inneren Feld ist, kann die energetische Lage der Haftstelle durch eine Nahordnungsänderung, d. h. durch Relaxations- bzw. Retardationserscheinungen beeinflußt werden.

Die Aussagen über die Ladungsspeicherung und den Ladungstransport in polymeren Festkörpern auf der Grundlage eines Elektronen-Energieschemas berücksichtigen bisher lediglich spontane Nahordnungsänderungen. Ganz allgemein kann aber diese Voraussetzung bei Polymeren nicht streng gelten. Es ist daher zu prüfen, ob und in welcher Weise die Nahordnung bzw. eine retardierte Nahordnungsänderung bei den Vorstellungen über ein Elektronen-Energieschema von Polymeren berücksichtigt werden muß.

Dieser Betrachtungsweise, bei der man von einem Elektronen-Energieschema ausgehend interpretiert und nachträglich die retardierte Nahordnungsänderung berücksichtigt, ist als alternative Betrachtungsweise der Formalismus zur Behandlung von Relaxationserscheinungen gegenüberzustellen. Bei dieser alternativen Betrachtungsweise würde man von makroskopischen Variablen, d. h. von einer Beschreibung der Relaxationserscheinung auszugehen haben und dann das Elektronen-Energieschema zur Interpretation der molekularphysikalischen Mechanismen, die den Relaxationserscheinungen zugrunde liegen, heranziehen. Da sich die beiden Betrachtungsweisen nur durch die Ausgangspunkte unterscheiden, sollte eine Entscheidung über die Wahl des Ausgangspunktes zunächst ausschließlich davon abhängig gemacht werden, wie stark sich Relaxationserscheinungen im experimentellen Ergebnis zeigen.

Es stellt sich daher die Frage nach einem experimentellen Nachweis für die zu diskutierenden Nahordnungszustände in starken elektrischen Feldern. Als eine mögliche Untersuchungsmethode für solche Nahordnungsänderungen bietet sich die Untersuchung der Elektrostriktion an. Im folgenden soll daher am Beispiel des Polystyrols gezeigt werden,

*) Vorgetragen auf der Arbeitstagung des Fachausschusses „Physik der Hochpolymeren"; Frühjahrstagung des Regionalverbandes Hessen–Mittelrhein–Saar der Deutschen Physikalischen Gesellschaft vom 22. bis 24. März 1972 in Bad Nauheim.

daß sich mit einer solchen Untersuchungsmethode Nahordnungsänderungen in starken elektrischen Feldern nachweisen lassen.

Polarisationserscheinungen bei Polystyrol ohne Berücksichtigung von Überschußladungen

Unter den glasig erstarrenden Polymeren nimmt Polystyrol eine Sonderstellung ein, da seine Monomereinheiten eine starke geometrische Asymmetrie bei geringer Asymmetrie der Ladungsverteilung zeigen. Das permanente Dipolmoment der Monomereinheiten ist daher klein, wohingegen das im elektrischen Feld induzierte Dipolmoment wegen der hohen, anisotropen Elektronenpolarisierbarkeit der Phenyle hohe Werte annehmen kann.

Unter dem Einfluß eines elektrischen Feldes werden sich die Phenyle mit der Achse ihrer größten Polarisierbarkeit in Feldrichtung zu orientieren suchen; dabei ist eine Korrelation der Orientierung benachbarter Phenyle zu erwarten, weil die induzierten Dipolmomente benachbarter Phenyle eines Kettensegments bzw. benachbarter Kettensegmente einen nicht vernachlässigbaren Anteil des inneren Feldes ausmachen. Je nach Lage- und Abstandsstatistik der Phenyle, die wiederum vom gehemmten Nichtgleichgewichtszustand, d. h. von der thermischen und mechanischen Vorgeschichte der Probe abhängt, wird die Orientierung einer einzelnen Phenylseitengruppe durch das Reaktionsfeld ihrer Umgebung anders beeinflußt. Den räumlichen Bereich, über den sich die statistische Gesamtheit aller orientierungskorrelierten Phenyle erstreckt, wollen wir im folgenden eine Domäne nennen.

Über eine so definierte Domäne läßt sich a priori folgende Aussage machen: Die Orientierungskorrelation der anisotrop polarisierbaren Seitengruppen kann im elektrischen Feld nicht orientierungsinvariant sein, da sich mit jeder Orientierungsänderung auch die induzierten Dipolmomente in den Seitengruppen und damit ebenfalls die Orientierungskorrelation innerhalb der Domäne ändert. Lineare Relaxationserscheinungen sind aber nur bei der Orientierung von orientierungsinvarianten Einheiten beobachtbar (6). Bei der Elektrostriktion von Polystyrol ist daher nichtlineares Verhalten zu erwarten, sobald neben der spontanen Polarisierung noch die Dynamik innerer Freiheitsgrade berücksichtigt werden muß, d. h. wenn ein Relaxationsprozeß auftritt.

Polarisationserscheinungen unter Berücksichtigung von Überschußladungsträgern

Bei Dielektrika, die eine, wenn auch sehr geringe, Leitfähigkeit zeigen, ist eine Aufteilung der gesamten Ladungsdichte in einen Polarisations-ϱ_P und einen Leitungsanteil ϱ_E notwendig. Wir können z. B. im einfachsten Fall den Leitungsanteil mit der Ladungsdichte der den Ladungstransport bewirkenden Überschußladungen identifizieren.

Messungen der elektrischen Aufladung, der Ladungsspeicherung und der Gleichstromleitfähigkeit zeigen, daß Überschußelektronen den Ladungstransport im Polystyrol übernehmen (7, 8). In diesem Fall ist nach dem Elektronen-Energieschema wieder eine Unterteilung des Ladungsanteils ϱ_E der Überschußelektronen in zwei Anteile notwendig, und zwar in einen Anteil ϱ'_E der Überschußelektronen, die zu einem beobachteten Zeitpunkt in Haftzentren festsitzen und einen Anteil ϱ''_E der Überschußelektronen, die frei sind. Eine solche Aufspaltung ist notwendig, wenn z. B. die in Haftzentren festsitzenden Elektronen die Anisotropie der Elektronenpolarisierbarkeit der Phenyle in anderer Weise beeinflussen, als es die freien Überschußelektronen tun. In diesem Fall liefern die freien Elektronen und die getrapten Elektronen unterschiedliche Beiträge zum inneren Feldanteil der Phenyle, d. h. die freien und die getrapten Überschußelektronen beeinflussen die Orientierungskorrelation und damit den Ordnungszustand innerhalb einer Domäne unterschiedlich. Der komplementäre Fall, bei dem die energetische Lage der Haftstellen durch den Orientierungszustand der Domäne beeinflußt wird, bewirkt, daß sich bei jeder Änderung des Orientierungszustandes auch die Verweilzeit der Überschußelektronen in den Haftstellen ändert. Auf diese Weise ändert sich wiederum das Verhältnis von getrapten zu freien Elektronen.

Die Verteilung der Raumladung $\varrho(z)$ im Inneren einer Probe setzt sich demnach ganz allgemein aus drei Anteilen zusammen:

$$\varrho(z,t) = \varrho_P(z,t) + \varrho_E'(z,t) + \varrho_E''(z,t), \qquad [1]$$

die nicht unmittelbar untereinander im Gleichgewicht zu stehen brauchen und daher je nach der Dynamik der inneren Freiheitsgrade mehr oder weniger komplizierte Zeitfunktionen sein können. Erst wenn die Relaxationserscheinungen abgelaufen sind, gelten am Ort z im Inneren der Probe lokale

Gleichgewichtsrelationen zwischen den drei Summanden.

Zur Interpretation des Einflusses, den die Dynamik innerer Freiheitsgrade auf das elektrostriktive Verhalten eines Polymeren bewirkt, kann man daher von Gl. [1] ausgehen. Dann nutzt man den Vorteil, den makroskopische Größen (Feldgrößen) ganz allgemein bei der Behandlung von Relaxations- bzw. Retardationserscheinungen bieten, ohne auf diejenigen Vorteile verzichten zu müssen, die das Elektronen-Energieschema bietet.

Das sei am folgenden Beispiel erläutert: Die Ergebnisse von Untersuchungen der Polarisations- und Depolarisationsströme bei Polystyrol liefern nach Vorstellungen, die aus dem Elektronen-Energieschema abgeleitet sind, den Nachweis über zwei Haftstellenarten für Überschußelektronen (8). Für Polystyrol ist demnach der dritte Summand von Gl. [1] nochmals in zwei Anteile aufzuspalten. Für den allgemeinen Fall bedeutet das: Wenn aufgrund des Elektronen-Energieschemas einer polymeren Substanz zwischen mehreren Arten von Ladungsträgern und/oder mehreren Haftstellenarten unterschieden werden kann, dann ist der zweite und/oder dritte Summand der Gl. [1] gemäß der Ladungsträger bzw. Haftstellenarten in weitere Summanden aufzuspalten.

Mit der vorliegenden Arbeit soll gezeigt werden, daß bei Polystyrol keine Gleichgewichtsrelation zwischen dem ersten und den weiteren Summanden der Gl. [1] a priori vorausgesetzt werden darf. Das heißt, es interessiert uns ausschließlich der Nachweis eines inneren Freiheitsgrades, der für die Wechselwirkung zwischen dem ersten und den weiteren Summanden verantwortlich ist. Eine Untersuchung der Dynamik dieses inneren Freiheitsgrads soll dabei zeigen, ob eine Domänenstruktur das elektrische Verhalten des Polystyrols in starken elektrischen Feldern beeinflußt. Innere Freiheitsgrade, die hinsichtlich des Zustands der Überschußelektronen zu diskutieren sind, sollen dabei außer Betracht bleiben.

Experimentelles

Experimentell ist eine Aufteilung der gesamten Ladungsdichte in einen Polarisations- und in einen Leitungsanteil so lange unmöglich, wie man ausschließlich das äußere Feld des Probenkörpers mißt (9). Daraus wird deutlich, daß Elektrostriktionsmessungen bei vorgegebenem äußeren, möglichst homogenem Feld durchgeführt werden sollten, wenn man eine mögliche Orientierungskorrelation in den Domänen nachweisen will.

Meßanordnung

Eine ausgetemperte Polystyrolprobe ($8 \times 6 \times 0{,}5$ mm^3) wurde an den beiden Oberflächen mit Blattgold-Elektroden versehen (*Sandwich*-Zelle mit 0,5 mm Elektrodenabstand), dann auf das Quarzschneideauflager eines Perkin-Elmer-Thermomechanical Analyzers Model TMS-1 aufgelegt und über Aluminiumzuführungen mit einem hochstabilisierten Netzgerät (Knott; Typ NSHM BN 600 S/N 351, Spannungskonstanter) verbunden. Die Auflagekraft des TMS-1 betrug weniger als 0,5 p. Das Signal des Wegaufnehmers wurde ohne zusätzliche Verstärkung auf einen Texas-Instruments-Schreiber gegeben (0,02 mm Weg entsprechen der vollen Schreiberbreite); gemessen wurde bei Zimmertemperatur.

Meßergebnisse

Das gesamte Elektrostriktionssignal, das sich aus einer Form- und Volumenänderung der Probe im elektrischen Feld zusammensetzt, zeigt die Abstandsänderung zwischen den mit Blattgold kontaktierten Oberflächen an. Eine mögliche Durchbiegung der Probe, die sich bei Umpolung der Elektroden im Elektrostriktionssignal zeigen müßte, konnte innerhalb der Meßgenauigkeit nicht festgestellt werden, deswegen kann das Elektrostriktionssignal im folgenden ausschließlich als Elektrodenabstandsänderung interpretiert werden.

Der Abstand zwischen den Elektroden nimmt während des Ladens im elektrischen Feld ab und nach dem Kurzschließen der Elektroden, d. h. ohne äußere Feldwirkung wieder zu. Die Zeitfunktion des Elektrodenabstands beim Laden setzt sich in der $\ln\Phi - \ln t$-Auftragung abschnittsweise aus Geradenstücken zusammen, die der Funktion

$$\Phi = d(0) - d(t) = ct^n$$

gehorchen. Hierbei sind die Elektrodenabstände zu Beginn bzw. zur Zeit des Experiments mit $d(0)$ bzw. mit $d(t)$ bezeichnet; c und n sind Konstanten. Das in Abb. 1 dargestellte Ladeexperiment wurde nach 7 min beendet. Die Zeitfunktion des Elektrodenabstands während des anschließenden Entladens ist im rechten Bildteil aufgetragen. Die unterschiedliche Gestalt beider Kurven zeigt, daß die Elektrostriktion des Polystyrols beim Laden und Entladen unterschiedlichen Zeitgesetzen gehorcht. Dieses Verhalten, d. h. die Nichtlinearität im Sinne des *Boltzmann*schen Superpositionsprinzips, folgt zwar notwendig als Folge von Relaxationserscheinungen induzierter Dipole, ist aber ohne weiteres noch kein hinreichender Nachweis für die Existenz einer Orientierungskorrelation in Domänen. Darüberhinaus ist auch noch zu beachten, daß eine Nichtlinearität allein aus der Existenz von solchen Haftstellen erklärbar wäre, deren energetische Lage von

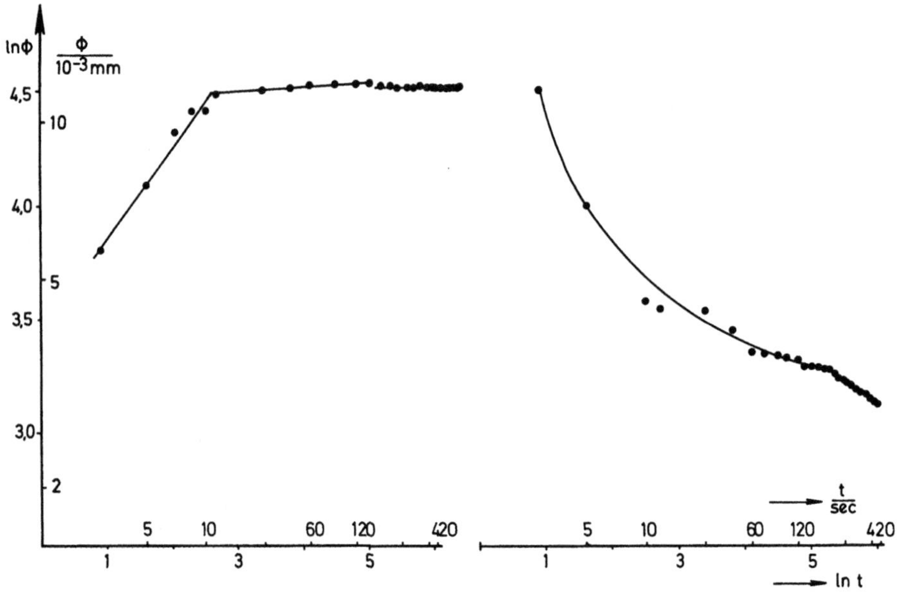

Abb. 1. Abnahme Φ des Elektrodenabstands einer 0,5 mm dicken Polystyrolprobe als Funktion der Zeit unter dem Einfluß einer Ladefeldstärke von $15 \cdot 10^3$ V/cm (links) und als Funktion der Entladezeit während des anschließenden Entladens bei kurzgeschlossenen Elektroden (rechts). $T = 20$ °C

der Feldstärke abhängt, ohne ursächlich mit der Polarisierbarkeit der Phenyle zusammenzuhängen. Erst wenn es gelingt, neben der Nichtlinearität zusätzlich einen kooperativen Effekt im Elektrostriktionssignal nachzuweisen, sind die notwendigen und hinreichenden Bedingungen für die Existenz von Domänen gezeigt.

Ausgehend von dem Gedanken, daß sich im Probeninneren die Einzelanteile der Raumladungsverteilungen nach Gl. [1] mit unterschiedlichen Geschwindigkeiten auf- und abbauen, wurden in weiteren Experimenten Polystyrolproben in einem Pulsprogramm be- und entladen: Wenn man die Probe in einem Pulsprogramm mit 60 sec dauernden Ladepulsen, unterbrochen von 60 sec dauernden Entladephasen, belastet, dann erkennt man, daß die Elektrostriktion während aufeinanderfolgender Ladepulse dem gleichen Zeitgesetz mit abnehmender Amplitude gehorcht (Abb. 2). Während der dazwischenliegenden Entladephasen läuft die Nahordnungsänderung allerdings nach Zeitgesetzen ab, die sich in den einzelnen Entladephasen stark voneinander unterscheiden. Deutlicher noch wird dieses Verhalten, wenn man die Frequenz des Pulsprogramms weiter erniedrigt. In Abb. 3 sind die Ergebnisse eines Pulsprogramms mit 7 min-Pulsen bei einem Pulsabstand von ebenfalls 7 min aufgetragen. Die Ergebnisse des Experiments machen deutlich, daß bei dieser Pulsfrequenz sowohl die Elektrostriktion während der aufeinanderfolgenden Ladepulse als auch innerhalb aufeinanderfolgender Entladephasen stark unterschiedlich ist. Vergleicht man die Lade- und Entladekurven der Abb. 2 mit denen der Abb. 3, dann wird deutlich, daß das bei Frequenzen von 10^{-2} Hz auftretende nichtlineare Verhalten des Polystyrols im

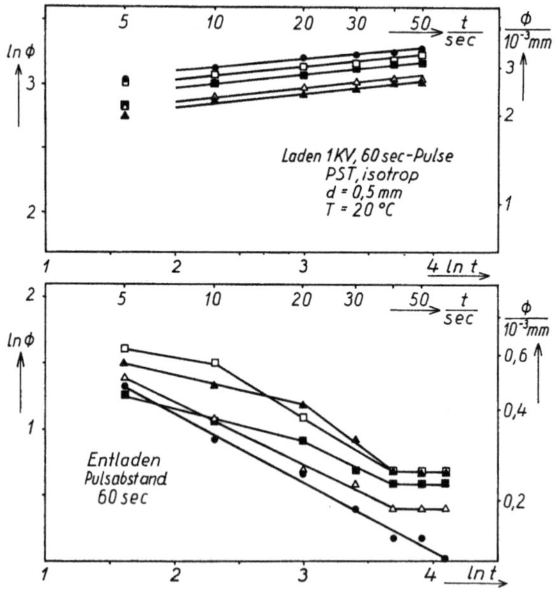

Abb. 2. Abnahme Φ des Elektrodenabstands bei periodischer Belastung mit Rechteckpulsen unterbrochen durch Entladephasen. Oben: Elektrodenabstandsabnahme während der aufeinanderfolgenden Ladepulse (●, □, ■, △, ▲) und während der sich jeweils anschließenden Entladephasen (unten)

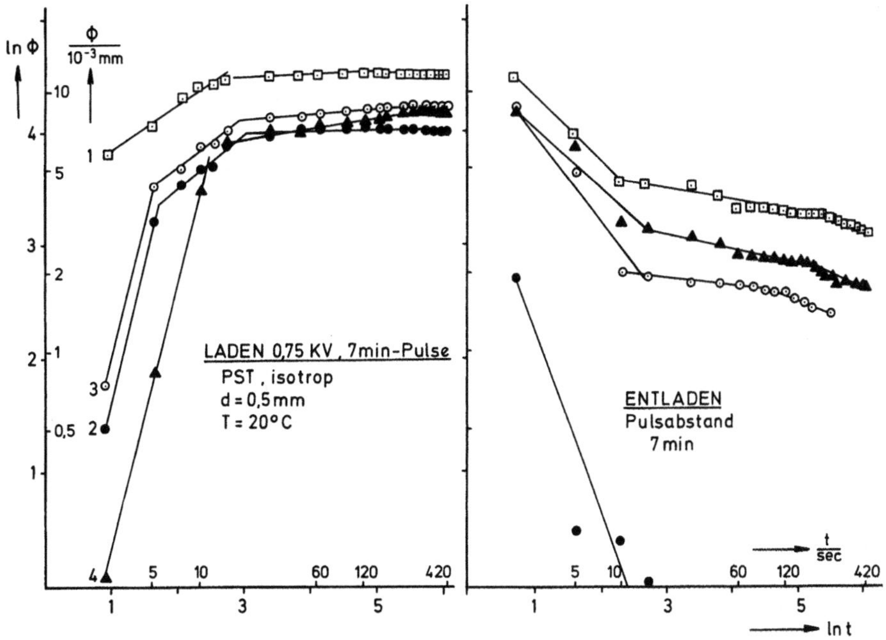

Abb. 3. Abnahme Φ des Elektrodenabstands bei periodischer Belastung mit Rechteckpulsen unterbrochen durch Entladephasen. Links: Elektrodenabstandsabnahme während der aufeinanderfolgenden Ladepulse (□, ●, ○, ▲) und während der sich jeweils anschließenden Entladephasen (rechts)

starken elektrischen Feld ausgeprägt frequenzabhängig ist. Nach den 7-min-Pulsen fällt das Elektrostriktionssignal im allgemeinen nicht spontan um einen Teilbetrag ab. Demgegenüber zeigt Abb. 2, daß das Elektrostriktionssignal nach einem 1-min-Puls beim Kurzsschließen spontan um einen Teilbetrag zurückgeht, d. h. die innerhalb dieses Zeitintervalls aufgebaute Nahordnung kann noch – zumindest teilweise – spontan abgebaut werden. Das bedeutet: Die sich im starken elektrischen Feld aufbauende Nahordnung im Polystyrol wird bei Frequenzen um 10^{-2} Hz mit abnehmender Frequenz stabiler und die Nichtlinearität prägt sich stärker aus. Diese beiden Eigenschaften weisen auf die Ausbildung von Domänen mit orientierungskorrelierten induzierten Dipolmomenten der Phenyle hin.

Der Nachweis eines kooperativen Effekts, der eine Diskussion über Domänen sinnvoll erscheinen läßt, gelang uns bei der Untersuchung der Feldstärkeabhängigkeit derElektrostriktion des Polystyrols in diesem Frequenzbereich. Belastet wurde die Probe mit einem Pulsprogramm, bei dem die 7 min dauernden Pulse von Puls zu Puls, startend bei $2{,}8 \cdot 10^4$ V/cm, um jeweils $0{,}2 \cdot 10^4$ V/cm erhöht wurden. Beim dritten Puls mit einer Pulshöhe von $3{,}2 \cdot 10^4$ V/cm bricht das Elektrostriktionssignal nach 1 min spontan um einen Teilbetrag zusammen (Abb. 4) und bleibt dann bis zum Ende des Pulses nahezu unverändert. Beim Kurzschließen der Elektroden zu Beginn der anschließenden Entladephase erhöht sich das Elektrostriktionssignal wieder spontan, bevor es während der fortdauernden Entladung, wie zu erwarten, abfällt. An den im oberen Teil der Abb. 3 aufgetragenen Lade- und Entladeströmen ist außer dem Strompeak, der durch die spontane Nahordnungsänderung hervorgerufen wird, ebenfalls zu erkennen, daß die Lade- und Entladeströme während des Pulsprogramms nicht linear mit der Pulshöhe zunehmen. Der Grund hierfür ist, daß bei Feldstärken oberhalb $2{,}8 \cdot 10^4$ V/cm raumladungsbegrenzte Ströme in Polystyrol fließen, deren stationäre Werte quadratisch mit der Spannung zunehmen [überohmscher Bereich des Polystyrols (10)].

Eine piezoelektrische Kopplung zwischen der Orientierungsänderung in den Domänen und der Elektrostriktion ist zu vermuten, denn experimentelle Untersuchungen von *Furukawa* et al. zeigen, daß piezoelektrische Effekte im Polystyrol prinzipiell auftreten können (11).

Ein Zusammenhang zwischen der von *Pechhold* und *Blasenbrey* vorgeschlagenen Überstruktur (12) in Domänen amorpher Polymerer und der hier diskutierten Orientierungskorrelation in solchen Bereichen kann aus unseren bis jetzt vorliegenden Meß-

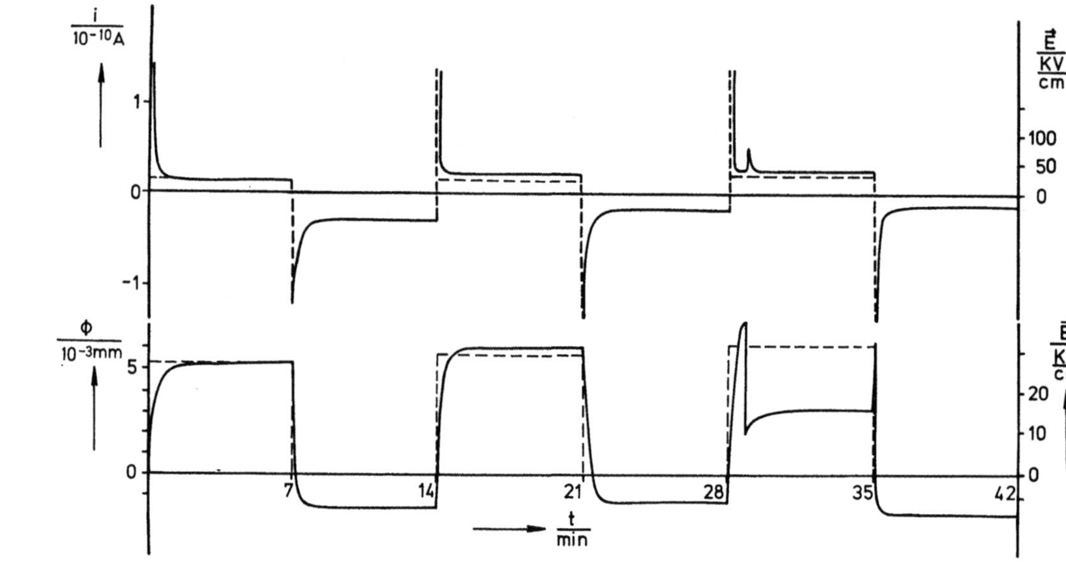

Abb. 4. Abnahme Φ des Elektrodenabstands (durchgezogene Kurve im unteren Bildteil), sowie Lade- und Entladeströme (durchgezogene Kurve im oberen Bildteil) während eines Pulsprogramms mit einer von Puls zu Puls steigenden Feldstärke (unterbrochene Kurve). $T = 20$ °C, Elektrodenabstand 0,5 mm

ergebnissen noch nicht diskutiert werden. Die Meßergebnisse zeigen allerdings, daß elektrostriktive Effekte ein passendes Beispiel für die Diskussion von und über Domänen im Polystyrol sind.

Zusammenfassung

Unter dem Begriff „Domäne“ wird in der vorliegenden Arbeit ein räumlicher Bereich verstanden, in dem neben der instantanen Intensität des äußeren Feldes ein nicht vernachlässigbarer Anteil des inneren Feldes wirkt, der – sofern man vom Anteil der Überschußelektronen absieht – im wesentlichen durch elektrostatische Wechselwirkung orientierungskorrelierter, induzierter Dipolmomente der Phenylseitengruppen verursacht wird. Die induzierten Dipolmomente folgen dem äußeren Feld nicht instantan. Die Dynamik innerer Freiheitsgrade verursacht ein t^n-Zeitgesetz der Elektrostriktion des Polystyrols. Der elektrostriktive Effekt zeigt bei Frequenzen von 10^{-2} Hz mit abnehmender Frequenz eine sich stärker ausprägende Nichtlinearität im Sinne des *Boltzmann*schen Superpositionsprinzips. Ein Effekt, der wegen der Feldstärkeabhängigkeit der Orientierungskorrelation induzierter Dipole zu erwarten ist und deswegen als Feldstärkeabhängigkeit der Dynamik innerer Freiheitsgrade zu deuten ist. Bei $3{,}2 \cdot 10^4$ V/cm zeigte sich eine spontane Änderung der Elektrostriktion, die als eine kooperative Orientierungsänderung in den Domänen gedeutet wurde.

Summary

The term domain in this paper means an area, in which besides the instantaneous intensity of an external electric field a non vanishing part of an internal field is effective. Except for excess electrons this field is due to induced dipole moments of phenyl groups interacting with each other generating a correlated orientation within a domain. The orientation of the induced dipole moments lags behind the external field. The dynamics of this internal degree of freedom cause a t^n-time law of electrostriction in polystyrene. At frequencies of about 10^{-2} Hz the non linear electrostrictive behaviour in the sense of the *Boltzmann* superposition principle becomes more pronounced with decreasing frequency. This effect is to be expected because of the field dependent orientation correlation of induced dipoles and is to be explained as a field dependent dynamic of internal degrees of freedom. At $3{,}2 \cdot 10^4$ V/cm a spontaneous jump in the electrostriction vs. time curve is found, which is interpreted as a cooperative change in orientation within the domains.

Literatur

1) *Davies, D. K.*, IPPS Conf. Static Electrification p. 29 (Institute of Physics and Physical Society, London 1967).

2) *Bauser, H., W. Klöpffer*, and *H. Rabenhorst*, Adv. Static Electricity, Bd. **1**, 2 (1970).

3) *Bässler, H.*, Kunststoffe **62**, 115 (1972). – *Bauser, H.*, Kunststoffe **62**, 192 (1972).

4) *Mott, N. F.*, Festkörperprobleme **9**, 22 (1969).

5) *Davies, E. A.* and *N. F. Mott*, Phil. Mag. **22**, 903 (1970).

6) *Ferry, J. D.*, Viscoelastic Properties of Polymers, p. 18 (New York 1970).

7) *Benninghoff, U., J. Fuhrmann*, and *G. Rehage*, Adv. Static Electricity, Bd. **1**, 96 (1970). – *Fuhrmann, J., U. Benninghoff* und *G. Rehage*, Kolloid-Z. u. Z. Polymere, in Vorbereitung.

8) *Fuhrmann, J., R. Lamour* und *G. Rehage*, Kolloid-Z. u. Z. Polymere, in Vorbereitung.

9) *Mason, M.* and *W. Weaver*, The Electromagnetic Field, p. 67 (Chicago 1929).

10) *Lamour, R.*, Diplomarbeit (Clausthal 1971).

11) *Furukawa, T., Y. Uematsu, K. Asakwa*, and *Y. Wada*, J. Appl. Polym. Sci. **12**, 2675 (1968).

12) *Pechhold, W.* und *S. Blasenbrey*, Kolloid-Z. u. Z. Polymere **241**, 955 (1970).

Anschrift des Verfassers:

Dr. *Jürgen Fuhrmann*
Physikalisch-Chemisches Institut der TU
3392 Clausthal-Zellerfeld
Adolf-Römer-Str. 2a

Kolloid-Z. u. Z. Polymere **250**, 1081–1087 (1972)

Aus der Abteilung für Physikalische Chemie der Kunststoffe im Institut für Physikalische Chemie der RWTH Aachen

Kernresonanzuntersuchungen des Tunneleffekts der Methylgruppen in Hochpolymeren bei sehr tiefen Temperaturen, I. Teil*)

Von R. Kosfeld und U. von Mylius

Mit 7 Abbildungen

(Eingegangen am 13. Juli 1972)

1. Einleitung

Die an Hochpolymeren bis herab zur Temperatur des flüssigen Stickstoffs durchgeführten Kernresonanzmessungen zeigen immer wieder, daß bei dieser Temperatur noch nicht alle innermolekularen Beweglichkeiten eingefroren sind (1, 2, 3, 4). Bei 77 K werden aus dem Experiment Zweite Momente erhalten, die gegenüber den für eine starre Anordnung der Methylgruppen zu erwartenden Werten zu klein sind. In der letzten Zeit sind Arbeiten an monomeren Substanzen bekannt geworden, die sogar bei Heliumtemperaturen noch beträchtliche Umorientierungsraten der Methylgruppen feststellen (5, 6, 7, 8, 9).

Bereits *Powles* und *Gutowsky* (10) haben ein Modell der Methylgruppenbewegung vorgeschlagen, das den Tunneleffekt als bestimmenden Mechanismus dieser Umorientierungen benutzt. *Stejskal* und *Gutowsky* (11) berechneten mit Hilfe dieses Modells die Tunnelfrequenzen, die den Bewegungen der Methylgruppenprotonen zugeordnet werden können. Ein Vergleich der aus dem Experiment ermittelten Korrelationsfrequenzen mit diesen Tunnelfrequenzen ergibt einen Hinweis, ob die Methylgruppenbewegung durch dieses Modell beschrieben werden kann. Mit Hilfe eines für Tiefsttemperaturmessungen gebauten Breitlinienspektrometers (12) werden Polymethylmethacrylat (PMMA) und Polymethacrylat (PMA) untersucht, um das Bewegungsverhalten der Methylgruppen auch bei Heliumtemperaturen zu erfassen[1]).

*) Vorgetragen auf der Arbeitstagung des Fachausschusses „Physik der Hochpolymeren"; Frühjahrstagung des Regionalverbandes Hessen–Mittelrhein–Saar der Deutschen Physikalischen Gesellschaft vom 22. bis 24. März 1972 in Bad Nauheim.

[1]) Das Probematerial wurde von der Fa. Röhm und Haas GmbH, Darmstadt, freundlicherweise zur Verfügung gestellt.

2. Die Meßapparatur

Breitlinienmessungen im Temperaturbereich von 4,2 K bis Raumtemperatur verlangen für den Bau des Spektrometers spezielle Anforderungen, die durch den zur Temperierung benötigten Kryostaten bedingt sind[2]).

Die bei den meisten Breitlinienspektrometern verwendete Kreuzspulenanordnung läßt sich in dem nur 17 mm weiten Kälteraum des Kryostaten nicht unterbringen. Daher wird eine Einspulenanordnung benutzt. Als Nachweissystem für das Kernresonanzsignal wurde eine Doppel-T-Brücke gewählt (13, 14, 15). Die Doppel-T-Brücke muß so ausgelegt werden, daß die Ausgangsspannung dem Absorptionssignal proportional ist und das Dispersionssignal keinen Einfluß hat. Dies setzt voraus, daß die Brücke bei hoher Empfindlichkeit automatisch so geregelt wird, daß der Spindetektor über einen weiten Temperatur- und Frequenzbereich phasenkonstant arbeitet. Diese Bedingung konnte bisher nur annähernd erfüllt werden. Im Gegensatz zu früheren Lösungen (15), bereits innerhalb der Doppel-T-Brücke eine Selektion der Signalspannung nach Phasenlage und Amplitude durchzuführen, wird in der bei unseren Experimenten benutzten Meßanordnung diese Selektion im nachgeschalteten phasenempfindlichen Gleichrichter vorgenommen. Mit dieser Methode werden einwandfreie Absorptionssignale, die unabhängig vom Abgleichzustand der Brücke sind, erhalten (12). Gleichzeitig wird eine sichere Regelung des Arbeitspunktes ermöglicht, so daß er über die gesamte Meßzeit konstant bleibt[3]).

[2]) Der Kryostat wurde von der Fa. Leybold-Heraeus, Köln, hergestellt.

[3]) Eine ausführlichere Beschreibung ist im „Jahrbuch 1971 des Landesamts für Forschung, Land Nordrhein-Westfalen", Westdeutscher Verlag, Opladen 1972, zu finden.

Der Kryostat ist als Verdampferkryostat ausgelegt, bei dem das Kühlmittel in flüssigem Zustand in den Kryostaten gepumpt wird, dort in einem den Kälteraum umgebenden Kühlschlangensystem verdampft und als Gas wieder austritt. Über einen Thermistor sowie über einen Kohlewiderstand wird eine automatische Temperaturregelung durchgeführt, die eine einmal eingestellte Temperatur auf besser als 0,5 Grad konstant hält.

3. Meßergebnisse und Diskussion

Die Abb. 1 und 2 zeigen die aus den gemessenen Absorptionslinien erhaltenen Zweiten Momente im Temperaturbereich von 5–293 K von PMMA und PMA.

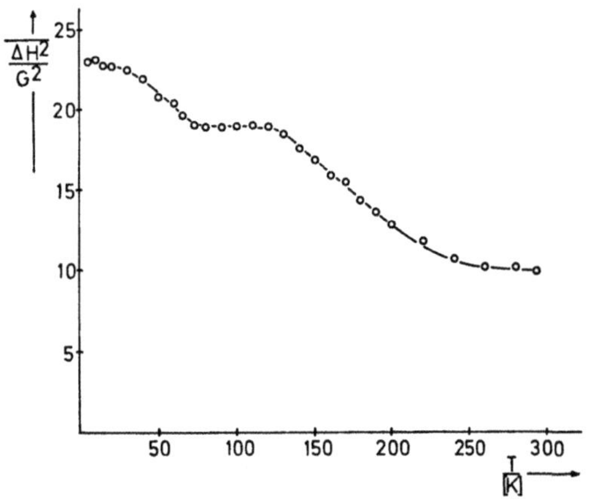

Abb. 1. Das Zweite Moment $\overline{\Delta H^2}$ in Gauß² von PMMA in Abhängigkeit von der Temperatur

Bei Raumtemperatur hat die Absorptionslinie des PMMA ein Zweites Moment von 10 G². Mit sinkender Temperatur erhöht sich das Zweite Moment stetig auf einen Wert von 19 G² bei 120 K und bleibt bis 75 K konstant, um dann weiter anzusteigen. Bei etwa 20 K wird ein weniger ausgeprägtes zweites Plateau von 23 G² erreicht.

Das Zweite Moment von PMA (Abb.2) beträgt bei 293 K 8,7 G². Der rasche Abfall des Zweiten Moments bei Raumtemperatur zeigt die im Bereich der Glastemperatur einsetzenden Mikro-*Brown*schen Bewegungen an. Unterhalb 250 K wird mit sinkender Temperatur ein linearer Anstieg im Zweiten Moment beobachtet, der im wesentlichen auf einen Volumeneffekt (Dilatation) im Polymeren hinweist. Das Zweite Moment erreicht bei 75 K 11,7 G². Mit weiter abnehmender Temperatur erfolgt unterhalb 77 K eine deutliche Zunahme des Zweiten Moments auf 17,1 G² bei 20 K. Diese Er-

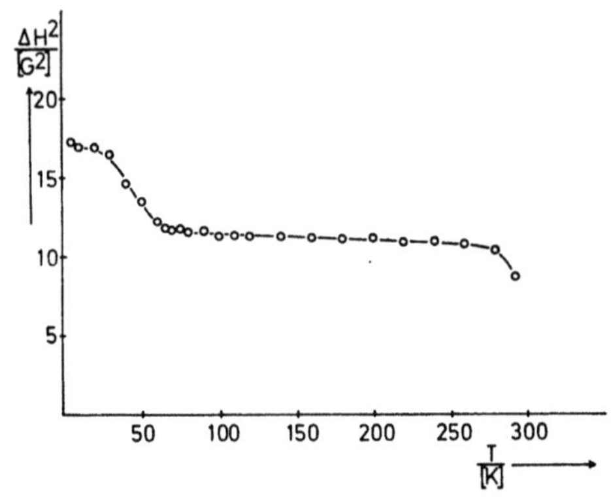

Abb. 2. Das Zweite Moment $\overline{\Delta H^2}$ in Gauß² von PMA in Abhängigkeit von der Temperatur

gebnisse stimmen für den Temperaturbereich zwischen 77 K und 293 K mit bekannten Literaturdaten überein (16, 17, 18, 19).

Nach der *Van Vleck*schen (21) Theorie wird das Zweite Moment berechnet. Die Werte für die Atomabstände und Valenzwinkel wurden der Literatur (20) entnommen. Nach *Gutowsky* und *Pake* (22) werden die Zweiten Momente für verschiedene mögliche Bewegungen der Methylgruppen in den genannten Polymeren ermittelt. Die durch intermolekulare Wechselwirkungen hinzukommenden Beiträge zum Zweiten Moment sind der Arbeit von *Sinnot* (17) entnommen worden. Es ergeben sich somit aus der Theorie für die Zweiten Momente folgende Werte:

PMMA – Starres Gitter: 28,0 G²
PMMA – Rotation einer CH_3-Gruppe: 20,2 G²
PMMA – Rotation beider CH_3-Gruppen: 12,5 G²
PMA – Starres Gitter: 22,9 G²
PMA – Rotation der CH_3-Gruppe: 12,9 G²

Ein Vergleich mit den gemessenen Werten zeigt, daß der beim PMMA oberhalb 120 K beobachtete Abfall des Zweiten Moments auf die beginnende Rotation der Hauptkettenmethylgruppe zurückzuführen ist. Bei 77 K, der Temperatur des flüssigen Stickstoffs, sind demnach in beiden Polymeren die Estermethylgruppen noch beweglich. Diese Deutung steht in Einklang mit bisher bekannt gewordenen Arbeiten (16, 17, 18, 19).

Vergleicht man nun die aus dem Experiment bei Heliumtemperaturen ermittelten Werte von 23 G² bzw. 17,1 G² für das PMMA bzw. PMA mit den für das starre

Gitter berechneten Werten von 28 G^2 bzw. 22,9 G^2, so ist der Unterschied zwischen den experimentell und den theoretisch erhaltenen Werten zu groß, um ihn etwa durch einen zu geringen intermolekularen Beitrag zum Zweiten Moment zu erklären. Vielmehr ergibt sich aus den gemessenen Zweiten Momenten ein Hinweis darauf, daß auch bei Heliumtemperaturen noch nicht alle innermolekularen Bewegungen eingefroren sind.

Neben der Zweiten-Moment-Methode kann auch ein von *Bergmann* und *Navotki* (23) entwickeltes Verfahren der Linienseparation zur Untersuchung der Bewegungsvorgänge in den Polymeren herangezogen werden. Nach diesem Verfahren (19, 23) kann ein Rotationsparameter r_1, der den Anteil der unbeweglichen Methylgruppen in bezug auf die Gesamtzahl aller Methylgruppen repräsentiert, hergeleitet werden. In den Abb. 3 und 4 ist dieser Rotationsparameter r_1 in Abhängigkeit von der Temperatur für PMMA bzw. PMA wiedergegeben[1]).

Das Verfahren bestätigt die Aussagen der Zweiten-Moment-Methode. Zwischen 5 K und 20 K hat r_1 einen mittleren Wert von 0,76, d. h. 76% der Methylgruppen sind

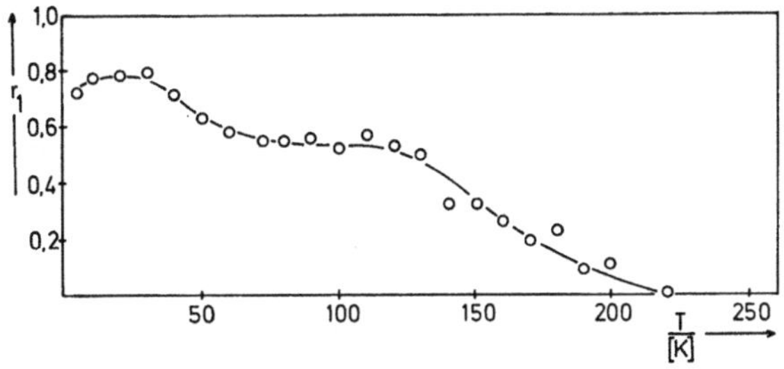

Abb. 3. Der Anteil der starren Methylgruppen r_1 in Abhängigkeit von der Temperatur bei PMMA

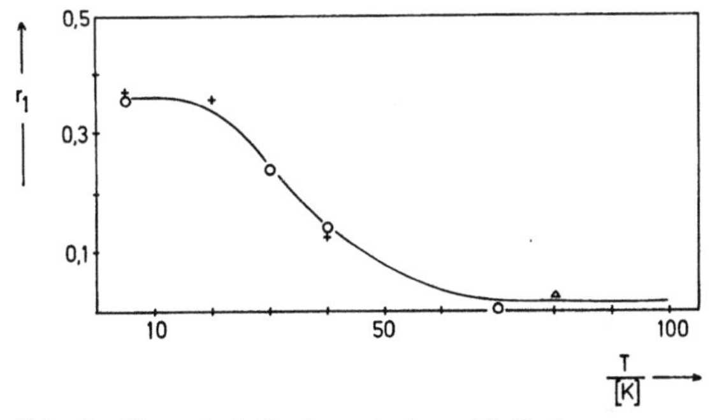

Abb. 4. Der Anteil der starren Methylgruppen r_1 in Abhängigkeit von der Temperatur bei PMA (Δ-Messung nach (19))

[1]) Herrn Dr. *Bergmann* danken wir dafür, daß er im Rechenzentrum der BASF die Linienseparation durchgeführt hat.

unbeweglich (Abb. 3). Das NMR-Experiment weist demnach 24% der Methylgruppen beim PMMA als beweglich aus, die den Unterschied des gemessenen und des theoretischen Zweiten Moments erklären.

Bei einer Temperaturerhöhung auf 77 K fällt r_1 auf 0,55 ab. Dies bedeutet, daß die Hälfte aller CH_3-Gruppen, also die Estermethylgruppen, beweglich sind, während die α-Methylgruppen noch starr sind. Erst oberhalb 120 K fällt r_1 weiter ab und deutet damit das Einsetzen der Rotation der α-Methylgruppen an. Ein entsprechendes Ergebnis zeigt die Abb. 4 für PMA.

Bei 5 K hat r_1 einen Wert von 0,36. Da bei PMA im Unterschied zum PMMA nur eine Methylgruppe vorhanden ist, entspricht der Wert $r_1 = 0,5$ dem für das starre Gitter zu erwartenden Wert. $r_1 = 0,36$ bedeutet also, daß 72% der Methylgruppen bei 5 K unbeweglich sind. 28% der im PMA vorhandenen Methylgruppen besitzen nach dieser Interpretation auch bei 5 K noch eine hohe Beweglichkeit. Bereits bei 77 K ist r_1 nahezu Null, d. h. die Estermethylgruppen rotieren.

Die Zerlegung der gemessenen Spektren in Elementarspektren nach *Bergmann* und *Navotki* (23) eröffnet zusätzlich zur *Van Vleck*schen Methode (21) einen weiteren Weg, unbewegliche und bewegliche Anteile eines Moleküls zu ermitteln. Eine Aussage über die Art der Bewegungen kann auch nach dieser Methode nicht erfolgen

Bei 5 K „rotieren“ demnach noch etwa ein Viertel aller Estermethylgruppen, obwohl aufgrund klassischer Vorstellungen über innermolekulare Bewegungen bei derart tiefen Temperaturen keine Beweglichkeiten mehr erwartet werden sollten.

Die den reduzierten Zweiten Momenten zugrunde liegenden Methylgruppenbewegungen werden als thermisch aktivierte Bewegungen verstanden. Einer solchen Bewegung kann eine Korrelationszeit τ_c und eine Korrelationsfrequenz ν_c zugeordnet werden. Analog einer *Arrhenius*-Gleichung kann folgende Abhängigkeit von der Temperatur erwartet werden:

$$\nu_c = \nu_\infty \exp(-\Delta E/RT), \qquad [1]$$

wobei ΔE die Aktivierungsenergie für den Bewegungsvorgang, R die Gaskonstante, T die absolute Temperatur und ν_∞ die zu unendlich hohen Temperaturen extrapolierte Korrelationsfrequenz bezeichnen. Einen Zusammenhang zwischen Korrelationsfrequenz und gemessenem Zweiten Moment liefert die von *Powles* und *Gutowsky* (11) angegebene Beziehung:

$$\frac{\overline{\Delta H^2} - \overline{\Delta H_r^2}}{\overline{\Delta H_s^2} - \overline{\Delta H_r^2}} = \frac{2}{\pi} \operatorname{arctg}\left(\frac{\gamma \sqrt{\overline{\Delta H^2}}}{2\pi\nu_c}\right). \quad [2]$$

$\overline{\Delta H_r^2}$ steht für das Zweite Moment der noch rotierenden Methylgruppen zu Beginn des Einfriervorgangs, $\overline{\Delta H_s^2}$ für das Zweite Moment der eingefrorenen Gruppen. Aus den Gl. [1] und [2] lassen sich unter Verwendung der gemessenen Zweiten Momente die Aktivierungsenergien und Korrelationsfrequenzen für die Methylgruppenbewegungen bestimmen.

Für den Aktivierungsprozeß der α-Methylgruppe des PMMA ergibt sich eine Aktivierungsenergie ΔE von 2,3 kcal/mol, Korrelationsfrequenzen zwischen von 10^3–10^5 Hz und eine Grenzfrequenz von etwa 10^7 Hz. Diese Werte stehen nicht in Übereinstimmung mit der Transition-State-Theorie (24) nach der z. B. eine Grenzfrequenz von $2{,}7 \cdot 10^{12}$Hz zu erwarten ist. Noch kleinere Aktivierungsenergien, 0,18 kcal/mol bei PMMA und 0,20 kcal/mol bei PMA, werden für den Bewegungsvorgang der Estermethylgruppen erhalten. Für einen thermisch aktivierten Prozeß sind auch diese Werte zu niedrig.

Ebenso ergeben sich bei einer Betrachtung der Korrelationsfrequenzen Widersprüche zwischen den experimentellen Werten und dem klassischen Verhalten. Wird nämlich die Korrelationsfrequenz in Abhängigkeit von der reziproken absoluten Temperatur aufgetragen, so sollte ein logarithmisch linearer Zusammenhang erwartet werden.

Dies ist nicht der Fall, was in der Literatur schon häufiger hervorgehoben wurde (2, 4, 10, 18).

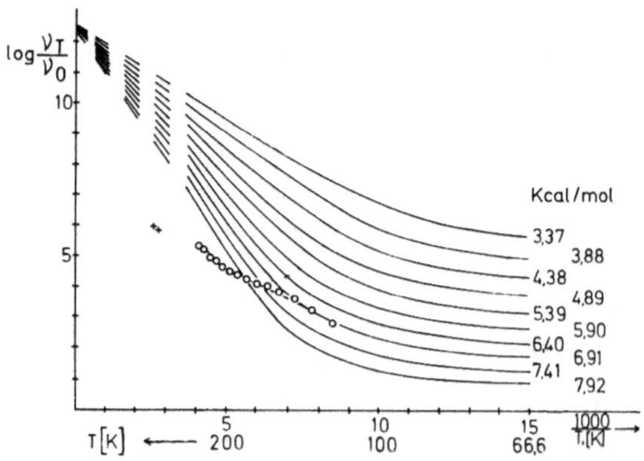

Abb. 5. Die Korrelationsfrequenzen ν_c der Bewegung der Hauptkettenmethylgruppen aufgetragen über $1000/T$. Zum Vergleich sind die von *Stejskal* und *Gutowsky* (11) berechneten Tunnelfrequenzen eingezeichnet

In der Abb. 5 sind die aufgrund der Gl. [2] ermittelten Korrelationsfrequenzen der α-Methylgruppe in ein *Stejskal-Gutowsky*-Diagramm (11) eingetragen. Es ist dieser Darstellung zu entnehmen, daß für die α-Methylgruppen das klassische Bild einer isotropen Bewegung nicht zutrifft. Noch deutlicher zeigt sich dies für die Estermethylgruppen, wie aus der Abb. 6 hervorgeht.

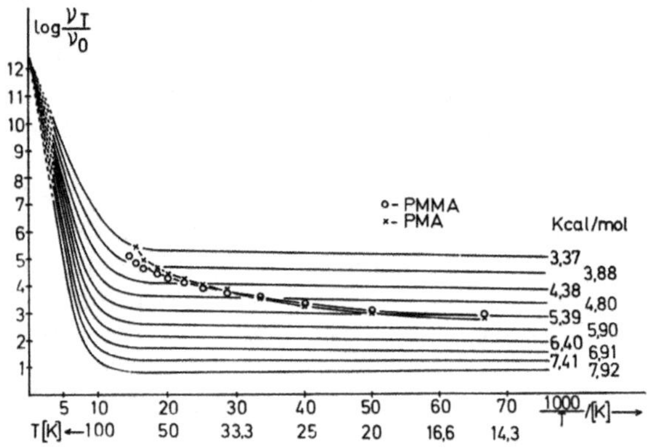

Abb. 6. Die Korrelationsfrequenzen ν_c der Bewegung der Estermethylgruppen aufgetragen über $1000/T$. Zum Vergleich sind die von *Stejskal* und *Gutowsky* (11) berechneten Tunnelfrequenzen eingezeichnet

Aufgrund dieser Abweichungen sowie der erwähnten Unterschiede in den Zweiten Momenten scheint eine weitere Interpretation mit Hilfe des klassischen Modells einer thermisch aktivierten Bewegung nicht mehr gerechtfertigt.

3.1. *Ein quantenmechanisches Modell für die Methylgruppenbewegung*

Erste Hinweise auf die Möglichkeit des Tunneleffekts als Mechanismus der bei den Kernresonanzmessungen festgestellten innermolekularen Beweglichkeiten finden sich bereits bei *Gutowsky* und *Pake* (25).

Andrew und *Bersohn* (26) berichten, daß die Umorientierungen der Methylgruppen möglicherweise auf den Tunneleffekt zurückzuführen sind. Von *Powles* und *Gutowsky* (11) wurde ein Modell für die Umorientierungen der Methylgruppen vorgeschlagen, das den Tunneleffekt als dominierenden Mechanismus der bei tiefen Temperaturen auftretenden Bewegungen ansieht.

Nach diesem Modell bewegen sich die Methylgruppen in einem zeitlich konstanten Behinderungspotential der Form

$$V = \frac{1}{2} V_0 (1 + \cos 3\Phi), \quad [3]$$

wie es bereits von *Nielsen* (27) vorgeschlagen wurde. V_0 ist die Höhe des Dreifachpotentials, Φ der Drehwinkel der Rotation (s. Abb. 7). Mit dieser Potentialfunktion lautet die *Schrödinger*-Gleichung für einen starren Rotator:

$$-\frac{\hbar^2 d^2\psi(\Phi)}{2I d\Phi^2} + \left[E - \frac{V_0}{2}(1 + \cos 3\Phi)\right]\Psi(\Phi) = 0. \quad [4]$$

$\psi(\Phi)$ ist die Wellenfunktion für die Methylgruppe. E ihre Energie und I das Trägheitsmoment um die Symmetrieachse. Die Lösung der Gleichung ergibt einen Satz von Energieeigenwerten E_i, die Torsionsniveaus der Methylgruppe in dem Dreifachpotential. Aufgrund der Überlappungen der Wellenfunktion ist jedes dieser Niveaus in zwei Unterniveaus aufgespalten, von denen eines entartet ist. Die Aufspaltung $\Delta\nu_i$ zwischen den Unterniveaus ist für das unterste Schwingungsniveau sehr klein und wird mit jedem folgenden geringfügig größer (s. Abb. 7). Die Aufspaltung bleibt jedoch

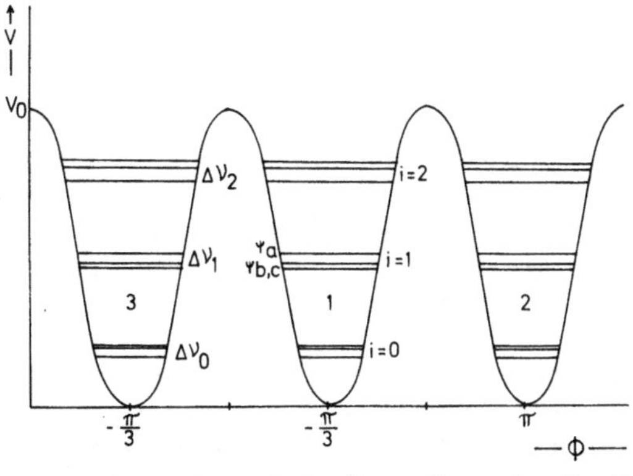

Abb. 7. Eine schematische Darstellung des Dreifachpotentials nach Gl. [3] unter Berücksichtigung der Energieeigenwerte E_i

klein gegenüber dem Abstand der Torsionsniveaus E_i. Sie ist ein Maß für die Rate, mit der die Methylgruppen den Potentialwall durchtunneln. Wird die Methylgruppenenergie mit steigender Temperatur höher als das Potential V_0, so geht die Tunnelbewegung in eine klassische Rotation über. Da die Methylgruppen von allen Schwingungsniveaus, die kleiner als V_0 sind, die Potentialschwelle durchtunneln können, muß über die betreffenden Aufspaltungen $\Delta\nu_i$ gemittelt werden. Diese gemittelte Frequenz kann als die Korrelationsfrequenz für die Tunnelbewegung der Methylgruppen angesehen werden:

$$\nu_T = \frac{1}{Q}\sum_i \Delta\nu_i \exp(-E_i/RT) = \sum_i a_i \Delta\nu_i. \quad [5]$$

Q bedeutet die Zustandssumme der Torsionsschwingungen, a_i die Wahrscheinlichkeit dafür, daß sich eine Methylgruppe im i-ten Schwingungszustand befindet.

Eine direkte Bestimmung der Potentialhöhe V_0 aus der Gl. [5] unter Verwendung der dem Experiment zu entnehmenden Korrelationsfrequenzen ν_c ist nicht möglich. Es ist daher notwendig, für verschiedene V_0-Werte die zugehörigen E_i und $\Delta\nu_i$ zu berechnen. Daraus ergeben sich dann die Tunnelfrequenzen in Abhängigkeit von der Temperatur, wobei die V_0-Werte als Parameter auftreten. In den Abb. 5 und 6 sind die von *Stejskal* und *Gutowsky* (11) berechneten Tunnelfrequenzen als Funktion der reziproken Temperatur wiedergegeben. Bei den Korrelationsfrequenzen einer thermisch aktivierten Bewegung sollte man über einen weiten Temperaturbereich in der Auftragung über $1000/T$ Geraden erhalten, aus deren Steigung die Aktivierungsenergie des Prozesses entnommen werden kann. Die Geraden ergeben im Grenzbereich unendlich hoher Temperaturen eine Grenzfrequenz von 10^{12} Hz.

Die berechneten Tunnelfrequenzen zeigen bei höheren Temperaturen eben dieses Verhalten. In diesem Bereich sind sie den klassischen Korrelationsfrequenzen äquivalent. Mit abnehmender Temperatur nähern sich die ν_T-Werte jedoch asymptotisch dem durch die Tunnelfrequenz des Schwingungsgrundzustands gegebenen Wert. Die Tunnelfrequenzen können somit bei tiefen Temperaturen anstelle der klassischen Korrelationsfrequenzen zur Beschreibung der Methylgruppenbewegung herangezogen werden. Die Vorstellung einer klassisch-statistischen Bewegung wird hiernach in das quantenmechanische Modell übernommen. Auch der Zusammenhang nach Gl. [2] zwischen den Zweiten Momenten und den Korrelationsfrequenzen behält seine Gültigkeit. Der wesentliche Unterschied besteht darin, daß die Temperaturabhängigkeit der Tunnelfrequenz nunmehr durch die Gl. [5] gegeben ist, während das klassische Modell den *Arrhenius*-Ansatz (Gl. [1]) benutzt.

3.2. *Vergleich des quantenmechanischen Modells mit den Meßergebnissen*

Vergleicht man nun die aus dem Experiment erhaltenen Korrelationsfrequenzen mit den berechneten Tunnelfrequenzen, so läßt sich aus ihrer gegenseitigen Anpassung das

Behinderungspotential bestimmen. Umgekehrt läßt eine gute Anpassung der experimentellen Werte an das Modell darauf schließen, daß die beobachteten Umorientierungen der Methylgruppen quantenmechanischen Gesetzen gehorchen. Abb. 5 zeigt die Korrelationsfrequenzen der α-Methylgruppe im Vergleich mit den Tunnelfrequenzen für verschiedene Potentiale als Funktion der reziproken absoluten Temperatur. Es ergibt sich keine Übereinstimmung. Ein logarithmisch-linearer Zusammenhang zwischen den Korrelationsfrequenzen und der reziproken absoluten Temperatur, wie er bei einer klassischen Bewegung erwartet werden sollte, wird ebenfalls nicht gefunden. Bei tieferen Temperaturen, wo die Bewegung der α-Methylgruppen bereits weitgehend eingefroren ist, kann eine gewisse Annäherung im Verlauf der Korrelationsfrequenzen ν_c und der Tunnelfrequenzen ν_T festgestellt werden. Da sich die Korrelationsfrequenzen nicht dem Verlauf der Tunnelfrequenzen anpassen, liegt der Schluß nahe, daß für das Bewegungsverhalten der α-Methylgruppen der Tunneleffekt nur von untergeordneter Bedeutung im Vergleich zum klassischen Bewegungsverhalten ist.

Bei den hohen Temperaturen, oberhalb 120 K, bei denen die Rotation der α-Methylgruppe beginnt, scheint deren thermische Energie größer zu sein als die Höhe V_0 des Behinderungspotentials. Nach dem quantenmechanischen Modell (10) geht die Tunnelbewegung dann in eine klassische Rotation über.

Die befriedigende Anpassung der Korrelationsfrequenzen an die Tunnelfrequenzen (s. Abb. 6) für die Estermethylgruppen zeigt dagegen, daß hier das quantenmechanische Modell das Bewegungsverhalten beschreibt. Die zugehörigen Behinderungspotentiale betragen im Tieftemperaturbereich 5,4 kcal/mol. Gegenüber den nach dem klassischen Modell ermittelten Aktivierungsenergien ergibt sich so ein Unterschied von mehr als einer Zehnerpotenz. Im Hinblick auf die oben herausgestellten Widersprüche, die bei einer Deutung der Meßergebnisse unter Zuhilfenahme klassischer Ansätze auftreten, beschreibt dieses einfache quantenmechanische Modell das Bewegungsverhalten bei tiefen Temperaturen der Methylgruppen recht gut.

Damit haben die Ergebnisse des Kernresonanzexperiments im Vergleich mit dem quantenmechanischen Modell (10, 11) einen Hinweis auf den Bewegungsmechanismus ergeben, der in der Lage ist, die auch noch bei Heliumtemperaturen beobachteten Bewegungen zu erklären. Da nach *Powles* und *Gutowsky* (10) das Tunneln von den Schwingungszuständen der Methylgruppen ausgeht und die Tunnelfrequenzen bei tiefen Temperaturen nahezu temperaturunabhängig sind, werden auch bei tiefsten Temperaturen immer noch genügend viele Methylgruppen in der Lage sein, eine Potentialbarriere zu durchtunneln. Die Gruppen, deren Tunnelfrequenz die im Kernresonanzexperiment für den Nachweis einer Bewegung mindestens erforderliche Frequenz von der Größenordnung der Linienbreite überschreitet, werden dann vom Experiment auch bei Heliumtemperaturen noch als beweglich gewertet. Die beobachteten Unterschiede zwischen berechneten und bei Heliumtemperaturen gemessenen Zweiten Momenten sind demnach auf Linienverengungen zurückzuführen, die mit dem Tunneleffekt der Methylgruppen im Zusammenhang stehen.

Eine eingehende Diskussion des Modells ergibt unter Bezug auf das NMR-Experiment keine befriedigende Erklärung der Tunnelbewegung. *Stejskal* und *Gutowsky* (11) weisen auch auf Widersprüche in den Voraussetzungen für das Modell hin. Es werden keine Angaben über die bei tiefen Temperaturen tatsächlich zu beobachtenden Meßgrößen gemacht, so daß ein Zusammenhang zwischen dem Modell, dem molekularkinetischen Vorgang und den aus den Absorptionslinien bestimmten Zweiten Momenten nicht möglich ist.

In jüngerer Zeit sind Arbeiten von *Allen* (28) und *Clough* (29) bekanntgeworden, in denen aufgrund einer Berechnung des Energieniveauschemas für die Methylgruppe Aussagen über die Größe des bei Heliumtemperaturen zu erwartenden Zweiten Moments zu finden sind.

Beide Autoren berechnen ein bei 4,2 K reduziertes Zweites Moment, wie es auch bei den vorliegenden Messungen an PMMA und PMA gefunden wird. Insbesondere erhält *Clough* (29) bei Heliumtemperaturen ein Zweites Moment das gerade halb so groß ist, wie der bei starrer Anordnung der Methylgruppen zu erwartende Wert. Hiernach sollte für PMMA ein Wert von 20,2 G^2 und für PMA ein Wert von 17,1 G^2 erwartet werden. Aus dem Experiment wurden bei 5 K für das Zweite Moment Werte von 23,0 und 17,1 G^2 bestimmt. Zumindest beim PMA ist die Übereinstimmung mit der Theorie von *Clough* (28) gegeben. Diese Ergebnisse sollen in einer nachfolgenden Arbeit im Zusammenhang mit NMR-Untersuchungen am Polyisobutylen und Polycarbonat eingehender diskutiert werden.

Wir danken dem Minister für Wissenschaft und Forschung des Landes Nordrhein-Westfalen, Landesamt für Forschung, für die großzügige finanzielle Unterstützung.

Zusammenfassung

Mit einem speziell für Tiefsttemperaturmessungen gebauten Spektrometer werden Breitlinienmessungen an Polymethylmethacrylat (PMMA) und Polymethylacrylat (PMA) im Temperaturbereich zwischen 5 K und 293 K ausgeführt.

Der bei Temperaturen unterhalb von 75 K beobachtete Anstieg der Zweiten Momente wird dem Einfriervorgang der Estermethylgruppe zugeordnet. Die Differenz zwischen den gemessenen und den berechneten Zweiten Momenten bei Heliumtemperaturen zeigt an, daß auch bei derart tiefen Temperaturen noch beträchtliche Umorientierungen der Methylgruppen erfolgen.

Eine Deutung dieser Ergebnisse mit Hilfe eines klassischen Modells der Methylgruppenbewegung führt zu Widersprüchen. Erst ein Vergleich der Meßergebnisse mit einem quantenmechanischen Modell von *Powles* und *Gutowsky* (10) erlaubt bei tiefen Temperaturen eine Deutung des Bewegungsverhaltens der Methylgruppen.

Demnach erfolgen auch bei Heliumtemperaturen noch genügend Tunnelübergänge, die die bei tiefen Temperaturen beobachteten Differenzen der Zweiten Momente erklären.

Summary

Wide-line measurements on Polymethylmethacrylate (PMMA) and Polymethylacrylate (PMA) have been performed by means of a special low-temperature spectrometer in the temperature range between 5 K and 293 K. At temperatures below 75 K an increase of the second-moments is recorded. It is caused by the freezing-process of the estermethylgroups. The difference between the measured and the calculated second-moments at helium-temperatures shows, that the methylgroups perform reorientations even at such low temperatures.

An explanation of these results by means of a classical model of methylgroup-motion gives discrepancies. But a comparison of the measured results with a quantummechanical model of *Powles* and *Gutowsky* (10) allows an interpretation of the motional behaviour of the methylgroups at low temperatures. Therefore sufficient tunneling-transitions take place even at helium-temperatures which explain the differences of the second-moments measured at low temperatures.

Literatur

1) *Slichter, W. P.*, Makromol. Chem. **34**, 67 (1959).
2) *Powles, J. G.*, Polymer **1**, 219 (1960).
3) *Slonim, J. Ya.* and *A. N. Lynbimov*, The NMR of Polymers (New York 1970).
4) *Kosfeld, R., U. von Mylius*, and *G. Vosskötter*, Advances in Chemistry Series No. **91**, p. 592 (1969).
5) *Allen, P. S.* and *A. Cowking*, J. Chem. Phys. **47**, 4286 (1967).
6) *Allen, P. S.* and *A. Cowking*, J. Chem. Phys. **49**, 789 (1968).
7) *Jones, G. P., R. G. Eades, K. W. Terry*, and *J. P. Llewellyn*, J. Phys. C. (Proc. Phys. Soc.) Ser. **21**, 415 (1968).
8) *Eades, R. G., G. P. Jones, J. P. Llewellyn*, and *K. W. Terry*, Proc. Phys. Soc. **91**, 124 (1967).
9) *Eades, R. G., G. P. Jones*, and *J. P. Llewellyn*, Proc. Phys. Soc. **91**, 632 (1967).
10) *Powles, J. G.* and *H. S. Gutowsky*, J. Chem. Phys. **23**, 1962 (1955).
11) *Stejskal, E. O.* and *H. S. Gutowsky*, J. Chem. Phys. **28**, 388 (1958).
12) *Mansfeld, J.*, Dissertation (Aachen 1971).
13) *Grivet, P., M. Soutif*, and *R. Gabillard*, Physica **17**, 420 (1951).
14) *Collins, R. L.*, Rev. Sci. Instr. **28**, 502 (1957).
15) *Vosskötter, G.* und *R. Kosfeld*, Kolloid-Z. u. Z. Polymere **216**, 85 (1967).
16) *Slichter, W. P.* and *E. R. Mandell*, J. appl. Phys. **30**, 1473 (1959).
17) *Sinnot, K. M.*, J. Polym. Sci. **42**, 3 (1960).
18) *Odajima, A., A. E. Woodward*, and *J. A. Sauer*, J. Polym. Sci. **55**, 181 (1961).
19) *Bergmann, K.*, NMR, Basic Principles and Progress, Vol. 4, p. 233 ff. (Berlin-Heidelberg-New York 1971).
20) *Stuart, H. A.*, Die Physik der Hochpolymeren, Bd. 1 (Berlin-Göttingen-Heidelberg 1955).
21) *Van Vleck, J. H.*, Phys. Rev. **74**, 1168 (1948).
22) *Gutowsky, H. S.* and *G. E. Pake*, J. Chem. Phys. **18**, 162 (1950).
23) *Bergmann, K.* und *K. Navotki*, Kolloid-Z. u. Z. Polymere **219**, 32 (1967).
24) *Glasstone, S., F. K. J. Laidler*, and *E. H. Eyring*, The Theory of Rate Processes, p. 548 (New York 1941).
25) *Gutowsky, H. S.* and *G. E. Pake*, J. Chem. Phys. **16**, 1164 (1948).
26) *Andrew, E. R.* and *R. Bersohn*, J. Chem. Phys. **18**, 159 (1950).
27) *Nielsen, H. H.*, Phys. Rev. **40**, 445 (1932).
28) *Allen, P. S.*, J. Chem. Phys. **48**, 3031 (1968).
29) *Clough, S.*, J. Phys. C. Solid St. Phys. **4**, 1075 (1971).

Anschrift der Verfasser:
R. Kosfeld und *U. v. Mylius*
Abt. f. Physikal. Chemie der Kunststoffe
Institut f. Physikal. Chemie der RWTH
5100 Aachen, Templergraben 59

Kolloid-Z. u. Z. Polymere **250**, 1088–1093 (1972)

Aus der Abteilung für Physikalische Chemie der Kunststoffe im Institut für Physikalische Chemie der RWTH Aachen

Kernresonanzuntersuchungen des Tunneleffekts der Methylgruppen in Hochpolymeren bei sehr tiefen Temperaturen, II. Teil*)

Von R. Kosfeld und U. von Mylius

Mit 4 Abbildungen und 1 Tabelle

(Eingegangen am 28. Juli 1972)

1. Einleitung

Im ersten Teil dieser Arbeit wurden die Ergebnisse von Breitlinien-NMR-Messungen an Polymethylmethycrylat (PMMA) und Polymethacrylat (PMA) mit einem quantenmechanischen Modell der Methylgruppenbewegung von *Powles* und *Gutowsky* (1) und *Stejskal* und *Gutowsky* (2) verglichen. Bei tiefen Temperaturen konnte eine gewisse Übereinstimmung mit diesem Modell festgestellt werden, ohne jedoch einen wirklichen Vergleich vom Observablen mit der Theorie zu erzielen.

In letzter Zeit sind Arbeiten von *Allen* (3) und *Clough* (4) bekanntgeworden, die aufgrund von Berechnungen der Energieniveauschemata der Methylgruppen zu direkten Voraussagen über die bei Heliumtemperaturen zu erwartenden Zweiten Momente kommen. Nachfolgend wird über Messungen an Polycarbonat (PC) und Polyisobutylen (PIB) berichtet, die mit einem speziell für Tiefsttemperaturen gebauten Breitlinien-NMR-Spektrometer durchgeführt wurden (5). Die Ergebnisse werden in bezug auf die theoretischen Untersuchungen von *Clough* (4) diskutiert. Dazu werden auch die Resultate an Polymethylmethacrylat (PMMA) und Polymethacrylat (PMA) herangezogen.

2. Meßergebnisse an Polycarbonat und Polyisobutylen

In den Abb. 1 und 2 sind die Zweiten Momente für PC und PIB in Abhängigkeit von der Temperatur wiedergegeben. PC hat bei Raumtemperatur ein Zweites Moment von 4 G^2. Zwischen 170 K und 77 K wird ein Anstieg um 13 G^2 beobachtet. Bei noch tieferen Temperaturen fällt das Zweite Moment

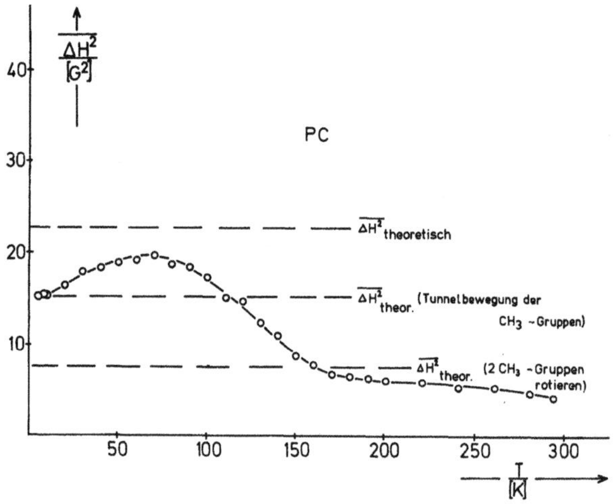

Abb. 1. Das Zweite Moment $\overline{\Delta H^2}$ von PC in Abhängigkeit von der Temperatur

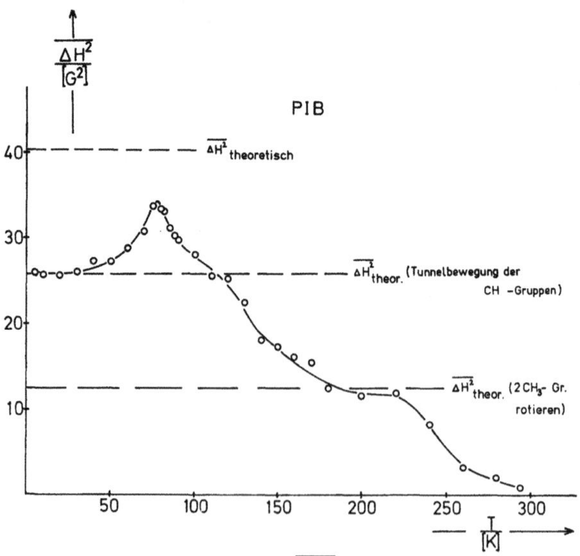

Abb. 2. Das Zweite Moment $\overline{\Delta H^2}$ von PIB in Abhängigkeit von der Temperatur

*) Vorgetragen auf der Arbeitstagung des Fachausschusses „Physik der Hochpolymeren"; Frühjahrstagung des Regionalverbandes Hessen–Mittelrhein–Saar der Deutschen Physikalischen Gesellschaft vom 22. bis 24. März 1972 in Bad Nauheim.

[1]) Das Polycarbonat (PC) wurde freundlicherweise von der Firma Bayer, Uerdingen, das Polyisobutylen (PIB) von der Firma BASF, Ludwigshafen, zur Verfügung gestellt.

wieder auf 15,5 G^2 bei 5 K. Diese Ergebnisse sind mit den Untersuchungen von *Murakami* (6), *Vosskötter* und *Kosfeld* (7) und *Slonim* u. a. (8) in Übereinstimmung.

PIB hat bei Raumtemperatur ein Zweites Moment von 0,2 G^2 (Abb. 2). Mit abnehmender Temperatur steigt das Zweite Moment in zwei wenig ausgeprägten Stufen auf 33,6 G^2 bei 77 K an. *Slichter* (9) findet entsprechende Werte, während *Powles* (10) ein größeres Zweites Moment angibt. Bei Heliumtemperaturen fällt das Zweite Moment wieder auf 26 G^2 ab.

Tab. 1 zeigt die nach der Theorie von *Van Vleck* (11) berechneten Werte für die Zweiten Momente:

Tabelle 1.

PC:	starres Gitter 22,7 G^2
PC:	Rotation einer CH_3-Gruppe 15,2 G^2
PC:	Rotation beider CH_3-Gruppen 7,7 G^2
PIB:	starres Gitter: 40,3 G^2
PIB:	Rotation einer CH_3-Gruppe 25,9 G^2
PIB:	Rotation beider CH_3-Gruppen 12,5 G^2

Aufgrund dieser Werte ist es ohne Schwierigkeit möglich, die beobachteten Stufen in der Temperaturabhängigkeit der Zweiten Momente dem Einfrieren von Methylgruppenrotationen zuzuordnen (12). Demnach kann der Anstieg des Zweiten Moments von PC (s. Abb. 1) zwischen 170 K und 77 K auf das Einfrieren der Rotation der beiden CH_3-Gruppen zurückgeführt werden. Bei der Temperatur des flüssigen Stickstoffs erreicht das Zweite Moment mit 20 G^2 jedoch nicht den für das starre Gitter berechneten Wert von 22,7 G^2. Vielmehr deutet die Differenz von ca. 3 G^2 darauf hin, daß bei 77 K noch nicht alle innermolekularen Bewegungen eingefroren sind.

Beim PIB wird bei Temperaturen oberhalb 200 K ein steiler Abfall des Zweiten Moments auf 0,2 G^2 beobachtet. Derart geringe Werte des Zweiten Moments bedingen beträchtliche Freiheiten der Kettenbewegung, wie sie in der Polymerschmelze oberhalb der Glastemperatur zu erwarten sind. Der rasche Abfall des Zweiten Moments kann daher dem Glasübergang zugeordnet werden. Dagegen entspricht der Wert für das Zweite Moment von 12,6 G^2 bei 200 K dem für die Rotation der beiden CH_3-Gruppen berechneten Wert von 12,5 G^2. Der weitere Anstieg mit abnehmender Temperatur ist auf das Einfrieren dieser Methylgruppenrotationen zurückzuführen. Die bei 110 K zu erkennende Unstetigkeit des Anstiegs bei 26 G^2 läßt sich dem für die Rotation einer Gruppe berechneten Wert von 25,9 G^2 zuordnen. Sie weist aber ebenso darauf hin, daß die Rotation bei der Methylgruppe stark gehindert oder bereits teilweise zum Erliegen gekommen ist.

Mit weiter sinkender Temperatur nimmt der Wert für das Zweite Moment von PIB bis auf 33,6 G^2 bei 77 K zu. Dieser Wert entspricht aber nicht dem für starre Methylgruppen berechneten Wert von 40,3 G^2. Die große Differenz von 6,7 G^2 gibt vielmehr einen Hinweis darauf, daß auch beim PIB die Methylgruppenbewegungen bei 77 K noch nicht vollständig abgeklungen sind.

Unterhalb 77 K sinkt das Zweite Moment deutlich ab. Diese Abnahme des Zweiten Moments kann nicht unter der Annahme einer thermischen Aktivierung der Methylgruppenbewegung gedeutet werden. In einem solchen Fall sollte ein weiteres Ansteigen des Zweiten Moments beobachtet werden.

Ferner ergeben die Korrelationsfrequenzen und die zugehörigen Aktivierungsenergien der Methylgruppenbewegungen in PC und PIB ein von den klassischen Vorstellungen abweichendes Verhalten. Bei PC wird eine Aktivierungsenergie von 1,2 kcal/mol gefunden. Dem Glasübergang beim PIB kann eine Aktivierungsenergie von 7,3 kcal/mol zugeordnet werden, während sich für die Methylgruppenbewegungen eine mittlere Aktivierungsenergie von 2,3 kcal/mol im Temperaturbereich von 200 K bis 77 K ergibt.

Mit Ausnahme der Bewegungen im Glasbereich des PIB sind diese Aktivierungsenergien der Methylgruppen für einen thermisch aktivierten Prozeß zu klein (13). Darüberhinaus zeigen die Korrelationsfrequenzen, die diesen Vorgängen zugeordnet werden können, in einer Auftragung über der reziproken Temperatur kein lineares Verhalten mehr.

Sowohl die Abnahme der Zweiten Momente bei sehr tiefen Temperaturen als auch die zu niedrigen Aktivierungsenergien stellen deutlich heraus, daß bei tiefen Temperaturen eine Interpretation der Methylgruppenbewegung unter der Annahme eines klassischen Modells der Rotation nicht mehr möglich ist.

3. Methylgruppenbewegungen bei sehr tiefen Temperaturen

Zur Deutung von molekularen Bewegungsvorgängen bei sehr tiefen Temperaturen haben bereits *Powles* und *Gutowsky* (1) sowie

Stejskal und *Gutowsky* (2) auf einen quantenmechanischen starren Rotator, der sich in einem Dreifachpotential bewegt, zurückgegriffen, wie er erstmals von *Nielsen* (14) berechnet wurde. Dieses Modell wurde im Teil I zur Interpretation der experimentellen Ergebnisse herangezogen. Dabei wurde bereits auf Widersprüche hingewiesen, die schon von *Stejskal* und *Gutowsky* (12) angeführt werden.

In Kenntnis dieses Sachverhaltes hat *Allen* (3) ausgehend von Arbeiten von *Andrew* und *Bersohn* (15), *Freed* (16) sowie *Lin* und *Swalen* (17) das Energieniveauschema einer Methylgruppe in einem statischen Behinderungspotential berechnet. Die regellose statistische Bewegung der CH_3-Gruppen läßt *Allen* (3) in seiner Berechnung unberücksichtigt. Die Umorientierungen der Methylgruppen werden vielmehr auf Überlappungen ihrer Wellenfunktionen zurückgeführt. *Allen* (3) gibt das Energieniveauschema in der Näherung hoher Potentiale an. Das besagt, daß der Abstand der Energieniveaus für die Torsionsschwingungen der Methylgruppe groß ist im Vergleich zu den durch die Rotation gegebenen Aufspaltungen der Torsionsniveaus. Unter dieser Voraussetzung braucht nur noch der Torsionsgrundzustand für das Spektrum der Methylgruppe berücksichtigt zu werden. *Allen* (3) stützt sich dabei auf Überlegungen von *Hecht* und *Dennison* (18), die gezeigt haben, daß die Aufspaltungen jedes einzelnen Torsionszustands viel kleiner als kT bei 4,2 K sind.

Aus dem Niveauschema der Methylgruppe berechnet *Allen* (3) das Zweite Moment. Es beträgt ein Viertel des für eine starre Gruppe zu erwartenden Wertes. Dieses Ergebnis ist identisch mit dem von *Andrew* und *Bersohn* (16) angegebenen Wert des Zweiten Moments für einen klassischen Methylgruppen-Rotator. Es gilt für Behinderungspotentiale von weniger als 3,5 kcal/mol. Bei höheren Potentialen sollte sich ab 5 kcal/mol das Zweite Moment dem Wert des starren Gitters annähern.

Einen anderen Lösungsweg hat *Clough* (4, 19) vorgeschlagen. Er geht davon aus, daß ein großer Unterschied darin besteht, ob eine behinderte Rotation einer Methylgruppe in einem freien Molekül oder in einem Kristallgitter erfolgt (19). Aufgrund der starken chemischen Bindungen im einzelnen Molekül sind die Schwingungsfrequenzen im Vergleich zur Frequenz der Methylgruppenrotation sehr hoch. Die Rotation einer Methylgruppe ist daher in einem isolierten Molekül nicht mit einer Änderung des molekularen Zustands verbunden. Anschaulich kann man sich das so vorstellen, daß die Drehung der Methylgruppe gewissermaßen ein Drehmoment auf das Molekül ausübt, das wegen seiner Starrheit ohne eine innermolekulare Umlagerung reagiert. Die Rotation der Methylgruppe kann so als eine Vertauschung der Protonenkoordinaten angesehen werden. Im Gegensatz dazu sind in Molekülkristallen mit schwachen intermolekularen Kräften die Oszillationsfrequenzen niedrig und es ist eine starke Kopplung mit der Methylgruppenbewegung möglich. Das bedeutet aber, daß die Methylgruppenrotation in diesem Fall einen Übergang des Systems in einen anderen Zustand bedeutet. Sie kann nicht mehr als Symmetrieoperation beschrieben werden, sondern ist mit einer Änderung des Gitterzustands gekoppelt. Sie kann deswegen nicht als eine einfache zyklische Vertauschung der Protonen verstanden werden.

Aufgrund dieser Überlegungen berücksichtigt *Clough* (19) beide der oben beschriebenen Möglichkeiten einer Umlagerung der Methylgruppenprotonen. Das führt zu einer neuen Definition des Behinderungspotentials der Methylgruppen:

$$V = V_0(1 - \cos 3\,\Phi) + L(\Phi - \Phi)^2. \qquad [1]$$

Der erste Term entspricht dem bekannten auch von *Powles* und *Gutowsky* (1) angenommenen Dreifachpotential. L kann sehr kleine Werte annehmen und beschreibt die Rückwirkung der Änderung des Gitterzustands auf die Methylgruppe.

Mit diesem Potential berechnet *Clough* (4) das Energieniveauschema der Methylgruppe. Der entscheidende Unterschied zu der Theorie *Allens* (3) besteht darin, daß die Aufspaltungen der von *Clough* (19) eingeführten gemeinsamen Zustände von Methylgruppe und Gitter klein sind gegenüber kT. Daher können sie auch bei sehr tiefen Temperaturen angeregt sein. Aus dem Energieniveauschema erhält *Clough* (4) folgende Werte für das Zweite Moment:

a) bei klassischer Rotation der CH_3-Gruppe (hohe Temperaturen):

$$\overline{\Delta H^2} = 8\,\mu^2 d^2/5$$

b) für eine starre Gruppe:

$$\overline{\Delta H^2} = 32\,\mu^2 d^2/5 \qquad [2]$$

c) bei tiefen Temperaturen:

$$\overline{\Delta H^2} = 16\,\mu^2 d^2/5.$$

Es bedeuten $\mu = \gamma/2$, γ das magnetogyrische Verhältnis, und $d = (3/2)\,\mu R^{-3}$, wobei R den Abstand der Protonen in der Methylgruppe voneinander bezeichnet.

Der Wert in Gl. [2c] ist gerade halb so groß wie das Zweite Moment bei starrem Gitter. Eine Betrachtung des zugehörigen NMR-Spektrums soll in Anlehnung an *Clough* (4) das Temperaturverhalten des Zweiten Moments erläutern. Die temperaturabhängigen Gitterschwingungen erzeugen Übergänge zwischen den Methylgruppenwellenfunktionen. Dieser Vorgang wird als Tunnelfrequenzmodulation bezeichnet. Das entsprechende Spektrum besteht aus drei Linien, von denen jedoch nur die mittlere bei der Resonanzfrequenz ω_0 im gemessenen Spektrum registriert wird. Die Seitenlinien entsprechen den Aufspaltungen der Rotations- und Spinzustände. Wenn die Gitterschwingungen zunehmen, verbreitern sich die Seitenlinien auf Kosten der Mittellinie und man beobachtet ein reduziertes Zweites Moment. Bei noch höheren Temperaturen zieht sich das Spektrum der Tunnelfrequenzmodulation auf eine schmale Linie zusammen. Das bedeutet, daß die Tunnelübergänge kaum noch zur beobachteten Linie beitragen. Es überwiegt dann eine breite Linie, wie sie für starre Methylgruppen charakteristisch ist.

Das Zweite Moment sollte demnach mit zunehmender Temperatur auf den Wert des starren Gitters ansteigen. Da aber die thermische Agitation mit steigender Temperatur so groß wird, daß eine klassische Rotation möglich ist, wird, noch bevor das Zweite Moment den Wert der starren CH_3-Gruppe erreicht hat, erneut eine Linienverengung und damit ein Abfall des Zweiten Moments beobachtet (16). Deswegen sollte ein Ansteigen des Zweiten Moments beim Verschwinden der Tunnelbewegung mit steigender Temperatur nur dann beobachtet werden, wenn die Rate der Tunnelfrequenzmodulation bei einer Temperatur groß ist, bei der die Rate der klassischen Rotation kleiner als $\mu d/\hbar$ ist. Der dann beobachtete Anstieg von dem bei tiefen Temperaturen geltenden Wert des Zweiten Moments von 16 $\mu^2 d^2/5$, also der Beginn der Linienverbreiterung durch die verschwindende Tunnelbewegung, sollte bei etwa 23 K liegen. Die klassische Methylgruppenrotation arbeitet so dem quantenmechanischen Tunneln entgegen, indem sie den durch die verschwindende Tunnelbewegung bewirkten Anstieg des Zweiten Moments durch eine auf ihre schnelle Rotationsbewegung zurückzuführende Abnahme kompensiert. Wenn die sterische Hinderung einer CH_3-Gruppe so gering ist, daß schon bei tiefen Temperaturen klassische Rotationen möglich sind, sollte der Anstieg nur geringfügig sein. Umgekehrt wird eine stärker sterisch gehinderte Methylgruppe erst bei höheren Temperaturen eine klassische Rotation ausführen und das Zweite Moment wird zunächst mit zunehmender Temperatur ansteigen und erst unter dem Einfluß der klassischen Rotation wieder abnehmen.

4. Interpretation der Zweiten Momente bei Heliumtemperaturen

Die von *Allen* (3) und *Clough* (4) berechneten Zweiten Momente von tunnelnden Methylgruppen ergeben ein gegenüber dem Wert für ein starres Gitter reduziertes Zweites Moment. Nach *Allen* (3) soll das Zweite Moment auf ein Viertel abfallen. Die bei 5 K aus dem Experiment bestimmten Zweiten Momente von PC und PIB fallen jedoch nur auf die Hälfte des Wertes für das starre Gitter ab. Diese Reduzierung entspricht gerade der, die bei der Bewegung nur einer der beiden Methylgruppen beobachtet wird (Abb. 1 und Abb. 2). Weder die Theorie von *Allen* (3) noch die Anordnung der Methylgruppen im PC oder PIB legen jedoch nahe, daß nur eine CH_3-Gruppe des Grundmoleküls am Bewegungsvorgang bei tiefen Temperaturen beteiligt ist.

Auch die von *Allen* (3) diskutierte Abhängigkeit des Zweiten Moments vom Behinderungspotential der CH_3-Gruppe ergibt keine Übereinstimmung mit dem Experiment.

Dagegen stehen die experimentellen Werte mit den Folgerungen aus der Theorie von *Clough* (4) in guter Übereinstimmung. Der bei Heliumtemperaturen beobachtete Abfall des Zweiten Moments von PC und PIB auf 15,5 G^2 bzw. 26,0 G^2 entspricht den Werten von 15,2 G^2 und 25,9 G^2, die aufgrund der Theorie von *Clough* (4) zu erwarten sind. Die Zweiten Momente bleiben mit zunehmender Temperatur bis etwa 15 K bei PC und 30 K bei PIB konstant. Bei weiterer Temperaturerhöhung steigen die Zweiten Momente an und erreichen um 77 K ein Maximum. Nach *Clough* (4) sollte dieser Anstieg ab ca. 23 K erfolgen. Er entspricht dem von *Clough* (4) angegebenen Verlauf des Zweiten Moments aufgrund der durch die zunehmenden Gitterschwingungen zurückgedrängten Tunnelbewegung. Ab 77 K wird die durch die einsetzende klassische Methylgruppenrotation

Summary

The Second Moments of the polymers Polycarbonate (PC) and Polyisobutylene (PIB) are determined from wide-line-measurements in the temperature range from 5 K to room temperature. An analysis by means of the method of the Second Moments yields, that the increase of the Second Moments with decreasing temperature refers to thermally activated rotations of the methyl-groups in the substances. At temperatures below 77 K a decrease of the Second Moments is recorded contrary to a thermally activated methylgroup motion. Quantum-mechanical models of the methylgroup motion by *Allen* (3) and *Clough* (4) are used for the interpretation of this result. They give statements about the value of the Second Moment at helium temperatures. The experimental results show no direct agreement with the theory of *Allen* (3). But the Second Moments according *Clough* (4) agree very well with the values from our wide-line-experiment. A similar agreement results for the Second Moments of Polymethylmethacrylate (PMMA) and Polymethacrylat (PMA).

Literatur

1) *Powles, J. G.* and *H. S. Gutowsky,* J. Chem. Phys. **23**, 1962 (1955).
2) *Stejskal, E. O.* and *H. S. Gutowsky,* J. Chem. Phys. **28**, 388 (1958).
3) *Allen, P. S.,* J. Chem. Phys. **48**, 3031 (1968).
4) *Clough, S.,* J. Phys. C, Solid St. Phys. **4**, 2180 (1971).
5) *Mansfeld, J.,* Dissertation (Aachen 1971).
6) *Murakami, J., A. Kawai,* and *H. Yamamura,* J. Sci. Hiroshima Univ. **24**, 141 (1964).
7) *Vosskötter, G.* und *R. Kosfeld,* Kolloid-Z. u. Z. Polymere **216**, 85 (1967).
8) *Slonim, J. Ya., Ya. G. Urman,* and *A. G. Konovalov,* Sammelband Chimiceskie svojstva: Modifikacija polymerov, Izd. AN SSSR 1964.
9) *Slichter, W. P.,* Makromol. Chem. **34**, 67 (1959).
10) *Powles, J. G.,* Proc. Phys. Soc. London **69** B, 281 (1956).
11) *Van Vleck, H. J.,* Phys. Rev. **74**, 1168 (1948).
12) *Gutowsky, H. S.* and *G. E. Pake,* J. Chem. Phys. **18**, 162 (1950).
13) *Glasstone, S., F. K. J. Laidler E. H. Eyring,* The Theory of Rate Processes, p. 548 (New York 1941).
14) *Nielsen, H. H.,* Phys. Rev. **40**, 445 (1932).
15) *Andrew, E. R.* and *R. Bersohn,* J. Chem. Phys. **18**, 159 (1950).
16) *Freed, J. H.,* J. Chem. Phys. **43**, 1710 (1965).
17) *Lin, C. C.* and *J. D. Swalen,* Rev. Mod. Phys. **31**, 841 (1959).
18) *Hecht, K. T.* and *D. M. Dennison,* J. Chem. Phys. **26**, 31 (1957).
19) *Clough, S.,* J. Phys. C Solid State Phys. (im Druck).
20) *Allen, P. S.* and *S. Clough,* Phys. Rev. Lett. **22**, 1351 (1969).

Anschrift der Verfasser:
R. Kosfeld und *U. v. Mylius*
Abt. Physikal. Chemie der Kunststoffe
Institut für Physikal. Chemie der RWTH
5100 Aachen, Templergraben 59

bedingte Linienverengung wirksam und das Zweite Moment wird wieder geringer. Die an PC und PIB bei ca. 77 K gemessenen Maxima im Verlauf der Zweiten Momente sind also auf die, wegen der relativ großen sterischen Hinderung der in beiden Substanzen an der Hauptkette gebundenen CH_3-Gruppen, erst bei relativ hohen Temperaturen einsetzende klassische Rotation zurückzuführen. Wegen dieses „späten" Auftretens der klassischen Rotation kann die durch das Verschwinden der Tunnelbewegung bedingte Linienverbreiterung im gemessenen Spektrum beobachtet werden.

Im Vergleich hierzu werden bei PMMA und PMA (die Zweiten Momente dieser Substanzen sind mit den entsprechenden theoretischen Werten in Abb. 3 und 4 dargestellt) keine derartigen Maxima im Verlauf der Zweiten Momente beobachtet. Die in beiden

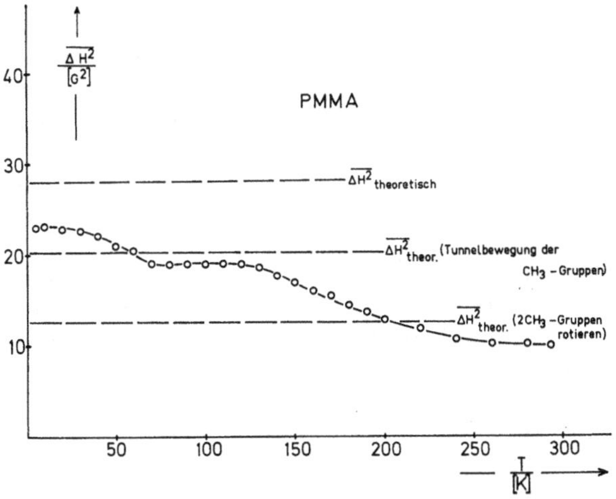

Abb. 3. Das Zweite Moment $\overline{\Delta H^2}$ von PMMA in Abhängigkeit von der Temperatur

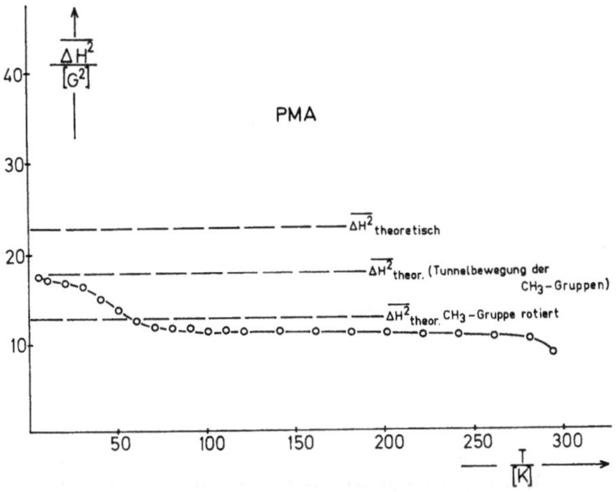

Abb. 4. Das Zweite Moment $\overline{\Delta H^2}$ von PMA in Abhängigkeit von der Temperatur

Substanzen sehr bewegliche Estermethylgruppe führt bereits ab 30 K zu einem Abfall des Zweiten Moments, der anscheinend auf eine beginnende klassische Rotation der Gruppe zurückzuführen ist.

Bei Heliumtemperaturen sollte nach *Clough* (4) ein Zweites Moment von 20,2 G² für PMMA und von 17,0 G² für PMA erhalten werden. Tatsächlich wurden, wie die Abb. 3 und 4 zeigen, 22,9 bzw. 17,4 G² gemessen. Beim PMA ist die Übereinstimmung gut. Der Unterschied von 2,7 G² beim PMMA deutet darauf hin, daß unterhalb der erreichten Temperatur von 5 K noch ein Abfall des Zweiten Moments beim PMMA zu erwarten ist.

Die Ergebnisse an PMMA und an PMA zeigen deutlich, daß oberhalb 25 K der geforderte Anstieg der Zweiten Momente mit zunehmender Temperatur (4) dann nicht beobachtet wird, wenn die klassische Rotation bei genügend tiefen Temperaturen einsetzt. Dies ist immer dann der Fall, wenn die betreffende CH_3-Gruppe wenig sterisch behindert ist.

Umgekehrt weist ein Anstieg des Zweiten Moments mit zunehmender Temperatur darauf hin, daß eine starke sterische Hinderung der Methylgruppe im Polymermolekül vorliegt. Erst die thermische Aktivierung der Methylgruppen bewirkt eine verstärkte Bewegung der Methylgruppe und somit eine Verminderung des Zweiten Moments.

Wir danken dem Minister für Wissenschaft und Forschung des Landes Nordrhein-Westfalen, Landesamt für Forschung, für die großzügige finanzielle Unterstützung.

Zusammenfassung

Die zweiten Momente der Polymeren Polycarbonat (PC) und Polyisobutylen (PIB) wurden aus Breitlinien-Messungen im Temperaturbereich von 5 K bis Raumtemperatur bestimmt. Eine Analyse zeigt, daß das Anwachsen der zweiten Momente mit abnehmender Temperatur auf thermisch-aktivierten Rotationen der Methylgruppen in den Substanzen beruht. Bei Temperaturen unter 77 K wird eine Abnahme der zweiten Momente registriert, im Gegensatz zur thermisch-aktivierten Methylgruppen-Bewegung. Quantenmechanische Modelle der Methylgruppenbewegungen von *Allen* (3) und *Clough* (4) wurden für die Interpretation dieses Ergebnisses verwendet. Sie geben Aussagen über den Wert des zweiten Momentes bei Helium-Temperaturen. Die experimentellen Ergebnisse zeigen keine unmittelbare Übereinstimmung mit der Theorie von *Allen*, doch stimmen die zweiten Momente gemäß *Clough* sehr gut mit den Werten unseres Breitlinien-Experimentes überein. Eine gleiche Übereinstimmung findet sich für die zweiten Momente von Polymethylmethacrylat und Polymethylacrylat.

Kolloid-Z. u. Z. Polymere **250**, 1094–1104 (1972)

Aus dem Meß- und Prüflaboratorium und der Datenverarbeitung der Badischen Anilin- & Soda-Fabrik AG, Ludwigshafen am Rhein

NMR-Untersuchung des Relaxationsverhaltens von Polyäthylen*)

Von K. Bergmann und K. Nawotki

Mit 10 Abbildungen und 4 Tabellen

(Eingegangen am 13. Mai 1972)

1. Einleitung

Das Relaxationsverhalten des Polyäthylens wird gewöhnlich gekennzeichnet durch die mit den Buchstaben α, β und γ benannten Prozesse, die sich in dieser Reihenfolge z. B. bei dielektrischen oder mechanisch-dynamischen Untersuchungen in einer Energieabsorption bemerkbar machen, wenn man bei konstanter Frequenz die Temperatur erniedrigt. Bei den NMR-Messungen führen die Relaxationsprozesse zu einer Änderung der Wechselwirkung zwischen den magnetischen Momenten der Protonen und damit zu einer Veränderung der Relaxationszeiten T_1 und T_2 bzw. der Linienform.

Quantitative Aussagen über das Relaxationsverhalten lassen sich aus NMR-Breitlinienmessungen durch die Zerlegung der Spektren $y(x)$[1]) in einzelne Komponenten gewinnen. Das gilt in besonderem Maße für den β-Prozeß, für den die Zweite-Moment-Methode versagt. Beim Polyäthylen unterscheiden wir drei Arten der Beweglichkeit einer CH_2-Gruppe: unbeweglich, behindert beweglich, flüssigkeitsähnlich beweglich und ordnen ihnen die breite Komponente $y_b(x, M)$, die mittlere Komponente $y_m(x, \beta_m)$ und die schmale Komponente $y_s(x, \beta_s, H_{\text{mod}})$ mit den Anteilen a_b, a_m, a_s gemäß der Gleichung zu:

$$y(x) = a_b\, y_b(x, M) + a_m\, y_m(x, \beta_m) + a_s\, y_s(x, \beta_s, H_{\text{mod}}) \qquad [1]$$

mit

$$a_b + a_m + a_s = 1. \qquad [2]$$

Es bedeuten: x = magnetische Feldstärke in G, M, β_m, β_s = Verbreiterungsparameter, H_{mod} = Modulationsamplitude (1, 2).

In dieser Arbeit wird untersucht, wie sich das Relaxationsverhalten des Polyäthylens verändert, wenn man, ausgehend von einer Standardprobe aus schmelzkristallisiertem linearem Polyäthylen der Dichte 0,972 g cm^{-3}, folgende Variationen ausführt: a) Quellung mit CCl_4; b) Erniedrigung der Kristallinität durch Erhöhen des Molekulargewichts; c) Erniedrigung der Kristallinität durch Einführung von Verzweigungen; d) Kristallisation aus der Lösung. Vergleichbare Messungen wurden bisher stets durch die Linienseparation nach *Wilson* und *Pake* (3), die jedoch aufgrund der Vernachlässigung der mittleren Komponente zu falschen Resultaten führt (1), ausgewertet.

Nach dem 2. Abschnitt, der die Probencharakterisierung sowie weitere experimentelle Angaben enthält, folgt im 3. Abschnitt eine kritische Diskussion des Auswerteverfahrens gemäß Gl. [1] im Lichte neuer Meßergebnisse. Es wird gezeigt, daß die mittlere Komponente in vielen Fällen durch eine Kombination von *Gauß*- und *Lorentz*-Kurve besser beschreibbar ist als durch eine *Pake*-Kurve (4, 5). Der Grund hierfür wird in einer beschränkten Translationsbewegung von CH_2-Gruppen, die schon unterhalb der Glastemperatur auftritt, gesucht. Es wird ferner gezeigt, daß die schmale Komponente näherungsweise (unter Berücksichtigung der Übermodulation) durch eine einzige *Lorentz*-Kurve erfaßt werden kann, obwohl sie, wie präzise Messungen zeigen, eine Summe von *Lorentz*-Kurven ist.

Im 4. Abschnitt werden abschließend die Messungen an 86% und 57% kristallinem linearem Polyäthylen, das aus der Schmelze kristallisiert ist, von lösungskristallisiertem linearem Polyäthylen sowie von verzweigtem Polyäthylen diskutiert. Alle Proben wurden in ungequollenem und in dem mit CCl_4 gequollenen Zustand untersucht. Es wird gefunden, daß der Anteil der CH_2-Gruppen, der eine flüssigkeitsähnliche Bewegung aus-

*) Auszugsweise vorgetragen auf der Arbeitstagung des Fachausschusses „Physik der Hochpolymeren"; Frühjahrstagung des Regionalverbandes Hessen–Mittelrhein–Saar der Deutschen Physikalischen Gesellschaft vom 22. bis 24. März 1972 in Bad Nauheim.

[1]) Unter einem Spektrum $y(x)$ verstehen wir die halbe differenzierte Absorptionskurve, die sich durch Mittelwertbildung aus den beiden antisymmetrischen Kurvenhälften ergibt.

führen kann, stets nur einen Bruchteil des nichtkristallinen Anteils ausmacht.

2. Apparatur, Proben

Die Messungen wurden mit dem NMR-Spektrometer HB-60 der Bruker Physik AG bei einer Frequenz von 60 MHz ausgeführt. Die Leistungsfähigkeit des Spektrometers wird durch Abb. 1 demonstriert, in der

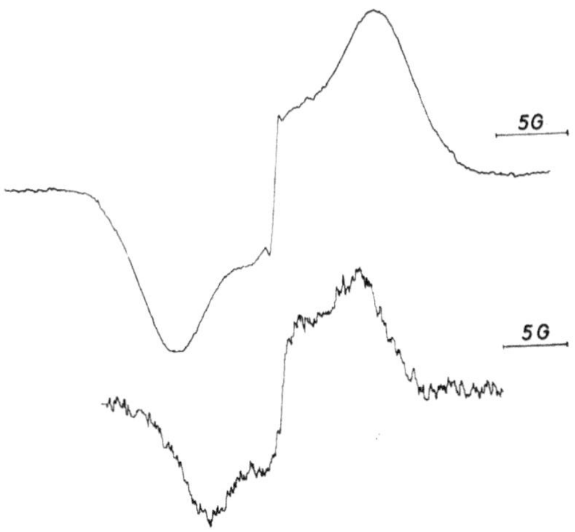

Abb. 1. Das Spektrum der Probe C_2, gemessen mit dem *Bruker*-Spektrometer (oben) und dem *Trüb-Täuber*-Spektrometer (unten) bei 250 K mit $H_{mod} = 0{,}5$ G

das Spektrum der Probe C_2 bei 250 K, gemessen einmal mit unserem alten *Trüb-Täuber*-Gerät (25 MHz) (1) und zum anderen mit dem neuen *Bruker*-Gerät dargestellt ist. Das Signal/Rausch-Verhältnis des neuen Gerätes ist etwa fünfmal größer als das der alten Apparatur.

Auf eine Vermeidung von apparativen Effekten, die die Signalform verfälschen (1), wurde geachtet. Die durch die benutzte Modulationsamplitude von 0,5 G verursachte Veränderung der Linienform der schmalen Komponente ließ sich rechnerisch berücksichtigen (2). Bei der mittleren Komponente war dies jedoch noch nicht möglich. Aus diesem Grunde können nur die Spektren zuverlässig analysiert werden, bei denen die Bedingung $H_{mod} \leqslant \delta H_m/5$, wo δH_m die Wendepunktsbreite[2]) der mittleren Komponente ist, erfüllt wird.

Der Abszissenmaßstab der Spektren wurde mit Hilfe eines frequenzvariablen Senders auf $\pm 0{,}02$ G geeicht. Dazu wurde die sehr schmale Linie einer Wasserprobe bei zwei verschiedenen Frequenzen, f_1 und f_2, gemessen und der Linienabstand ΔH in G mittels der Gleichung

$$\Delta H = (f_1 - f_2)/4{,}257 \cdot 10^3 \qquad [3]$$

berechnet.

Die gemessenen Spektren $y(x)$ wurden mit einem Analog-Digitalumwandler in Meßpunkte umgesetzt und automatisch in einen Lochstreifen gestanzt. Der Abszissenabstand der Meßpunkte betrug 0,1205 G. Nach dem Aufsuchen des Spektrennullpunktes wurde der Mittelwert aus beiden Hälften gebildet, die Kurven geglättet und durch Interpolation die y-Werte für $x = 0{,}125,\ 0{,}250,\ 0{,}375 \ldots 1{,}875,\ 2{,}0,\ 2{,}5,\ 3{,}0 \ldots$ G berechnet. Die y-Werte wurden nach einer Normierung ($y_{max} = 100$) für die beschriebenen Auswertungen benützt. Die größere Punktdichte am Anfang dient zur genauen Erfassung des schmalen Maximums der Polyäthylen-Spektren.

Die untersuchten Proben lassen sich wie folgt charakterisieren:

Probe A_1. Lineares Polyäthylen, $M_w = 3{,}4 \cdot 10^5$, $M_w/M_n = 19$, Schmelzindex $= 5$ g/10 min (MFI 196/2,16); < 1 CH_3/1000 C; 0,2 mm dicke Preßplatte, in Eiswasser abgeschreckt und anschließend 20 Std. bei 120 °C im Vakuum getempert; $\varrho = 0{,}972$ g cm^{-3}; Kristallinität[3]) $k = 0{,}86$.

Probe A_2. Wie A_1, jedoch bei Raumtemperatur in CCl_4 bis zur Sättigung gequollen; CCl_4-Gehalt $= 10{,}1$ Mol-%, bezogen auf nichtkristallines CH_2; in überstehendem CCl_4 gemessen.

Probe B_1. Lineares Polyäthylen; $M_w = 4{,}5 \cdot 10^6$, $M_w/M_n = 19$; $< 0{,}2$ CH_3/1000 C; 0,2 mm dicke Preßplatte, in Eiswasser abgeschreckt, 1 Std. bei 100 °C im Vakuum getempert; $\varrho = 0{,}932$ g cm^{-3}; $k = 0{,}57$[4]).

Probe B_2. Wie B_1, jedoch in CCl_4 gequollen (5,1 Mol-%).

Probe C_1. Lineares Polyäthylen, $M_w = 7{,}9 \cdot 10^5$, $M_w/M_n = 52$, Schmelzindex 1,7 g/10 min; < 1 CH_3/1000 C; aus 0,1% m-Xylol-Lösung bei 78 °C auskristallisiert, 14 *d* bei 50 °C im Vakuum getrocknet.

Probe C_2. Wie C_1, jedoch in CCl_4 gequollen.

Probe D_1. Verzweigtes Polyäthylen; 34 CH_3/1000 C; 1 mm dicke Preßplatte, langsam in der Presse abgekühlt ($\leqslant 2{,}5$ grd min^{-1}); $\varrho = 0{,}920$ g cm^{-3}; $k = 0{,}48$.

Probe D_2. Wie D_1, jedoch in CCl_4 gequollen (16,7 Mol.-%).

Probe D_3. Wie D_1, jedoch zur Erhöhung der dielektrischen Verluste 1 Std. bei 160 °C an der Luft gewalzt; CO-Gehalt $= 0{,}07$ Gew.-%; $\varrho = 0{,}921$ g cm^{-3}; $k = 0{,}48$.

Probe D_4. Wie D_3, jedoch in CCl_4 gequollen (16,6 Mol-%).

3. Methodisches zur Spektrenzerlegung

In früheren Arbeiten (1, 2) haben wir die NMR-Spektren von Polyäthylen in drei Elementarspektren gemäß den Gln. [1] und [2] zerlegt. In diesen Gleichungen bedeuten $y_b(x, M)$ das Elementarspektrum einer 100% kristallinen Probe, dessen Wendepunktsbreite sich aufgrund der Gitterschwingungen mit zunehmender Temperatur um den Faktor $M < 1$ geringfügig verkleinert. $y_m(x, \beta_m)$ ist nach *Pake* (4, 5) das Spektrum einer um eine raumfeste Achse rotierenden CH_2-Gruppe. Die magnetische Wechselwirkung der CH_2-Gruppen untereinander wird durch den Verbreiterungsparameter β_m beschrieben. $y_s(x, \beta_s, H_{mod})$ ist eine *Lorentz*-Kurve, deren Übermodulation rechnerisch berücksichtigt

[2]) Die Wendepunktsbreite wird gewöhnlich auf das nicht abgeleitete Spektrum $Y(x)$ bezogen. In der 1. Ableitung ist sie gleich der doppelten Abszisse von y_{max} ($y = dY/dx$).

[3]) Berechnet aus dem spezifischen Volumen gemäß $k = (V_a - V)/(V_a - V_k)$ mit $V_a = 1{,}16$ g cm^{-3} und $V_k = 1{,}005$ g cm^{-3} (6).

[4]) Diese Probe wurde uns freundlicherweise von Herrn Dr. *Illers* zur Verfügung gestellt.

wird. Alle Elementarspektren sind so normiert, daß die Integrale $Y(x)$ gleich groß sind.

Die Anteile a_b, a_m, a_s (b = breit, m = mittel, s = schmal) wurden in (2) mittels der Gleichungen

$$a_b = 1 - kA_\alpha - (1-k)A_\gamma \qquad [4]$$

$$a_s = (1-k)A_\beta \qquad [5]$$

aus dem Kristallisationsgrad k und dem Relaxationsverhalten abgeleitet. Unter den Größen A_i ($i = \alpha, \beta, \gamma$) verstehen wir denjenigen Anteil einer Korrelationszeitenverteilung des Prozesses i, dessen Korrelationszeiten kleiner als die kritische Korrelationszeit der NMR-Messung, $\tau_c \approx 10^{-5}$ s, sind. Bei der Übergangstemperatur T_i gilt $\tau_i = \tau_c$ und $A_i = 0{,}5$, wo τ_i die mittlere Korrelationszeit der Verteilung ist. Insbesondere gilt in dem hier interessierenden Temperaturbereich $(T_\gamma + \Delta T) \leq T \leq (T_\alpha - \Delta T)$ mit $20 \leq \Delta T \leq 30$ grd: $A_\alpha = 0$, $A_\gamma = 1$ und damit nach Gl. [4] $a_b = k$.

Zur Analyse eines gemessenen Spektrums y_{gem} verglichen wir dieses in (1,2) mit dem nach Gl. [1] berechneten Spektrum y_{ber}, indem wir die Summe der Abweichungsquadrate

$$\varnothing = \sum (y_{\text{gem}} - V y_{\text{ber}})^2 \qquad [6]$$

an den Stellen $x = 0{,}5,\ 1,\ 1{,}5,\ 2 \ldots$ G durch systematische Variation der vier unabhängigen Unbekannten a_b, a_m, β_m, β_s nach dem Iterationsverfahren von *Marquardt* (7) zu einem Minimum machten (V = Verstärkungsfaktor des Spektrometers).

Ein Nachteil dieses Analysenverfahrens, das von einer äquidistanten Punktfolge in x-Richtung ausgeht, besteht darin, daß der Verlauf von $y(x)$ in der Spektrenmitte $(0 < x \lesssim 2\text{G})$ nur ungenau erfaßt wird. Damit sind Spektren, die eine sehr intensive schmale Komponente besitzen, wie bei niederkristallinem oder gequollenem Polyäthylen, einer präzisen Analyse nicht zugänglich. Wir haben daher, wie im 2. Abschnitt erwähnt, die Anpassung der Rechnung an die Messung nach Gl. [6] für $x \leq 2$ G unter Verwendung einer digitalen Meßwertausgabe mit einer viermal dichteren Punktfolge vorgenommen. Damit die Anpassung in den breiten Spektrenanteilen aber nicht vernachlässigt wird, wurde in Gl. [6] eine Wichtung proportional zu Δx eingeführt, wodurch die Punkte für $x \leq 2$ G nur ein Viertel so stark bewertet werden wie diejenigen für $x > 2$ G.

Die Verbesserung der Anpassung in Spektrenmitte zeigt, daß die Analyse des beweg-

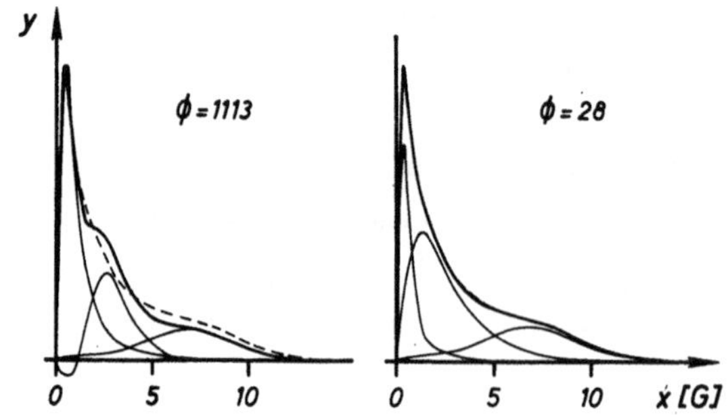

Abb. 2. Analyse des Spektrums von verzweigtem Polyäthylen, Probe D_1, gemessen bei 270 K, nach Gl. [1] (links) und nach Gl. [12] (rechts); $a_b = 0{,}48$ (--- Messung; —— Rechnung)

lichen Anteils gegenüber (1,2) modifiziert werden muß.

Als Beispiel ist in Abb. 2 das Spektrum der Probe D_1 bei 270 K dargestellt. Die Zerlegung nach Gl. [1] bei großer Punktdichte ergibt eine sehr schlechte Anpassung. Der Grund hierfür liegt in der Linienform der mittleren Komponente. Nach Einführung der weiter unten diskutierten Linienform wird die Anpassung wesentlich besser.

Ein weiterer Hinweis für die eingeschränkte Gültigkeit der Gl. [1] ergibt sich auch aus folgendem. Wir betrachten ein verzweigtes Polyäthylen, dessen Glastemperatur bei 276 K (10^4 Hz) liegt. Da gemäß Gl. [5] die schmale Komponente unterhalb der Glastemperatur verschwindet, muß das beobachtete schmale Maximum, dessen Wendepunktsbreite im Bereich 240 . . . 260 K von 6 auf 2,5 G abfällt (Abb. 3), der mittleren Komponente zugeschrieben werden. Diese muß da-

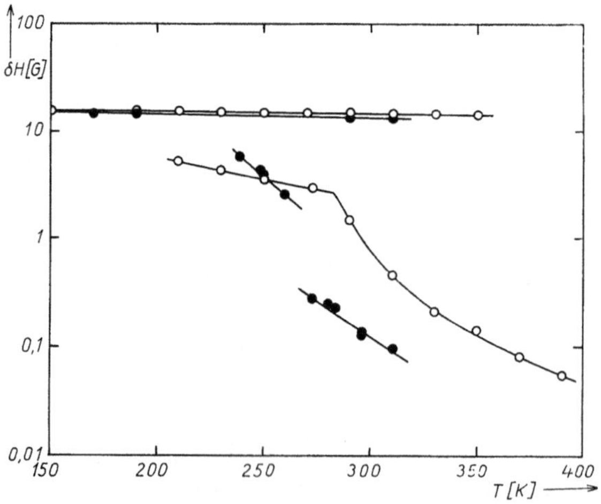

Abb. 3. Wendepunktsbreiten als Funktion der Temperatur von linearem Polyäthylen, Probe A_1 (○) und von verzweigtem Polyäthylen, Probe D_1 (●), gemessen unter Vermeidung von Übermodulation

her eine deutlich kleinere Wendepunktsbreite besitzen als die *Pake*-Kurve, $y_m(x, \beta_m)$ der Gl. [1], die stets breiter als 5 G ist. Das ist aber nur möglich, wenn man annimmt, daß die mittlere Komponente eine Bewegung der CH_2-Gruppen beschreibt, die von allgemeinerer Art als die von *Pake* betrachtete Rotation um eine raumfeste Achse ist. Hier kommen gekoppelte Rotations- und Translationsbewegungen, wie sie z. B. von *Pechhold* als β'-Prozeß (Diffusion von Torsionsfehlern) diskutiert werden (8), in Frage.

Unter der Annahme, daß eine Rotation durch eine *Pake*-Kurve und eine Translation durch eine *Lorentz*-Kurve beschrieben wird, erhalten wir für die Kopplung von Rotation und Translation eine Kombination dieser beiden Kurventypen. Um besser rechnen zu können, setzen wir noch an Stelle der *Pake*-Kurve eine *Gauß*-Kurve. Diese Näherung ist für $\beta_m \geq 2$ G sehr gut erfüllt. Damit erhalten wir bei multiplikativer Mischung der beiden Kurventypen für die mittlere Komponente das Elementarspektrum

$$y_m^* = dY_m^*/dx \qquad [7]$$

mit

$$Y_m^* = N\, Y_{mg}\, Y_{ml} \qquad [8]$$

und

$$Y_{mg} = \exp(-\,x^2/2\beta_{mg}^2)\ (Gau\beta\text{-Kurve}) \qquad [9]$$

$$Y_{ml} = (1 + x^2/\beta_{ml}^2)^{-1}\ (Lorentz\text{-Kurve}) \qquad [10]$$

$$N = 2/\int_{-\infty}^{\infty} Y_{mg}\, Y_{ml}\, dx. \qquad [11]$$

Für $\beta_{mg}/\beta_{ml} \ll 1$ geht y_m^* in eine reine *Gauß*-Kurve, für $\beta_{mg}/\beta_{ml} \gg 1$ in eine reine *Lorentz*-Kurve über. y_m^* fällt grundsätzlich schneller als eine *Lorentz*-Kurve und langsamer als eine *Gauß*-Kurve gleicher Wendepunktsbreite zur Abszissenachse ab (Abb. 4).

Damit erhalten wir an Stelle der Gl. [1] die Gleichung

$$y_{\text{ber}}(x) = a_b\, y_b(x, M) + a_m\, y_m^*(x, \beta_{mg}, \beta_{ml}) + a_s\, y_s(x, \beta_s, H_{\text{mod}}). \qquad [12]$$

Wie die Messungen zeigen (Abschn. 4), strebt der schmale Anteil a_s für $T \geq T_\beta + \Delta T$ ($20 \leq \Delta T \leq 30$ grd) dem Grenzwert a_{s_∞}, dem „flüssigen“ Anteil, zu, der kleiner als der nichtkristalline Anteil $(1 - k)$ ist. Deshalb erfordert die Modifikation der Gl. [1] auch eine Abänderung der Gl. [5]. Sie lautet jetzt:

$$a_s = a_{s_\infty} A_\beta. \qquad [13]$$

Bei $T = T_\beta$ (Glastemperatur, 10^4 Hz) gilt $a_s = a_{s_\infty}/2$. T_β kann also aus der Temperatur

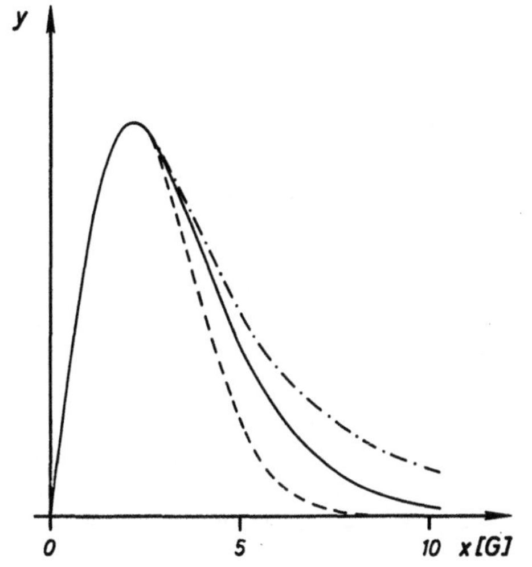

Abb. 4. Vergleich der mittleren Komponente y_m^* für $\beta_{mg} = \beta_{ml} = 4$ G (——) mit einer *Gauß*- (- - -) und *Lorentz*-Kurve (–·–) gleicher Wendepunktsbreite

bestimmt werden, bei der a_s gleich dem halben „flüssigen“ Anteil ist. Aus Gl. [13] folgt auch, daß der schmale Anteil für $T < T_\beta - \Delta T$ verschwindet.

Die Gl. [12] enthält in dem Temperaturbereich des β-Prozesses mit $a_b = k$ noch die fünf unabhängigen Variablen $a_s, M, \beta_{mg}, \beta_{ml}, \beta_s$. Wir bestimmen k aus dem spezifischen Volumen V mittels der Gleichung

$$k = (V - V_a)/(V_k - V_a) \qquad [14]$$

mit den Konstanten $V_a = 1{,}16$ g cm^{-3} und $V_k = 1{,}005$ g cm^{-3} (6) unter der Annahme, daß k unabhängig von der Temperatur ist. Im Falle des lösungskristallisierten Polyäthylens, wo die Bestimmung des spezifischen Volumens schwierig ist, haben wir a_b aus NMR-Messungen in guter Übereinstimmung mit Literaturwerten (9) zu $0{,}85 \pm 0{,}02$ bestimmt.

Die Anwendung der Gl. [12] begrenzt den uns zugänglichen Temperaturbereich durch die Bedingung, daß für die Modulationsamplitude H_{mod} die Ungleichung

$$H_{\text{mod}} \leqslant (1/5)\,\delta H_m \qquad [15]$$

gelten muß, wo δH_m die Wendepunktsbreite der mittleren Komponente ist. Andernfalls würde eine Verzerrung des Elementarspektrums y_m^* eintreten, die in Gl. [7] nicht berücksichtigt ist (1). Die Verwendung einer kleinen Modulationsamplitude grenzt aber den zugänglichen Temperaturbereich dadurch nach oben ein, daß die breite Komponente schon bei relativ niedrigen Temperaturen im Rauschen verschwindet und damit einer Analyse nicht mehr zugänglich ist. Erst eine Berücksichtigung der Übermodulation, wie sie z. B. bei der schmalen Komponente geschieht, würde eine Linienformanalyse auch bei höheren Temperaturen erlauben.

Die Gl. [12] setzt ferner voraus, daß die schmale Komponente durch eine einfache übermodulierte *Lorentz*-Linie $y_s(x, \beta_s, H_{\text{mod}})$ beschreibbar ist. Wie präzise Messungen ergeben, trifft dies jedoch bei Polyäthylen nicht zu. Sogar in der Schmelze ist die Linienform noch nicht lorentzisch (10)[5]. Daher ist auch die von *Eichhoff* und *Zachmann* (12) bei Polyäthylenterephthalat benutzte Abtrennmethode der schmalen Komponente auf Polyäthylen nicht anwendbar. Trotzdem läßt sich die schmale Komponente gemäß Gl. [12] näherungsweise durch eine einfache übermodulierte *Lorentz*-Kurve darstellen, wie im folgenden gezeigt wird. Denkt man sich die schmale Komponente aus einer Summe von *Lorentz*-Kurven der Anteile a_i und der Breiten β_i bestehend, dann erhält man – wie Tab. 1 und Abb. 5 anhand von Beispielen zeigen – bei großer Modulationsamplitude ($H_{\text{mod}} \gg \beta_i$) für sie näherungsweise eine einzige *Lorentz*-Kurve. Es gilt

$$\sum a_i\, y_i(\beta_i, H_{\text{mod}}) \approx \bar{a}\, y(\bar{\beta}, H_{\text{mod}}) \quad [16]$$

mit

$$\log\bar{\beta} \approx \log\beta' = \sum a_i \log\beta_i / \sum a_i \quad [17]$$

$$\bar{a} \approx \sum a_i . \quad [18]$$

Tab. 1. Die Summe dreier übermodulierter *Lorentz*-Kurven läßt sich näherungsweise durch eine einzige übermodulierte *Lorentz*-Kurve gemäß Gl. [16] ersetzen. In den Beispielen gilt $\beta_1 = 0{,}2$ G, $\beta_2 = 0{,}4$ G, $\beta_3 = 0{,}8$ G. Berechnung von $\bar{\beta}$ und $\bar{a}$ nach Gl. [17, 18] mit Hilfe der Methode der kleinsten Fehlerquadratesumme

a_1	a_2	a_3	H_{mod}	$\bar{\beta}$	$\bar{a}/\sum a_i$	β'
			1	0,47	1,12	
1	2	4	2	0,47	1,09	0,53
			4	0,51	1,03	
			1	0,33	1,13	
1	1	1	2	0,34	1,08	0,40
			4	0,37	1,04	
			1	0,26	1,08	
4	2	1	2	0,27	1,05	0,30
			4	0,28	1,02	

In Gl. [8] haben wir eine multiplikative Mischung der *Gauß*- und *Lorentz*-Kurve vorgenommen. Versuche mit einer additiven Mischung nach der Gleichung

$$Y_m = \alpha\, Y_{mg} + (1 - \alpha)\, Y_{ml} \quad [19]$$

[5]) Dagegen findet man bei niedermolekularen Flüssigkeiten stets *Lorentz*-Linien (11).

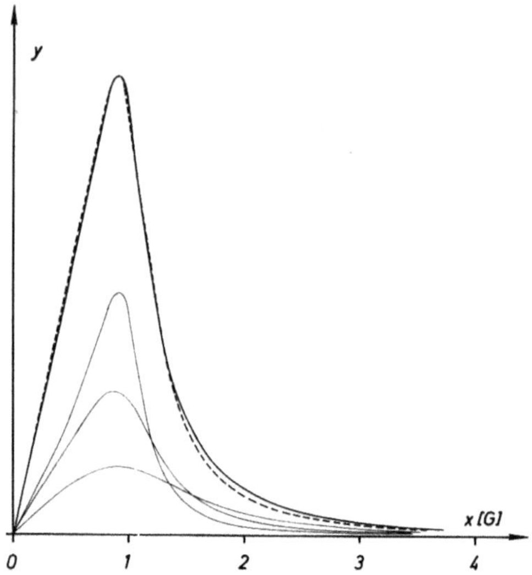

Abb. 5. Die Summe dreier übermodulierter *Lorentz*-Kurven der Verbreiterungsparameter $\beta_1 = 0{,}2$ G, $\beta_2 = 0{,}4$ G, $\beta_3 = 0{,}8$ G und der Anteile $a_1 = a_2 = a_3 = 1$ (——) läßt sich laut Gl. [16] in guter Näherung durch eine einzige übermodulierte *Lorentz*-Kurve der Parameter $\bar{\beta} = 0{,}334$ G und $\bar{a} = 3{,}39$ (- - -) ersetzen; $H_{\text{mod}} = 1$ G

unter Einführung einer weiteren Veränderlichen α führen jedoch aus folgendem Grund nicht zum Ziel. Für $T > T_\beta$ muß man, um eine gute Anpassung zu erhalten, $\alpha = 0$ setzen. Dadurch geht Y_m in eine *Lorentz*-Kurve über. Diese fällt aber langsamer als die wahre mittlere Komponente zur Abszissenachse ab, so daß der breite Anteil laut Tab. 2 kleiner als die Kristallinität k wird. Die Differenz ist um so größer, je kleiner k ist.

Tab. 2. Bei einer additiven Mischung der mittleren Komponente aus *Gauß*- und *Lorentz*-Kurve ergeben sich zu kleine Werte für den breiten Anteil. Zur Probenbezeichnung, vgl. Abschn. 2

Probe	Temp.-Ber. [K]	a_b	k
A_2	250 . . . 330	0,81 ± 0,01	0,86
B_1	250 . . . 300	0,42 ± 0,02	0,57
B_2	230 . . . 390	0,48 ± 0,02	0,57
D_1	270 . . . 330	0,33 ± 0,02	0,48

4. Diskussion der Ergebnisse

Die aus den Spektren ermittelten NMR-Parameter sind in Tab. 3 zusammengestellt. Es sollen zuerst die Anteile und anschließend die Verbreiterungsparameter diskutiert werden.

Durch die Aktivierung des γ-Prozesses fällt schon unterhalb unseres Meßbereiches, der bei 170 K beginnt, der breite Anteil a_b von seinem Tieftemperaturwert, 1, ab. Entsprechend nimmt der mittlere Anteil a_m zu. Bei $T \gtrsim 230$ K sind alle in den nichtkristallinen Bereichen befindlichen CH_2-Gruppen beweglich ($a_b = k$), d. h. sie führen innerhalb unserer „Meßzeit" von 10^{-5} s mindestens einen der von *Pechhold* diskutierten $2g1$-Kinkprozesse aus (13). Da die mittlere Komponente im γ-Relaxationsbereich sehr breit ist, ist die Bestimmung von a_m bei $T \leq 200$ K mit einem größeren Fehler als bei höheren Temperaturen behaftet. Die Übergangstemperatur T_γ kann daher nicht genau angegeben werden. Durch die Quellung mit CCl_4 verschiebt sich T_γ in fast allen Fällen (Ausnahme, Probe B) geringfügig zu tieferen Temperaturen, wie auch von mechanisch-dynamischen Messungen bestätigt wird (14).

Einen stärkeren Weichmachereffekt als der γ-Prozeß zeigt der β-Prozeß, der mit dem Erscheinen des schmalen Anteils a_s verknüpft ist. Durch das Einsetzen der mikrobrownschen Bewegung wächst a_s an, bis oberhalb der Übergangstemperatur T_β nach Gl. [13] der Grenzwert a_{s_∞} („flüssiger" Anteil) erreicht wird. Eine präzise Bestimmung von T_β ist jedoch aus unseren Messungen nicht möglich, da bei $T < T_\beta$ die schmale Komponente bei sehr kleinem Anteil und relativ großer Breite von der mittleren Komponente vollständig verdeckt wird (Abb. 6, rechts). Auch bei sehr kleiner Modulationsamplitude kann sie nicht als separates Maximum nachgewiesen werden. Auf ihr Vorhandensein kann man nur indirekt schließen, weil die Spektrenzerlegung ohne Berücksichtigung der schmalen Komponente zu einer großen Fehlersumme $\varnothing$ führt. So erhalten wir z. B. für Probe A_1 bei 270 K mit $a_s = 0$: $\varnothing = 828$, mit $a_s > 0$ jedoch nur $\varnothing = 72$. Hierbei wurde $\beta_s = 1$ G angenommen (Abb. 6). Einen oberen Grenzwert von β_s erhalten wir näherungsweise durch Extrapolation der bei höheren Temperaturen mit kleiner Modulationsamplitude gemessenen Wendepunktsbreite $\delta H_s = (2/3)\,\beta_s'$. Wegen der Gültigkeit der Gleichung

$$(\beta_s')^2 = \mathrm{Const} \cdot \arctan(2\tau\beta_s') \qquad [20]$$

der BPP-Theorie (15) muß der wahre Wert kleiner als der extrapolierte sein (τ = Korrelationszeit). Eine andere Abschätzung des oberen Grenzwertes von β_s, β_{s0}, ergibt sich aus der *Resing*schen Theorie (16) mittels der Gleichung

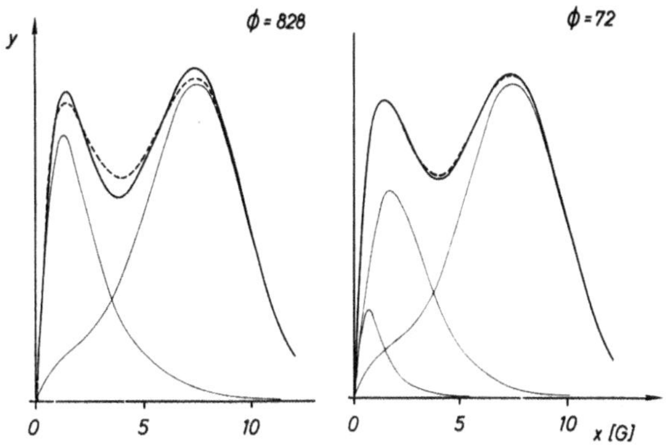

Abb. 6. Analyse des Spektrums von linearem Polyäthylen, Probe A_1, gemessen bei 270 K, nach Gl. [12] ohne (links) und mit schmaler Komponente (rechts); $H_{\mathrm{mod}} = 0{,}5$ G (--- Messung; — Rechnung)

$$\beta_{s0} = (\gamma\tau_c^2)^{-1} \int_{-\infty}^{q_c} \tau\, P(q)\, dq \Big/ \int_{-\infty}^{q_c} P(q)\, dq \qquad [21]$$

als Grenzwert für tiefe Temperatur ($\tau \to \infty$). Für eine *Fuoss-Kirkwood*-Verteilung der Korrelationszeiten (17) erhalten wir je nach der Größe des Verteilungsparameters mit $\tau_c = 10^{-5}$ s ebenfalls Werte von β_{s0}, die zwischen 0,5 und 1 G liegen. In Gl. [21] bedeuten:

$\gamma = 2{,}68 \cdot 10^4\ \mathrm{s^{-1}G^{-1}}$, $\tau_c = \gamma^{-1} M_2^{-1}$ = kritische Korrelationszeit, M_2 = Zweites Moment in G^2 der unbeweglichen Protonen, τ_β = mittlere Korrelationszeit des β-Prozesses, $q = \ln(\tau/\tau_\beta)$, $q_c = \ln(\tau_c/\tau_\beta)$, $P(q)$ = Korrelationszeitenverteilung.

Der β_s-Wert beeinflußt sehr stark den Wert von a_s. Im obigen Beispiel ergeben sich für $\beta_s = 0{,}8$, $1{,}0$, $1{,}2$ G die Anteile $a_s = 0{,}008$, $0{,}015$ und $0{,}027$. Wenn auch eine präzise Bestimmung von T_β aus der Spektrenanalyse nicht möglich ist, so erhält man doch einen angenäherten Wert in den Fällen, in denen die über der Temperatur aufgetragene Wendepunktsbreite des schmalen Maximums eine Unstetigkeit aufweist (Abb. 3).

Der schmale Anteil der Probe A_1 strebt gemäß Tab. 3 bei hohen Temperaturen dem Grenzwert $a_{s_\infty} = 0{,}03$ zu. Aufgrund der Weichmachung erreicht die Probe A_2 innerhalb der Fehlergrenze von $\pm 0{,}01$ denselben Grenzwert schon bei einer tieferen Temperatur. Die Existenz des Grenzwertes $a_{s_\infty} = 0{,}03 \ldots 0{,}04$ bedeutet, daß nur $3 \ldots 4\%$ der gesamten Protonen oder $(25 \pm 3)\%$ der nichtkristallinen Protonen der Proben A zur Ausführung einer flüssigkeitsähnlichen Bewegung befähigt sind. Offenbar sind die meisten Ketten der nichtkristallinen Bereiche des Polyäthylens in

Tab. 3. Die NMR-Parameter der gemessenen Proben. Zur Probenbezeichnung, vgl. Abschnitt 2. $\beta_s' = (2/\sqrt{3})\, \delta H_s$, δH_s = wahre Wendepunktsbreite der schmalen Komponente. + bedeutet: Parameter bei der Analyse festgehalten
T in K, β in G

Probe	T	a_b	a_m	a_s	M	β_{mg}	β_{ml}	β_s	β_s'	∅
A_1	170	0,94	0,06	—	0,970	5,2	—	—	—	41
	190	0,93	0,07	—	0,969	2,5	—	—	—	55
	210	0,86+	0,14	—	0,961	5,3	4,2	—	—	57
	230	0,86+	0,14	0,00	0,955	4,6	3,6	1+	—	80
	250	0,86+	0,13	0,01	0,942	4,1	3,3	1+	—	45
	273	0,86+	0,13	0,01	0,940	3,5	3,1	1+	—	73
	296	0,86+	0,11	0,03	0,930	2,9	2,9	0,80	0,87	57
	310	0,86+	0,11	0,03	0,910	3,3	2,1	0,50	0,40	24
	330	0,86+	0,11	0,03	0,900	2,8	1,5	0,27	0,18	74
A_2	170	0,87	0,13	—	0,964	4,9	—	—	—	38
	190	0,86+	0,13	0,01	0,961	6,1	5,5	1,4	—	30
	210	0,86+	0,13	0,01	0,957	5,6	3,3	0,88	—	34
	230	0,86+	0,12	0,02	0,951	5,2	2,5	0,69	0,68	22
	250	0,86+	0,11	0,03	0,941	4,7	2,1	0,57	0,45	33
	270	0,86+	0,10	0,04	0,938	3,7	2,0	0,54	0,30	62
	290	0,86+	0,10	0,04	0,930	3,7	1,6	0,44	0,27	53
B_1	170	0,70	0,30	—	0,946	4,7	—	—	—	22
	190	0,57+	0,43	0,00	0,95+	5,0	—	1+	—	79
	210	0,57+	0,42	0,01	0,963	4,7	3,0	1+	—	19
	230	0,57+	0,38	0,05	0,95+	4,1	2,5	1+	—	19
	250	0,57+	0,31	0,12	0,940	3,2	2,5	0,97	1,2	9
	270	0,57+	0,30	0,13	0,926	3,0	2,2	0,73	0,78	5
	295	0,57+	0,27	0,16	0,916	2,6	1,8	0,52	0,43	5
	310	0,57+	0,24	0,19	0,892	2,2	1,4	0,40	0,30	19
B_2	170	0,74	0,26	—	0,945	4,5	—	—	—	52
	190	0,57+	0,43	0,00	0,947	5,9	4,8	1+	—	78
	210	0,57+	0,38	0,05	0,959	4,8	2,9	0,95	—	6
	230	0,57+	0,32	0,11	0,944	3,9	2,0	0,55	0,45	7
	250	0,57+	0,29	0,14	0,924	3,1	1,6	0,42	0,37	6
	270	0,57+	0,26	0,17	0,920	2,4	1,4	0,39	0,30	17
C_1	175	0,93	0,07	—	0,964	5,7	—	—	—	26
	195	0,93	0,07	—	0,983	4,2	—	—	—	32
	213	0,94	0,06	—	0,960	3,4	—	—	—	32
	233	0,86	0,14	—	0,945	4,0	—	—	—	118
	253	0,85+	0,15	0,003	0,953	3,9	—	1+	—	65
	273	0,85+	0,15	0,005	0,949	2,8	—	1+	0,17	244
	295	0,85+	0,15	0,006	0,936	2,3	—	0,88	0,17	195
	317	0,85+	0,15	0,003	0,923	3,2	5,7	0,47	0,17	170
	324	0,85+	0,15	0,003	0,917	3,3	4,8	0,34	0,17	153
C_2	170	0,95	0,05	—	0,989	3,8	—	—	—	45
	193	0,93	0,07	0,003	0,975	3,9	—	1+	—	90
	212	0,85+	0,15	0,003	0,961	9	4,8	0,55	—	45
	234	0,85+	0,15	0,003	0,946	9	4,1	0,46	0,04	219
	253	0,85+	0,15	0,003	0,942	7,8	3,9	0,40	0,04	111
	276	0,85+	0,14	0,007	0,934	6,5	3,3	0,61	0,03	90
	295	0,85+	0,14	0,008	0,929	5,7	2,9	0,52	0,03	89
	313	0,85+	0,14	0,008	0,915	5,7	2,5	0,34	0,03	92
D_1	170	0,89	0,11	—	0,95+	3,5	—	—	—	102
	190	0,84	0,16	—	0,93	3,3	—	—	—	245
	209	0,60	0,40	—	0,92+	7,6	5,2	—	—	250
	228	0,48+	0,52	0,00	0,91+	5,8	5,5	1+	—	197
	250	0,48+	0,49	0,03	0,89+	5,4	4,0	1,1	—	58
	270	0,48+	0,45	0,07	0,87+	5,2	2,4	0,47	0,27	28
	290	0,48+	0,38	0,14	0,84+	3,7	1,4	0,24	0,15	47
D_2	170	0,81	0,18	0,01	0,925	6,9	5,3	1+	—	62
	190	0,73	0,26	0,01	0,917	6,3	4,5	0,67	0,28	204
	210	0,66	0,30	0,04	0,92+	6,3	2,9	0,39	0,15	133
	230	0,48+	0,38	{0,11 0,03}	0,91+	9	2,8	{0,67 0,15}	0,10	64
	250	0,48+	0,29	{0,17 0,06}	0,89+	6,1	2,0	{0,56 0,16}	0,08	69

Form von mehr oder weniger scharfen Faltungsschlaufen oder zwischen zwei Kristalliten gerade durchlaufenden Ketten derart eingespannt, daß sie eine mikrobrownsche Bewegung nicht ausführen können. Der kleine Wert des flüssigen Anteils von Probe A gibt neben anderen, von *Illers* diskutierten, Gründen (18) (vgl. auch weiter unten) eine Erklärung dafür, daß man bei linearem Polyäthylen im allgemeinen mit mechanisch-dynamischen oder dielektrischen Relaxationsmessungen kein bzw. nur ein sehr schwaches β-Maximum findet (8, 19).

Die Probe B zeigt, entsprechend ihrer geringeren Kristallinität, mit $a_{s_\infty} = 0{,}17 \pm 0{,}02$ einen größeren „flüssigen" Anteil als die Probe A. Bezogen auf den nichtkristallinen Anteil ergibt sich mit $(40 \pm 5)\%$ ein Wert, der deutlich über dem der höherkristallinen Probe A liegt. Eine Erklärung hierfür ergibt sich, wenn man annimmt, daß die Verspannung der nichtkristallinen Bereiche aufgrund ihrer kleineren Schichtdicke mit der Kristallinität anwächst. Auch die tiefere Lage von T_β der Probe B kann durch die geringere Verspannung gedeutet werden.

Die lösungskristallisierte Probe C unterscheidet sich von den anderen durch ihren außerordentlich kleinen „flüssigen" Anteil. Er beträgt nur $(0{,}5 \pm 0{,}2)\%$ absolut, oder $(3 \pm 1)\%$, wenn man auf den nichtkristallinen Anteil bezieht. Aufgrund des kleinen „flüssigen" Anteils, der sich zudem durch eine geringe Linienbreite auszeichnet, erscheinen in diesem Fall alle drei Komponenten des NMR-Spektrums separat (Abb. 7). Die

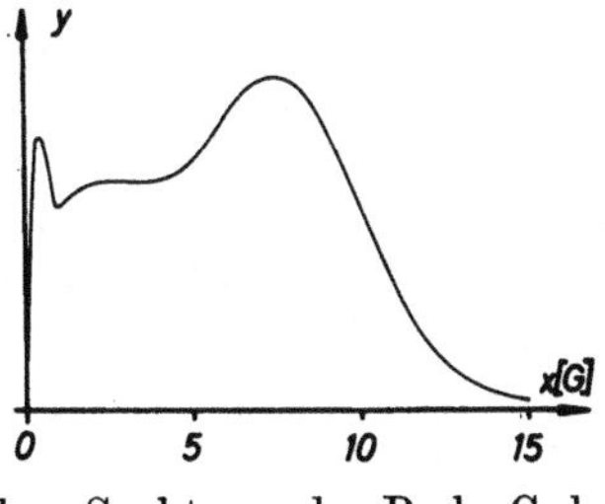

Abb. 7. In dem Spektrum der Probe C_2 lassen sich die drei Komponenten als Maxima direkt erkennen

Weichmachung des „flüssigen" Anteils durch das Quellen mit CCl_4 verschiebt T_β von 250 nach 190 K. Es ist bemerkenswert, daß die schmale Komponente beim Erwärmen der Probe C_1 bei der Temperatur erscheint, bei der sie auch bei der schmelzkristallisierten Probe A_1 auftritt (Tab. 3). Hinzu kommt die Übereinstimmung der β_s-Werte der beiden Proben. Das deutet auf ein ähnliches Verhalten bei der Molekularbewegung hin.

Bei den Proben D (verzweigtes Polyäthylen) lassen sich die Übergangstemperaturen T_β durch dielektrische Messungen überprüfen. Nach Tab. 3 finden wir für die weichmacherfreie Probe D_1 270 K und für die weichgemachte Probe D_2 220 K. Dielektrisch erhalten wir in Übereinstimmung hiermit 276 und 221 K (Abb. 8).

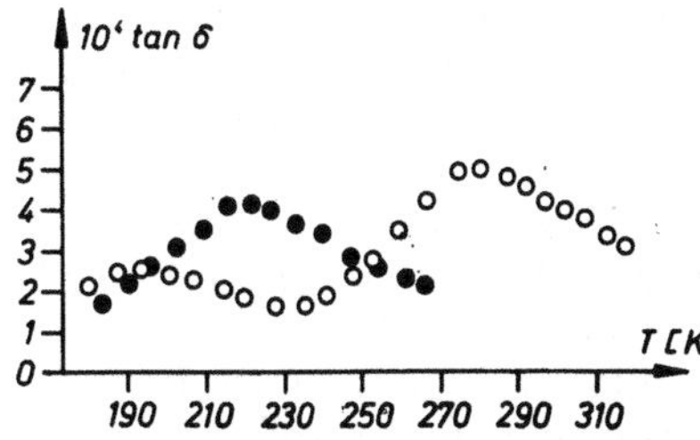

Abb. 8. Verschiebung des dielektrischen tan δ-Maximums bei 10^4 Hz von verzweigtem Polyäthylen durch die Quellung mit 16,6 Mol-% CCl_4; Proben D_3, D_4 (○ = ohne CCl_4; ● = mit CCl_4)

Der „flüssige" Anteil ist mit 14% absolut bzw. 28%, bezogen auf den nichtkristallinen Anteil, kleiner als bei der höherkristallinen Probe B. Trotzdem ist nur bei dem verzweigten Polyäthylen ein Maximum des dielektrischen Verlustfaktors zu finden. Der Grund hierfür liegt in der wesentlich größeren Relaxationsstärke der Verzweigungspunkte, die auf deren größerem elektrischem Dipolmoment beruht. Analoges gilt auch für das mechanische Verhalten (18).

Die CH_3-Gruppen wurden bei der Analyse der Messungen an verzweigtem Polyäthylen nicht berücksichtigt. Ihr Protonenanteil beträgt 5%. Da die CH_3-Gruppen in unserem Temperaturbereich um die CC-Bindung rotieren, machen sie sich in den NMR-Spektren durch die von *Andrew* und *Bersohn* berechnete (20), etwa 4 G[6]) breite Linie $y(CH_3, \text{rot})$ bemerkbar. Ihre Nichtberücksichtigung betrifft hauptsächlich den Temperaturbereich unterhalb 230 K, wo sie die Anpassung verschlechtert und die Breite der mittleren Komponente geringfügig verkleinert.

Nach der Diskussion der NMR-Anteile wollen wir nun zur Besprechung der Verbreiterungsparameter in Tab. 3 übergehen. Wir beginnen mit dem Verbreiterungsparameter M der breiten Komponente, der ein Maß für die Wechselwirkung der CH_2-Gruppen im Polyäthylen-Gitter ist. M ist definiert als das Verhältnis $\delta H_b/\delta H_{b0}$, wo δH_b und δH_{b0} die Wendepunktsbreiten der breiten

[6]) Hierbei wurde ein β-Wert von 2 G, wie man ihn z. B. bei PMMA findet (21), angenommen.

Komponente bei der Temperatur T und 0 K (Extrapolation) bedeuten. Die Abnahme der M-Werte mit steigender Temperatur ist nach Tab. 3 um so größer, je kleiner die Kristallinität der Probe ist. So beträgt z. B. bei Raumtemperatur $M = 0{,}926$, $0{,}904$, $0{,}931$, $0{,}85$ bei den Proben A, B, C, D. Die Abnahme von M entspricht der Abstandsvergrößerung der CH_2-Gruppen im Gitter, die sich bei Röntgenmessungen in einer Zunahme der Gitterkonstanten a und b äußert. Auch hier findet man eine zunehmende Gitteraufweitung mit abnehmender Kristallinität (22). Eine Erklärung der Temperaturabhängigkeit von M durch $2g1$-Kinkplatzwechsel im Kristallinen (13) ist nicht möglich.

Die mittlere Komponente ist bei lösungskristallisiertem Polyäthylen, Probe C_1, im Bereich $T \leq 300$ K sowie bei den übrigen Proben bei $T \lesssim T_\gamma$ eine reine *Gauß*-Kurve, weicht aber sonst deutlich von *Gauß*- und *Lorentz*-Kurve ab. Das Verhältnis β_{mg}/β_{ml}, der „*Lorentz*-Charakter" der mittleren Komponente ist nach den in Abschn. 3 gemachten Annahmen ein Maß für die translatorische Beweglichkeit der CH_2-Gruppen. Er nimmt in der Reihenfolge der Proben C_1, A_1, B_1 zu. In demselben Sinne nimmt auch die Wendepunktsbreite der mittleren Komponente, δH_m, ab (Abb. 9).

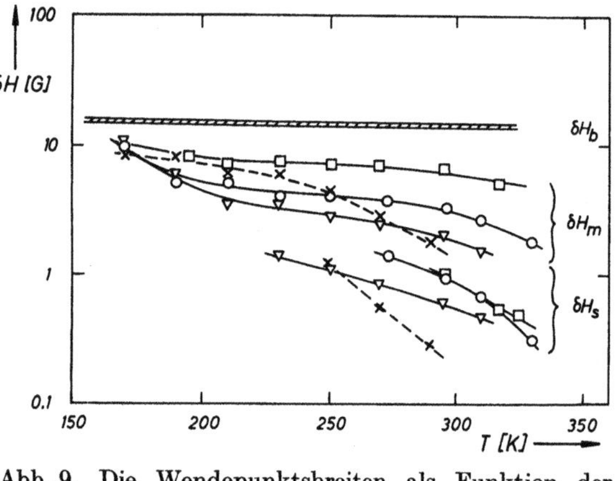

Abb. 9. Die Wendepunktsbreiten als Funktion der Temperatur für die drei Spektrenkomponenten von Probe A_1 (○), B_1 (▽), C_1 (□) und D_1 (×). Zur Probenbezeichnung, vgl. Abschn. 2

Durch die Quellung mit CCl_4 wird die mittlere Komponente aufgrund einer Beweglichkeitszunahme bei gleichzeitiger Erhöhung des Verhältnisses β_{mg}/β_{ml} schmäler (Abb. 10). Auch im Falle des lösungskristallisierten Polyäthylens, Probe C_2, ergibt sich jetzt ein starker *Lorentz*-Charakter der mittleren Komponente ($\beta_{mg}/\beta_{ml} \approx 2$).

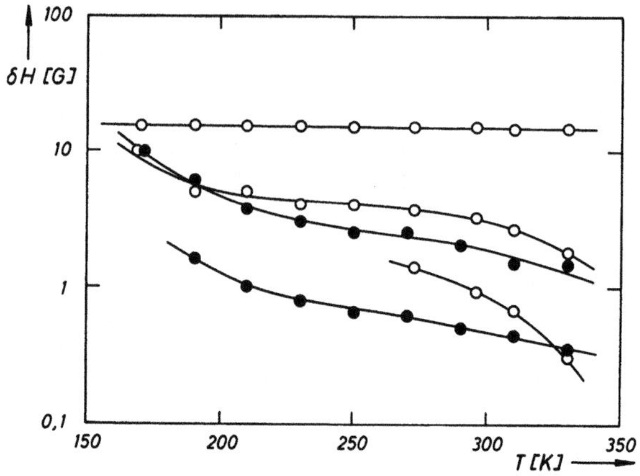

Abb. 10. Die Wendepunktsbreiten als Funktion der Temperatur für die drei Komponenten von Probe A_1 (○) und A_2 (●)

Das verzweigte Polyäthylen, Probe D_1, weicht wie im Falle der breiten Komponente auch hinsichtlich der mittleren Komponente vom linearen Polyäthylen ab: δH_m fällt stärker mit der Temperatur ab (Abb. 9) und der *Lorentz*-Charakter ist bei hohen Temperaturen größer als bei den anderen Proben.

Unter der Annahme, daß die nichtlorentzsche Form der schmalen Komponente durch eine Verteilung der β_s-Werte erklärt werden kann, ist der aus der Spektrenanalyse erhaltene Wert β_s mit dem durch Gl. [16] definierten Mittelwert $\bar{\beta}$ identisch. Bezeichnet man den kleinsten β_s-Wert der Verteilung mit β_s', so stellt der Quotient $\Delta\beta_s/\beta_s = (\beta_s - \beta_s')/\beta_s$ ein Maß für die Homogenität der Beweglichkeit in den „flüssigen" Bereichen dar. β_s' ergibt sich aus einer Messung, bei der die Modulationsamplitude der Bedingung $H_{\text{mod}} \leq 0{,}23\,\beta_s'$ genügt (1). Bei einer niedermolekularen Flüssigkeit, wo alle Protonen dieselbe Beweglichkeit besitzen, verschwindet $\Delta\beta_s$ und man findet eine reine *Lorentz*-Kurve. Dagegen ist anzunehmen, daß in den flüssigen Bereichen des Polyäthylens aufgrund variabler Kettenlänge und örtlicher Unterschiede in dem zur Verfügung stehenden freien Volumen $\Delta\beta_s$ endlich wird.

Wie Tab. 4 zeigt, sind die „flüssigen" Bereiche des schmelzkristallisierten linearen Polyäthylens, Proben A_1, B_1, relativ homogen ($\Delta\beta_s/\beta_s \leq 0{,}3$), bei lösungskristallisiertem und verzweigtem Polyäthylen, Proben C_1, D_1, jedoch inhomogen. Wir erklären das so: Bei lösungskristallisiertem Polyäthylen sind nur so wenige freie Ketten mit von Ort zu Ort veränderlicher molekularer Um-

Tab. 4. „Homogenität" $\Delta\beta_s/\beta_s$ der „flüssigen" Bereiche

		T in K						
		210	230	250	270	290	310	330
Probe	A_1	–	–	–	–	0	0,20	0,33
	A_2	–	0	0,21	0,44	0,39	0,56	0,74
	B_1	–	–	–	0	0,17	0,25	–
	B_2	–	0,18	0,12	0,23	0,27	–	–
	C_1	–	–	–	–	0,81	0,64	0,50
	C_2	–	0,91	0,90	0,95	–	–	–
	D_1	–	–	–	0,43	0,38	–	–
	D_2	0,61	0,85	0,86	–	–	–	–

gebung vorhanden, daß die Bezeichnung „flüssige" *Bereiche* nicht mehr zutrifft. Bei verzweigtem Polyäthylen ist die Inhomogenität dagegen ein Ausdruck der durch die Verzweigungen gestörten „flüssigen" Bereiche.

Durch die Quellung wird, wie erwähnt, die Glastemperatur T_β erniedrigt. Gleichzeitig wird aber auch das Verhältnis $\Delta\beta_s/\beta_s$ erhöht. Demnach gibt es Ketten, deren Beweglichkeit durch das Quellen erhöht und andere, deren Beweglichkeit verringert wird. Die ersteren schreiben wir losen Schlaufen, die in denselben Kristallit zurückfalten, und freien Kettenenden, die letzteren mit *Eichhoff* und *Zachmann* (23) durchlaufenden Ketten zu, deren Verspannung durch die Abstandsvergrößerung der kristallinen Lamellen beim Quellen zunimmt. Bei Probe D_2 sind die Unterschiede der Beweglichkeit in den „flüssigen" Bereichen so groß, daß wir gezwungen sind, die schmale Komponente in zwei *Lorentz*-Kurven zu zerlegen.

Wir danken den Herren Dr. *Haberkorn* und Dr. *Illers* für Diskussionen sowie den Herren *Schmiedberger* und *Strebe* für die Ausführung der Messungen.

Zusammenfassung

Die Untersuchung des Relaxationsverhaltens von Polyäthylen geschieht durch die Linienformanalyse der NMR-Spektren. Der breiten, mittleren und schmalen Komponente entsprechen drei Arten der Molekularbeweglichkeit: unbeweglich, behindert beweglich und flüssigkeitsähnlich beweglich.

Zur mathematischen Beschreibung der breiten Komponente benutzen wir die an einer hochkristallinen Probe experimentell bestimmte Kurvenform, für die mittlere Komponente eine aus *Gauss*- und *Lorentz*-Kurve gemischte Kurve und für die schmale Komponente eine *Lorentz*-Kurve. Die Wendepunktsbreiten der drei Komponenten betragen 14 bis 16 G, 2 bis 10 G und $\leqslant 1$ G.

Es wird gefunden, daß bei schmelzkristallisiertem linearem Polyäthylen der Dichte 0,972 g cm^{-3} nur $(25 \pm 3)\%$ aller nichtkristallinen Protonen eine flüssigkeitsähnliche Bewegung ausführen. Bei lösungskristallisiertem linearem Polyäthylen derselben Kristallinität ist der Anteil mit $(3 \pm 1)\%$ noch wesentlich kleiner.

Durch die Quellung des Polyäthylens mit Tetrachlorkohlenstoff erhöht sich die Beweglichkeit in den nichtkristallinen Bereichen. Dies äußert sich in der Erniedrigung der Glastemperatur sowie in einer Verschmälerung der mittleren und schmalen Komponente.

Verzweigtes Polyäthylen zeigt aufgrund seiner durch die Verzweigungsstellen gestörten Struktur ein von linearem Polyäthylen abweichendes Verhalten.

Summary

The relaxation behavior of polyethylene is studied by analyzing the line shape of the NMR-spectra. The broad, medium and narrow components correspond to three kinds of molecular motion: rigid, hindered mobile and liquid like mobile. The line shapes of the components are assumed to be that of a completely crystalline polyethylene sample, a hybrid between a *Gauß* and *Lorentz* curve, and a *Lorentz* curve, respectively.

For a melt crystallized linear polyethylene of density 0,972 gcm^{-3} it is found that only $(25 \pm 3)\%$ of the noncrystalline protons are able to participate in the liquid like motion. For solution crystallized polyethylene this fraction is only $(3 \pm 1)\%$.

By swelling the polyethylene with carbon tetrachloride the mobility of the noncrystalline regions is increased. This is seen by the lowering of the glass transition temperature and a narrowing of the medium and narrow component.

Branched polyethylene shows a different relaxation behavior from linear polyethylene, which follows from the disturbance of the polyethylene structure by the branching points.

Literatur

1) *Bergmann, K.* und *K. Nawotki*, Kolloid-Z. u. Z. Polymere **219**, 132 (1967).

2) *Bergmann, K.*, Ber. Bunsenges. Phys. Chem. **74**, 912 (1970).

3) *Wilson, C. W.* and *G. E. Pake*, J. Polymer Sci. **10**, 503 (1953).

4) *Pake, G. E.*, J. Chem. Phys. **16**, 327 (1948).

5) *Gutowski, H. S.* and *G. E. Pake*, J. Chem. Phys. **18**, 162 (1950).

6) *Hendus, H.* und *K. H. Illers*, Kunststoffe **57**, 193 (1967).

7) *Marquardt, D. W.*, J. Soc. Industr. Appl. Math. **11**, 431 (1963).

8) *Pechhold, W.* und *B. Stoll*, Ber. Bunsenges. Phys. Chem. **74**, 887 (1970).

9) *Fischer, E. W.* und *G. Hinrichsen*, Kolloid-Z. u. Z. Polymere **247**, 858 (1971).

10) *Mc Call, D. W.*, *D. C. Douglass*, and *E. W. Anderson*, J. Polymer Sci. **59**, 301 (1962).

11) *Abragam, A.*, The Principles of Nuclear Magnetism, Kap. X (Oxford 1961).

12) *Eichhoff, U.* und *H. G. Zachmann*, Ber. Bunsenges. Phys. Chem. **74**, 919 (1970).

13) *Pechhold, W.*, Kolloid-Z. u. Z. Polymere **228**, 1 (1968).

14) *Illers, K. H.*, unveröffentlichte Messungen.

15) *Bloembergen, N.*, *E. M. Purcell*, and *R. V. Pound*, Phys. Rev. **73**, 679 (1948).

16) *Resing, H. A.*, Adv. Molec. Relax. Proc. **1**, 109 (1967–1968).

17) *Fuoss, M.* and *J. G. Kirkwood*, J. Amer. Chem. Soc. **63**, 385 (1941).

18) *Illers, K. H.*, Kolloid-Z. u. Z. Polymere **250**, 426 (1972).
19) *Illers, K. H.*, Kolloid-Z. u. Z. Polymere **231**, 622 (1969).
20) *Andrew, E. R.* und *R. Bersohn*, J. Chem. Phys. **20**, 924 (1950).
21) *Bergmann, K.*, in: NMR, Basic Principles and Progress, Vol. **4**, S. 233 (Berlin-Heidelberg-New York 1971).
22) *Davis, G. T., R. K. Eby*, and *J. P. Colson*, J. Appl. Phys. **41**, 4316 (1970).
23) *Eichhoff, U.* und *H. G. Zachmann*, Makromol, Chem. **147**, 41 (1971).

Anschrift der Verfasser:
Dr. *K. Bergmann* und Ass. *K. Nawotki*
Badische Anilin- und Soda-Fabrik AG
D-6700 Ludwigshafen am Rhein

Kolloid-Z. u. Z. Polymere **250**, 1105–1110 (1972)

Aus dem Institut für Physikalische Chemie der Universität Mainz, II. Ordinariat

Berechnung des zweiten Momentes des Kernresonanzsignals von Polyäthylenmolekülen mit festliegenden Enden*)

I. Große relative Fadenendenabstände

Von P. Schmedding und H. G. Zachmann

Mit 8 Abbildungen

(Eingegangen am 15. Mai 1972)

A. Einleitung

Wir betrachten eine isolierte Polyäthylenkette, die aus N CH_2-Gruppen besteht, und deren Enden an zwei Raumpunkten im Abstand h festliegen (siehe Abb. 1). Wenn die Kette vollständig gestreckt ist – den dabei auftretenden Abstand nennen wir h_0 – so ist sie starr und besitzt bekanntlich ein Kernresonanzsignal mit dem zweiten Moment von 19,3 Gauß². Verringert sich der Fadenendenabstand auf einen Wert $h < h_0$, so kann die Kette verschiedene Konformationen einnehmen. Als Folge der dadurch bedingten inneren Beweglichkeit verringert sich das zweite Moment. In der vorliegenden Arbeit soll nun das zweite Moment als Funktion des Fadenendenabstandes h berechnet werden. Dabei wollen wir nur die durch Konformationsänderungen bedingte Bewegung berücksichtigen. Der Einfluß von Schwingungen und Rotationsbewegungen wird dagegen vernachlässigt. Außerdem wird vorausgesetzt, daß der Übergang von einer Konformation in die andere sprunghaft vor sich geht.

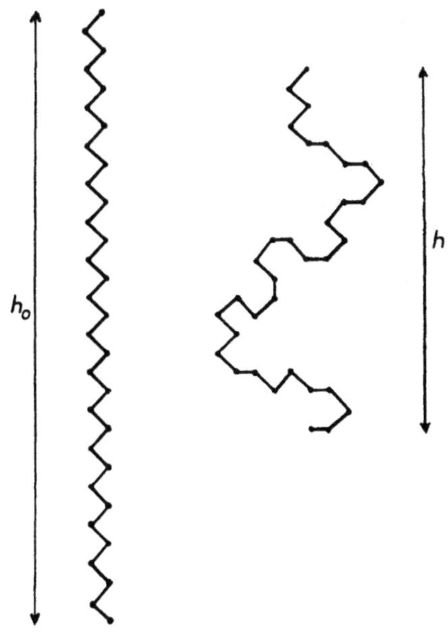

Abb. 1. Zur Definition von h und h_0

Die angeführten Berechnungen sind von großer Bedeutung für die Auswertung des Kernresonanzsignals von teilkristallinem Polyäthylen. Die nichtkristallinen Bereiche des Stoffes bestehen bekanntlich aus relativ kurzen Ketten, deren Enden an den Oberflächen der Kristallite festliegen. Durch einen Vergleich der theoretischen Resultate mit den experimentellen Ergebnissen lassen sich die Fadenendenabstände der Ketten in den nichtkristallinen Bereichen ermitteln. Daraus können dann wichtige Rückschlüsse auf die morphologische Struktur gezogen werden.

B. Ableitung der Formeln

1. *Proben ohne Molekülorientierung*

Für das 2. Moment eines starren Polyäthylenmoleküls aus N CH_2-Gruppen, also aus $2N$ Protonen, gilt nach *van Vleck* (1)

$$M_2 = \frac{3}{4}\gamma^2\hbar^2 I(I+1)\frac{1}{2N}\sum_{i=1}^{2N}\sum_{\substack{j=1\\ i\neq j}}^{2N}\left(\frac{3\cos^2\theta_{ij}-1}{r_{ij}^3}\right)^2. \qquad [1]$$

Es bedeuten θ_{ij} der Winkel zwischen der Richtung des äußeren Magnetfeldes und des Protonenverbindungsvektors $\vec{r}_{ij}$. r_{ij} ist der Abstand des Protons i vom Proton j.

Für ein System von Molekülen ohne Wechselwirkung, die alle die gleiche Konformation, aber statistisch verteilte Orientierungen besitzen, erhält man durch räumliche Mittelung über Gl. [1]

*) Vorgetragen auf der Arbeitstagung des Fachausschusses „Physik der Hochpolymeren“; Frühjahrstagung des Regionalverbandes Hessen–Mittelrhein–Saar der Deutschen Physikalischen Gesellschaft vom 22. bis 24. März 1972 in Bad Nauheim.

$$M_2 = \frac{3}{4}\gamma^2\hbar^2 I(I+1)\frac{1}{2N}\sum_{i=1}^{2N}\sum_{\substack{j=1\\ i\neq j}}^{2N}\overline{\left(\frac{3\cos^2\theta_{ij}-1}{r_{ij}^3}\right)^2}^R. \quad [2]$$

Der Ausdruck in der runden Klammer der Gl. [2] ist Dipolfeld H_{ij}, das vom Proton i am Orte des Proton j erzeugt wird.

Für Gl. [2] können wir daher schreiben

$$M_2 = \frac{3}{4}\gamma^2\hbar^2 I(I+1)\frac{1}{2N}\sum_{i=1}^{2N}\sum_{\substack{j=1\\ i\neq j}}^{2N}\overline{H_{ij}^2}^R. \quad [3]$$

Hat man es nicht mit starren Molekülen zu tun, sondern mit Molekülen, die ihre Konformationen ständig ändern, so sind die Dipolfelder H_{ij} zeitlich nicht konstant. Man muß dann jeweils den Mittelwert von H_{ij} über eine Zeit, die der Lebensdauer eines Spinzustandes entspricht, in Gl. [3] einsetzen. Es ergibt sich

$$M_2 = \frac{3}{4}\gamma^2\hbar^2 I(I+1)\frac{1}{2N}\sum_{i=1}^{2N}\sum_{\substack{j=1\\ i\neq j}}^{2N}\overline{\left(\overline{H_{ij}}^t\right)^2}^R. \quad [4]$$

Die Auswertung von Gl. [4] für größere Werte von N führt im allgemeinen zu beträchtlichen Schwierigkeiten, weil man hierfür die Vektoren $\vec{r}_{ij}$ für sämtliche Protonenpaare als Funktion der Zeit kennen muß. Beim Durchrechnen einiger einfacher Beispiele konnten wir nun feststellen, daß man beim Auswerten von Gl. [4] in sehr guter Näherung folgendermaßen verfahren kann: Man beschränkt sich zunächst auf die Wechselwirkungen der Protonen innerhalb einer CH_2-Gruppe und berücksichtigt anschließend den Einfluß weiter entfernter Protonen durch den Faktor 1,69, der exakt für die starre Kette gilt. Wenn man dies beachtet, geht Gl. [4] über in

$$M_2 = \frac{3}{4}\gamma^2\hbar^2 I(I+1)\cdot 1{,}69\frac{1}{N}\sum_{n=1}^{N}\overline{\left(\overline{H_n}^t\right)^2}^R. \quad [5]$$

Die Summation erstreckt sich jetzt über sämtliche CH_2-Gruppen. H_n ist der Betrag des Feldes, das in der n-ten CH_2-Gruppe von einem Proton dieser Gruppe am Orte des anderen erzeugt wird. Ist θ_n der Winkel zwischen dem äußeren Magnetfeld und dem Verbindungsvektor $\vec{r}_n$ der Protonen in der n-ten CH_2-Gruppe, so gilt

$$H_n = \frac{3\cos^2\theta_n - 1}{r^3} \quad [6]$$

Der Betrag r_n von $\vec{r}_n$ ist unabhängig von n gleich 1,78 Å.

Wir betrachten nun eine Kette mit festliegenden Enden. Die C-Atome sind in einem Diamantgitter angeordnet. Die Bewegungen der Kette bestehen aus kurbelwellenartigen Drehungen der CH_2-Gruppen um die C—C-Bindungen um jeweils 120°. Durch solche Drehungen ändern sich die Orientierungen der Protonenverbindungsvektoren, also die Winkel θ_n. Dabei sind jedoch, wie eine einfache Überlegung zeigt, nicht mehr als sechs verschiedene Orientierungen möglich. Sie sind durch die Seiten des Tetraeders im Diamantgitter gegeben, die man jeweils durch Verbindung der vier Nachbarn eines Gitterpunktes erhält. Die verschiedenen Orientierungen kennzeichnen wir durch einen Index α. Die zur Orientierung α gehörigen $\vec{r}_n$, θ_n und H_n bezeichnen wir mit $\vec{r}_n^{\,\alpha}$, θ_n^α bzw. H_n^α. Die Aufenthaltswahrscheinlichkeit der n-ten CH_2-Gruppe in der Orientierung α sei w_n^α, so daß

$$\sum_{\alpha=1}^{6} w_n^\alpha = 1 \quad \text{für alle } n. \quad [7]$$

Wir erhalten dann

$$\overline{H_n}^t = \sum_{\alpha=1}^{6} w_n^\alpha H_n^\alpha. \quad [8]$$

Hierbei ist vorausgesetzt, daß die Aufenthaltsdauer der CH_2-Gruppe in der Orientierung α groß ist im Vergleich zur Übergangsdauer. Setzen wir Gl. [8] in Gl. [5] ein, so ergibt sich für das 2. Moment

$$M_2 = \frac{3}{4}\gamma^2\hbar^2 I(I+1)\frac{1}{r^6} \times 1{,}69\frac{1}{N}\sum_{n=1}^{N}\left[1-\frac{9}{4}\sum_{\alpha=1}^{6}\sum_{\alpha<\beta} w_n^\alpha w_n^\beta - \frac{3}{4}\left(W_n^1 W_n^6 + W_n^2 W_n^5 + W_n^3 W_n^4\right)\right]. \quad [9]$$

Dabei wurde berücksichtigt, daß

$$\vec{r}_n^{\,1}\,\vec{r}_n^{\,6} = \vec{r}_n^{\,2}\,\vec{r}_n^{\,5} = \vec{r}_n^{\,3}\,\vec{r}_n^{\,4} = 0$$

ist und für alle anderen Skalarprodukte gilt

$$\frac{\vec{r}_n^{\,\alpha}\cdot\vec{r}_n^{\,\beta}}{r^2} = -1/2 \quad [10]$$

weil alle Verbindungsvektoren: $\vec{r}_n^{\,\alpha}$ bzw. $\vec{r}_n^{\,\beta}$ eine der Richtungen der Seiten im oben genannten Tetraeder haben müssen. Berechnen wir den Vorfaktor der Summe, so ergibt sich schließlich für den intramolekularen Beitrag zum 2. Moment eines Systems unorientierter, beweglicher Polyäthylenketten mit festliegenden Enden

$$M_2 = 19{,}07 \frac{1}{N} \sum_{n=1}^{N} \left[1 - \frac{9}{4} \sum_{\alpha=1}^{6} \sum_{\alpha<\beta} w_n^\alpha w_n^\beta - \frac{3}{4}\left(W_n^1 W_n^6 + W_n^2 W_n^5 + W_n^3 W_n^4\right)\right]. \quad [11]$$

Zur Berechnung der w_n^α unterscheiden wir nun zwei voneinander verschiedene Arten von Konformationsänderungen:

1. Die Konformationsänderungen, die dadurch entstehen, daß eine fest vorgegebene Kombination von *Kinken* (2) entlang der Kette wandert.

2. Die Konformationsänderungen, die damit zusammenhängen, daß eine Kinkkombination durch eine andere ersetzt wird, die mit dem vorgegebenen Fadenendenabstand ebenfalls verträglich ist.

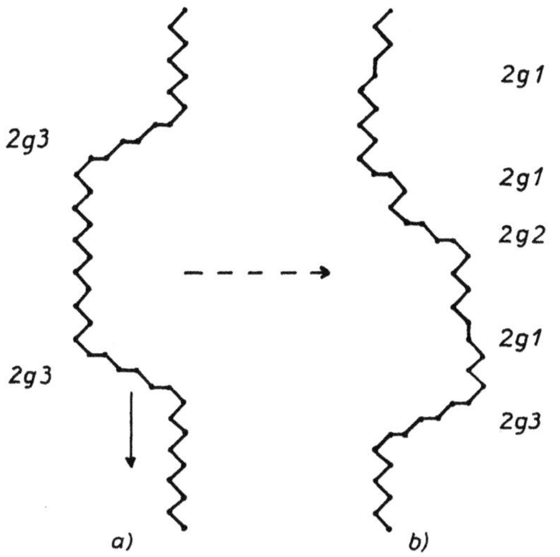

Abb. 2. Zur Definition der zwei verschiedenen Arten von Konformationsänderungen

Als Beispiel zeigt Abb. 2a ein Molekül mit 39 CH_2-Einheiten, in das als Kinkkombination zwei 2g3-Kinken eingebaut sind. Die unter 1 genannten Konformationsänderungen entstehen dadurch, daß diese Kinken entlang der Kette, wie durch den fest ausgezeichneten Pfeil angedeutet wird, wandern. Charakteristisch für diese Konformationsänderungen ist, daß in jeder Konformation die gleichen Kinken vorhanden sind, die sich lediglich nur an einer anderen Stelle des Moleküls befinden. Des weiteren ist in Abb. 2b ein Molekül gleicher Länge und gleichen Fadenendenabstandes wie in 2a eingezeichnet, das jedoch eine andere Kombination von Kinken enthält, nämlich drei 2g1-Kinken, eine 2g2- und eine 2g3-Kinke. Ein Beispiel für die unter 2 genannten Konformationsänderungen ist der Übergang von der Konformation *a* in die Konformation *b*, dargestellt in Abb. 2 durch den gestrichelt gezeichneten Pfeil.

Die Bestimmung der w_n^α, sowie die Berechnung des 2. Momentes kann mit Hilfe der oben beschriebenen Unterteilung in folgender Weise erfolgen: Man sucht alle Kinkkombinationen auf, die mit dem vorgegebenen Fadenendenabstand h verträglich sind. Hierzu muß jeweils ein System linearer diophantischer Gleichungen gelöst werden, was mit Hilfe von elektronischen Rechenmaschinen möglich war. Für jede Kinkkombination k bestimmen wir die relativen Häufigkeiten der sechs möglichen Orientierungen der Protonenverbindungsvektoren $\vec{r}_n$, die mit ${}^kf^1, {}^kf^2, \ldots, {}^kf^6$ bezeichnet werden, sowie die Anzahl der gauche-Stellungen ${}^kg$. Wir beschränken uns nun zunächst auf den Fall der oben unter 1 betrachteten Konformationsänderungen, bei der eine fest vorgegebene Kombination von Kinken entlang der Kette wandert. Unter der Voraussetzung, daß die Kinken genügend rasch wandern, sind dann die w_n^α unabhängig von n alle gleich den relativen Häufigkeiten ${}^kf^\alpha$. Mit Hilfe von Gl. [11] erhält man für das 2. Moment

$${}^kM_2 = 19{,}07 \left[1 - \frac{9}{4} \sum_{\alpha=1}^{6} \sum_{\beta>\alpha} {}^kf^\alpha \cdot {}^kf^\beta - \frac{3}{4}\left({}^kf^1 \cdot {}^kf^6 + {}^kf^2 \cdot {}^kf^5 + {}^kf^3 \cdot {}^kf^4\right)\right]. \quad [12]$$

Als nächstes berücksichtigen wir nun Konformationsänderungen, die mit einer Änderung der Kinkkombination verbunden sind. Die Wahrscheinlichkeit ${}^kp$ für das Auftreten einer bestimmten Kinkkombination k ist gegeben durch

$${}^kp = {}^kZ \exp\left\{-\frac{{}^kg \cdot u}{kT}\right\}. \quad [13]$$

u ist die Energiedifferenz zwischen gauche- und trans-Stellung einer CH_2-Gruppe. ${}^kZ$ ist die Anzahl der Konformationen der Kette, in die die Kinkkombination k eingebettet wird.

Eine Kinkkombination ist also um so wahrscheinlicher, je mehr Konformationen die Kette einnehmen kann und je weniger gauche-Stellungen zu ihrem Aufbau benötigt werden. Die Wahrscheinlichkeiten w^α ergeben sich durch Mittelung über alle Kinkkombinationen zu

$$w^\alpha = \frac{\sum\limits_k {}^k p \cdot {}^k f^\alpha}{\sum\limits_k {}^k p} = \frac{\sum\limits_k {}^k Z \cdot {}^k f^\alpha \exp\left\{-\frac{{}^k g \cdot u}{kT}\right\}}{\sum\limits_k {}^k Z \exp\left\{-\frac{{}^k g \cdot u}{kT}\right\}} \quad [14]$$

Von besonderem Interesse ist der Spezialfall, bei dem der Protonenverbindungsvektor einer CH_2-Gruppe nur zwei verschiedene Orientierungen annehmen kann. Es darf dann in der Kette nur eine einzige Art von Kinken auftreten. Zwei Beispiele sind in Abb. 3. angegeben. Die Verschiebung des

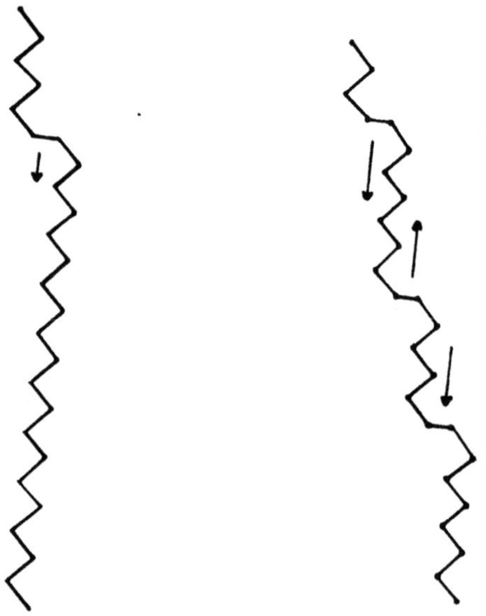

Abb. 3. Zwei Kinkkombinationen als Beispiel für den Spezialfall Gl. [17]

Kettenendes steht hier senkrecht auf der Richtung der gestreckten Ketten. Der Fadenendenabstand kann maximal um 14% verkürzt werden. Für diesen Fall ist es möglich, die Abhängigkeit des 2. Momentes von dem relativen Fadenendenabstand h/h_0 durch einen analytischen Ausdruck darzustellen. Bezeichnet man die relativen Häufigkeiten der beiden Orientierungen mit f bzw. $1 - f$, so geht Gl. [12] über in

$$M_2 = 19{,}07 \left[1 - \frac{9}{4} f (1 - f)\right]. \quad [15]$$

Zu einem vorgegebenen relativen Fadenendenabstand h/h_0 gehört ein bestimmtes f, das, wie eine einfache geometrische Überlegung zeigt, gegeben ist durch

$$f = \frac{1}{4} - \frac{1}{4}\sqrt{4\frac{h^2}{h_0^2} - 3}. \quad [16]$$

Gl. [15] geht daher über in

$$M_2 = 19{,}07 \left[1 - \frac{9}{4}\left(1 - \frac{h^2}{h_0^2}\right)\right]. \quad [17]$$

Für den betrachteten speziellen Fall wurde auch bereits eine Formel von *Grimminger* (3) abgeleitet, in der der Einfluß weiter entfernter Protonen auf eine andere Art als bei uns berücksichtigt wird und die näherungsweise mit Gl. [15] übereinstimmt.

2. *Proben mit Molekülorientierung*

Wir betrachten nun eine Probe in der die Moleküle orientiert sind, d. h. in der die Fadenendenabstandsvektoren alle die gleiche Richtung haben. Dies ist z. B. bei einem Paraffineinkristall der Fall. Um das 2. Moment zu berechnen, dürfen wir dann Gl. [1] nur zeitlich, nicht auch räumlich mitteln. Unter den gleichen Voraussetzungen wie in Punkt 1, d. h. bei pauschaler Berücksichtigung der Wechselwirkung eines Protons mit den Protonen *anderer* CH_2-Gruppen durch den Faktor 1,69 ergibt sich dann, wenn γ der Winkel zwischen Kettenrichtung und Richtung des Magnetfeldes ist

$$M_2 = 23{,}8[A \cos^4\gamma - B \cos^2\gamma + C], \quad [18]$$

wobei die Größen A, B und C in komplizierter Art von den w^α abhängen. Wir beschränken uns hier auf solche Kinkkombinationen, die nur zu minimalen seitlichen Abweichungen von der gestreckten Kette führen, da wir uns in diesem Fall nur für Ketten im Kristall interessieren. In der Abb. 4 sind die beiden einzigen verschiedenen Kinkanordnungen dargestellt, die dieser

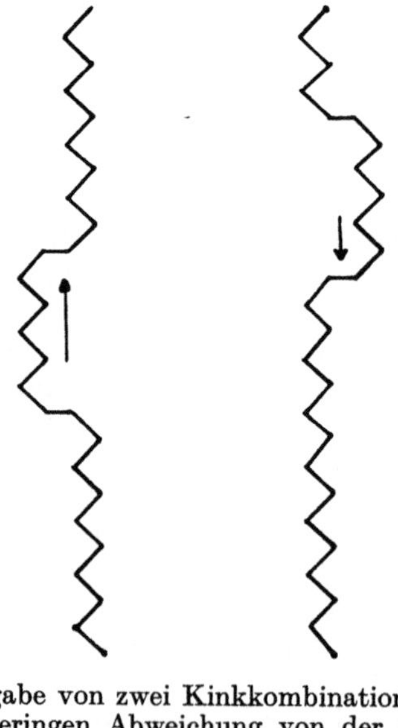

Abb. 4. Angabe von zwei Kinkkombinationen, die nur mit einer geringen Abweichung von der starren, gestreckten Kette verbunden sind

Forderung genügen. Die relativen Häufigkeiten für das Auftreten der dargestellten Kinkkombinationen seien f_1 bzw f_2. Mit Hilfe der Gln. [4], [5] und [6] aus der Arbeit von *Olf* und *Peterlin* (4) ergibt sich dann

$$A = \frac{9}{8}\left[3 - 22\,(f_1 + f_2) + 54\,f_1 \cdot f_2 + 59\,(f_1^2 + f_2^2)\right],$$

$$B = \frac{9}{4}\left[\frac{5}{3} - 14(f_1 + f_2) + 30 f_1 \cdot f_2 + 47\,(f_1^2 + f_2^2)\right],$$

$$C = \frac{9}{8}\left[\frac{11}{9} - \frac{34}{3}\,(f_1 + f_2) + 22 f_1 \cdot f_2 + 43 (f_1^2 + f_2^2)\right]. \qquad [19]$$

C. Ergebnisse und Diskussion

Das über Gl. [12] berechnete 2. Moment ist in Abb. 5 als Funktion der Kettenlänge N für verschiedene Kettenverkürzungen Δh wiedergegeben. Die Ergebnisse sind in Abb. 6 noch einmal aufgetragen, wobei wir als Abszisse den relativen Fadenendenabstand h/h_0 gewählt haben und als Parameter die Kettenlänge N. Infolge des numerischen Rechenaufwandes mußten die Rechnungen jeweils bei einem bestimmten relativen Fadenendenabstand h/h_0 abgebrochen werden, der um so größer ist, je größer N ist. Wir sehen, daß das 2. Moment bei festem N abnimmt, wenn der Fadenendenabstand kleiner und damit die Kette beweglicher wird. Diese Abnahme ist um so stärker, je länger die Kette, d. h. je größer N ist.

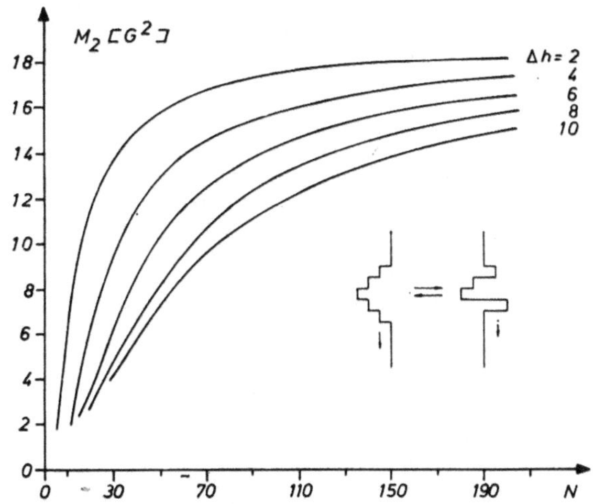

Abb. 5. Zweites Moment M_2 als Funktion der Kettenlänge N für verschiedene Kettenverkürzungen Δh

Bei relativen Fadenendenabständen, die kleiner als 0,6 sind, besteht die Bewegung in der Kette nur noch in Übergängen zwischen den einzelnen Kinkkombinationen, wie durch den gestrichelten Pfeil in Abb. 2 angedeutet ist. Die Voraussetzung, daß die einzelnen Kinken durch die Ketten wandern, ist dann nicht mehr erfüllt. w_n^α ist also nicht mehr unabhängig von n. Die Folge davon ist, daß die tatsächlichen 2. Momente größer sein müssen als die berechneten.

Gehen wir zu dem Spezialfall Gl. [17] über, bei dem nur zwei Orientierungen der Protonenverbindungsvektoren möglich sind. In der Abb. 7 ist wieder das 2. Moment über dem relativen Fadenendenabstand h/h_0 aufgetragen. Die Kurve hört bei $h/h_0 = 0{,}86$ auf, weil sich der Fadenendenabstand beim Vorhandensein von nur zwei Orientierungen maximal um 14% verkürzen läßt. Wir sehen, daß bei einer Verkürzung des Faden-

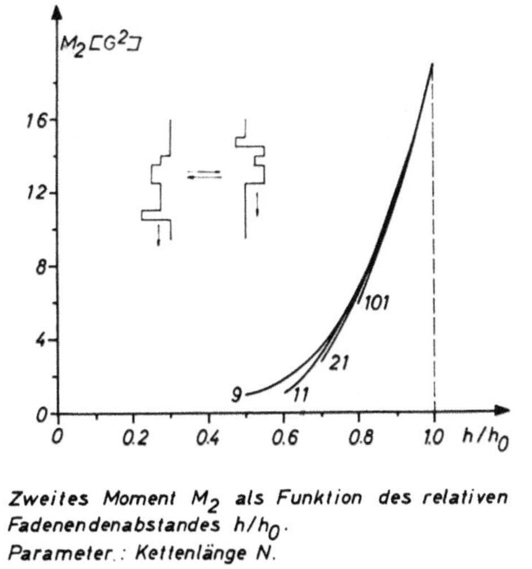

Abb. 6. Zweites Moment M_2 als Funktion des relativen Fadenendenabstandes h/h_0 für verschiedene Kettenlängen N

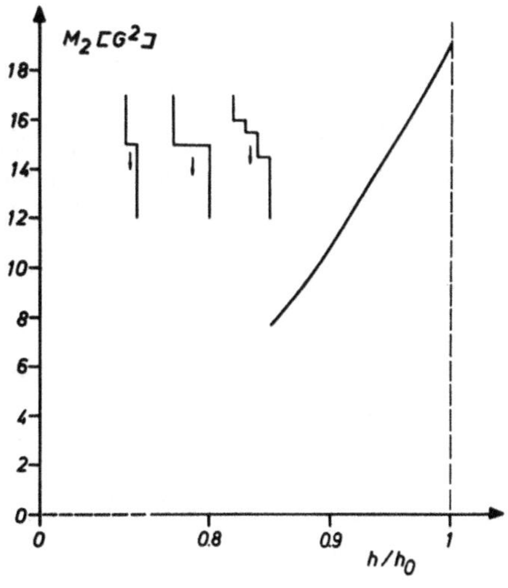

Abb. 7. Zweites Moment M_2 als Funktion des relativen Fadenendenabstandes h/h_0 im Spezialfall Gl. [17]

endenabstandes auf 90% des ursprünglichen Wertes das 2. Moment auf einen Wert von ungefähr 11 Gauß^2 abgenommen hat. Das ist ein kleinerer Wert als in Abb. 6, was daher rührt, daß im vorliegenden speziellen Fall die Kinkdichte bei gleichem relativen Fadenendenabstand wesentlich höher ist.

Bei den erhaltenen Ergebnissen fällt auf, daß das 2. Moment bei einer Verkürzung des Fadenendenabstandes auf sechs Zehntel des Wertes der gestreckten Ketten immer noch größer als 1 Gauß^2 ist. Die gemessenen Werte sind dagegen bedeutend kleiner. Wenn man den Einfluß der hier nicht beachteten Rotationen und Torsionsschwingungen vernachlässigen darf, muß man daher schließen, daß die Fadenendenabstände geringer als $0{,}6\,h_0$ sind. Dies würde darauf hinweisen, daß die nichtkristallinen Bereiche vor allem aus Schlaufen und nicht aus Ketten, die zwei verschiedene Kristallite miteinander verbinden, bestehen.

Die Ergebnisse für Proben mit Molekülorientierung sind in Abb. 8 wiedergegeben.

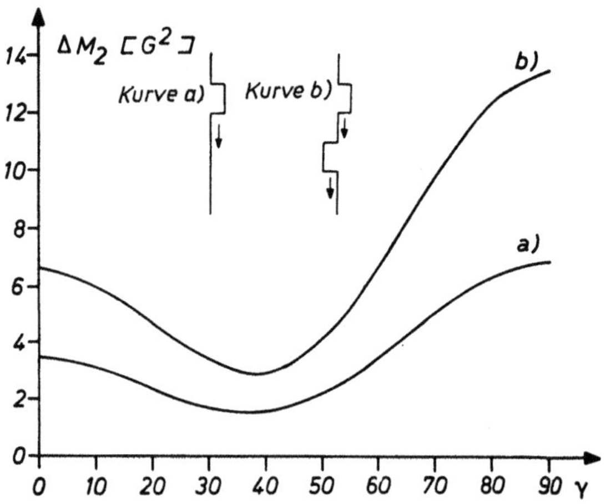

Abb. 8. Abnahme des zweiten Momentes ΔM_2 bei Einbau von Kinken in die gestreckte Kette als Funktion des Winkels γ zwischen Kettenrichtung und Richtung des Magnetfeldes für die zwei schematisch angedeuteten Kinkkombinationen

Aufgetragen ist die Abnahme des 2. Momentes beim Einbau von Kinken in die gestreckte Kette in Abhängigkeit vom Winkel zwischen der Kettenrichtung und der Richtung des Magnetfeldes. Die Kurve a) bezieht sich auf die in Abb. 8 links angedeutete Kinkkombination ($f_1 = 0$, $f_2 = \frac{1}{N}$), Kurve b) auf die rechts angedeutete Kinkkombination ($f_1 = f_2 = \frac{1}{N}$). Beide Kurven sind für eine Kettenlänge $N = 40$ berechnet. Die speziellen Kinkanordnungen haben die Eigenschaft, daß sie nur zu minimalen Ausbuchtungen in der Kette führen, und somit im Kristall als Fehlstellen auftreten können. Da besonders bei Untersuchungen an Paraffinen diese Winkelabhängigkeit interessiert (4, 5), erscheint die obige Beschränkung physikalisch sinnvoll. Aus den Kurven ersehen wir, daß die Abnahme des 2. Momentes bei 45° ein Minimum durchläuft. Wir konnten außerdem feststellen, daß mit steigender Kinkdichte ($f_1 + f_2$) in der Kette die Winkelabhängigkeit geringer wurde.

Zusammenfassung

Es wurde ein System von isolierten Polyäthylenmolekülen betrachtet, deren Enden im Abstand h festliegen. Unter Vernachlässigung von Rotationen und Schwingungen haben wir das zweite Moment der Kernresonanzlinie in Abhängigkeit vom Fadenendenabstand h berechnet. Es zeigt sich beispielsweise, daß bei Proben ohne Molekülorientierung das zweite Moment bei einer Abnahme des Fadenendenabstandes auf die Hälfte des Wertes der gestreckten Kette von 19 Gauß^2 auf 0,5 Gauß^2 abnimmt. Dieses Ergebnis ist für die Aufklärung der Struktur der nichtkristallinen Bereiche in teilkristallinen Stoffen von Bedeutung. Betrachtet man Proben mit Molekülorientierung, so ist die Abnahme des 2. Momentes am größten, wenn die Kette senkrecht zum Feld steht und am kleinsten, wenn sie mit diesem einen Winkel von 45° einschließt.

Summary

We considered a system of isolated polyethylene-molecules, with ends fixed at a distance of h. By neglecting rotations and vibrations the second moment of the NMR line was calculated as a function of the end-to-end distance h. We found out, for instance, that, for a sample of unoriented molecules the second moment decreases from 19 to 0,5 gauss^2 when the end-to-end distance decreases to a value half of that of a stretched chain. This is an important result for explaining the structure of noncrystalline regions of partly crystallized substances. When a sample of oriented molecules is considered, the second moment exhibits the most rapid decrease when the chain is perpendicular to the direction of the field, and the slowest when the angle between the chain and the field is 45°.

Literatur

1) *van Vleck, J. H.*, Phys. Rev. **74**, 1168 (1948).

2) *Blasenbrey, S.* und *W. Pechhold*, Rheol. Acta **6**, 174 (1967); Kolloid-Z. u. Z. Polymere **228**, 1 (1968).

3) *Grimminger, G.*, Diplomarbeit TH Stuttgart (1967).

4) *Olf, H. G.* and *A. J. Peterlin*, Polymer Sci. **8**, 753 (1970).

5) *Ewen, B.*, Dissertation (Mainz, in Vorb.).

Anschrift der Verfasser:

P. Schmedding und *H. G. Zachmann*
Institut für Physikalische Chemie der Universität
65 Mainz, Jakob-Welder-Weg 15

Kolloid-Z. u. Z. Polymere **250**, 1111–1130 (1972)

Aus der Abteilung für Experimentelle Physik II der Universität Ulm

Zur Deutung von dielektrischen Relaxationserscheinungen im Bündelmodell*)

*Von B. Stoll, W. Pechhold und S. Blasenbrey***)

Mit 22 Abbildungen und 5 Tabellen

(Eingegangen am 8. August 1972)

I. Einleitung

Mit dem in (1, 2, 3, 4) entwickelten Bündelmodell der Polymerschmelze und des teilkristallinen Festkörpers wird unter anderem die quantitative Beschreibung dielektrischer und mechanischer Relaxationserscheinungen angestrebt. In (5) wurde gezeigt, daß die Voraussagen des Bündelmodells für oxidiertes PE in guter Übereinstimmung mit dielektrischen Meßergebnissen stehen.

In der vorliegenden Arbeit soll eine Auswahl von Relaxationserscheinungen in einigen weiteren Polymeren (Polyoxymethylen, Polyvinylchlorid, Polymonochlortrifluoräthylen und Polyisobutylen) behandelt werden.

Das Ziel dieser Arbeit soll dabei nicht sein, eine vollständige Ausarbeitung des Bündelmodells an diesen Stoffen zu erbringen, denn diese müßte auch semiempirische Potentialrechnungen und die vollständige kooperativ-statistische Theorie der Mikrostruktur dieser Polymere umfassen.

Diese Arbeit ist vielmehr als erster Schritt in einem solchen Programm anzusehen und beschreibt zunächst die einfachsten und wohl am häufigsten auftretenden Defekte in Molekülbündeln dieser Polymere (Kinken, Kettentorsionen, Umkehrpunkte im Helixdrehsinn), ausgehend von der jeweils energetisch günstigsten Kettenkonformation. Anhand von dielektrischen und mechanischen Relaxationsbeträgen wird dann untersucht, ob die Umlagerung dieser Defekte den beobachteten Relaxationsprozessen zugeordnet werden kann, d. h. ob sich mit dieser Zuordnung sinnvolle Defektkonzentrationen ergeben. Die aus dielektrischen und mechanischen Relaxationsbeträgen anschließend berechneten Defektkonzentrationen werden miteinander und mit den bisherigen Aussagen des Bündelmodells für PE verglichen.

*) Vorgetragen auf der Arbeitstagung des Fachausschusses „Physik der Hochpolymeren"; Frühjahrstagung des Regionalverbandes Hessen–Mittelrhein–Saar der Deutschen Physikalischen Gesellschaft vom 22. bis 24. März 1972 in Bad Nauheim.

**) Am 21. 12. 1971 tödlich verunglückt.

II. Das Bündelmodell

Die für die folgenden Ausführungen wichtigsten Aussagen des Bündelmodells sind:

A. Die Ketten liegen sowohl in der Schmelze als auch in der amorphen Phase des teilkristallinen Festkörpers in Bereichen von ca. 50 Å Durchmesser (4) im wesentlichen parallel.

B. Der Verlust der Fernordnung in den amorphen Gebieten ist die Folge einer hohen Konzentration[1]) von Defekten, also Abweichungen von der energetisch günstigsten Kettenkonformation, die die Moleküle noch näherungsweise gestreckt lassen.

C. Die häufigsten Defekte sind Kinken und Kettentorsionen. Als Beispiel sind in Abb. 1 einige Defekte in der PE-Kette dargestellt.

Kinken entstehen in PE durch kurbelwellenartige Drehung einer C_2H_4-Gruppe um die angrenzenden, parallelen C—C-Bindungen bis zum Minimum bei $\pm$ 112° (6) im Rotationspotential (s. Abb. 1a).

Kinken sind nicht nur in planaren Zickzackketten, sondern auch in Helixmolekülen denkbar. Als Beispiele zeigt Abb. 2 je eine Kinke in einer 2/1 Helix und in einer 3/1 Helix.

Als weitere Defekte, die unter den Randbedingungen des Bündels (näherungsweise gestreckte Kette) ein intramolekulares Potentialminimum besitzen, kommen kurze Kettentorsionen in Betracht. Sie können durch die Anzahl der gauche-Lagen, die sie besitzen, charakterisiert werden. Die wahrscheinlichste Konformation für einen Defekt mit einer gauche-Lage ist in Abb. 1b) dargestellt; die angrenzenden Kettenabschnitte sind um ca. 90° gegeneinander gedreht, in der Nähe der gauche-Lage senkrecht zur Zickzackebene gebogen und dabei senkrecht zur

[1]) 0,1 bis 0,3 Defekte pro Kettenglied.

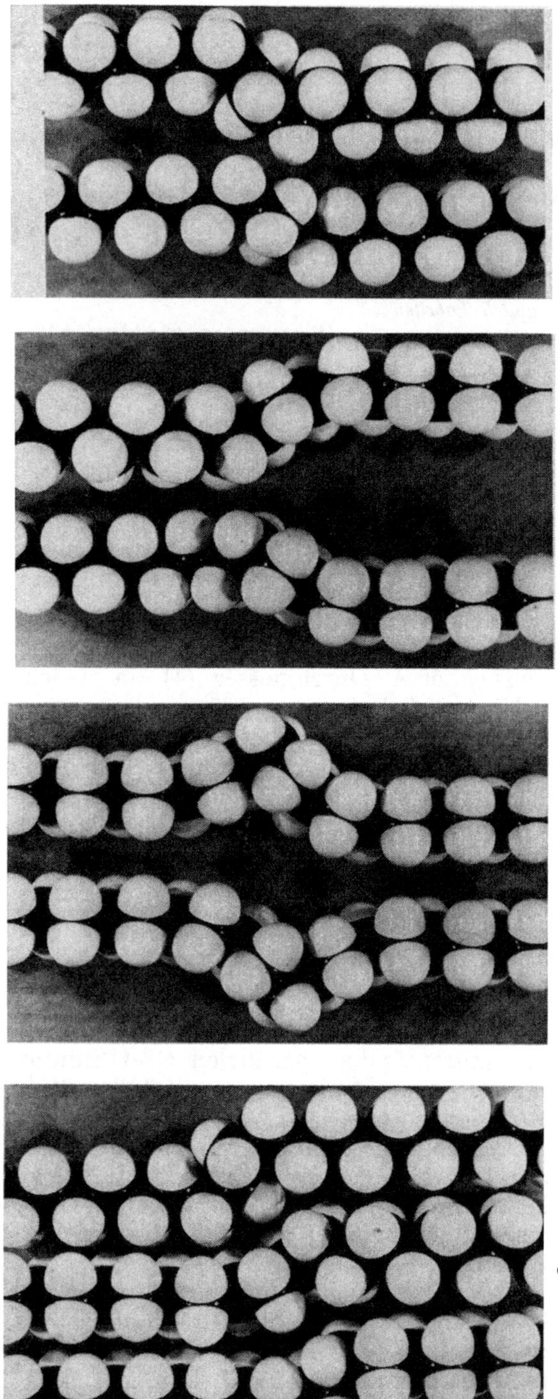

a

b

c

d

Abb. 1. Defekte in Polyäthylen: a) 2g1-Kinke; b) +90°-Torsion; c) +180°-Torsion, entlang der Kette wandernd; d) +90°-Torsion in einem Kinkblock

Kettenachse verschoben. Abb. 1c) zeigt 2 gauche-Lagen mit ca. 180° Drehung. Die genaue Geometrie der Defekte, ihre intramolekulare Energie sowie ihre Stabilität

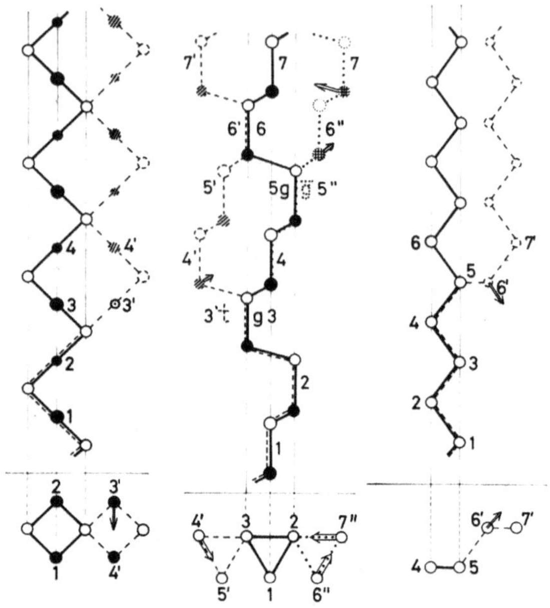

Abb. 2. Kettengerüst der 2/1 Helix, der 3/1 Helix und der planaren Kette, je mit Kinke. Als Pfeile sind die Dipole eingezeichnet, die bei Kinkumlagerungen dielektrisch aktiv werden (Ätherdipol im POM, C-R Dipol in streng isotaktischer bzw. syndiotaktischer Polyvinylverbindung)

muß durch semiempirische Potentialrechnungen untersucht werden. Rechnungen an der PE-Kette sind zur Zeit im Gange (7).

Kettentorsionen können auch in der Form einer leicht verdrillten planaren Zickzackkette – etwa wie ein Abschnitt der PTFE-Helix – auftreten. Für die kooperativ-statistische Behandlung von Defektanordnungen (s. u.) und für thermisch aktivierte Relaxationsprozesse spielen sie jedoch nur dann eine Rolle, wenn sie im Bündel durch Kinkblöcke (s. u.) stabilisiert werden, d. h. wenn die Orientierung der Zickzackebene in bestimmten Abständen entlang der Kette durch Kinkblöcke festgelegt wird und sich nur bei Umlagerung eines Kinkblocks ändern kann [vgl. die Berechnungen der Wechselwirkungsenergie von Kinkpaaren in (8)].

D. Zur kooperativ-statistischen Beschreibung eines Molekülbündels wird dieses durch Flächen senkrecht zur Kettenachse in Segmentschichten unterteilt (4). Die Länge eines Segments ist so gewählt, daß in jedem Segment im Mittel ein Defekt realisiert werden kann. Ein Segment umfaßt in PE 4 CH_2-Gruppen. Die Wechselwirkung einer Kette mit ihren Nachbarn kann dann durch verschiedene Segmentpaare entsprechend den Anordnungsmöglichkeiten der Defekte im

Segment dargestellt werden (4). Die kooperativ-statistische Behandlung einer Segmentschicht ergibt Aussagen über die Häufigkeiten solcher Segmentpaare und damit über die Häufigkeiten von Defekten und von den durch sie gebildeten Leerstellen in Abhängigkeit von der Temperatur.

Es zeigte sich, daß in der Polyäthylenschmelze fast jedes Segment einen Defekt enthält. In (4) wurden als Defekte (außer jogs und Falten, die für Relaxationserscheinungen eine untergeordnete Rolle spielen) nur Kinken zugelassen. Kettentorsionen, die zur vollständigen Beschreibung der Schmelze notwendig sind, wurden in (4) als mögliche Kopplung zwischen den einzelnen Segmentschichten angenommen. Kurze 90°-Torsionen (s. Abb. 1b) wären zwar vermutlich energetisch benachteiligt, im übrigen aber gleichberechtigte Elemente einer Segmentschicht neben Kinken.

In erster Näherung müßte die Konzentration von Torsionen mit der von Kinken im *Boltzmann*-Gleichgewicht stehen, die Konzentration der Torsionen also mit steigender Temperatur zunehmen.

E. Kinken rufen eine kleine seitliche Parallelverschiebung der Kette hervor; sie assoziieren deshalb mit Kinken in Nachbarketten zu Kinkblöcken [die Zahl der Kinken im Block ist nach (4) in der PE-Schmelze $h \approx 4$]. Die Diskussion über die seitliche Auslenkung von Kettentorsionen ist noch nicht abgeschlossen. Wahrscheinlich werden kurze 90°-Torsionen in Kinkblöcken mit eingebaut (s. Abb. 1d).

F. Bei der Umlagerung der Defekte ändert sich im allgemeinen sowohl das Gesamtdipolmoment der Kette als auch die Richtung der seitlichen Auslenkung und damit die paraelastische Deformation des Molekülbündels. Die Umlagerung von Kettenbaufehlern muß deshalb im Bündelmodell zu mechanischen und dielektrischen Relaxationserscheinungen Anlaß geben.

Die Umlagerung der Defekte geschieht bei Kinken durch kurbelwellenartige Bewegung einer C_4H_8-Gruppe (Kinkschritt) oder durch Vernichtung einer Kinke und Neubildung an anderer Stelle in derselben Kette (Kinksprung), bei Kettentorsionen durch kompliziertere Drehungen um C—C-Bindungen. Für die dielektrische Relaxation in oxidiertem PE, in POM und PVC ist es unwesentlich, ob eine *Kinke* nur innerhalb ihres Segments eine andere Position einnimmt, oder ob sie durch Kinksprung in ein anderes Segment überwechselt. Es ist dagegen ein großer Unterschied, ob *Torsionen* nur innerhalb ihres Segments Schritte ausführen oder durch Sprung in das nächste oder übernächste Segment entlang der Kette einen ganzen Kettenabschnitt um die Längsachse drehen.

G. Die wichtigsten im Bündelmodell denkbaren molekularen Bewegungsmechanismen sind:

γ': Kinkumlagerung im Kristall.

γ: Kinkumlagerung bzw. Kinkblockumlagerung (evtl. verbunden mit beschränkter Bewegung von kurzen 90°-Torsionen) in den amorphen Gebieten.

β': Ungehinderte Bewegung aller Kinken in einer Segmentschicht der amorphen Gebiete (ermöglicht durch das Auftreten großer Leerstellen), verbunden mit unbeschränkter Beweglichkeit von Torsionsfehlern (dem dielektrischen Glasprozeß zugeordnet).

β: Abgleiten von Molekülschichten in den amorphen Gebieten (dem mechanischen Glasprozeß zugeordnet).

α': Wanderung von Kettentorsionen durch Kristallamellen.

α: Bewegung von Mosaikblockgrenzen in den Kristallamellen .

III. Berechnung des dielektrischen Relaxationsbetrags $\Delta\varepsilon$ und der Relaxationsstärke ΔI der Scherkomplianz

Die Anwendung der allgemeinen Theorie der statischen Dielektrizitätskonstante von *Fröhlich* (9) auf das oben genannte Modell führt zu folgender Formel:

$$\Delta\varepsilon = \frac{3\varepsilon_0}{2\varepsilon_0 + \varepsilon_\infty}\left(\frac{\varepsilon_\infty + 2}{3}\right)^2 \frac{4\pi N}{3kTV} \times \sum_r w_r (\vec{\mu}_r - \bar{\vec{\mu}})(\vec{\mu}_r{}^* - \bar{\vec{\mu}}^*). \quad [1]$$

Darin bezeichnet $\Delta\varepsilon = \varepsilon_0 - \varepsilon_\infty$ die Differenz zwischen relaxierter (Gleichgewichts-) Dielektrizitätskonstante und ihrem unrelaxierten Wert (keine Dipolumlagerungen). N/V ist die Zahl der polaren Atomgruppen pro Volumeinheit, von denen sich der Bruchteil w_r in der Lage r mit dem Dipolvektor $\vec{\mu}_r$ befindet. $\bar{\vec{\mu}}$ bezeichnet den Mittelwert über alle Lagen. $\vec{\mu}_r{}^*$ ist das mittlere Dipolmoment einer großen Kugel, die den Dipol $\vec{\mu}_r$ enthält; dabei ist $\vec{\mu}_r$ in der Lage r festgehalten, während sich alle übrigen Dipole im thermodynamischen Gleichgewicht befinden; die Mittelwertbildung erfolgt ohne äußeres elektrisches Feld. Wenn keine Korrelation zwischen den Dipolen durch *van der Waals*-Kräfte oder Assoziation über Wasserstoffbrücken vorhanden ist, wird $\vec{\mu}_r^* = \vec{\mu}_r$.

In der Herleitung von Gl. [1] bedeutet $\vec{\mu}_r$ das Vakuumdipolmoment eines annähernd kugelförmigen Moleküls, das sich im Festkörper in der Stellung r befindet. Man muß deshalb die Makromoleküle gedanklich in lauter annähernd kugelförmige Teile zerschneiden und das Dipolmoment suchen, das eine solche Atomgruppe im Vakuum hätte. Bei PVC z. B. besteht diese Atomgruppe aus $-CH_2-CHCl-$. Da die durchschnittenen C—C-Bindungen parallel sind, wird sich das Dipolmoment der Gruppe nicht ändern, wenn die —C—C-Bindungen durch C—H-Bindungen ersetzt werden. Man kann also zur Bestimmung von $\vec{\mu}_r$ statt der Atomgruppe im Vakuum ein Vergleichsmolekül, nämlich Äthylchlorid, heranziehen, dessen Dipolmoment bekannt ist. Vergleichsmoleküle für einige Polymere sind in Abb. 3 zusammengestellt. Die Wahl des Vergleichsmoleküls für POM beruht auf folgender Überlegung: Die Schnittstellen sollen hier jeweils mitten durch die Sauerstoffatome gehen. Die Zahl und Richtung der polaren Bindungen der herausgeschnittenen Gruppe

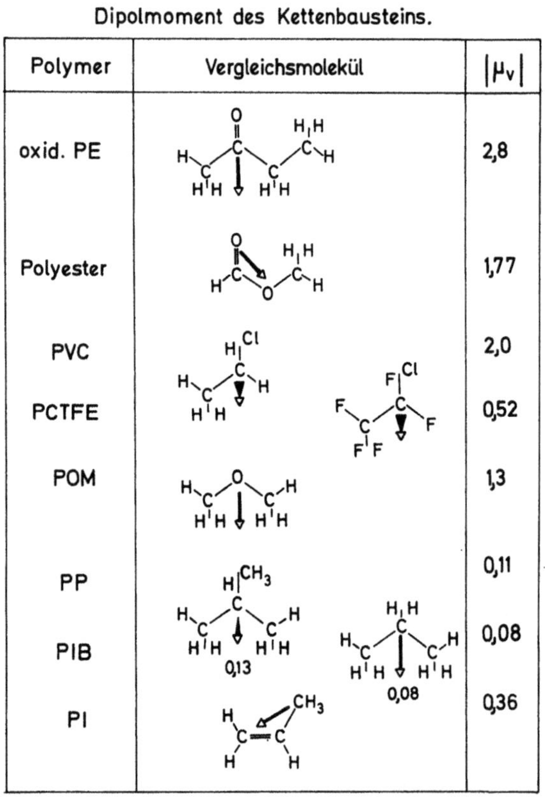

Abb. 3. Dipolmomente von Vergleichsmolekülen

ist dieselbe wie beim Vergleichsmolekül, abgesehen von 4 C—H-Bindungen, die im Vergleichsmolekül zusätzlich vorkommen, sich aber wegen ihrer tetraedrischen Anordnung gegenseitig kompensieren.

Für die Diskussion von molekularen Bewegungsvorgängen ist es nützlich, durch

$$g = \frac{1}{|\vec{\mu}_r|^2} \sum_r w_r (\vec{\mu}_r - \overline{\vec{\mu}}) (\vec{\mu}_r^* - \overline{\vec{\mu}^*}) \qquad [2]$$

einen g-Faktor zu definieren, der einerseits aus der Kenntnis der Dipolrichtungen und Besetzungswahrscheinlichkeiten aus dem Modell, andererseits aber mit Hilfe von Gl. [1] aus den gemessenen Relaxationsbeträgen berechnet werden kann.

In (1) wurde die Relaxationsstärke $\Delta I = \Delta(1/G)$ der Scherkomplianz für Kinkumlagerungen mit Hilfe der irreversiblen Thermodynamik berechnet. Dabei wurde die in der Versetzungstheorie gültige paraelastische Abgleitvorstellung als brauchbare Näherung verwendet. Das Ergebnis läßt sich auch in folgender Form schreiben:

$$\Delta I = \frac{n}{5kTV} \sum_r w_r (A\vec{\Delta}_r - A\overline{\vec{\Delta}}) (hA\vec{\Delta}_r - hA\overline{\vec{\Delta}}) \qquad [3]$$

Darin ist n/V die Zahl der Kinkisomeren pro Volumeinheit, w_r die Besetzungswahrscheinlichkeit der Kinklage r und $A\vec{\Delta}_r$ der Verschiebungsdipol, der aus der Abgleitfläche A (Kettenquerschnitt) und aus dem Abgleitvektor $\vec{\Delta}_r$ (seitliche Verschiebung einer Kettenhälfte relativ zur andern durch die Kinke) gebildet wird. Der Faktor h (Zahl der Kinken im Block) berücksichtigt analog zur dielektrischen Gl. [1] die Assoziation von Kinken. $\overline{\vec{\Delta}}$ bezeichnet wie oben den gewichteten Mittelwert $\sum_r w_r \vec{\Delta}_r$.

Für den Sonderfall einer einzelnen 2gl-Kinke im PE-Kettenkristall wurde in (2) nachgewiesen, daß die strenge, anisotrope Durchrechnung des Problems mit Hilfe des Kräftedipols der 2gl-Kinke nach isotroper Mittelung über die Relaxationsstärken der elastischen Koeffizienten

$$\Delta S_{ijkl} = \frac{n}{kTV} \sum_r w_r (Q_{ij}^r - \bar{Q}_{ij}) (Q_{kl}^r - \bar{Q}_{kl}) \qquad [4]$$

mit Q_{ij}^r als Verschiebungsdipol in Kinkstellung r zu praktisch dem gleichen Ergebnis führt wie Gl. [3], wenn für Q^r [Definition s. (2), Abschnitt IV] für Scherprozesse vereinfacht nach der Abgleitvorstellung $A\vec{\Delta}_r$ gesetzt wird.

Analog zu Gl. [2] wird für die weitere Diskussion ein mechanischer g-Faktor durch

$$g^{\text{mech}} = \frac{x_1}{|\vec{\Delta}_r|^2} \sum_r w_r(\vec{\Delta}_r - \bar{\vec{\Delta}})\,(h\vec{\Delta}_r - h\bar{\vec{\Delta}}) \qquad [5]$$

definiert, so daß Gl. [3] in

$$\Delta I = \frac{N_0}{5kT\,V_0}\, A^2\, |\vec{\Delta}_r|^2 g^{\text{mech}}\,. \qquad [6]$$

übergeht, worin N_0/V_0 die Zahl der Kettenglieder in der Hauptkette (für PE identisch mit der Zahl der C-Atome) pro Volumen V_0 der Elementarzelle und x_1 die Zahl der 2g1-Kinken pro Kettenglied bedeutet.

IV. Polyoxymethylen (POM)

Die energetisch günstigste Konformation von POM ist eine 9/5 Helix (9 Monomereinheiten auf 5 Windungen) (10). Der mathematischen Einfachheit halber soll sie für die folgenden Modellrechnungen durch eine 2/1 Helix (Abb. 4) angenähert werden.

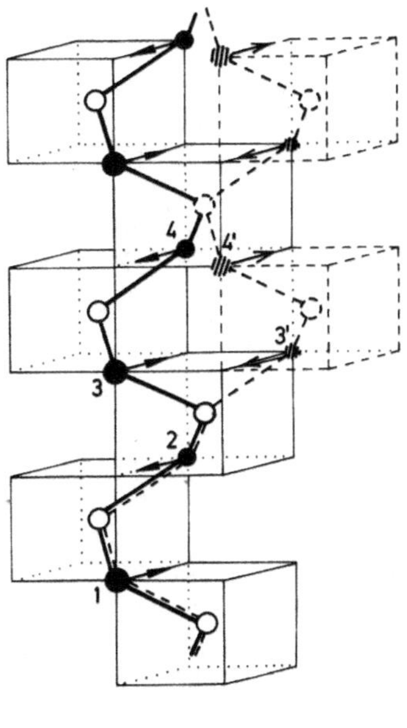

Abb. 4. Kettengerüst der POM-Kette als 2/1 Helix; die gestrichelte Kette enthält eine Kinke

Als einfachster Defekt, der in der freien Kette stabil und auch im Molekülbündel möglich ist, kann der in Abb. 4 gestrichelt gezeichnete angesehen werden. Er entsteht durch Verdrehung der beiden Kettenhälften um die Kettenlängsachse um 180° gegeneinander. Er wird im folgenden als Kinke bezeichnet. Die Konzentration dieser Kinken pro Monomereinheit (CH_2—O) wird in den amorphen Gebieten mit $2x_{1a}$, im Kristall mit $2x_{1c}$ bezeichnet. Am Kalottenmodell des Polymers erkennt man, daß weitere Torsionsfehler vermutlich eine wesentlich höhere Energie besitzen; sie werden deshalb im folgenden vernachlässigt.

Die Kinke kann – wie in PE – durch kurbelwellenartige Drehung einer CH_2—O-Gruppe entlang der Kette jeweils um eine halbe Monomereinheit weiterrücken. Dabei können vier Konformationen entstehen, die sich hinsichtlich der seitlichen Auslenkung und der Richtung des „überzähligen" Dipols unterscheiden (s. Abb. 5).

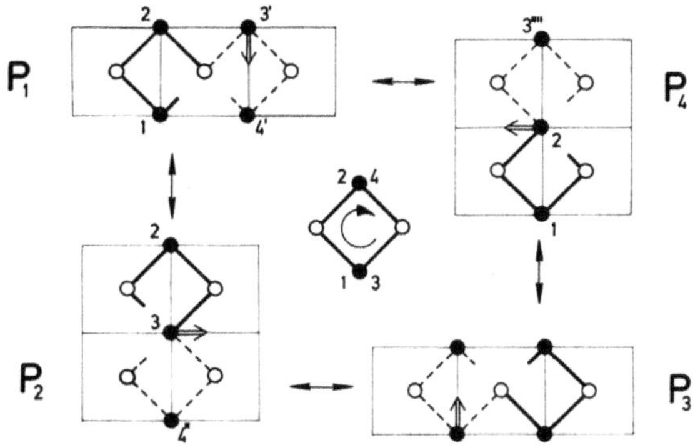

Abb. 5. Grundriß der 2/1 Helix mit einer Kinke in 4 verschiedenen Stellungen (ungestörte Kette in der Mitte)

Analoge Defekte (Kinken) wie in der 2/1-Helix lassen sich auch in einer 3/1 Helix konstruieren (s. Abb. 2). Es gibt dort 2 Sorten von Kinken (t-Fehler und $\bar{g}$-Fehler), die durch kurbelwellenartige Bewegung von Monomereinheiten je 3 verschiedene Lagen in der Kette einnehmen können (11).

Dem thermisch aktivierten Übergang zwischen diesen Kettenformationen in den amorphen Gebieten wird in dieser Arbeit der Tieftemperaturrelaxationsprozeß zugeordnet. Die Berechnung der Relaxationszeiten und Aktivierungsenergien soll in einer späteren Arbeit erfolgen. Die folgende Untersuchung soll zeigen, ob sich in diesem Modell der beobachtete Relaxationsbetrag in Abhängigkeit von der Temperatur mit sinnvollen Defektkonzentrationen darstellen läßt.

Falls sämtliche Kinkstellungen in Abb. 5 innerhalb der Relaxationszeit mit gleicher Wahrscheinlichkeit eingenommen werden, läßt sich $\Delta\varepsilon$ aus den Gln. [1, 2] leicht berechnen. Man verwendet dazu am besten nicht – wie vorgesehen – eine Monomereinheit (CH_2—O) als polares Element, sondern einen Kettenabschnitt, der gerade 1 Kinke (also $1/2\ x_{1a}$ Monomereinheiten) enthält. Ist $1/2x_{1a}$ zufällig eine ungerade Zahl[2]), so ist der resultierende Dipolvektor dieses Abschnitts gerade gleich dem in Abb. 4 am Atom 3′ und in Abb. 5 an den Atomen 3′ bzw. 2 bzw. 3 eingezeichneten Monomerdipolen. Der Mittelwert $\bar{\vec{\mu}}$ für einen solchen Kettenabschnitt ist also bei gleicher Wahrscheinlichkeit für alle 4 Dipollagen (Abb. 5) $\bar{\vec{\mu}} = 0$, und es wird $g = 1$ nach Gl. [2], falls $\vec{\mu}_r^* = \vec{\mu}_r$. Es läßt sich nun zeigen, daß $\vec{\mu}_r^* = \vec{\mu}_r$ nicht nur für unkorrelierte Bewegungen der einzelnen Kettenabschnitte gilt, sondern auch für den Fall, daß sich Kinken in verschiedenen Ketten zu Kinkblöcken assoziieren und simultan umlagern; die Orientierung der Ebene der Sauerstoffatome ist nämlich in einem solchen Kinkblock statistisch verteilt, so daß die Dipolvektoren in einem Kinkblock keineswegs alle in dieselbe Richtung zeigen.

Nach dieser Überlegung ist also $g = 1$, wenn man unter N/V in

$$\Delta\varepsilon = \frac{3\varepsilon_0}{2\varepsilon_0 + \varepsilon_\infty}\left(\frac{\varepsilon_\infty + 2}{3}\right)^2 \frac{4\pi N}{3kTV}\, g\, \mu_v^2 \qquad [7]$$

aus [1] und [2] die Zahl der Kettenabschnitte (Länge $1/2x_{1a}$ Monomereinheiten) pro Volumeinheit versteht. Da wir aber in dieser Arbeit den g-Faktor grundsätzlich auf polare Gruppen (in diesem Fall Monomereinheiten) beziehen wollen, d. h. N/V der Zahl der Monomereinheiten pro Volumeinheit gleichsetzen wollen, wird

$$g = 2x_{1a}\,. \qquad [8]$$

g^{mech} ist nach der Vorschrift in Gl. [5] ebensoleicht zu berechnen, denn der Vektor $\vec{\Delta}$ ist aus Abb. 5 abzulesen (er zeigt z. B. für P_1 vom Atom 2 zum Atom 3′ oder von 1 nach 4′). Da $\bar{\vec{\Delta}} = 0$, wird

$$g^{\mathrm{mech}} = x_{1a}\, h_{1a}\,. \qquad [9]$$

Die Kinkstellungen in Abb. 5 besitzen nun zwar dieselbe intramolekulare Energie, jedoch können durch intermolekulare Wechselwirkung bestimmte Kinklagen energetisch bevorzugt werden. Um dies – wenigstens in pauschaler Form – zu berücksichtigen, wird für die folgende Diskussion dieselbe Temperaturabhängigkeit von g bzw. g^{mech} gewählt, die sich – aufgrund eines Unterschieds ΔG in der Freien Enthalpie der Lagen – für ein einfaches Zweimulden-Platzwechselmodell ergibt, nämlich

$$g = 2x_{1a} \cosh^{-2}\left(\frac{\Delta G}{2RT}\right) \qquad [10]$$

[2]) Für eine gerade Zahl gilt eine ähnliche Überlegung.

$$g^{\mathrm{mech}} = x_{1a}\, h_{1a} \cosh^{-2}\left(\frac{\Delta G}{2RT}\right). \qquad [11]$$

Falls der Unterschied in der Freien Enthalpie hauptsächlich durch elastische Aufweitung des Bündels zustande kommt, kann für ΔG dieselbe Temperaturabhängigkeit angenommen werden wie für die unrelaxierten elastischen Moduln.

Aus der Extrapolation der Schubmodulkurven in (12, 13, 14, 15) bei tiefen Temperaturen folgt demnach:

$$\Delta G = \Delta G_0 \left(1 - \frac{T}{T_0}\right) \qquad [12]$$

mit $T_0 \approx 1000$ °K.

Statt nun aus den Gln. [1, 2, 10] $\Delta\varepsilon$ als Funktion der Kinkdichte zu berechnen und mit den Meßwerten zu vergleichen, soll im folgenden zunächst der „experimentelle“ g-Faktor aus Gl. [7] durch Einsetzen der gemessenen Relaxationsbeträge bestimmt werden. Durch Gleichsetzen der „experimentellen“ und der modellmäßig berechneten (Gl. [10]) g-Faktoren bei verschiedenen Temperaturen erhält man dann eine Aussage über x_{1a} und ΔG_0.

Der Berechnung der „experimentellen“ g-Faktoren wurden Messungen von *Porter* und *Boyd* (16) sowie von *Read* und *Williams* (17) zugrundegelegt. Zunächst wurde die Dielektrizitätskonstante ε_a der amorphen Phase aus derjenigen des teilkristallinen Materials (ε) und des Kristalls (ε_c) mit einer Formel von *Böttcher* (18) für pulverförmige Dielektrika berechnet:

$$\frac{\varepsilon - \varepsilon_c}{3\varepsilon} = \frac{\varrho}{\varrho_a}(1-\chi)\frac{\varepsilon_a - \varepsilon_c}{\varepsilon_a + 2\varepsilon}\,. \qquad [13]$$

χ ist der Massenanteil der Kristallite, ϱ_a die Dichte der amorphen Phase und ϱ die Dichte der Probe.

Die in den Gln. [7, 13] benötigten unrelaxierten Dielektrizitätskonstanten von Kristall und amorpher Phase wurden aus den in (19) und (20) angegebenen Dichten ϱ_a und ϱ_c in Abhängigkeit von der Temperatur mit der *Clausius-Mossotti*-Formel ausgerechnet, die an $\varepsilon_\infty = 2{,}77$ für $\varrho = 1{,}420$ g cm^{-3} angepaßt wurde (16). *Reuße* (19) findet, im Gegensatz zu Literaturwerten (21, 22) für die amorphe Dichte bei 25 °C $\varrho_a = 1{,}33$ g cm^{-3} sowohl aus kalorimetrischen Messungen, als auch aus der Invarianten der Röntgenkleinwinkelstreuung. Denselben Wert findet *Wilski* (20) aus einer Reihe dilatometrischer Messungen an Trioxan-1,3-Dioxolan-Copolymeren nach verschiedenen Extrapolationsverfahren. Danach ergibt sich für die von *Porter* und *Boyd* (16) verwendete

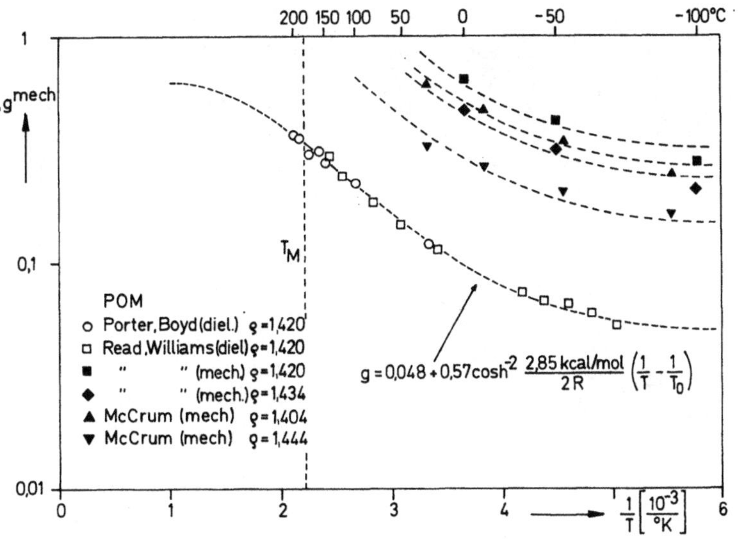

Abb. 6. Dielektrische und mechanische g-Faktoren für die Tieftemperaturrelaxation in POM als Funktion der reziproken Temperatur

Probe ($\varrho_{25°C} = 1{,}420$ g cm^{-3}) ein Kristallinitätsgrad $\chi = 0{,}584$ statt 0,69 wie in (16) aus Literaturwerten berechnet. Die Temperaturabhängigkeit von χ für die in (16) untersuchte Probe wurde aus dem von *Reuße* (19) gemessenen Schmelzpunkt einer Probe gleicher Dichte und der Temperaturabhängigkeit von χ für eine Probe der Dichte 1,455 g cm^{-3} [in (19) aus den Dichten ϱ_a, ϱ_c und der Röntgenkleinwinkelintensität zwischen 25 °C und 174 °C bestimmt] erschlossen. Die damit berechneten g-Faktoren sind in Abb. 6 über $1/T$ aufgetragen.

Zunächst ist erstaunlich, daß sich beim Übergang vom Festkörper zur Schmelze keinerlei sprunghafte Änderung von g zeigt. Dies ist als eine Bestätigung des hier verwendeten Zweiphasenmodells aufzufassen [vgl. auch die Diskussion in (16)]. Die innere Struktur der amorphen Gebiete im Festkörper ist also – zumindest in der Nähe von T_M – dieselbe wie in der Schmelze.

Die Temperaturabhängigkeit von g könnte nun einerseits von dem in Gl. [10] enthaltenen Faktor $\cosh^{-2}\left(\frac{\Delta G}{2RT}\right)$, andererseits aber von einer temperaturabhängigen Kinkdichte x_{1a} herrühren. Im Gegensatz zu PE verursacht eine Kinkbildung bzw. -vernichtung in der exakten 2/1-Helix keine Kettenverlängerung oder -verkürzung, so daß kinetische Hinderungen bei der Rückbildung von Kinken nicht unmittelbar einsichtig sind. Auch eine Drehung des Kettenendes ist nicht notwendig, obwohl alle Kinken durch Drehung desselben in der gleichen Richtung entstehen; 2 Kinken können sich sogar ohne Beeinflussung der weiter entfernten Kettensegmente – durch kompliziertere simultane Drehungen um C—O-Bindungen – gegenseitig vernichten.

Eine Rückbildung von Kinken mit fallender Temperatur findet aber offensichtlich nicht statt, denn dies würde einer Kristallisation des Molekülbündels gleichkommen; eine Temperaturabhängigkeit des Kristallinitätsgrades wird aber unterhalb von ca. 150 °C nicht beobachtet (19, 20). Offenbar ist die intramolekulare Aktivierungsenergie für den Vernichtungsprozeß zu hoch, oder – wahrscheinlicher – werden die Kinken ähnlich wie in PE durch die geringfügigen Kettenverkürzungen in der realen (POM-) Helix stabilisiert und damit eine Nachkristallisation der amorphen Bereiche verhindert. Aus diesem Grunde wurden die g-Faktoren in Abb. 6 mit einer temperaturunabhängigen Kinkdichte in Gl. [10] angepaßt. Die Anpassung gelingt allerdings nur mit einer Verteilung von ΔG_0-Werten um einen Mittelwert (im einfachsten Fall einer Summe aus 2 Anteilen mit $\Delta G_0 = 0$ und $\Delta G_0 = 2{,}85$ kcal/mol wie in Abb. 6 angeschrieben).

Die Extrapolation von g zu $T \to T_0$ liefert dann $x_{1a} = 0{,}31$. Dies ist ein mit dem Bündelmodell gut verträglicher Wert, denn er unterscheidet sich nur geringfügig von der theoretischen Kinkkonzentration, die eine Schmelztheorie analog zu (4) für POM liefern würde, und zwar unter der Annahme einer Segmentlänge von 2 Monomereinheiten. Eine POM-Kette mit einer Kinkkonzentra-

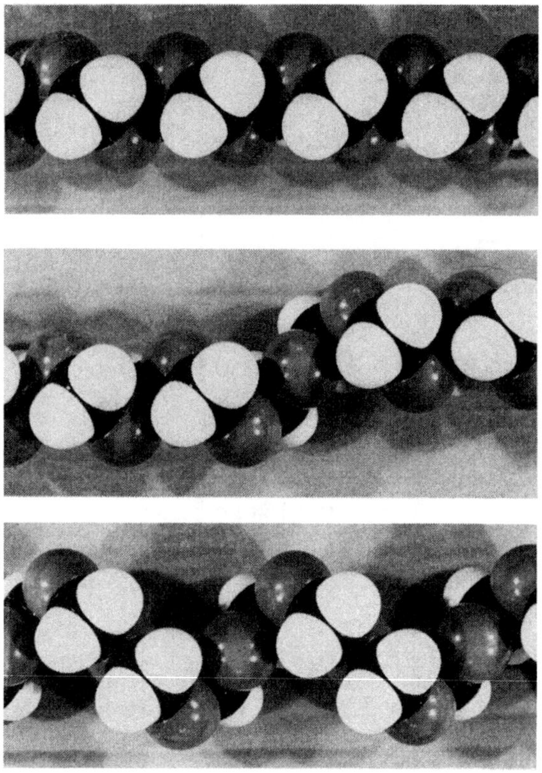

a

b

c

Abb. 7. Kinken in POM: a) ungestörte Kette (näherungsweise als 2/1 Helix dargestellt); b) einzelne Kinke; c) Kinken der Konzentration $x_{1a} = 0{,}25$, in regelmäßiger Anordnung; jede Kinke kann – unabhängig von ihren Nachbarn – um ein Kettenglied nach links oder rechts weiterrücken, so daß eine unregelmäßige Anordnung entsteht

tion von 0,25 ist in Abb. 7 dargestellt. Daß die Kinkkonzentration auch etwas höher als dieser theoretische Wert liegen kann, wird plausibel, wenn man den im Modell noch realisierbaren Grenzfall $x_{1a} = 0{,}5$ (der allerdings keine Konformationsentropie mehr besitzt) beachtet. ΔG_0 ist zwar höher als in PE (vgl. 5, 3); dies wird jedoch aufgrund der höheren Blockgröße h (s. u.) verständlich, denn ΔG_0 wurde in (3) den kleinen Leerstellen (Energie 0,2 kcal/mol in PE) zugeschrieben, die an jeder Kinke im Block entstehen müssen, wenn der Block eine andere Lage einnimmt.

Die mechanischen g-Faktoren für POM, die mit

$$\Delta I_a = \frac{N_0}{5kT\,V_0}\,A^2\,|\hat{A}_r|^2\,g^{\mathrm{mech}} \qquad [14]$$

und

$$\Delta I = \frac{\varrho}{\varrho_a}\,(1-\chi)\,\Delta I_a \qquad [15]$$

entsprechend Gl. [6] für die amorphen Gebiete aus den Messungen von *McCrum* (14) und *Read* und *Williams* (17) berechnet wurden, sind ebenfalls in Abb. 6 eingetragen.

Die relaxierten und unrelaxierten Schubmodulwerte wurden für die verschiedenen Temperaturen in derselben Weise wie in (3) aus den Temperaturkurven extrapoliert. Die Kristallinitäten χ aller Proben wurden nach dem Zweiphasenmodell mit $\varrho_a = 1{,}33\ \mathrm{gcm^{-3}}$ und $\varrho_c = 1{,}492\ \mathrm{gcm^{-3}}$ berechnet; sie sind erheblich kleiner als die in (14, 17) angegebenen. Die gestrichelten Kurven in Abb. 6 gehen aus derjenigen, die an die dielektrischen Punkte angepaßt wurde, durch Multiplikation mit einem temperaturunabhängigen Faktor entsprechend den Gln. [10, 11] hervor.

Aus den Gln. [10, 11] ergeben sich für die Blockgröße h Werte zwischen 6 und 12. Eine Bestätigung dieser Werte kann erst durch eine kooperativ-statistische Theorie der POM-Schmelze erfolgen.

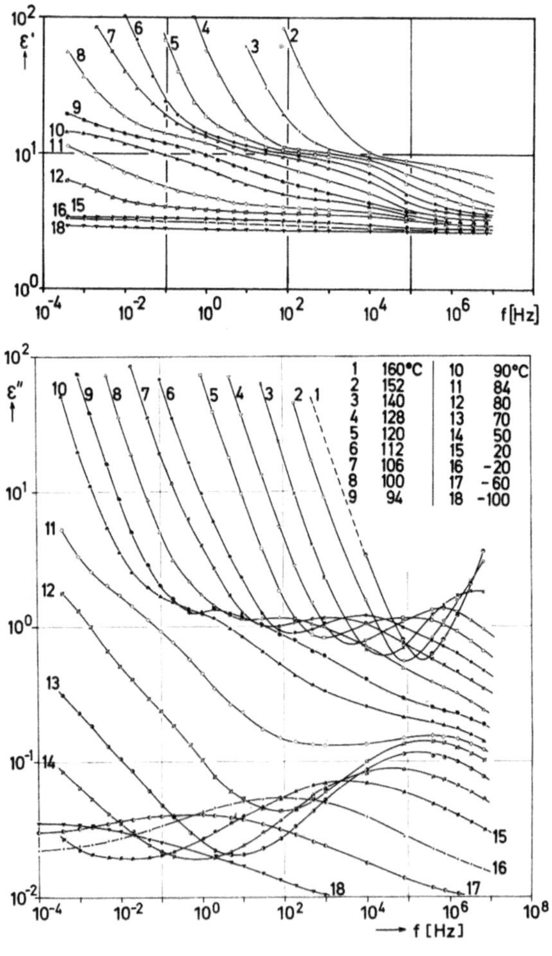

Abb. 8. Real- und Imaginärteil der Dielektrizitätskonstante für ataktisches, unstabilisiertes PVC nach (23, Probe 1a), bei verschiedenen Temperaturen aufgetragen über der Frequenz

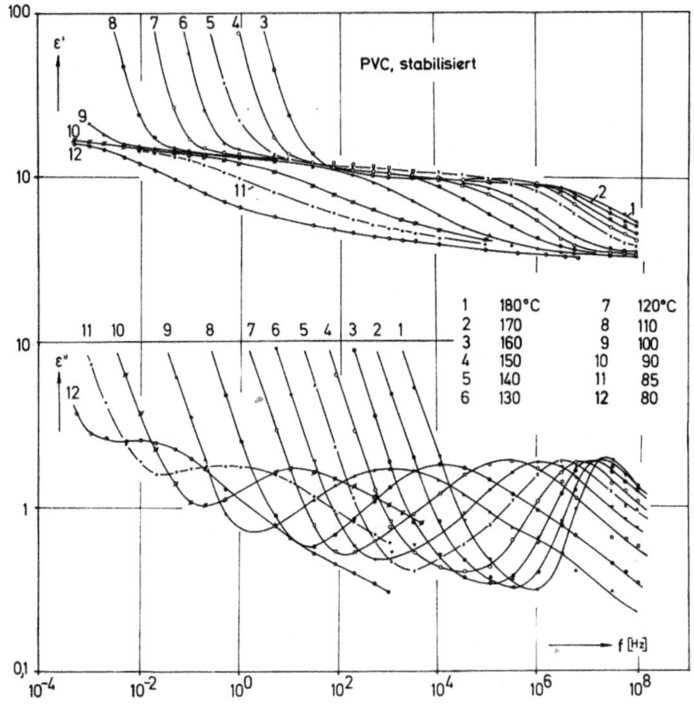

Abb. 9. Real- und Imaginärteil der Dielektrizitätskonstante für ein ataktisches, stabilisiertes PVC nach (23, Probe 2), bei verschiedenen Temperaturen aufgetragen über der Frequenz

V. Polyvinylchlorid (PVC)

Dielektrische Messungen an ataktischem PVC aus (23) in einem weiten Frequenz- und Temperaturbereich sind in den Abb. 8 und 9 dargestellt. Probe 1a (Abb. 8) wurde aus reinem Suspensions-PVC durch Verdunsten des Lösungsmittels Cyclohexanon bei 60 °C hergestellt. Die 0,06 mm dicke Folie wurde 8 Tage in Methanol ausgewaschen und anschließend 24 Std. bei 80 °C im Vakuum getrocknet. Probe 2 (Abb. 9) enthielt 3% Stabilisator und wurde bei 180 °C zu einer 0,3 mm starken Folie gepreßt. Die Messung erfolgte mit aufgedampften Goldelektroden. Die aus den Abb. 8 und 9 entnommenen Relaxationsbeträge sind in den Tab. 1–3 zusammen mit den aus Gln. [1, 2] berech-

Tab. 1. Hauptdispersion bei Probe 1a

T [°C]	$\Delta\varepsilon$	g
100	12,2	4,9
106	10,5	4,5
112	9,4	4,0
120	8,9	3,7
128	8,3	3,6
140	7,3	3,4
152	6,3	3,0

Tab. 2. Hauptdispersion bei Probe 2

T [°C]	$\Delta\varepsilon$	g
85	14,0	5,3
90	13,0	5,0
100	12,0	4,8
110	10,5	4,4
120	9,5	4,1
130	8,5	3,7
140	8,0	3,6
150	7,3	3,4
160	7,0	3,4
170	6,5	3,3
180	6,3	3,3

Tab. 3. Nebendispersion bei Probe 1a

T [°C]	$\Delta\varepsilon$	g
−100	0,61	0,026
−80	0,58	0,028
−60	0,56	0,030
−40	0,58	0,034
−20	0,64	0,040
0	0,69	0,047
15	0,72	0,052
28	0,75	0,056
40	0,76	0,059
50	0,83	0,067
60	0,89	0,074
70	0,86	0,074
80	0,97	0,085
90	0,91	0,083

neten g-Faktoren[3]) aufgeführt. Weitere Messungen an syndiotaktischem (stereoreguliertem) PVC finden sich in (23).

Die energetisch günstigste Konformation des ataktischen PVC ist nach *Gisolf* (24) nicht die planare Zickzackkette. Die von *Gisolf* (24) vorgeschlagene Kettenkonformation entsteht aus einer planaren Kette durch Bildung von einigen Kinken (in derselben Weise wie in PE) an geeigneten Stellen in isotaktischen Sequenzen. Diese strukturbedingten Kinken haben aber 2 energetisch gleichwertige Lagen ($\pm 120°$-Drehung), zwischen denen sie hin- und herspringen können (Abb. 10e). Sie können also zur Relaxation beitragen. Ihre Konzentration pro C-Atom wird hier mit x'_{1a} bezeichnet. Sie läßt sich aus der Wahrscheinlichkeit s, mit der bei der Polymerisation eine syndiotaktische Sequenz gebildet wird, berechnen, wenn eine unkorrelierte Verknüpfung von Monomereinheiten bei der Polymerisation vorausgesetzt wird. In Tab. 4 ist x'_{1a} aufgeführt. Zusätzlich zu den oben genannten taktizitätsbedingten Kinken können weitere Kinken (wie in PE) gebildet werden (s. Abb. 10b); die Kette wird dadurch gegenüber der energetisch günstigsten Konformation kürzer und erhält eine höhere intramolekulare Energie[4]). Die Konzentration dieser zusätzlichen Kinken pro C-Atom wird hier mit x_1 bezeichnet.

Als weitere Defekte kommen – wie in PE – Torsionsfehler in Frage. Eine Drehung von Dipolen um die Kettenlängsachse – wie sie durch Kettentorsionen zustande kommt – wurde in PVC für die Nebendispersion von *Holzmüller* (24) und für die Hauptdispersion von *Reddish* (26) diskutiert. Dabei ändert sich sowohl die seitliche Auslenkung wie auch das Dipolmoment der Kette. Im Mittel ist für beide gezeigten Torsionen nur je 1 Stellung pro Monomer sterisch möglich. Die atomistische Berechnung der intramolekularen Ener-

a

b

c

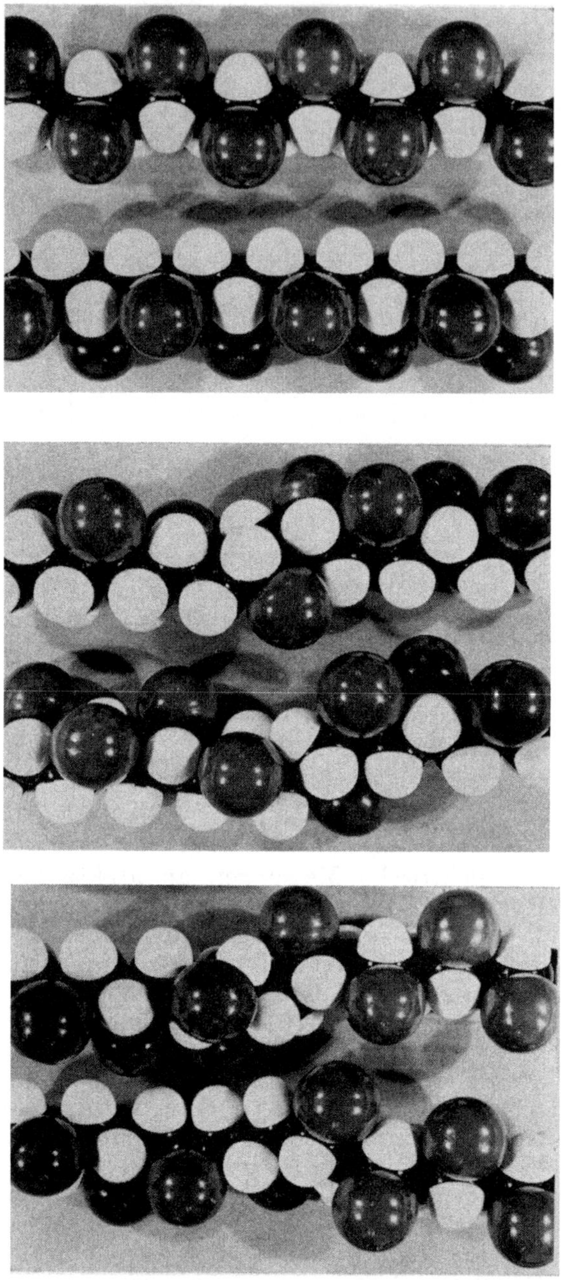

Abb. 10. Kalottenmodell der syndiotaktischen PVC-Kette: a) ungestört; b) mit normaler Kinke; c) mit $+90°$-Torsion; d) mit $+180°$-Torsion; e) mit zwei in der Bildmitte liegenden isotaktischen Sequenzen in *Gisolf*-scher Konformation (mit taktizitätsbedingter Kinke). Sämtliche Kettenbaufehler sind in 2 möglichen Lagen gezeigt, die ohne Bewegung der Kettenenden ineinander übergeführt werden können

gie von Torsionen in PVC ist eine wichtige, noch ausstehende Aufgabe.

Die Konzentration von 90°-Torsionen pro C-Atom wird hier mit x_t bezeichnet. 180°-Torsionen werden zwei 90°-Torsionen gleichgesetzt.

---

[3]) Für die Hauptdispersion wurde statt dem wahren Dipol $\bar{\mu}_v$ der Monomereinheit ein mittlerer Dipol $\bar{\mu}_m$ (s. u.) verwendet und in die Gln. [1, 2] eingesetzt. Der kristalline Anteil – in dem keine Relaxation ablaufen soll – wurde für ataktisches PVC (Probe 1a und 2) zu 10%, für stereoreguliertes PVC zu 25% angenommen. Die Umrechnung auf $\Delta\varepsilon_a$ erfolgte mit Gl. [13].

[4]) In der syndiotaktischen Kette ist an jeder C—C-Bindung nur 1 Kinkstellung sterisch möglich (statt 2 Kinkstellungen wie in PE). Da es aber vier verschiedene C—C-Bindungen gibt, gibt es auch 4 verschiedene Kinklagen. In Abb. 10b sind 2 davon dargestellt. In der ataktischen Kette sind einige Kinkstellungen an den Übergängen syndiotaktisch-isotaktisch sterisch behindert [vgl. (24)]. Die mittlere Zahl v_{1a} der möglichen Kinkstellungen pro C-Atom ist in Tab. 4 aufgeführt.

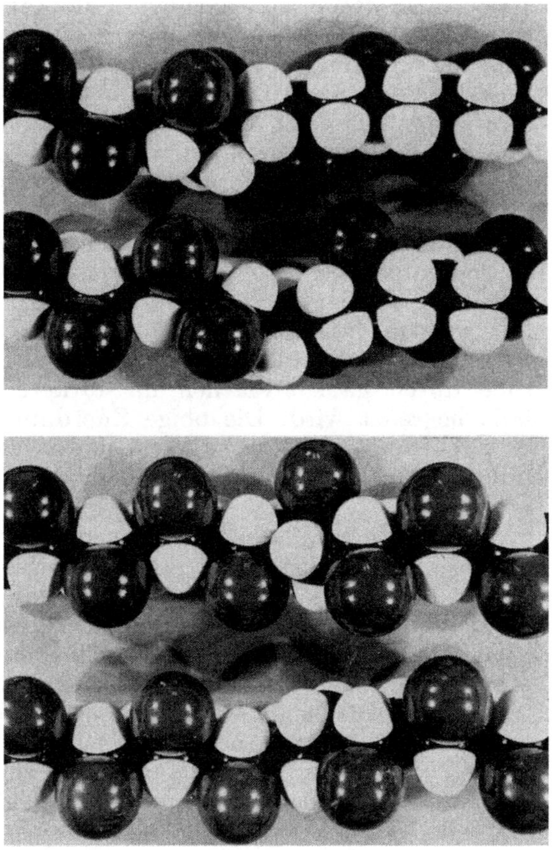

d

e

Abb. 10. d–e

Tab. 4. Kinkdichten x_{1a} („experimentell") und x'_{1a} (theoretisch) sowie Faktoren b_{1a} in Gl. [16] und Zahlen v_{a1} der sterisch möglichen Kinkstellungen für nicht taktizitätsbedingte Kinken in Abhängigkeit von der Häufigkeit s syndiotaktischer Sequenzen

s	0,5	0,6	0,7	0,8	0,9	1
x'_{1a}	0,083	0,057	0,035	0,017	0,005	0
b_{1a}	1,74	1,51	1,40	1,35	1,33	1,33
x_{1a}	0,012	0,025	—	0,065	—	—
v_{1a}	0,25	0,33	0,44	0,59	0,77	1

Die Nebendispersion

In der folgenden Betrachtung soll die Nebendispersion in PVC ausschließlich der Umlagerung von Kinkblöcken (die sowohl taktizitätsbedingte als auch andere Kinken enthalten können) zugeordnet werden. Die Frage, ob auch Torsionsfehler (möglicherweise in Kinkblöcke eingebaut) unterhalb des Glaspunktes innerhalb ihres Segments Bewegungen ausführen und so zur Relaxation beitragen können, kann vorläufig nicht entschieden werden.

Mit der genannten Zuordnung läßt sich der dielektrische Relaxationsbetrag der Nebendispersion als Funktion der Kinkkonzentrationen x_{1a} und x'_{1a} berechnen. Die Abzählung der möglichen Kinklagen für die einzelnen Dipolvektoren der Kette ergibt nach Gl. [2] für den Fall, daß sämtliche Kinklagen mit gleicher intramolekularer Energie gleich häufig vorkommen (11)

$$g = \frac{4}{3} x'_{1a} + 2 x_{1a} b_{1a} \qquad [16]$$

und

$$g^{\text{mech}} = \frac{1}{3} h_{1a} x'_{1a} + h_{1a} x_{1a} \qquad [17]$$

mit

b_{1a} aus Tab. 4 [5]).

Die Korrelation von Kinken in benachbarten Ketten bei der Umlagerung von Kinkblöcken ist in Gl. [17] durch den Faktor h (Blockgröße) berücksichtigt worden, weil bei Einrastung im Kinkblock die Kettenauslenkungen $\vec{\Delta}_r$ aller Kinken im Block definitionsgemäß annähernd in dieselbe Richtung zeigen. Die Dipolvektoren $\vec{\mu}_r$ aller Kinken im Block sind jedoch keineswegs gleichgerichtet, weil die Orientierung der Zickzackebene bei den einzelnen Ketten sehr verschieden sein kann. Deshalb tritt bei Mittelung über alle vorkommenden Kinkblöcke vermutlich keine Korrelation der Dipolvektoren in verschiedenen Ketten in Erscheinung, so daß $\vec{\mu}_r^* = \vec{\mu}_r$ ist.

Der Einfluß der intermolekularen Wechselwirkung auf die Energie der Kinklagen kann in dieser Arbeit nur pauschal erfaßt werden. Deshalb werden analog zum POM-Teil statt den Gln. [16, 17] die Gln.:

$$g = \left(\frac{4}{3} x'_{1a} + 2 b_{1a} x_{1a}\right) \cosh^{-2}\left(\frac{\Delta G}{2RT}\right) \qquad [18]$$

$$g^{\text{mech}} = \left(\frac{1}{3} h_{1a} x'_{1a} + h_{1a} x_{1a}\right) \cosh^{-2}\left(\frac{\Delta G}{2RT}\right) \qquad [19]$$

mit ΔG aus Gl. [12] verwendet.

Dieser modellmäßigen Berechnung von g nach Gl. [2] wird nun die Berechnung von g mit Gl. [7] aus den gemessenen Relaxationsbeträgen [(23), (11), Tab. 1, 2, 3] gegenübergestellt. Die Absicht ist, durch Gleichsetzen der „experimentellen" und der modellmäßig berechneten g-Faktoren eine Aussage über die unbekannten Größen x_{1a}, h_{1a} und ΔG_0 zu erhalten. Die „experimentellen" g-Faktoren sind für die Nebendispersion in Abb. 11 aufgetragen. Dabei wurde für ataktisches PVC ein kristalliner (nicht relaxierender) Anteil von $\chi = 0{,}1$, für syndiotaktisches PVC ein solcher von $\chi = 0{,}25$ angenommen. Die me-

[5]) Um den Rechenaufwand zu begrenzen, wurden sämtliche Winkel für das gauche-Minimum im Rotationspotential zu $\pm 120°$ angenommen.

chanischen g-Faktoren wurden aus Messungen von *Eisele* (12) mit Gl. [6] berechnet. Die relaxierten und unrelaxierten Schubmodulwerte für die verschiedenen Temperaturen wurden auf dieselbe Weise wie in (3) aus den Temperaturkurven extrapoliert. Ebenso wie bei POM lassen sich die „experimentellen" g-Faktoren nicht durch die Gln. [18, 19] darstellen[6]); man muß vielmehr eine Verteilung von ΔG-Werten annehmen (im einfachsten Fall eine Summe aus 2 Anteilen wie in Abb. 11 angeschrieben).

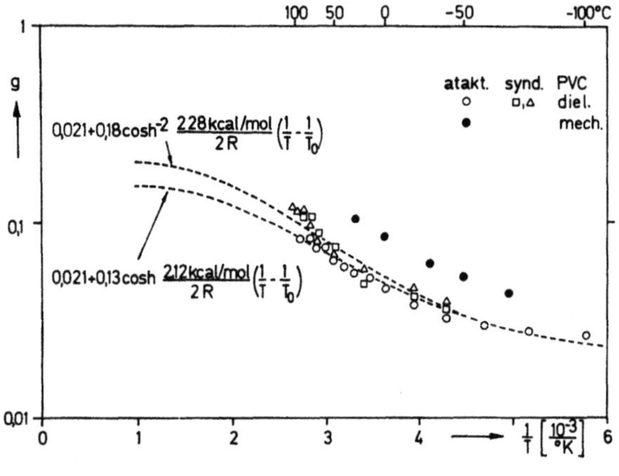

Abb. 11. g-Faktoren für die Nebendispersion in PVC, aufgetragen über der reziproken Temperatur

ΔG_0 ist beträchtlich höher als in PE [vgl. (5)]. Dafür kommen zwei Gründe in Frage: a) die Energie von kleinen Leerstellen, die bei der Umlagerung eines Kinkblocks innerhalb desselben gebildet werden müssen, damit sich der Block an die veränderte Umgebung anpassen kann (3, 4, 8), ist vermutlich in PVC größer als in PE; b) die Zahl der kleinen Leerstellen im Block sollte größer sein als in PE (dies ist plausibel, weil in PVC einige Kinkstellungen aus sterischen Gründen nicht gebildet werden können).

Aus dem Grenzwert von g für hohe Temperaturen erhält man aus Gl. [18] x_{1a} in Tab. 4. Die Gesamtkonzentration der Defekte ($x_{1a} + x_{1a}' + x_t$) entspricht mit $x_t \approx 0{,}1$ (s. u.) etwa den Werten, die man von einer kooperativ-statistischen Theorie für PVC in Analogie zur PE-Schmelze (4) erwartet ($x_{\text{ges}} \approx 0{,}2$). Auch die Abhängigkeit von x_{1a} von der Taktizität ist vom Modell her zu verstehen: in Tab. 4 ist die Zahl v_{1a} der möglichen Stellungen pro Kettenglied für nicht taktizitätsbedingte Kinken aufgeführt. Es ist zu erwarten, daß mit steigendem s die Zahl der Kinksegmente proportional zur Zahl der möglichen Stellungen auf Kosten der Torsionssegmente wächst[7]).

Aus dem Vergleich von g und g^{mech} ergibt sich nahezu temperaturunabhängig $h_{1a} = 6$ [etwas größer als in PE, wo $h_{1a} = 4$ nach (3, 4)]. Im Mäandermodell ist – abgesehen von energetischen Unterschieden – für einen amorphen Stoff eine höhere Blockgröße zu erwarten als für einen teilkristallinen, weil in letzterem nur die Mäanderbögen zur Relaxation beitragen, wo die Blockgröße durch gauche-Flächen in stärkerem Maße begrenzt wird. Die obige Zuordnung der Nebendispersion – ausschließlich zu Kinkumlagerungen – ist also mit dem Modell verträglich.

Da sich jedoch kurze 90°-Torsionen wie in Abb. 10c) bei stark eingeschränkter Beweglichkeit ähnlich wie Kinken verhalten, kann von den hier mitgeteilten Daten her nicht ausgeschlossen werden, daß auch Torsionssegmente an der Tieftemperaturrelaxation teilnehmen. Auffallend – und in diesem Falle zu erwarten – ist ein Anstieg des g-Faktors für den γ-Prozeß (Abb. 11) oberhalb der Glastemperatur, der den nun beweglich werdenden Kettentorsionen zuzuschreiben wäre.

Die Hauptdispersion

Die dielektrische Hauptdispersion (Glasprozeß) in PVC wird hier der in Abschnitt IIG) mit β' bezeichneten Molekülbewegung zugeordnet, die mechanische Hauptdispersion der mit β bezeichneten[8]). Der Relaxationsbetrag der Scherkomplianz für den β-Prozeß hängt stark von der Mäandergeometrie und -anordnung ab und ist deshalb zur Bestimmung von Defektkonzentrationen nicht geeignet. Er wird hier nicht behandelt. Dagegen hängt der dielektrische Relaxationsbetrag des β'-Prozesses stark von der Konzentration von Kettentorsionen ab

[6]) Wegen der mit Kinkbildung bzw. -vernichtung verbundenen Kettenverkürzung bzw. -verlängerung sollte x_{1a} unterhalb des Glaspunktes konstant bleiben.

[7]) Eine Erweiterung der kooperativen Schmelztheorie, die als Elemente der Segmentschicht Kinken *und* kurze Torsionsfehler behandelt, ist in Vorbereitung. Torsionsfehler und Kinken stehen in erster Näherung im *Boltzmann*-Verhältnis zueinander unter Berücksichtigung der Zahl der Realisierungsmöglichkeiten.

[8]) Der dielektrische Relaxationsbetrag des β-Prozesses muß sehr klein sein, weil die Dipole durch das Abgleiten von Molekülschichten keine zusätzlichen Orientierungsmöglichkeiten erhalten über die hinaus, die sie durch den – schnelleren – β'-Prozeß schon besitzen. Der Relaxationsbetrag ΔI der Scherkomplianz für den β'-Prozeß muß klein sein gegen denjenigen des β-Prozesses und ist außerdem von diesem experimentell nicht zu trennen.

(s. u.), denn die Dipole in einer untordierten Kette zeigen zum großen Teil in dieselbe Raumrichtung, so daß das resultierende Dipolmoment eines größeren Kettenabschnitts annähernd proportional zu seiner Länge ist. Die Konzentration von Kettentorsionen bestimmt nun die mittlere Länge eines untordierten Kettenabschnitts und damit die mittlere Zahl der Dipole, die sich bei einer Drehung von Kettenabschnitten um die Längsachse (β'-Prozeß) gemeinsam umlagern.

Nach Gl. [1] ist $\Delta\varepsilon$ proportional zur Konzentration der polaren Einheiten und außerdem zum Quadrat des Dipolmoments derselben. Mit steigender Torsionskonzentration nimmt die Größe der polaren Einheiten (Kettenabschnitte) ab, N/V nimmt also zu und $\vec{\mu}_r$ ab. Als Resultat sollte

$$\Delta\varepsilon \approx \text{const} \cdot \frac{1}{x_t} \qquad [20]$$

sein. Außerdem erwartet man eine Abhängigkeit von der Kinkkonzentration, denn das mittlere Dipolmoment eines größeren Kettenabschnitts hängt von der Zahl der darin enthaltenen Kinken ab. Die Umlagerung der Kinken kann dagegen bei der Berechnung von $\Delta\varepsilon$ vernachlässigt werden, denn aus dem Abschnitt Nebendispersion geht hervor, daß für die dort errechnete Kinkkonzentration $x_{1a} + x'_{1a} \approx 0{,}1$ bei ungehinderter Umlagerung ($\Delta G_0 = 0$) $\Delta\varepsilon_\gamma = 1{,}5 \ldots 2{,}0$ bei 100 °C folgen würde. Dies kann aber im Vergleich zu $\Delta\varepsilon_{\beta'} \approx 10$ für die beabsichtigte erste Abschätzung der Torsionskonzentration vernachlässigt werden.

Die mittlere Länge untordierter Kettenabschnitte und damit die Korrelation von Dipolen entlang der Kettenlängsachse schlägt sich in der modellmäßigen Berechnung (11) von $\vec{\mu}_r^*$ in Gl. [1] bzw. Gl. [2] nieder. Für diese werden zweckmäßig statt den wahren Dipolen $\vec{\mu}_r$ der Monomereinheiten gemittelte Dipole $\vec{\mu}_m$ verwendet, die durch Mittelung über alle Monomerdipole in einer langen untordierten, aber durch Kinken gestörten, Kette entstehen. Man erhält mit den im Abschnitt Nebendispersion errechneten Kinkdichten:

$$|\vec{\mu}_m| = 0{,}45\,|\vec{\mu}_r| \text{ (ataktisches PVC)} \qquad [21]$$

$$|\vec{\mu}_m| = 0{,}41\,|\vec{\mu}_r| \text{ (stereoreguliertes PVC)} \qquad [22]$$

Aus Gl. [2] folgen unter der Voraussetzung, daß sämtliche Dipolorientierungen rund um die Kettenachse gleichberechtigt sind (keine Vorzugsrichtung für einen herausgegriffenen Dipol) die in Tab. 5 angegebenen g-Faktoren (bezogen auf den mittleren Dipol $\vec{\mu}_m$ des Monomers) als Funktion der Konzentration x_t von $\pm 90°$-Torsionen pro C-Atom. In Tab. 5 ist als weitere Variable die Konzentration y pro C-Atom von Störstellen (z. B. Verzweigungen) in der Kette, die von Torsionen nicht übersprungen werden können, aufgeführt. Kopf-Kopf-Verknüpfungen von Monomeren (Konzentration y_{kk} pro C-Atom) zerstören die parallele Dipolorientierung benachbarter Monomere und wirken bei der Berechnung von $\vec{\mu}_r$ daher auch als Störstellen.

Tab. 5. Theoretische g-Faktoren (bezogen auf den mittleren Monomerdipol $\vec{\mu}_m$) für die Hauptdispersion in PVC

$y + y_{kk}$ \ x_t	0,01	0,05	0,1	0,15	0,2	0,25
0,0025	21,5	12,5	7,2	5,3	4,4	3,8
0,005		10,4	6,6	5,0	4,2	3,6
0,01		6,1	5,3	4,3	3,7	3,3
0,025				2,5	2,5	2,4

Die Korrelation von Dipolen in benachbarten Ketten ist in Tab. 5 noch nicht berücksichtigt. Für den Fall, daß sich Blöcke von Kettenabschnitten mit der in Abb. 12 dargestellten relativen Orientierung ihrer Zickzackebenen simultan umlagern, müssen die Werte in Tab. 5 mit einem Faktor $\bar{p}/\bar{q}$ multipliziert werden. $\bar{p}$ und $\bar{q}$ sind die mittleren Blockgrößen in Richtung von $\vec{\mu}_m$ und senkrecht dazu (in Abb. 12 ist $p = 4$ und $q = 3$).

Für einen Vergleich mit den „experimentellen" g-Faktoren in Tab. 1 und 2 kann $y + y_{kk} = 0{,}005 \ldots 0{,}01$ angenommen wer-

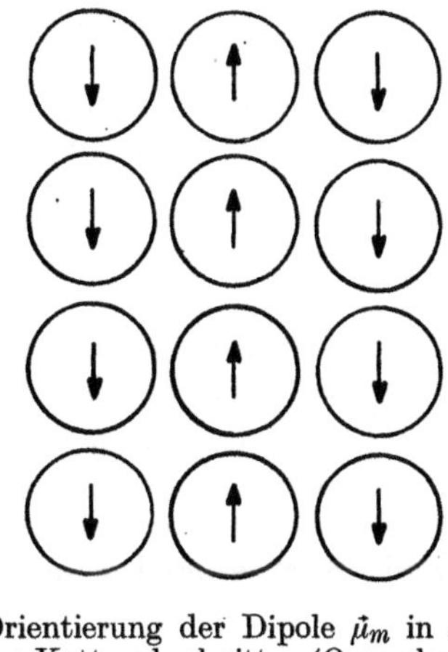

Abb. 12. Orientierung der Dipole $\vec{\mu}_m$ in einem Block aus Kettenabschnitten (Querschnitt)

den. Im Bereich $x_t < 0{,}05$ sind dafür in Tab. 5 keine Werte eingetragen, weil die Berechnung von $\bar{\mu}_r^*$ anders (und wesentlich komplizierter) verlaufen müßte, falls die Konzentration der Torsionen nicht groß gegen die der Störstellen in der Kette ist. Wahrscheinlich nimmt im Bereich $x_t < y + y_{kk}$ der g-Faktor mit steigendem x_t zu. Um die experimentell festgestellte Temperaturabhängigkeit von g (Tab. 1, 2) qualitativ zu erklären, muß also $x_t \gg y + y_{kk}$ sein, denn nach Abschnitt II nimmt x_t mit steigender Temperatur vermutlich auf Kosten von x_{1a} zu[7]). Die Übereinstimmung zwischen den berechneten und „experimentellen" g-Faktoren ist für den wahrscheinlichsten Fall ($\bar{p} = \bar{q}$) gut, falls $0{,}1 < x_t < 0{,}2$ angenommen werden kann. Ob diese Annahme berechtigt ist, werden erst atomistische Potentialrechnungen entscheiden können. Man beachte noch, daß für $x_{1a} = x_{1a}' = 0$ die g-Faktoren in Tab. 5 etwa doppelt so groß wären, so daß das Experiment (Tab. 1, 2) nur schlecht interpretiert werden könnte.

VI. Polymonochlortrifluoräthylen (PCTFE)

Versucht man den dielektrischen Tieftemperaturprozeß [Messungen von *Scott* und Mitarb. (27)] wie in PE und PVC der Umlagerung von Kinken zuzuordnen, so erhält man aus dem Vergleich des experimentellen und des modellmäßig berechneten Relaxationsbetrages eine Kinkdichte x_{1a}, die bei hohen Temperaturen bis in die Nähe von 1 steigt, also geometrisch gar nicht realisierbar ist. Deshalb wurde in (11) die Umlagerung einer anderen Art von Defekten (Umkehrpunkte im Helixdrehsinn) untersucht und versuchsweise dem Tieftemperaturprozeß zugeordnet. Die energetisch günstigste Konformation von PCTFE ist (ähnlich wie PTFE) eine planare Zickzackkette, die leicht verdrillt ist (ca. 1 volle Umdrehung auf 35 Å). Dreht sich nun ein Kettenabschnitt zwischen 2 Umkehrpunkten im Helixdrehsinn (solche Umkehrpunkte werden im folgenden kurz als Drehfehler bezeichnet) um die Längsachse, so wandern beide Drehfehler um dieselbe Strecke entlang der Kettenachse (s. Abb. 13). Das Gesamtdipolmoment der Kette – und seine Änderung durch Drehfehlerwanderung – erhält man durch Aufsummieren von $\cos\theta$ bzw. $\sin\theta$ über n (wobei nur geradzahlige n eingehen). Auf diese Weise lassen sich sämtliche denkbaren Anordnungen einer gegebenen Zahl von Drehfehlern herstellen.

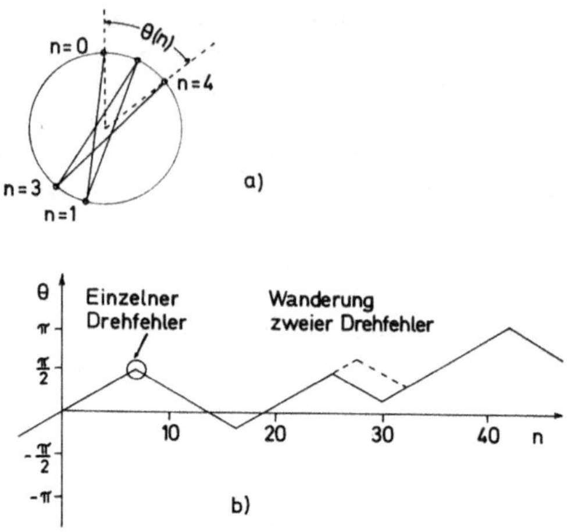

Abb. 13. a) Kettengerüst einer PCTFE-Helix, in Richtung der Kettenlängsachse gesehen; b) Darstellung einer PCTFE-Helix mit Drehfehlern durch den Winkel θ als Funktion der Atomnummer n.

Über die Relaxationszeit der Drehfehlerbewegung, die möglicherweise mit derjenigen der Kinkbewegung gekoppelt ist, kann vorläufig nichts ausgesagt werden. Dagegen läßt sich der dielektrische Relaxationsbetrag modellmäßig aus der Konzentration x_d der Drehfehler (auf C-Atome bezogen) berechnen, denn die dielektrische Wirksamkeit von Drehfehlern ist um mehr als den Faktor 10 größer als die von Kinken, so daß letztere vernachlässigt werden können.

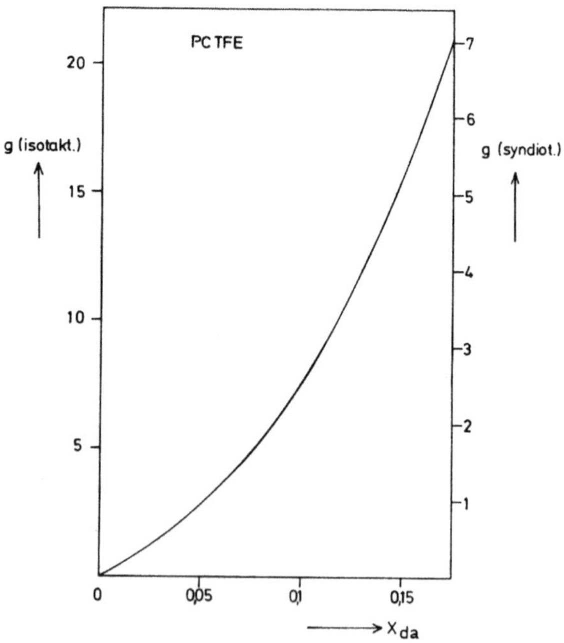

Abb. 14. Der g-Faktor für isotaktisches und syndiotaktisches PCTFE als Funktion der Drehfehlerkonzentration pro C-Atom im Amorphen

Für Drehfehler in den kristallinen Gebieten erhält man aus Gl. [2] [vgl. (11)]:

$$g = 33{,}5\, x_{dc} \text{ (synd. PCTFE)} \qquad [23]$$

$$g = 101\, x_{dc} \text{ (isotakt. PCTFE)} \qquad [24]$$

Dabei wurde vorausgesetzt, daß die Drehfehler im Kristall immer nur paarweise im Abstand von ca. 17 Å Länge (einer halben Helixwindung) vorkommen, weil die betreffende Kette andernfalls auf ihrer ganzen Länge die Symmetrie des Kristalls stören würde.

Für Drehfehlerbewegung in den amorphen Gebieten ist die Berechnung von g schwieriger. Sie mußte numerisch ausgeführt werden. In Abb. 14 ist das Ergebnis für syndiotaktisches und isotaktisches PCTFE dargestellt. Die Rechnung für ataktisches PCTFE würde einen wesentlich höheren mathematischen Aufwand erfordern. Es ist aber anzunehmen, daß für $x_{da} \lesssim 0{,}1$ die „syndiotaktische" Rechnung die Verhältnisse in ataktischem PCTFE [das in (27) untersucht wurde] gut wiedergibt. Für $x_{da} \gtrsim 0{,}10$ dürfte der Mittelwert zwischen „syndiotaktischer" und „isotaktischer" Rechnung zutreffen.

Der dielektrische Relaxationsbetrag $\Delta\varepsilon$ in teilkristallinem PCTFE hängt von drei Größen ab (Kristallinität χ, Drehfehlerdichte x_{dc} im Kristall und x_{da} im Amorphen), von denen nur eine, nämlich χ [aus Dichtemessungen (s. 27)] bekannt ist. Man erhält durch Gleichsetzen des experimentellen und berechneten $\Delta\varepsilon$ also nur eine Beziehung zwischen x_{dc} und x_{da}, falls man nicht zusätzliche Annahmen trifft.

Eine der möglichen Annahmen ist $x_{dc} = 0$. Unter dieser Voraussetzung erhält man aus den in (27) angegebenen Relaxationsbeträgen und Kristallinitäten mit den Gln. [13, 7] und Abb. 14 die in Abb. 15 eingezeichneten Drehfehlerkonzentrationen x_{da} für die amorphe Phase.

Die mit der „syndiotaktischen" Rechnung erhaltenen Werte zeigen eine Temperaturabhängigkeit, wie man sie nach der *Boltzmann*-Statistik für Defektenergien von ca. 1,5 kcal/mol erwarten würde. Eine annähernd gleiche Energie verwendete auch *Brown* (28) für Helixdrehfehler in PTFE, um die Intensitätsverhältnisse im IR-Spektrum zu deuten. Unbefriedigend ist jedoch, daß x_{da} für verschiedene Kristallinitäten nicht gleich ist.

Eine andere Möglichkeit ist die lineare (oder fast lineare) Extrapolation von $\Delta\varepsilon$ auf die rein kristalline bzw. rein amorphe

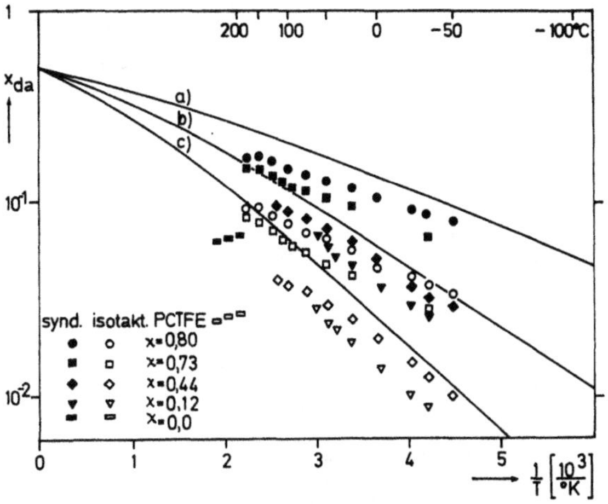

Abb. 15. Drehfehlerkonzentration x_{da} in der amorphen Phase, unter der Voraussetzung $x_{dc} = 0$ aus $\Delta\varepsilon$ berechnet, aufgetragen über der reziproken Temperatur. Die Gleichungen der eingezeichneten Kurven lauten

$$x_{da} = \exp\left(-\frac{\Delta E}{RT}\right) \Big/ \left[1 + \exp\left(-\frac{\Delta E}{RT}\right)\right]$$

mit a) $\Delta E = 1$ kcal/mol b) $\Delta E = 1{,}5$ kcal/mol c) $\Delta E = 2$ kcal/mol

Probe (s. Abb. 16), womit impliziert ist, daß die Defektkonzentration in den amorphen bzw. kristallinen Gebieten unabhängig von der Kristallinität der Probe ist. Setzt man $\Delta\varepsilon_a$ bzw. $\Delta\varepsilon_c$ in Gl. [7] ein, so erhält man mit den Gln. [23, 24] und Abb. 14 die Punkte in Abb. 17.

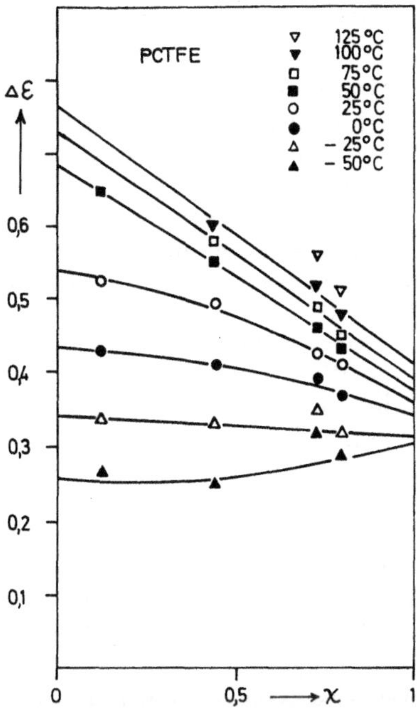

Abb. 16. Extrapolation des Relaxationsbetrags auf die rein kristalline bzw. rein amorphe Probe

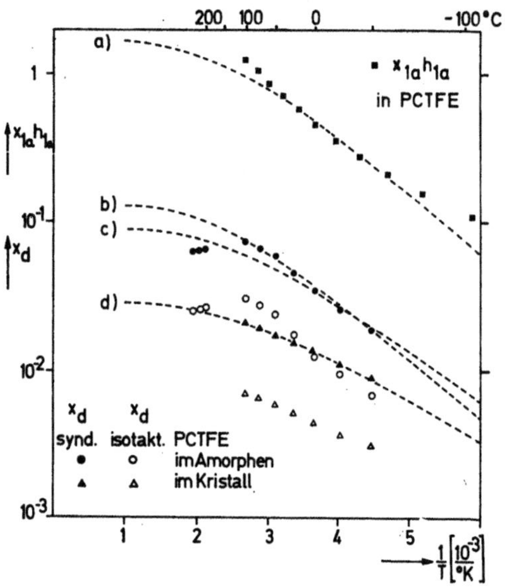

Abb. 17. Drehfehlerkonzentration x_{da} bzw. x_{dc}, berechnet aus den extrapolierten Relaxationsbeträgen $\Delta\varepsilon_a$ bzw. $\Delta\varepsilon_c$, sowie Produkte aus Kinkdichte x_{1a} und Blockgröße h_{1a}, berechnet aus mechanischen Relaxationsbeträgen, aufgetragen über der reziproken Temperatur. Die Gleichungen der eingezeichneten Kurven lauten

a) $x_{1a}\,h_{1a} = 1{,}7 \quad \cosh^{-2} \frac{1{,}85\ \text{kcal/mol}}{2R}\left(\frac{1}{T}-\frac{1}{T_0}\right)$

b) $x_{da} = 0{,}13 \quad \cosh^{-2} \frac{1{,}85\ \text{kcal/mol}}{2R}\left(\frac{1}{T}-\frac{1}{T_0}\right)$

c) $x_{da} = 0{,}09 \quad \cosh^{-2} \frac{1{,}6\ \text{kcal/mol}}{2R}\left(\frac{1}{T}-\frac{1}{T_0}\right)$

d) $x_{da} = 0{,}029\ \cosh^{-2} \frac{1{,}39\ \text{kcal/mol}}{2R}\left(\frac{1}{T}-\frac{1}{T_0}\right)$

mit $T_0 = 1000\ °\text{K}$

Die Temperaturabhängigkeit der Drehfehlerkonzentration im Amorphen scheint – vor allem wenn man Messungen in der Schmelze mit einbezieht – nicht der einfachen *Boltzmann*-Statistik zu gehorchen. Es ist deshalb anzunehmen, daß Drehfehler in Wechselwirkung mit Drehfehlern in Nachbarketten oder – wahrscheinlicher – mit Kinken in der eigenen Kette stehen[9]).

Für eine Wechselwirkung von Drehfehlern mit Kinken sprechen auch die in Abb. 14 eingetragenen Produkte aus der Kinkkonzentration x_{1a} (pro C-Atom) und der Blockgröße h_{1a} (Zahl der Kinken im Block). Sie wurden mit Hilfe von Gl. [3] aus dynamisch-mechanischen Messungen von *McCrum* (15) an einer 80% kristallinen PCTFE-Probe in derselben Weise gewonnen wie im Abschnitt PVC[10]). Falls man nämlich annimmt, daß die Blockgröße h_{1a} nahezu temperaturunabhängig ist, wie es z. B. für PVC (s. o.) und PE (3) gefunden wurde, so folgt aus Abb. 17 im Bereich zwischen -70 °C und $+50$ °C dieselbe Temperaturabhängigkeit für x_{1a} wie für x_{da}. Die Temperaturabhängigkeit von x_{da} und x_{1a} in Abb. 17 kann nun – außer durch eine Vernichtung von Kinken und Drehfehlern mit fallender Temperatur – auch dadurch zustande kommen, daß intermolekulare Energieunterschiede zwischen den einzelnen Lagen der Kettenbaufehler bestehen. Deshalb wurden versuchsweise einige Kurven mit der Form von Gl. [10] bzw. [18] an die Meßwerte angepaßt (gestrichelt in Abb. 17). Aus ihnen lassen sich für $1/T = 1/T_0$ ($T_0 \approx 1000$ °K) diejenigen Kink- bzw. Drehfehlerkonzentrationen entnehmen, die – temperaturunabhängig angenommen – annähernd die experimentellen Relaxationsbeträge verursachen würden, falls ein mittlerer Unterschied ΔG zwischen den Kink- bzw. Drehfehlerlagen bestehen würde.

VII. Polyisobutylen (PIB)

Die energetisch günstigste Kettenkonformation von PIB ist nach atomistischen Potentialrechnungen (6) eine 8/5 Helix, in der jede zweite C—C-Bindung angenähert in Richtung der Helixachse zeigt. Sie ist in Abb. 18 dargestellt.

Der einfachste Kettenbaufehler, der die Kette näherungsweise gestreckt läßt, so daß sie noch in einem Bündel von Makromolekülen Platz findet, entsteht durch Drehung einer Kettenhälfte um eine der C—C-Bindungen, die annähernd parallel zur Helixachse liegen. Das Rotationspotential hat nach *Hägele* (29) ein Minimum bei $\Delta\varphi = 133°$ ($\Delta U = 1{,}6$ kcal/mol) und bei $\Delta\varphi = -112°$ ($\Delta U = 2{,}7$ kcal/mol). Ein solcher Baufehler hat die Eigenschaften einer Kinke (intramolekular stabiles Rotationsisomer), das die angrenzenden Kettenabschnitte parallel läßt, aber gegenüber der ungestörten Kette senkrecht zur Längsachse verschiebt) und wird deshalb im folgenden als $t\frac{2}{3}\pi$-Kinke (bei $\Delta\varphi = -112°$) bzw. $\bar{g}\frac{4}{3}\pi$-

[9]) Es ist z. B. denkbar, daß Drehfehler in der Nähe von Kinken eine geringere intramolekulare Energie besitzen oder daß Drehfehler an bestimmten Stellen notwendig sind, um die Bildung von Kinkblöcken zu ermöglichen.

[10]) Für die Deutung des mechanischen Tieftemperaturprozesses kommen Kinken – neben Drehfehlern und engen Torsionen – durchaus in Frage. Da ihre paraelastische Wirksamkeit vermutlich höher ist als die von engen Torsionen und wesentlich höher als die von Drehfehlern, wurde der mechanische γ-Prozeß versuchsweise ausschließlich Kinkbewegungen zugeordnet, die simultan mit der Drehfehlerumlagerung ablaufen.

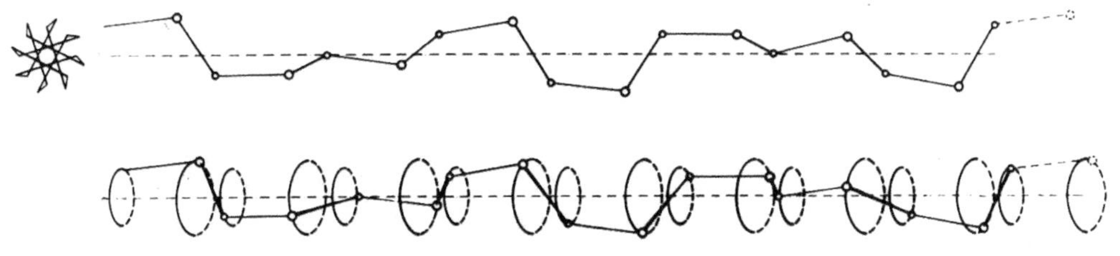

Abb. 18. Kettengerüst von PIB als 8/5 Helix in der von *Hägele* (6, 29) berechneten Konformation

Kinke (bei $\Delta\varphi = 133°$) bezeichnet. Die Zahl aller Kinken pro Monomereinheit sei $2x_{1a}$.

An molekularen Bewegungsmechanismen im Bündelmodell ist zunächst die Kinkumlagerung zu nennen. Sie kann in verschiedener Weise erfolgen: a) durch kurbelwellenartige Drehung des angrenzenden Monomers; dabei muß das Potentialmaximum zwischen 0 und 133° (bei der $\bar{g}\,\frac{4}{3}\,\pi$-Kinke) oder zwischen 0 und $-112°$ (bei der $t\,\frac{2}{3}\,\pi$-Kinke) überwunden werden, und zwar gleichzeitig in entgegengesetzten Richtungen. Die Aktivierungsenergie für diesen Prozeß konnte in (29) wegen des großen numerischen Aufwands noch nicht endgültig berechnet werden; sie ist aber vermutlich nur geringfügig größer als diejenige für b) Rotation eines Kettenabschnitts zwischen 2 verschiedenen Kinktypen [$\Delta E = 9{,}9$ kcal/mol nach (29), Übergang $+133° \leftrightarrow -112°$]; dabei wandeln sich die beiden Kinktypen simultan ineinander um. Mit dem Mechanismus a) lassen sich sämtliche denkbaren Kinkkonformationen ineinander überführen, mit dem Mechanismus b) nur alle Vertauschungen von Kinktypen an vorgegebenen Plätzen. Bei beiden beschriebenen Kinkbewegungen ändert sich die Richtung der seitlichen Auslenkung der Kette und das Gesamtdipolmoment der Kette[11]). Die Mechanismen a) und b) verursachen also sowohl dielektrische als auch mechanische Relaxationserscheinungen.

Bei der Zuordnung zu den beobachteten Relaxationsprozessen muß beachtet werden, daß durch die Kinkblockbildung vermutlich beide Mechanismen gekoppelt sind, so daß nur eine Relaxationszeit beobachtet wird. Dieser gemeinsame Prozeß wird hier dem dielektrisch stärksten Prozeß (Glasprozeß) zugeordnet (s. Abb. 19, 20). Der γ-Prozeß könnte der Bewegung von einzelnen Kinken in der Nähe eingefrorener Leerstellen entsprechen, der δ-Prozeß ist als CH_3-Gruppen-Rotation nachgewiesen.

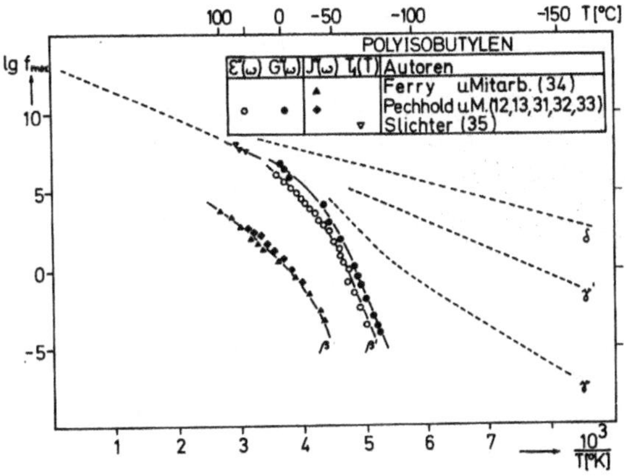

Abb. 19. Aktivierungsdiagramm von PIB

Weitere molekulare Bewegungen können im Bündelmodell durch Abgleiten von Molekülschichten gegeneinander zustande kommen (β-Prozeß). Dazu sind viele, kooperative Kinkbewegungen notwendig, und es ist Voraussetzung, daß alle Kinken in einer Segmentschicht beweglich sind. Diese Umlagerung wird eine längere Zeit in Anspruch nehmen als die Umlagerung der Dipole durch a) und b). Der beschriebene Prozeß wird – durch die große Scherdeformation beim Abgleiten – mechanisch sehr stark wirksam sein, dielektrisch – da die vollständige Dipolorientierung schon durch a)

[11]) Im allgemeinen wird PIB als unpolares Polymer angesehen. Es ist jedoch mit mikrowellenspektroskopischen Methoden nachgewiesen worden (30), daß Propan ein Dipolmoment von 0,08 *D* besitzt. Dieses Molekül kann als Vergleichsmolekül (s. Abschn. III) für die Bestimmung des Dipolmoments der Monomereinheit in PIB verwendet werden: Substituiert man die beiden H-Atome der CH_2-Gruppe in Propan durch CH_3-Gruppen, so gelangt man zu einem – aus Symmetriegründen – unpolaren Molekül. Substituiert man in analoger Weise die H-Atome jeder zweiten CH_2-Gruppe in dem – aus Symmetriegründen – unpolaren Polyäthylen durch CH_3-Gruppen, so gelangt man zu PIB. Dabei muß sich der Dipol jeder Monomereinheit in derselben Weise geändert haben, er ist also in PIB 0,08 *D*. Die Richtung des Dipolmoments liegt aus Symmetriegründen in der Winkelhalbierenden der beiden $C—CH_3$-Bindungen.

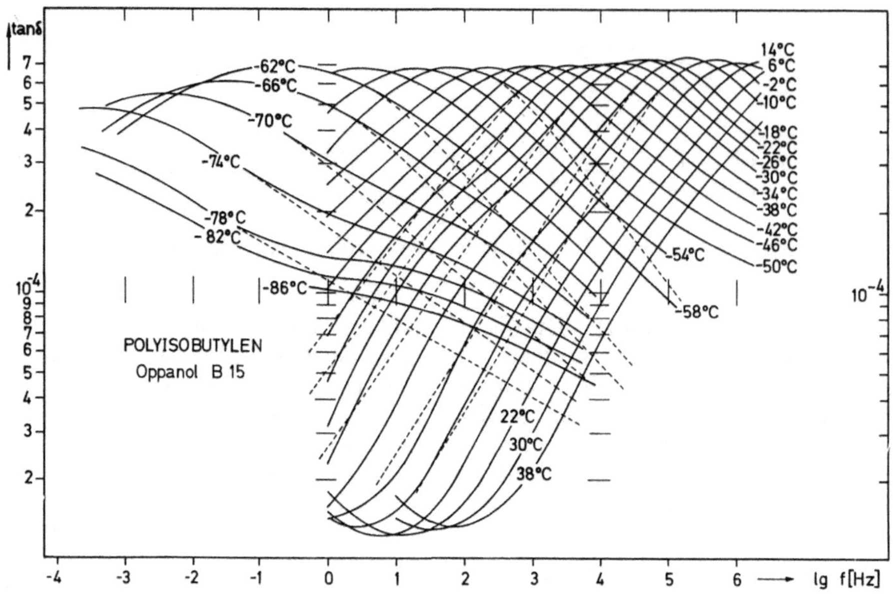

Abb. 20. Der dielektrische Verlustfaktor von reinem PIB nach (31) bei verschiedenen Temperaturen, aufgetragen über dem Logarithmus der Frequenz. Die relative Meßgenauigkeit ist im Frequenzbereich 1 Hz .... 4 kHz : $\pm 2 \cdot 10^{-6}$, oberhalb 4 kHz : $\pm 2 \cdot 10^{-5}$ und unterhalb 1 Hz : $\pm 1 \cdot 10^{-4}$

und b) möglich ist – aber nicht mehr sichtbar sein. Er wird deshalb dem mechanischen Glasmaximum von $I''(\beta)$ (s. Abb. 19, 22) zugeordnet.

Im folgenden soll der Relaxationsbetrag $\Delta\varepsilon_{\beta'}$ des dielektrischen Glasprozesses nach der obigen Zuordnung berechnet werden, d. h. es wird vorausgesetzt, daß eine Kinke innerhalb der Relaxationszeit sämtliche möglichen Kinkstellungen mit gleicher Wahrscheinlichkeit einnimmt. Mit der zu erwartenden Beziehung zwischen x_{1a} und $\Delta\varepsilon_{\beta'}$ soll wie in den vorhergehenden Kapiteln aus den experimentellen Relaxationsbeträgen eine Aussage über die Kinkkonzentration x_{1a} gemacht werden. Die Berechnung von g nach Gl. [2] kann in ähnlicher Weise wie bei POM (s. o.) geschehen. Der Unterschied besteht lediglich darin, daß bei PIB im Gegensatz zu POM die Richtung des Dipolmoments stets parallel zum Vektor $\vec{\Delta}_r$ der seitlichen Auslenkung der Kette ist, so daß $\vec{\mu}_r^* = h\,\vec{\mu}_r$ für eine Kinke in einem Kinkblock. Man erhält

$$g = \frac{4}{3}\, x_{1a}\, h_{1a} \qquad [25]$$

und aus Gl. [5]

$$g^{\text{mech}} = x_{1a}\, h_{1a}. \qquad [26]$$

In Abb. 20 und 21 sind dielektrische Messungen an Oppanol B 15, einem reinen Polyisobutylen mit einem Molekulargewicht von

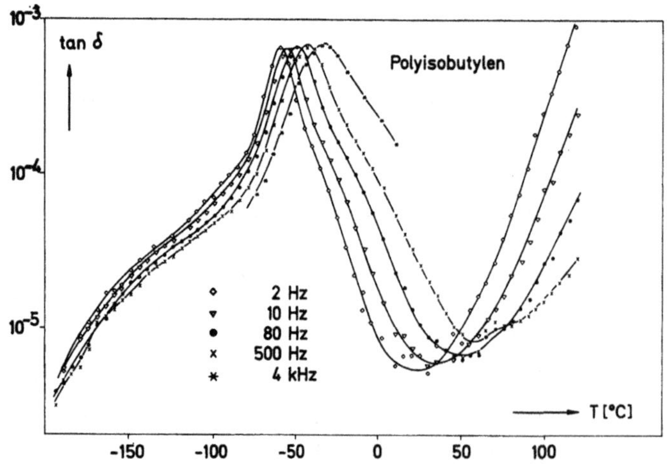

Abb. 21. Der dielektrische Verlustfaktor von reinem PIB nach (31), über der Temperatur

ca. 100000 dargestellt. Die Proben wurden bei 80 °C im Vakuum entgast und anschließend zwischen vergoldeten Kupferelektroden zu Folien gepreßt. Der Relaxationsbetrag $\Delta\varepsilon_{\beta'+\gamma}$ aller in Abb. 20 sichtbaren Prozesse ist innerhalb der Fehlergrenzen proportional zu $1/T$. Es ist $\Delta\varepsilon_{\beta'+\gamma} = 10^{-2}$ bei -46 °C. Aus den Gln. [1, 2, 25] erhält man $x_{1a} h_{1a} = 0{,}41$. Theoretisch erwartet man in Analogie zur PE-Schmelze (4) eine Kinkdichte $x_{1a} \approx 0{,}2$ und eine Blockgröße h_{1a}, die etwas kleiner ist als in PE ($h_{1a} = 4$), weil der Kettenquerschnitt in PIB größer und die seitliche Auslenkung kleiner ist als dort. $h_{1a} = 2$ ist also durchaus vernünftig.

Im Bündelmodell muß die geschilderte Kinkbewegung nicht nur einen dielektrischen, sondern auch einen mechanischen Relaxationsprozeß verursachen. Die Maximumsfrequenzen beider Prozesse müssen übereinstimmen. Das Verhältnis $\Delta I/\Delta\varepsilon$ der dielektrischen und mechanischen Relaxationsstärken kann aus den Gln. [6, 7] berechnet werden:

$$\frac{\Delta I_{\beta}'}{\Delta\varepsilon_{\beta}'} = \frac{(2\varepsilon_0 + \varepsilon_\infty)\, 9 A^2 \,|\bar{\Delta}_r|^2 g^{\text{mech}}}{\varepsilon_0 (\varepsilon_\infty + 2)^2 \, 10\pi \mu_v^2 g}. \qquad [27]$$

Mit den Gln. [25, 26] ergibt sich nach Einsetzen der Zahlenwerte für die aus der Kettengeometrie (Abb. 18) zu berechnenden Größen A und $|\bar{\Delta}_r|$ (11):

$$\frac{\Delta I_{\beta}'}{\Delta\varepsilon_{\beta}'} = 2 \cdot 10^{-8} \left[\frac{\text{cm}^2}{\text{dyn}}\right]. \qquad [28]$$

Der vom Bündelmodell vorausgesagte Relaxationsprozeß ist in dynamisch-mechanischen Messungen (Abb. 22) als Schulter an der Hochfrequenzflanke des Glasprozesses (β-Prozesses) zu erkennen. Die Abtrennung durch geradlinige Verlängerung der gestrichelten Flanken in Abb. 22 ergibt einen Prozeß, der etwa die in Gl. [28] geforderte Relaxationsstärke und die Maximumsfrequenz des dielektrischen Glasprozesses (β'-Prozesses) (Abb. 19, 20) besitzt.

Die Autoren danken den Herren Dr. *U. Schwörer* und Dipl.-Phys. *F. Schreiber* für die Überlassung ihrer Meßergebnisse. Die Deutsche Forschungsgemeinschaft hat durch apparative und finanzielle Unterstützung diese Arbeit wesentlich gefördert.

Zusammenfassung

Das Ziel dieser Arbeit ist eine Prüfung des Bündelmodells für Polymere an einigen dielektrischen und mechanischen Relaxationserscheinungen in Polyoxymethylen (POM), Polyvinylchlorid (PVC), Polymono-

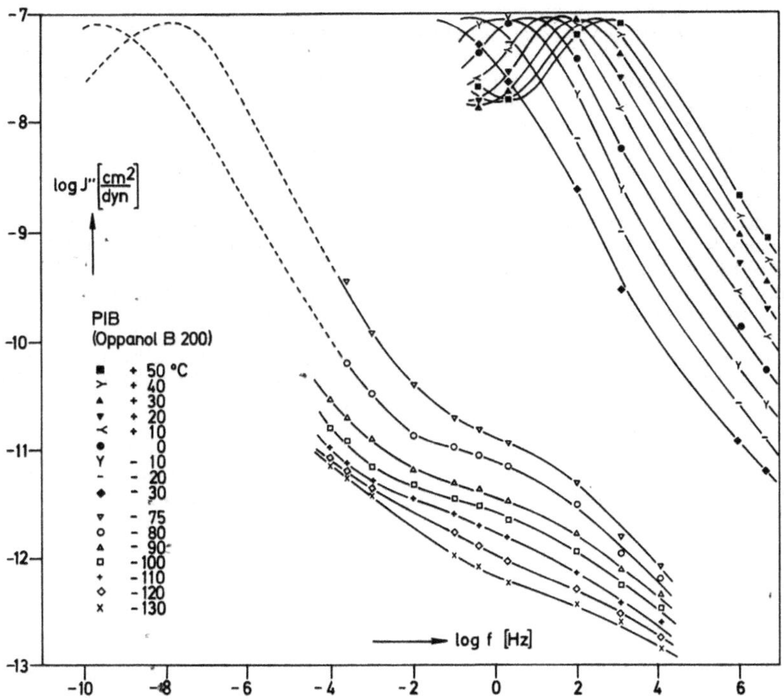

Abb. 22. Der Logarithmus des Imaginärteils der Scherkomplianz (in cm²/dyn) eines PIB mit dem Molekulargewicht (Viskositätsmittel) 4700000 aus Schubmodulmessungen von *Eisele* (12), *Mielke* (32), *Hägele* (33) und *Schilling* (13), aufgetragen über dem Logarithmus der Frequenz. Der mutmaßliche Verlauf der Kurven bei -75 °C und -80 °C im Bereich von 10^{-10} Hz bis 10^{-4} Hz ist gestrichelt gezeichnet; die gestrichelten Kurven gehen durch Verschieben aus den -10 °C- bzw. -30 °C-Meßkurven hervor

chlortrifluoräthylen (PCTFE) und Polyisobutylen (PIB). Dazu werden zunächst die wichtigsten im Molekülbündel denkbaren Fehlordnungen der Einzelkette beschrieben. Bestimmte Umlagerungen dieser Defekte werden den zu behandelnden Relaxationsprozessen zugeordnet. Anschließend werden aus den experimentellen Relaxationsbeträgen die zugehörigen Defektkonzentrationen berechnet. Dazu werden teils eigene Messungen (PVC, PIB), teils Literaturdaten (POM, PCTFE) verwendet. Die Resultate aus dielektrischen und mechanischen Messungen werden untereinander und mit den entsprechenden Werten für PE (1, 3, 4, 5) verglichen. In allen behandelten Fällen können Zuordnungen zwischen Relaxationserscheinung und Molekülbewegung getroffen werden, die eine sinnvolle Defektkonzentration ergeben:

Tieftemperaturrelaxation in POM sowie Nebendispersion in PVC – Umlagerung von Kinkblöcken im Amorphen, dielektrische Hauptdispersion in PVC –, Einsetzen einer unbeschränkten Bewegung von Kinken und Kettentorsionen, Tieftemperaturprozesse in PCTFE–Bewegung von Drehfehlern entlang der Kette, dielektrische Hauptdispersion in PIB – unbeschränkte Bewegung von Kinkblöcken.

Summary

The aim of this work is to test the bundle model of polymers using dielectric and mechanical relaxation experiments in polyoxymethylene (POM), polyvinyl chloride (PVC), polymonochlorotrifluoroethylene (PCTFE) and polyisobutylene (PIB). At first the simplest defects in the isolated chain molecule, which are consistent with the bundle model, are described. Then the attempt is made to assign certain motions of these defects to some important relaxation processes. Concentrations of these defects are calculated from experimentally determined relaxation strengths (measurements in this institute on PVC and PIB, literature data on POM (14, 16, 17) and PCTFE (27). The results from dielectric and mechanical measurements are compared with each other and with defect concentrations in polyethylene from relaxation data (1, 3, 5) and from a cooperative statistical theory (3, 4). The studied relaxation processes can be assigned with reasonable defect concentrations to the following molecular motions:

Low temperature relaxation in POM and PVC – motion of kinks and kink blocks in the amorphous phase; dielectric main dispersion in PVC – unrestricted motion of kinks and of torsional defects in the chain; low temperature relaxation in PCTFE – motion of helix-band reversal points along the chain; dielectric main dispersion in PIB – unrestricted motion of kinks and kink blocks.

Literatur

1) *Pechhold, W.*, Kolloid-Z. u. Z. Polymere **228**, 1 (1968).
2) *Scherr, H., W. Pechhold* und *S. Blasenbrey*, Kolloid-Z. u. Z. Polymere **238**, 396 (1970).
3) *Pechhold, W.* und *S. Blasenbrey*, Kolloid-Z. u. Z. Polymere **241**, 955 (1970).
4) *Blasenbrey, S.* und *W. Pechhold*, Ber. Bunsenges. physik. Chem. **74**, 784 (1970).
5) *Pechhold, W.* und *B. Stoll*, Ber. Bunsenges. physik. Chem. **74**, 887 (1970).
6) *Hägele, P. C.* und *W. Pechhold*, Kolloid-Z. u. Z. Polymere **241**, 977 (1970).
7) *Großmann, H. P.*, Dissertation (Ulm, in Vorb.).
8) *Wobser, G.* und *S. Blasenbrey*, Kolloid-Z. u. Z. Polymere **241**, 985 (1970).
9) *Fröhlich, H.*, Theory of Dielectrics (Oxford 1949).
10) *Tadokoro, H.*, J. Polymer Sci. **C15**, 1 (1966).
11) *Stoll, B.*, Dissertation (Stuttgart 1972).
12) *Eisele, U.*, Dissertation (Stuttgart 1968).
13) *Schilling, H.*, Dissertation (Stuttgart 1968).
14) *McCrum, N. G.*, J. Polymer Sci. **54**, 561 (1961).
15) *McCrum, N. G.*, J. Polymer Sci. **60**, S 3 (1962).
16) *Porter, C. H.* and *R. H. Boyd*, Macromolecules **4**, 589 (1971).
17) *Read, B. E.* and *G. Williams*, Polymer **2**, 239 (1961).
18) *Böttcher, C. J. F.*, Theory of Electric Polarisation (Amsterdam 1952).
19) *Reuße, D.*, Diplomarbeit (Mainz 1969).
20) *Wilski, H.*, Makromol. Chem. **150**, 209 (1971).
21) *Hammer, C. F., T. A. Koch*, and *J. F. Whitney*, J. Appl. Polymer Sci. **1**, 169 (1959).
22) *Inoue, M.*, J. Appl. Polymer Sci. **8**, 2225 (1964).
23) *Schwörer, U.*, Dissertation (Stuttgart 1971).
24) *Gisolf, J. H.* und *J. A. Juijn*, Kolloid-Z. u. Z. Polymere **239**, 545 (1970).
25) *Holzmüller, W.* und *W. Ilberg*, Rheol. Acta **5**, 1 (1966).
26) *Reddish, W.*, J. Polymer Sci. **C14**, 123 (1966).
27) *Scott, A. H., D. J. Schreiber, A. J. Curtis, J. I. Lauritzen*, and *J. D. Hoffman*, J. Res. Nat. Bur. Stds. **66A**, 269 (1962).
28) *Brown, R. G.*, J. Chem. Phys. **40**, 2900 (1964).
29) *Hägele, P. C.*, Dissertation (Ulm 1972).
30) *Lide, D. R.*, J. Chem. Phys. **33**, 1879 (1960).
31) *Schreiber, F.*, Diplomarbeit (Stuttgart 1969).
32) *Mielke, W.*, Diplomarbeit (Stuttgart 1969).
33) *Hägele, P. C.* Diplomarbeit (Stuttgart 1968).
34) *Fitzgerald, E. R., L. D. Grandine*, and *J. D. Ferry*, J. Appl. Phys. **24**, 650, 911 (1953).
35) *Slichter, W. P.* and *D. D. Davis*, J. Appl. Phys. **35**, 3103 (1964).

Anschrift der Verfasser:
Dr. *B. Stoll* und Prof. Dr. *W. Pechhold*
Abt. f. Exp. Phys. II der Universität Ulm
7900 Ulm, Oberer Eselsberg

Kolloid-Z. u. Z. Polymere **250**, 1131–1134 (1972)

Mitteilung aus der Physikalisch-Technischen Bundesanstalt, Braunschweig

Spannungsrelaxation bei mechanischen Beanspruchungen verschiedener Art und Größe*)

Von D. Krieger

Mit 5 Abbildungen

(Eingegangen am 5. Mai 1972)

1. Der Einfluß der Querkontraktion auf die Relaxationszeiten

Wird ein viskoelastischer Probekörper ruckartig um einen kleinen Betrag deformiert, so klingen die dadurch hervorgerufenen Spannungen in der Regel mit der Zeit t ab. Dieses Abklingen verläuft bekanntlich meist anders, als der einfachste Vorgang dieser Art, $y = e^{-t/\tau}$. In Abb. 1 ist diese Funktion links im linearen Maßstab, rechts im doppelt-logarithmischen Maßstab dargestellt.

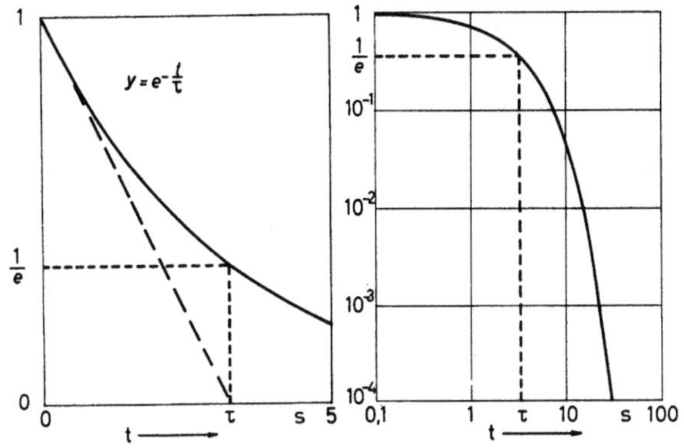

Abb. 1. Der Abklingvorgang $y = e^{-t/\tau}$ im linearen Maßstab (links) und im doppelt-logarithmischen Maßstab (rechts)

Die Abklingzeit oder Relaxationszeit τ, d. h. die Zeit, nach der y auf den e-ten Teil abgefallen ist, kann im linken Teilbild auch aus der Steigung zur Zeit $t = 0$ abgelesen werden. Im folgenden seien $\sigma(t)$ die mit der Zeit sich ändernde Normalspannung und ε die fest vorgegebene Längsdehnung. Der einfachste zeitliche Verlauf des statischen Relaxationsmoduls $E(t) = \sigma(t)/\varepsilon$, also des *Young*schen Elastizitätsmoduls, wäre

$$E(t) = E_1 \cdot e^{-t/\tau_1}.$$

*) Vorgetragen auf der Arbeitstagung des Fachausschusses „Physik der Hochpolymeren"; Frühjahrstagung des Regionalverbandes Hessen–Mittelrhein–Saar der Deutschen Physikalischen Gesellschaft vom 22. bis 24. März 1972 in Bad Nauheim.

Der Wirklichkeit näher kommt der Ansatz

$$E(t) = E_e + \sum_i E_i \cdot e^{-t/\tau_i}$$

mit einer Konstanten E_e, die den Wert des Moduls nach unendlich langer Zeit angibt (1). Ein beliebiger Abfall des Relaxationsmoduls läßt sich durch

$$E(t) = E_e + \int_{-\infty}^{+\infty} H(\tau) \cdot e^{-t/\tau}\, d\ln\tau$$

darstellen. Hier tritt $H(\tau)$ an die Stelle der Konstanten E_i.

Eine Verlängerung oder Verkürzung aller Relaxationszeiten des „Spektrums" um den gleichen Faktor $a = \tau_i'/\tau_i$ erscheint in der doppelt-logarithmischen Darstellung als Verschiebung der Kurve parallel zur Zeitachse. Nach *Williams*, *Landel* und *Ferry* (1, 2) wird eine solche Verschiebung unter anderem durch eine Änderung des freien Volumens hervorgerufen:

$$a = \frac{\tau_i'}{\tau_i} = \exp\left(\frac{B}{f'} - \frac{B}{f}\right). \qquad [1]$$

B ist eine Konstante der Größenordnung 1 und f der Quotient aus freiem Volumen v_f und Gesamtvolumen v. Bei einer Vergrößerung des Anteils des freien Volumens am Gesamtvolumen ($f' > f$) verkürzen sich die Relaxationszeiten ($\tau_i' < \tau_i$), was plausibel ist.

Die vom Prinzip her einfachsten Arten einer Deformation sind bekanntlich die reine Scherung ohne Volumenänderung und die einfache Volumenkompression bzw. -dilatation (1). Die experimentell einfach zu realisierenden einachsigen Beanspruchungen, die Dehnung (Zugdeformation) und die Stauchung (Druckdeformation) sind so gesehen kompliziert. Bei ihnen tritt, abhängig von der Größe der *Poisson*schen Querkontraktionszahl μ, eine Volumenänderung auf. Damit ändert sich auch der Anteil des freien

Volumens am Gesamtvolumen. Dies verursacht nach *Ferry* und *Stratton* (3) die folgende Änderung der Relaxationszeiten:

$$\ln a = \ln a_\varepsilon = -\frac{\dfrac{B\cdot\varepsilon}{f}}{\dfrac{f}{\dfrac{\beta_f}{\beta}(1-2\mu)}+\varepsilon} \qquad [2]$$

Diese Beziehung läßt sich aus [1] durch Einsetzen von

$$f' = f + \frac{\beta_f}{\beta}(1-2\mu)\varepsilon$$

gewinnen. f ist der Quotient aus freiem Volumen v_f und Gesamtvolumen v im unverformten Zustand, $\beta = -1/v\cdot(\partial v/\partial p)_T$ die Kompressibilität des Gesamtvolumens und $\beta_f = -1/v\cdot(\partial v_f/\partial p)_T$ die Kompressibilität des freien Volumens, jedoch bezogen auf das Gesamtvolumen. Dabei bezeichnet p den Druck und T die Temperatur. Hier muß bemerkt werden, daß nach (3) die Beziehung [2] nur bei kleinen Dehnungen $|\varepsilon| \leqq 10^{-2}$ anwendbar ist.

Sofern die elastizitätstheoretische Beziehung $\beta\cdot E = 3\ (1-2\mu)$ hier gültig bleibt, läßt sich [2] umformen:

$$\ln a_\varepsilon = -\frac{\dfrac{B\cdot\varepsilon}{f}}{\dfrac{3f}{\beta_f\cdot E}+\varepsilon}. \qquad [3]$$

Bei Polymethylmethacrylat (PMMA) sind nach Literaturangaben (1, 4) näherungsweise folgende Werte anzunehmen: $B = 1$; $f = 1{,}3\cdot10^{-2}$; $\beta_f = 4{,}1\cdot10^{-5}\ \mathrm{mm^2/N}$; $\beta = 4{,}5\cdot10^{-4}\ \mathrm{mm^2/N}$. Für den Beginn des Relaxationsvorganges dürfte der Wert $\mu = 0{,}35$ zutreffen. Für $\varepsilon = +0{,}01$, d. h. 1% Dehnung, ergibt [2] folgenden Wert für die Änderung der Relaxationszeiten: $\lg a_\varepsilon = \ln a_\varepsilon/2{,}303 = -0{,}68$ und für $\varepsilon = -0{,}01$, d. h. 1% Stauchung, folgt $\lg a_\varepsilon = +0{,}71$. Benutzt man [3] mit $E = 1{,}4\cdot10^3\ \mathrm{N/mm^2}$, so ergeben sich die etwas kleineren Werte $\lg a_\varepsilon = -0{,}48$ bzw. $\lg a_\varepsilon = +0{,}50$.

Die vorstehenden Werte sind nur als qualitative Angaben für den Beginn des Relaxationsvorganges aufzufassen. Man ersieht aus [2] und [3], daß die Spannungsrelaxation bei großen Dehnungen schneller und bei Stauchungen langsamer ablaufen sollte, als bei kleinen Dehnungen.

Nach (5) ist die *Poisson*sche Querkontraktionszahl μ zeitabhängig, d. h. sie steigt im Verlaufe eines Relaxationsvorganges von ihrem anfänglichen Wert bis fast auf den größtmöglichen Wert $\mu = 0{,}5$ an. Betrachtet man in [2] das Verhältnis β_f/β als zeitunabhängige Konstante, so ist auf eine Abnahme der Relaxationszeitenänderung a_ε während des Relaxationsvorganges zu schließen.

2. Messungen

In zwei Apparaturen wurden an zwei Sorten PMMA Zug-Druck-Relaxationsversuche und reine Zug-Relaxationsversuche im Temperaturbereich des Glasübergangs durchgeführt. Das Plexiglasrohr aus Plexiglas *xt* für die Zug-Druck-Untersuchungen hatte einen Außendurchmesser von 13 mm und eine Wandstärke von 1,5 mm. Die Meßlänge der Proben betrug nur 80 mm, so daß eine Ausknickgefahr nicht bestand. Die Messungen an diesen Rohrproben werden im folgenden mit *I* bezeichnet. Die Zugstäbe wurden aus Plexiglas 233, also verhältnismäßig reinem Polymethylmethacrylat hergestellt. Die zugehörigen Messungen werden im folgenden mit *II* bezeichnet.

Die Dehnung bei den Zugversuchen bzw. die Dehnung und Stauchung bei den Zug-Druck-Versuchen erfolgte in der in Abb. 2

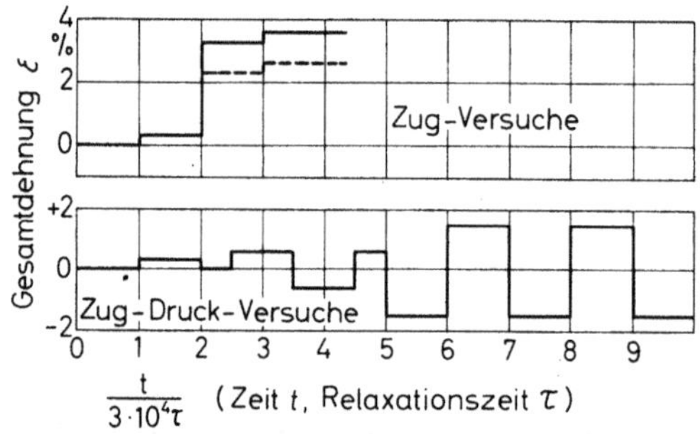

Abb. 2. Zeitlicher Ablauf der stufenweisen Dehnung bzw. Dehnung und Stauchung der Proben

dargestellten Weise in mehreren Stufen. Zwischen den einzelnen Stufen wurde gewartet, bis die Spannungen auf einen praktisch konstanten Wert abgeklungen waren. Das war der Fall nach der Zeit $3\cdot10^4\,\tau$, wobei τ die Zeit für das Abklingen des Relaxationsmoduls auf den e-ten Teil ist (in der Abbildung der Kürze halber als „Relaxationszeit" τ bezeichnet). Die Messung der verschiedenen Dehnungsstufen konnte nacheinander an ein und derselben Probe erfolgen, weil die Ergebnisse der an verschiedenen Stellen des „Programms" durchgeführten gleichen Belastungsstufen miteinander übereinstimmten. Daher erübrigte sich ein Vergleich verschiedener Proben mit den dadurch bedingten zusätzlichen Fehlern. Wie oben erwähnt wurde, steigt im Verlauf eines Relaxationsvorganges die *Poisson*sche Querkontraktionszahl fast auf den Wert 0,5 an, das Volumen und das freie Volumen erreichen also praktisch wieder ihren Ausgangswert. Daher ist die Tatsache nicht verwunderlich, daß die Proben nach einer Verformung nochmals das gleiche Verhalten zeigen.

3. Meßergebnisse und Diskussion

Abb. 3 zeigt den gemessenen Verlauf des Relaxationsmoduls $E(t)$ in Abhängigkeit von der Zeit für verschiedene Deformationen an den beiden Materialien. Die beiden Materialien zeigen bei gleichen Temperaturen ein sehr unterschiedliches Relaxationsverhalten. Der Unterschied zwischen *I* und *II* ist daher nicht auf den rein zufälligen Temperaturunterschied von 1 K zurückzuführen.

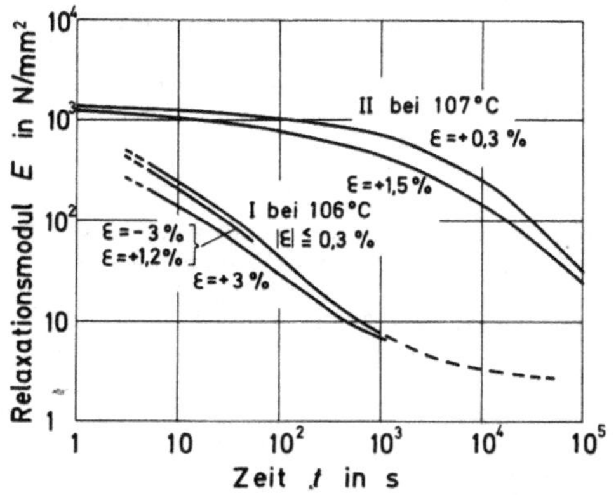

Abb. 3. Gemessener Verlauf des Relaxationsmoduls $E(t)$ für verschiedene Deformationen an zwei Materialien

Bei den Zug-Druck-Untersuchungen *I* stimmen die Meßwerte für kleine Dehnungen und Stauchungen ($|\varepsilon| \leqq 0{,}3\%$) fast vollständig miteinander überein. Das gleiche gilt für die Werte bei $\varepsilon = +1{,}2\%$ (Dehnung) und $\varepsilon = -3\%$ (Stauchung).

Bei den Kurven *II* handelt es sich um die Ergebnisse reiner Zuguntersuchungen.

Für eine Interpretation ist die Annahme einer waagerechten Verschiebung geeignet. Vergleicht man bei den Kurven der Meßserien *I* oder *II* jeweils Werte mit gleichem Relaxationsmodul, so ist offenbar, daß die zeitliche Verschiebung, also $\lg a_\varepsilon$, nach rechts hin abnimmt.

Um die Messungen an beiden Materialien miteinander vergleichen zu können, wurde in

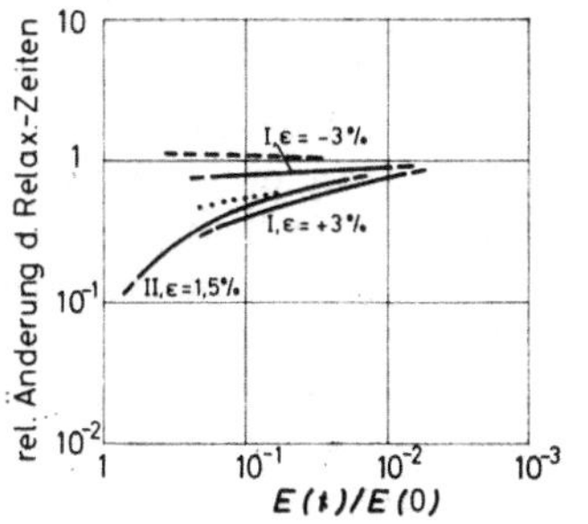

Abb. 4. Relative Änderung der Relaxationszeiten gegenüber den Werten bei kleinen Dehnungen in Abhängigkeit von der Größe $E(t)/E(0)$. $E(0)$ ist der Relaxationsmodul am Anfang bei kurzen Zeiten

Abb. 4 die relative Änderung der Relaxationszeiten gegenüber den Werten bei kleinen Dehnungen gegen die Größe $E(t)/E(0)$ aufgetragen, wobei $E(0)$ der Relaxationsmodul am Anfang bei kurzen Zeiten ist. Mit wachsender Zeit nehmen die Änderungen der Relaxationszeiten ab, was nach [2] zu erwarten ist. Es war nicht mit Sicherheit zu ermitteln, ob bei kleinen Stauchungen tatsächlich zunächst eine Verlängerung der Relaxationszeiten auftritt; diese Möglichkeit ist durch die obere, gestrichelte Kurve angedeutet.

Weil [2], vom Glied ε im Nenner abgesehen, für Zug und Druck näherungsweise gleiche Absolutbeträge des $\ln a_\varepsilon$ ergibt, ist zu vermuten, daß die Abweichung vom streng linearen viskoelastischen Verhalten, also die Änderung der Relaxationszeiten, durch mindestens zwei Einflüsse gleichzeitig bewirkt wird. Der eine Einfluß ist die oben diskutierte Änderung des freien Volumens, die, allein betrachtet, bei Stauchungen zu einer Verlängerung der Relaxationszeiten führen sollte. Extrapoliert man auf den Beginn des Relaxationsvorganges, so sieht man außerdem, daß die gemessenen Werte der Änderung der Relaxationszeiten unter den oben aus [2] und [3] ermittelten Werten liegen. Der andere Einfluß führt zu einer Verkürzung der Relaxationszeiten bei größeren Dehnungen und Stauchungen. Der vermutete Wert dieser Verkürzung bei 3% Verformung ist als punktierte Kurve in der Mitte zwischen den beiden Kurven bei $\varepsilon = -3\%$ und $\varepsilon = +3\%$ eingezeichnet. Zu dieser bei Dehnung und Stauchung gemeinsam auftretenden Verkürzung der Relaxationszeiten ist noch zu bemerken, daß sie sicher nicht allein auf eine Erhöhung der Meßtemperatur der Probe durch die für die Deformation aufgewandte mechanische Arbeit zurückgeführt werden kann. Die mögliche Temperaturerhöhung kann mit Hilfe der spezifischen Wärme (6) abgeschätzt werden und beträgt bei 3% Deformation etwa 0,2 K. Wie Vergleichsmessungen der Temperaturabhängigkeit ergaben, ist die durch eine solche Temperaturerhöhung bewirkte Verschiebung der Relaxationszeiten weitaus geringer als die beobachtete.

In Abb. 5 ist für die Zug-Druck-Versuche am Material *I* die relative Änderung der Relaxationszeiten für $E(t)/E(0) = 0{,}2$ über der Dehnung aufgetragen. Für andere Werte dieses Parameters würde sich ein ähnlicher Verlauf ergeben.

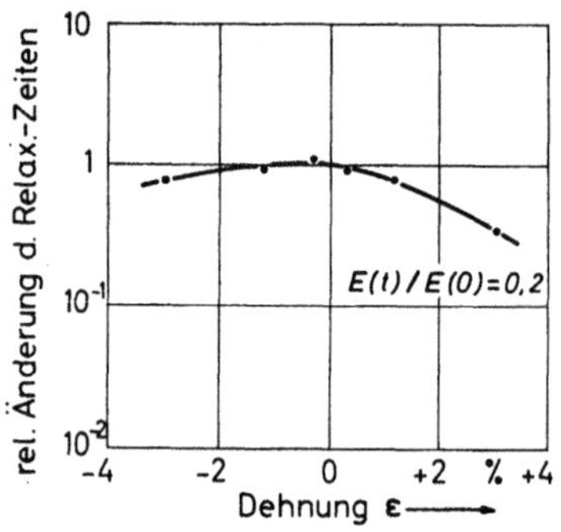

Abb. 5. Relative Änderung der Relaxationszeiten in Abhängigkeit von der Dehnung für $E(t)/E(0) = 0{,}2$

Interessant zum Vergleich sind noch Torsionsuntersuchungen (3), bei denen bekanntlich das Volumen konstant bleibt, und eine Verfolgung der Volumenänderung während der Relaxation durch Messung der Querkontraktion bzw. -dilatation. Solche Messungen konnten bisher leider noch nicht durchgeführt werden.

Herrn Professor Dr. *J. Koppelmann*, Leoben, danke ich für die Anregung zu den vorliegenden Untersuchungen.

Zusammenfassung

Ferry und *Stratton* (3) geben eine Beziehung zwischen der Änderung der Relaxationszeiten und der Größe einer einachsigen Deformation an. Dabei wird die durch die Deformation bewirkte Änderung des freien Volumens zugrunde gelegt. An PMMA wurde im Temperaturbereich des Glasüberganges der zeitliche Verlauf des Relaxationsmoduls bei verschiedenen Dehnungen und Stauchungen bis zu einer Größe von 3% gemessen. Die Meßergebnisse werden mit der ursprünglich nur für kleine Deformationen bis zu etwa 1% hergeleiteten Beziehung von *Ferry* und *Stratton* verglichen. Es zeigt sich, daß die Abweichung vom streng linearen viskoelastischen Verhalten offensichtlich nur zu einem Teil auf den Einfluß des freien Volumens zurückgeführt werden kann.

Summary

Stress relaxation at mechanical deformations of different kind and size. – *Ferry* and *Stratton* (3) give a relation between the modification of the relaxation times and the size of a uniaxial deformation. The relation is based on the modification of the free volume resulting from the deformation. In the temperature range of the glass transition, the time-dependent relaxation modulus was measured in the case of several deformations (positive and negative strains) up to 3%. The results are compared with the relation of *Ferry* and *Stratton*, originally derived only for a deformation of 1%. Obviously the deviation from the exactly linear viscoelastic behaviour is only partially due to the influence of the free volume.

Literatur

1) *Ferry, J. D.*, Viscoelastic Properties of Polymers, 2nd ed. (New York-London-Sydney-Toronto 1970).

2) *Williams, M. L., R. F. Landel*, and *J. D. Ferry*, J. Amer. Chem. Soc. **77**, 3701 (1955).

3) *Ferry, J. D.* and *R. A. Stratton*, Kolloid-Z. **171**, 107 (1960).

4) *Hellwege, K.-H., W. Knappe* und *P. Lehmann*, Kolloid-Z. u. Z. Polymere **183**, 110 (1962).

5) *Theocaris, P. S.* and *Chr. Hadjijoseph*, Kolloid-Z. u. Z. Polymere **202**, 133 (1965).

6) *Wunderlich, B.* and *H. Baur*, Adv. Polymer Sci. **7**, 151 (1970).

Anschrift des Verfassers:

Dr. *D. Krieger*

Physikalisch-Technische Bundesanstalt

33 Braunschweig, Bundesallee 100

Kolloid-Z. u. Z. Polymere **250**, 1135–1141 (1972)

Aus dem Deutschen Kunststoff-Institut, Darmstadt

Thermolumineszenz von Polyäthylen*)

Von W. Knappe, H.-U. Schenker und A. Zyball

Mit 6 Abbildungen und 1 Tabelle

(Eingegangen am 15. Mai 1972)

1. Einleitung

Festkörper können bei Anregung durch energiereiche Strahlen einen Teil der Anregungsenergie speichern, der durch Energiezufuhr z. B. in Form von Wärme oder Infrarotstrahlung abgerufen werden kann und dann als Strahlung in Erscheinung tritt. Wird die Stimulation durch thermische Energie durchgeführt, so spricht man von Thermolumineszenz und die Intensität des emittierten Lichts als Funktion der Temperatur wird als *Glow*kurve bezeichnet.

Thermolumineszenzuntersuchungen werden vor allem an Alkalihalogeniden, II—VI-Verbindungen und sogenannten Sauerstoffphosphoren (1) durchgeführt.

Die Modellvorstellungen, die aus den Thermolumineszenzmessungen an den oben erwähnten Kristallen entwickelt wurden, sind in Abb. 1 wiedergegeben. Infolge energiereicher Strahlung gelangen Elektronen aus den Akzeptorenniveaus in Donatorenterme. Im folgenden werden Akzeptoren als Lumineszenzzentren und die Donatoren als Traps bezeichnet. Wird der Probe nach der Bestrahlung Energie durch Aufheizen zugeführt, so werden die Elektronen aus den Traps befreit und können unter Aussendung von Licht mit den Lumineszenzzentren rekombinieren. Die Intensität des ausgesandten Lichtes – im folgenden als Thermolumineszenzintensität und abgekürzt als TLI bezeichnet – ist proportional der Änderung der Konzentration der ionisierten Lumineszenzzentren f je Zeiteinheit, Gl. [1].

$$TLI \sim df/dt. \qquad [1]$$

Nimmt man nach *Randall* und *Wilkins* (2) an, daß kein Wiedereinfangen der thermisch befreiten Elektronen durch die Traps möglich ist, das heißt, daß die Retrappingwahrscheinlichkeit $\beta = 0$ ist, so liegt ein Prozeß 1. Ordnung vor, wie Gl. [2a] zeigt.

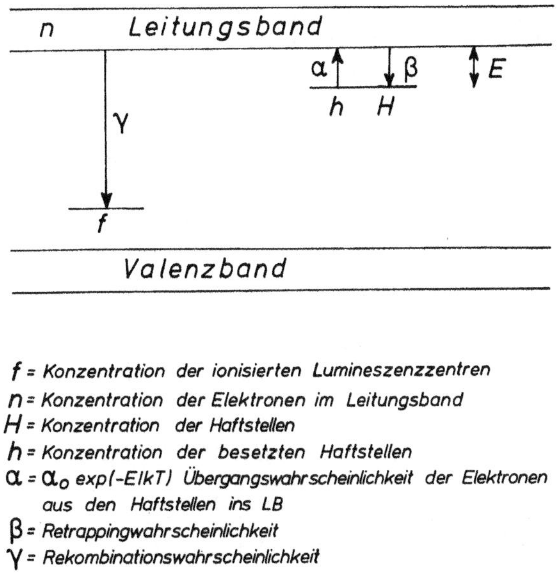

Abb. 1. Modelle der Thermolumineszenz. LB = Leitungsband; VB = Valenzband

$$df/dt = f\alpha_0 \exp(-E/kT). \qquad [2a]$$

$\alpha = \alpha_0 \exp(-E/kT)$ ist die Übergangswahrscheinlichkeit der in den Haftstellen eingefangenen Elektronen in das Leitungsband, wobei der Energieabstand zwischen Haftstelle und Leitungsband durch E gegeben ist.

Die Glowkurve bei konstanter Aufheizgeschwindigkeit $q = dT/dt$ wird in diesem Fall durch Gl. [3a] beschrieben

$$TLI(T) \sim \alpha_0 f_0 \exp(-E/kT) \times \exp\left[-\frac{\alpha_0}{q}\int_{T_0}^{T} \exp(-E/kT)\,dT\right]. \qquad [3a]$$

Hierin ist f_0 die Konzentration der ionisierten Lumineszenzzentren nach Abschalten der Anregung. Die isotherme Abklingkurve, d. h. die emittierte Intensität als Funktion

*) Vorgetragen auf der Arbeitstagung des Fachausschusses „Physik der Hochpolymeren"; Frühjahrstagung des Regionalverbandes Hessen–Mittelrhein–Saar der Deutschen Physikalischen Gesellschaft vom 22. bis 24. März 1972 in Bad Nauheim.

der Zeit bei konstanter Temperatur $T = T_0$ wird durch Gl. [4a] beschrieben

$$TLI(t) \sim \alpha_0 f_0 \frac{E}{kT_0} \exp\left(-\frac{E}{kT_0} t\right). \qquad [4a]$$

Ist dagegen nach *Garlick* und *Gibson* (3) die Retrappingwahrscheinlichkeit β gleich der Rekombinationswahrscheinlichkeit γ, d. h. die aus den Traps befreiten Elektronen des Leitungsbandes, ihre Konzentration sei durch n gegeben, können mit gleicher Wahrscheinlichkeit sowohl durch Traps wiedereingefangen werden als auch mit dem Lumineszenzzentrum rekombinieren, so liegt ein Prozeß 2. Ordnung vor

$$df/dt = -\alpha f^2/H, \qquad [2b]$$

wobei H die Konzentration der Haftstellen ist. Gl. [3b] beschreibt bei konstanter Aufheizgeschwindigkeit q die Glowkurve

$$TLI\,(T) \sim \frac{\alpha_0}{H} \exp(-E/kT) \times \left[\frac{f_0}{1 + \frac{f_0 \alpha_0}{Hq} \int\limits_{T_0}^{T} \exp(-E/kT)dT}\right] \qquad [3b]$$

und Gl. [4b] die isotherme Abklingkurve

$$TLI(t) \sim \frac{\alpha}{H} \cdot \frac{f_0}{\left(1 + \frac{\alpha}{H} f_0 t\right)^2}. \qquad [4b]$$

In dieser Arbeit soll am Beispiel des Polyäthylens untersucht werden, inwieweit die bei Kristallen entwickelten Modelle der Thermolumineszenzerscheinungen auf Polymere übertragbar sind. Das Bändermodell der Kristalle ist nur mit Einschränkung auf Polymere übertragbar, da wichtige Voraussetzungen für das Auftreten von Energiebändern bei Polymeren nicht erfüllt sind. Nach *Bässler* (4) und *Bauser* (5) sind bei Polymeren lokalisierte Energieniveaus, die durch Potentialberge voneinander getrennt sind, zu erwarten. In Anlehnung an die Energiebänder bei Kristallen spricht man von Valenz- bzw. Leitungsniveaus. Der Energieabstand zwischen der mittleren Energie der Valenz- und der Leitungsniveaus beträgt etwa 4–8 eV und die Valenz- bzw. Leitungsniveaus haben eine Breite von 0,1 bis 0,5 eV (5).

Ein weiteres Ziel dieser Arbeit ist, den Einfluß verschiedener aromatischer Verbindungen, deren Moleküle nach *Boustead* und *Charlesby* (6) die Lumineszenzzentren im Polyäthylen darstellen, auf die Thermolumineszenz zu untersuchen.

2. Experimentelles

Zur Aufnahme der Glowkurven wurden die Probekörper, wie in Abb. 2 dargestellt, bei −196 °C mit 1 MeV-Elektronen eines *Van-de-Graaff*-Generators bestrahlt. Die Bestrahlung konnte im Vakuum und in Luft durchgeführt werden. Nach der Bestrahlung wurden die Proben mit einer konstanten Geschwindigkeit aufgeheizt und das emittierte Licht mit Hilfe eines Photomultipliers (1P21 der Firma RCA) gemessen. Die spektrale Empfindlichkeit des Photomultipliers reicht von 330 nm bis 640 nm und hat ein Maximum bei 400 nm. Kurve 2 der Abb. 2 zeigt im Prinzip die Messung der Glowkurve. Die Intensität des emittierten Lichts (TLI) wurde als Spannungsabfall am Ausgangswiderstand des Photomultipliers gemessen und ist in

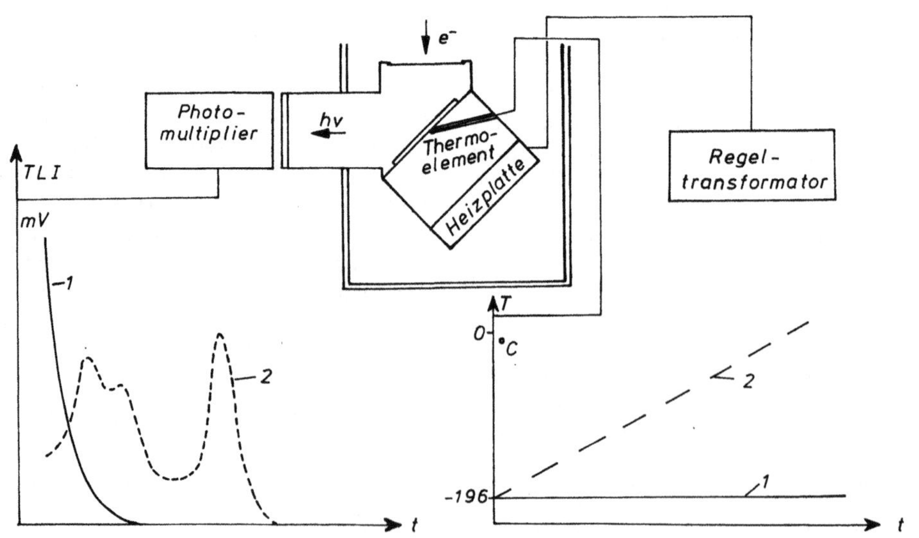

Abb. 2. Apparativer Aufbau zur Messung der Abkling- (1) und der Glowkurve (2)

Millivolt angegeben. Zur Messung von isothermen Abklingkurven wurden die Proben bei der Temperatur bestrahlt, bei der die Abklingkurve aufgenommen wurde. Diese Messung ist in Abb. 2 durch die Kurve 1 dargestellt.

Die Thermolumineszenzuntersuchungen wurden an einem handelsüblichen Niederdruckpolyäthylen (abgekürzt NDPE) der Dichte ϱ (20 °C) = 0,960 g/cm³ und an einem Hochdruckpolyäthylen (abgekürzt HDPE) der Dichte ϱ (20 °C) = 0,918 g/cm³ durchgeführt[1]). Die Probekörper waren gepreßte Scheiben mit einem Durchmesser von 35 mm und einer Dicke von 0,5 mm.

Die Dotierung der Proben mit aromatischen Verbindungen erfolgte dadurch, daß die Proben 70 Std. in einer mit der entsprechenden aromatischen Verbindung gesättigten Lösung von n-Hexan lagerten. Über die Konzentration der erreichten Dotierung kann nur folgende Schätzung durchgeführt werden: *Boustead* und *Charlesby* (6) geben für undotierte Polyäthylen-Proben eine Konzentration von 10^{17} Fremdmoleküle/cm³ an. Nimmt man an, daß die Gesamtintensität des emittierten Lichtes der Konzentration der eindiffundierten aromatischen Moleküle proportional ist, so erhält man mit der oben erwähnten Angabe eine Konzentration von etwa 10^{18} Moleküle/cm³ für die dotierten Proben.

3. Ergebnisse

Die Abbildung 3 zeigt Glowkurven von HDPE (Kurve 1 und 2) und NDPE (Kurve 3). Die Probe 1 wurde in Luft, die Proben 2 und 3 im Vakuum bestrahlt. Vor der Bestrahlung in Vakuum lagerten die Proben 30 min im Vakuum. Die Dosis betrug jeweils 6,5 Mrad. Die Aufheizgeschwindigkeit war 3 grad/min.

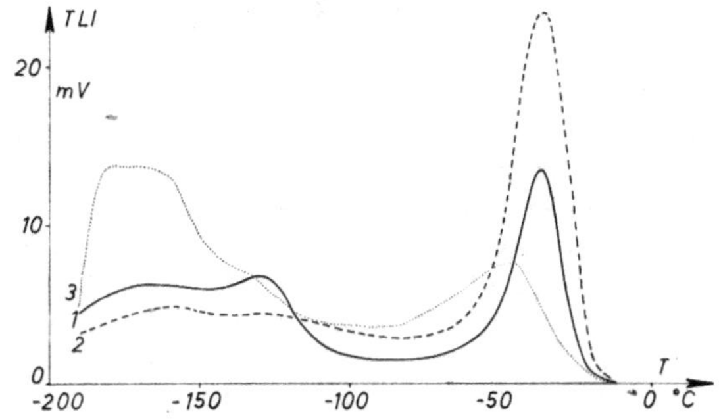

Abb. 3. Glowkurven von HDPE (1 + 2) und NDPE (3). Bestrahlung im Vakuum (2 + 3) und Luft (1) mit 6,5 Mrad. Aufheizgeschwindigkeit 3 grad/min

Den Glowkurven ist folgendes zu entnehmen:

1. Bei tiefen Temperaturen (bis etwa — 150 °C) wird ein wenig strukturiertes Kontinuum gemessen.

2. Bei Proben, die in Luft bestrahlt wurden, tritt ein Peak auf, dessen Maximum bei $T = -128$ °C liegt. Wird die Probe im Vakuum gelagert und bestrahlt, so tritt in diesem Temperaturbereich kein Peak auf. Ferner verschwindet er, falls die Probe vorbestrahlt wird und zwischen den beiden Bestrahlungen – d. h. zwischen der Vorbestrahlung und der Bestrahlung zur Lichtspeicherung – die Probe nicht länger als 1 Std. in Luft lagerte.

3. Im Bereich oberhalb —100 °C erhält man einen Peak, dessen Maximum beim HDPE bei —36 °C und beim NDPE bei —45 °C liegt.

4. Oberhalb 0 °C findet man bei allen Proben, die nicht vorbestrahlt waren, keine meßbare Intensität.

[1]) Die Proben wurden uns freundlicherweise von der BASF AG überlassen.

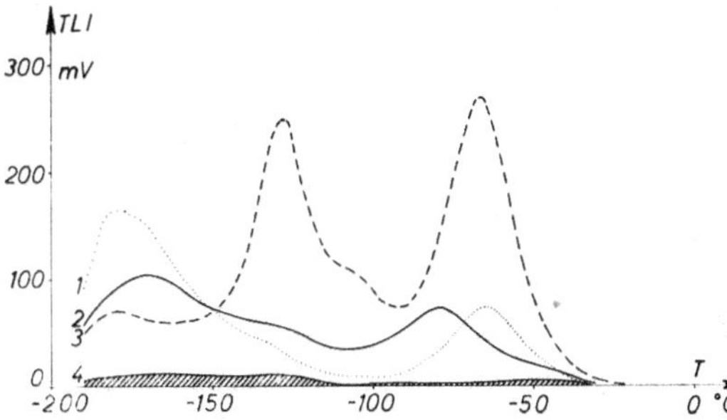

Abb. 4. Glowkurven mit Benzoesäure (1), Naphthalin (2) und Anthracen (3) dotierter Proben aus NDPE. Schraffiert undotierte Probe

Abb. 4 zeigt Glowkurven von NDPE, das mit Benzoesäure (Kurve 1), Naphthalin (Kurve 2) oder Anthracen (Kurve 3) dotiert war. Schraffiert ist als Vergleich die Glowkurve nicht dotierter Probe eingezeichnet. Die Bestrahlung erfolgte in Luft mit 6,5 Mrad. Die Aufheizgeschwindigkeit war 3 grad/min. Im Tieftemperaturbereich bis etwa — 150 °C nimmt mit wachsender Molekülgröße die Intensität ab, ist aber auch noch bei der mit Benzoesäure dotierten Probe bedeutend größer als bei der nicht dotierten Probe. Bei allen Proben tritt ein Peak, dessen Maximum bei — 128 °C liegt, auf. Durch die Dotierung mit Anthracen ist er besonders stark ausgeprägt. Bei dieser Probe wird außerdem bei etwa —110 °C eine Schulter in der Glowkurve gefunden. Das Maximum des Peaks im Hochtemperaturbereich erscheint bei tieferen Temperaturen. Die Verschiebung gegenüber der undotierten Probe beträgt 19° bei der Dotierung mit Benzoesäure, bei der Dotierung mit Naphthalin 33° und bei der mit Anthracen 21° C. Ferner tritt durch die Dotierung mit Benzoesäure und Naphthalin eine Schulter bei etwa —50 °C auf.

Abb. 5 zeigt entsprechende Messungen an HDPE. Wie beim NDPE sinkt im Tief-

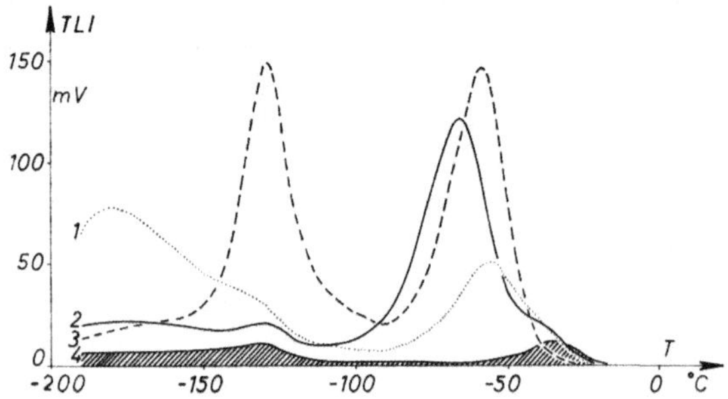

Abb. 5. Glowkurven mit Benzoesäure (1), Naphthalin (2) und Anthracen (3) dotierter Proben aus HDPE. Schraffiert undotierte Probe

temperaturbereich mit wachsender Molekülgröße die Intensität. Ebenso ist wie beim NDPE der Peak bei — 128 °C durch die Dotierung mit Anthracen stark ausgeprägt. Das Maximum des Hochtemperaturpeaks wird hier durch die Dotierung mit Benzoesäure von —36 °C zu —56 °C mit Naphthalin zu —55 °C und mit Anthracen ebenfalls zu —55 °C verschoben. Wie bei NDPE tritt bei Proben, in denen Benzoesäure oder Naphthalin eingelagert ist, eine Schulter im Hochtemperaturpeak auf. Sie liegt bei etwa —40 °C.

Zur Klärung der Kinetik wurden bei einigen Fixpunkten isotherme Abklingkurven gemessen. Die Messungen erfolgten bei der Temperatur des flüssigen Stickstoffs, bei der Temperatur des Trockeneises und bei 0 °C. Nur bei Proben aus NDPE, die vorbestrahlt waren, konnten bei 0 °C isotherme Abklingkurven gemessen werden, da bei allen anderen Proben oberhalb 0 °C keine Intensität mehr ausgesandt wird.

Die Intensität als Funktion der Zeit läßt sich bei $T = -196$ °C durch Gl. [5] darstellen:

$$TLI(t) = ct^{-n(t)} \quad [5]$$

$$\text{mit } 0{,}85 < n(t) < 1 \qquad \text{für } t \lesssim 40 \text{ min}$$

$$\text{und } n(t) = 1 \qquad \text{für } t \gtrsim 40 \text{ min.}$$

Diese Gesetzmäßigkeit wird sowohl bei HDPE als auch bei NDPE gemessen, unabhängig davon, ob die Bestrahlung in Luft oder im Vakuum erfolgte, ferner unabhängig von der Dotierung der Proben. Werden die Proben bis zu verschiedenen Temperaturen, die unterhalb der Temperatur liegen, bei der das Maximum des Hochtemperaturpeaks auftritt, aufgeheizt und anschließend wieder auf —196 °C abgekühlt, so ist die Intensität ungleich Null und fällt ebenfalls nach einem t^{-1}-Gesetz ab.

Auch bei $T = -78$ °C und bei $T = 0$ °C klingt die Thermolumineszenz nach einem t^{-n}-Gesetz ab. Der Exponent n ist bei diesen Temperaturen von der Vorbehandlung abhängig (s. Tab. 1).

4. Diskussion der Ergebnisse

Wie bei Kristallen sind die Thermolumineszenzerscheinungen bei Polyäthylen dadurch bedingt, daß Lumineszenzzentren durch Bestrahlung mit energiereichen Strahlen ionisiert werden, die Elektronen in Traps eingefangen werden, die durch Stimulation z. B. mit Licht oder thermischer Energie befreit werden und unter Emission von Licht mit den Lumineszenzzentren rekombinieren. Dies wird durch Thermolumineszenz-, Phosphoreszenz- und Fluoreszenzmessungen von *Charlesby* und Mitarb. (6, 7, 8, 9) und durch ESR-Messungen von *Keyser* und Mitarb. (10) bestätigt. *Keyser* gelang es, getrapte Elektronen im Polyäthylen durch ESR-Messungen nachzuweisen. Wie bei der Thermolumineszenz bei Kristallen treten drei Fragen auf:

1. Welches sind die Lumineszenzzentren?
2. Durch welche Moleküle oder Molekülgruppen werden die Elektronentraps gebildet?
3. Welches sind die Rekombinationsmechanismen?

Die Messungen von *Boustead* und *Charlesby* (6) und die hier durchgeführten Messungen zeigen, daß im Polyäthylen die Lumineszenzzentren Fremdatome insbesondere Aromate sind. Dies wird erhärtet durch die Aufnahme von Absorptionsspektren im Bereich von 200 nm bis 400 nm an Proben, die mit Anthracen dotiert waren. Wir konnten nachweisen, daß durch Tempern der Proben bei 100 °C die Thermolumineszenzintensität stark reduziert wird. Diese Reduktion der Intensität ist korreliert mit dem Verschwinden der Absorptionslinien des Anthracens. Die beiden anderen Aromate waren bei der Aufnahme von Absorptionsspektren nicht nachweisbar, da ihre Absorptionslinien bei Wellenlängen kleiner als 280 nm zu erwarten sind, die Transmission unserer undotierten Polyäthylen-Proben in diesem Bereich aber kleiner als 1,5% ist.

Die Glowkurve im Bereich $T < -160$ °C ist nur bedingt auswertbar, da hier wie bei Messung der Glowkurven von ZnS (11) ab —196 °C ein Peak vorgetäuscht werden kann.

Erst Thermolumineszenzmessungen bei tieferen Temperaturen können Aufschluß geben, ob in diesem Bereich ein Peak liegt.

Boustead und *Charlesby* (6) schlossen aus ihren Messungen, daß die Thermolumineszenz im Tieftemperaturbereich dem kristallinen Bereich des Polyäthylens zuzuordnen ist. Dabei wurde angenommen, daß die Molekülabstände im kristallinen Bereich des PE etwa 5 Å betragen, es also nur den Molekülen der Benzoesäure (Durchmesser etwa 4,6 Å) möglich sei, in die kristallinen Bereiche einzudiffundieren. Dies konnte nicht bestätigt werden. Zwar nimmt mit steigender Molekülgröße die Intensität im Tieftemperaturbereich ab, trotzdem ist sie bei allen dotierten Proben wesentlich größer als bei nicht dotierten.

Der Peak bei —128 °C ist dadurch verursacht, daß im Polyäthylen molekularer Sauerstoff gelöst ist, der als Elektronentrap wirkt (9). Dies kann aus folgenden Meßergebnissen geschlossen werden:

1. Der Peak verschwindet, wenn die Proben vor und während der Bestrahlung im Vakuum lagerten. Der Sauerstoff also aus den Proben ausdiffundieren kann.

2. Ferner wird dieser Peak nicht beobachtet, wenn der Sauerstoff gebunden wird. Nach *Loy* (12) wird der molekulare Sauerstoff im Polyäthylen unter Bildung von Peroxidradikalen gebunden. Diese Reaktion läuft bei —80 °C ab. Wir konnten zeigen, daß bei einer Probe, die in Luft bei —196 °C bestrahlt und bis 0 °C aufgeheizt wurde und anschließend ein zweites Mal zur Aufnahme der Glowkurve bei —196 °C in Luft bestrahlt wurde, dieser Peak nicht erscheint.

3. Das Peakmaximum tritt unabhängig von der Probenart, der Dotierung und der Vorbestrahlung bei $T = -128$ °C auf.

4. Nach Separation des Tieftemperaturbereichs durch Aufheizen der Probe bis in den Anlaufbereich dieses Peaks und Abzug der Intensität, die nach dem t^{-1}-Gesetz abfällt – wie es in Abb. 6 bei der Probe 1 dargestellt ist – ergibt die Tieftemperaturflanke in der Darstellung $\ln TLI(T)$ über $1/T$ eine Gerade. Die Abb. 6 zeigt, daß die Steigung der Gerade unabhängig von der Polyäthylenart, der Dotierung mit Anthracen und der Aufheizgeschwindigkeit ist. Aus der Steigung wurde die Aktivierungsenergie zu $E = 0{,}255 \pm 0{,}015$ eV bestimmt.

Ferner ist zu vermuten, daß bei diesem Peak ein Prozeß 1. Ordnung vorliegt. Eindeutig konnte dies noch nicht nachgewiesen werden, da isotherme Abklingkurven bei diesen Temperaturen noch nicht gemessen wurden.

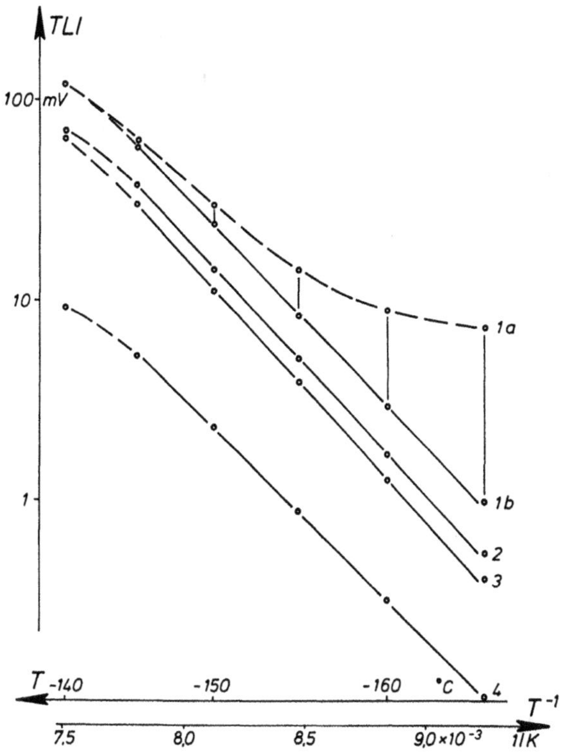

Abb. 6. Glowkurve im Bereich des Peaks bei $T = -128$ °C. Kurve 1a gemessene Intensität, Kurve 1b nach Abzug des t^{-1}-Gesetzes. 1) NDPE mit Anthracen dotiert; $dT/dt = 3$ grad/min. 2) HDPE mit Anthracen dotiert; $dT/dt = 3$ grad/min. 3) HDPE mit Anthracen dotiert; $dT/dt = 5$ grad/min. 4) HDPE nicht dotiert; $dT/dt = 3$ grad/min

Über die Schulter bei —110 °C, die in einigen Glowkurven auftritt, können keine Aussagen gemacht werden, da sie als Schulter im Sauerstoffpeak auftritt und von diesem nicht separiert werden kann.

Der Peak im Hochtemperaturbereich ist von der Polyäthylenart und der Vorbehandlung abhängig. *Alfimov* und Mitarb. (13) führten ihn auf den Glasübergang zurück. Für diese Deutung spricht außer der Feststellung, daß bei diesen Temperaturen der Einfrierbereich des Polyäthylens liegt, daß, wie wir zeigen konnten, mit steigender Vorbestrahlungsdosis das Peakmaximum zu höheren Temperaturen verschoben wird. Mit wachsender Vorbestrahlungsdosis steigt die Vernetzungsdichte und dies bedeutet eine Verschiebung des Einfrierbereichs zu höheren Temperaturen. Ferner konnten wir eine Verschiebung des Peakmaximums durch Lagerung der Proben in n-Hexan zu tieferen Temperaturen feststellen. Die Größe der Verschiebung ist abhängig von der Zeit zwischen der Lagerung der Probe in n-Hexan und der Aufnahme der Glowkurve. Es ist also zu vermuten, daß n-Hexan als Weichmacher wirkt und aus diesem Grund die Einfriertemperatur und damit auch die Lage des Hochtemperaturpeaks zu tieferen Temperaturen verschoben wird. Dagegen spricht auf der anderen Seite, daß die Konzentration von n-Hexan so gering ist, daß nicht eine Verschiebung von etwa 20 °C zu erwarten wäre.

Der Prozeß kann nicht durch einen Prozeß 1. oder 2. Ordnung gedeutet werden, wie die Abklingkurven bei -78 °C bzw. 0 °C zeigen. Ferner ist anzunehmen, daß ein Teil der Intensität dieser Peaks bei tieferen Temperaturen nach einem t^{-1}-Gesetz zerfällt. Dies wird daraus gefolgert, daß, wie oben gezeigt, nach Aufheizen der Probe bis zum Beginn dieses Peaks und einer erneuten Abkühlung auf -196 °C bei -196 °C noch Intensität gemessen wird.

Ferner konnten wir zeigen, daß die Hochtemperaturflanke des Peaks nach einem Gesetz

$$TLI(T) \sim \exp(-\lambda T)$$

abfällt, wobei λ allerdings von der Polyäthylenart und deren Vorbehandlung, nicht aber von der Aufheizgeschwindigkeit abhängt.

Die Messungen zeigen, daß der Peak im Hochtemperaturbereich noch nicht erklärt werden kann. Es ist zu hoffen, daß durch Messungen der Thermolumineszenz an amorphen Polymeren weitere Aussagen über diesen Peak erhalten werden.

Tabelle 1

Exponent n des isothermen Zerfalls von NDPE

$TLI(t) = ct^{-n}$		
	0 °C	−78 °C
Probe 1	1,00	1,00
Probe 2	1,06	1,04
Probe 3	1,27	1,28

Probe 1: Vorbestrahlung mit 50 Mrad im Vakuum.
Probe 2: Vorbestrahlung mit 50 Mrad im Vakuum, dann 8 Std. in Anthracen-Hexan.
Probe 3: 70 Std. in Anthracen-Hexan, dann Vorbestrahlung mit 50 Mrad im Vakuum.

Zusammenfassung

In dieser Arbeit konnte bestätigt werden, daß die Thermolumineszenz bei Polyäthylen auf eingelagerte Fremdmoleküle zurückzuführen ist. Ferner konnte gezeigt werden, daß durch gezielte Dotierung mit aromatischen Verbindungen die Intensität gesteigert werden kann, und daß durch Tempern der Proben die Fremdmoleküle ausgetrieben werden können, womit die Thermolumineszenz verschwindet.

Die gemessenen Glowkurven weisen mehrere Bereiche auf. Es konnte bestätigt werden, daß der Peak bei -128 °C durch den im Polyäthylen eindiffundierten molekularen Sauerstoff verursacht ist. Die Aktivierungsenergie für die Befreiung der Elektronen aus den Traps, die durch den molekularen Sauerstoff gebildet werden, konnte mit $E = 0{,}255$ eV bestimmt werden.

Ein weiterer Peak, der bei Temperaturen auftritt, bei denen auch der Glasübergang von Polyäthylen liegt, wurde näher untersucht. Es konnte gezeigt werden, daß die Intensität dieses Peaks bereits bei -196 °C abfällt. Aus den isothermen Abklingkurven, die bei -196 °C, bei -78 °C und bei 0 °C aufgenommen wurden, kann geschlossen werden, daß diesem Peak kein Prozeß 1. oder 2. Ordnung zugrunde liegt. Die Intensität bei konstanter Temperatur fällt ab nach einem t^{-n}-Gesetz mit $0{,}85 < n < 1{,}3$. Das Maximum dieses Peaks wird durch die Dotierung mit aromatischen Verbindungen um 20–30° C zu tieferen Temperaturen verschoben. Auf die Lage des Peaks -128 °C hat dagegen die Dotierung keinen Einfluß. Hier wird nur die Intensität wesentlich, insbesondere durch die Dotierung mit Anthracen, vergrößert.

Summary

In this study we were able to confirm that the thermoluminescence is the result of impurities which are present in polyethylene. Further, it could be shown that the intensity can be increased by systematic doping with aromatic molecules and that the impurities can be removed by tempering the samples, whereby the thermoluminescence disappears.

The measured glow curves show several ranges. It could be confirmed that the peak, at -128 °C, is caused by the molecular oxygen which is diffused in the sample. The activation energy which releases the electrons from the traps formed by the molecular oxygen could be determined ($E = 0{,}255$ eV).

Another peak was investigated in detail which occurred at temperatures near the glass transition of polyethylene. It could be proved that the intensity of this peak already decays at a temperature of -196 °C. We were able to demonstrate by means of the measurements of the isothermal decay at -196 °C, -78 °C and 0 °C, that this peak cannot be described by a process of 1st or 2nd order. At a constant temperature the intensity decays according to a t^{-n} law, whereby $0{,}85 < n < 1{,}3$. The maximum of this peak is shifted to lower temperatures with a difference of 20–30° C by doping with aromatic molecules. On the other hand the doping has no influence on the position of the peak at -128 °C. In this case it is only the intensity which is considerably increased, especially by doping with anthracene.

Literatur

1) *Riehl, N.*, Einführung in die Lumineszenz (München 1971).
2) *Randall, J. T.* and *M. H. Wilkins*, Proc. Roy. Soc. **A 184**, 366 and 390 (1945).
3) *Garlick, G. F. J.* and *A. F. Gibson*, Proc. Phys. Soc. **60**, 574 (1948).
4) *Bässler, H.*, Kunststoffe **62**, 115 (1972).
5) *Bauser, H.*, Kunststoffe **62**, 192 (1972).
6) *Boustead, I.* and *A. Charlesby*, European Polymer J. **3**, 459 (1967).

7) *Charlesby, A.* and *R. H. Partridge*, Proc. Roy. Soc. **A 271**, 459 (1967).
8) *Charlesby, A.* and *R. H. Partridge*, Proc. Roy. Soc. **A 283**, 312 (1965).
9) *Partridge, R. H.*, J. Polymer Sci. **A 3**, 2817 (1965).
10) *Keyser, R., J. Lin, K. Tsuji*, and *F. Williams*, ACS Div. Polymer Chem. – Polymer Preprints 9/1, 277 1968).
11) *Baur, G., N. Riehl* und *P. Thoma*, Z. Phys. **206**, 229 (1967).
12) *Loy, B. R.*, J. Polymer Sci. **44**, 341 (1960).
13) *Alfimov, M. V., V. G. Nikolskij*, and *N. Ya. Buben*, Kinetics and Catalysis **5**, 238 (1965).

Anschrift der Verfasser:
Prof. Dr. *W. Knappe*, Dipl.-Phys. *H.-U. Schenker* und Dipl.-Phys. *A. Zyball*
Deutsches Kunststoff-Institut
6100 Darmstadt, Schloßgartenstraße 6 R

Kolloid-Z. u. Z. Polymere **250**, 1142–1149 (1972)

Aus dem Centraal Laboratorium T.N.O., Delft, und Laboratorium für physikalische Chemie, Technische Hochschule Delft (Niederlande)

Strömungsdoppelbrechung in makromolekularen Flüssigkeiten*)

*Von J. L. S. Wales und H. Janeschitz-Kriegl***)*

Mit 8 Abbildungen

(Eingegangen am 5. Juni 1972)

1. Einleitung

Der Spannungszustand in makromolekularen Flüssigkeiten bei stationärer Scherströmung ist seit vielen Jahren Gegenstand der Diskussion. Im allgemeinen wurden zur Messung der Komponenten des Spannungstensors (als Funktionen des stationären Schergefälles) mechanische Methoden vorgeschlagen und angewendet (1, 2). Im folgenden sollen jedoch die Ergebnisse diskutiert werden, die mit Hilfe einer im Centraal Laboratorium T.N.O. entwickelten optischen Methode erhalten wurden.

Wie allgemein bekannt ist, treten bei der Scherung von makromolekularen Flüssigkeiten (Polymerschmelzen, Silikonölen, Lösungen) neben der Schubspannung auch Normalspannungen auf. Da der hydrostatische Druck in gescherten, inkompressiblen Flüssigkeiten rheologisch unbestimmt bleibt, wird die Bestimmung der letzteren Größen reduziert auf die Messung der zwei Normalspannungsdifferenzen. Über das Bestehen der sogenannten ersten Normalspannungsdifferenz (für Definitionen siehe weiter unten) besteht kein Zweifel. Sie dokumentiert sich u. a. im „normal thrust" des Kegel-Platte-Viskosimeters (*Weissenberg*-Rheogoniometer) und in der Aufweitung des Strangdurchmessers nach Extrusion durch eine Düse. Für die Bestimmung der zweiten Normalspannungsdifferenz sind wesentlich subtilere Methoden erforderlich. Im allgemeinen ist man mit dem Beweis zufrieden, daß diese Differenz tatsächlich ungleich Null ist. In diesem Zusammenhang sei z. B. auf das Auftreten von Sekundärströmungen im elliptischen Rohr hingewiesen, wie sie von *Ericksen* (3) gefordert und z. B. von *Knappe* und *Semjonow* (4) in eleganter Weise im extrudierten elliptischen Polystyrolstrang durch Einführung eines Farbfadens nachgewiesen wurden. In dem vorliegenden Beitrag sollen die Vorteile der optischen Methode dargelegt werden.

2. Theorie

Bei ebener stationärer Scherströmung zwischen unendlich ausgedehnten Platten tritt im laminaren Bereich als einziger unabhängiger Parameter die Schergeschwindigkeit

$$\frac{dv_1}{dx_2} = \frac{v_w}{d} = q \qquad [1]$$

auf. Hierbei ist v_1 die Geschwindigkeit in der Strömungsrichtung, x_2 die Koordinate in der Richtung senkrecht auf die Schubebenen (Richtung 3 ist die indifferente Richtung, senkrecht auf beide eben genannte Richtungen), v_w die Geschwindigkeit der bewegten Wand (in Richtung 1) und d der konstante Abstand zwischen den Wänden.

Für das Folgende nehmen wir an, daß der Spannungstensor in der gescherten Flüssigkeit symmetrisch sei ($p_{ik} = p_{ki}$). Diese Annahme impliziert, daß die Flüssigkeit unpolar, d. h. „strukturlos" sei, und daher keine Übertragung von Drehimpuls durch die Grenzflächen des Volumenelementes stattfinde (5). Diese Annahme soll weiter unten kurz diskutiert werden.

Über die Lagen der Hauptachsen *I*, *II* und *III* des (symmetrischen) Spannungstensors kann nun das Folgende gesagt werden. Die *III*-Achse falle mit der 3-Richtung zusammen, die aus Symmetriegründen eine Hauptachse darstellt. Die Achsen *I* und *II* liegen dann also in der Ebene, die zwischen den Richtungen 1 und 2 aufgespannt ist, sie fallen jedoch nicht mit letzteren zusammen. Daß z. B. die *II*-Achse nicht mit Richtung 2

*) Vom 2. Autor vorgetragen auf der Arbeitstagung des Fachausschusses „Physik der Hochpolymeren"; Frühjahrstagung des Regionalverbandes Hessen–Mittelrhein–Saar der Deutschen Physikalischen Gesellschaft vom 22. bis 24. März 1972 in Bad Nauheim.

**) Herrn Prof. Dr. *K. Weissenberg* zum 80. Geburtstage gewidmet.

zusammenfallen kann, folgt schon aus dem Umstand, daß die Richtung 2 lotrecht auf der Schubebene steht, während auf einer Ebene senkrecht auf eine Hauptachse keine Schubspannung auftreten darf. Die Lage des Achsenkreuzes *I, II* kann durch einen einzigen Winkel χ', von uns zwischen den Richtungen *I* und 1 gewählt, beschrieben werden. Für die Transformation der Spannungskomponenten vom Hauptachsensystem auf das „Laboratoriumssystem" 1, 2, 3 ergibt sich dann ganz einfach:

$$2p_{21} = \Delta p \sin 2\chi'$$
$$p_{11} - p_{22} = \Delta p \cos 2\chi' \qquad [2]$$
$$p_{33} = p_{III}$$
$$\text{mit } \Delta p = p_I - p_{II}.$$

Hierin stellt p_{21} die Schubspannung und $p_{11} - p_{22}$ die sogenannte erste (primäre) Normalspannungsdifferenz dar, während aus dem Auftreten der Differenz $\Delta p = p_I - p_{II}$ der Hauptspannungen deutlich zu ersehen ist, daß die einzelnen Normalspannungs-Komponenten nur bis auf eine additive, nicht festgelegte Konstante bestimmt sind. Die zweite (sekundäre) Normalspannungsdifferenz $p_{22} - p_{33}$ kommt in den Gl. [2] nicht vor. Dies bedeutet lediglich, daß sie nicht durch Messungen in der 1,2-Ebene ermittelt werden kann.

Als Voraussetzung für die Anwendbarkeit der optischen Methode gilt, daß zwischen Δp und der auftretenden Doppelbrechung Δn eine eindeutige Beziehung besteht. Für das Folgende nehmen wir einfache Proportionalität zwischen diesen Größen an und fordern in diesem Zusammenhang, daß der Auslöschungswinkel χ der Doppelbrechung mit dem oben definierten Orientierungswinkel χ' der Hauptspannungsrichtungen zusammenfalle. So erhält man die Formulierung der spannungsoptischen Regel:

$$\Delta n = C \Delta p \qquad [3]$$
$$\chi = \chi'.$$

Hierbei stellt C den sogenannten spannungsoptischen Koeffizienten dar (6, 7). Auf eine molekulare Deutung dieser Regel wollen wir hier verzichten. Eine Reihe von theoretischen Abhandlungen fordert für C die Gültigkeit eines Ausdruckes, der auch aus der Theorie der Gummielastizität folgt (8). Vorwegnehmend sei festgestellt, daß die spannungsoptische Regel (3) für makromolekulare Flüssigkeiten überraschend gut gilt. Für Einzelheiten sei auf die bei den Meßergebnissen eingefügten kurzen Diskussionen verwiesen.

3. Allgemeines Konzept

Das polarisierte Lichtbündel zur Messung der Doppelbrechung wurde in drei Richtungen eingesetzt, und zwar

a) in Richtung der 3-Achse (Messung in der 1,2-Ebene),

b) in Richtung der 1-Achse (Messung in der 2,3-Ebene),

c) in Richtung der 2-Achse (Messung in der 1,3-Ebene).

Die zu erwartenden Meßergebnisse sind:
1,2-Ebene: Δn, χ (genauer $\Delta n_{1,2}$ und $\chi_{1,2}$),
2,3-Ebene: $n_{22} - n_{33}$ (gemessen als $\Delta n_{2,3}$),
1,3-Ebene: $n_{11} - n_{33}$ (gemessen als $\Delta n_{1,3}$).
Da die 3-Richtung eine Hauptachsenrichtung ist, gilt $\chi_{2,3} = 0$ und $\chi_{1,3} = 0$.

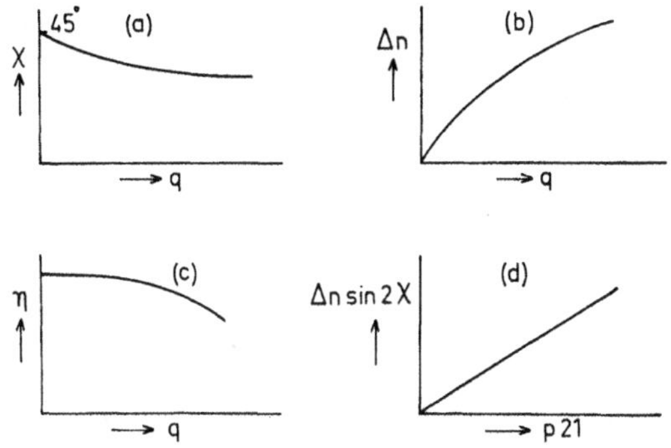

Abb. 1. Schematische Wiedergabe der in der 1,2-Ebene auftretenden Meßergebnisse: a) Auslöschungswinkelkurve, beginnend bei 45° zur Strömungsrichtung, b) Doppelbrechungskurve, c) Viskosität als Funktion des Schergefälles q, d) Kriterium für die Gültigkeit der spannungsoptischen Regel

In Abb. 1 sind die in der 1,2-Ebene zu erwartenden Meßergebnisse schematisch zusammengefaßt. Nur Abb. 1d bedarf einer näheren Erläuterung. Nach Einsetzen der Gl. [3] in Gl. [2a] erkennt man, daß für das Produkt $\Delta n \sin 2\chi$ eine lineare Abhängigkeit von der Schubspannung $p_{21} = q\eta(q)$ folgen muß, wenn die spannungsoptische Regel [3] gilt (6, 7). Die Neigung der Geraden ist gleich zweimal dem spannungsoptischen Koeffizienten ($2C$). Die Gültigkeit der zweiten Gl. [3], $\chi = \chi'$, kann separat geprüft werden. Siehe hierfür jedoch Literaturangaben (9, 10).

4. Zur Gültigkeit der spannungsoptischen Regel

In Abb. 2 sind die Ergebnisse einer vor kurzem erfolgten kooperativen Untersuchung von *Philippoff* und *Wales* (11) wiedergegeben. Es handelt sich hierbei um Meßergebnisse, die an Silopren RS (Bayer), einem Silikonöl

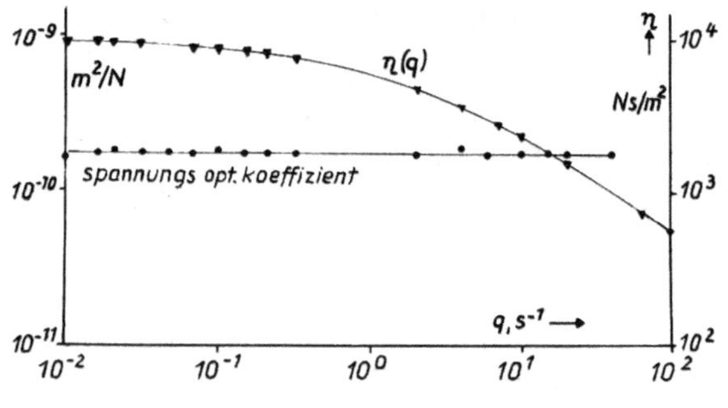

Abb. 2. Spannungsoptischer Koeffizient C (linke Ordinatenachse, 10^{-9} (m^2/N) = 10^5 Brewster) und Viskosität η (rechte Ordinatenachse, 1 N s/m^2 = 10 Poise) als Funktion des Schergefälles über 4 Dekaden für Silopren RS, Mol.-Gew. M_w = 540.000 bei 22 °C

mit M_w = 540000, bei 22 °C erhalten wurden. In der Abbildung sind die nicht-*Newton*sche Viskosität sowie der spannungsoptische Koeffizient über vier Dekaden im Schergefälle wiedergegeben. Die Viskosität nimmt in diesem Bereich um mehr als eine Zehnerpotenz ab, während der spannungsoptische Koeffizient praktisch konstant bleibt. Von Bedeutung sind die beiden Meßbereiche: Im Bereich kleiner Gefälle wurde ein Apparat mit konzentrischen Zylindern (*Couette*-Typ) für die Messung der Strömungsdoppelbrechung in der 1,2-Ebene verwendet, während für dieselbe Ebene bei den höheren Gefällen (bis 10^2 sec^{-1}) der im Centraal Laboratorium entwickelte Kegel-Platte-Apparat verwendet wurde (12). Bei hohen Gefällen wurde ein Kapillar-Viskosimeter für die Messung der Viskosität verwendet, während der oben genannte *Couette*-Apparat für niedrige Gefälle Verwendung fand. Wegen des größeren Lichtweges durch die gescherte Flüssigkeit besitzt der Apparat aus konzentrischen Zylindern eine höhere Meßgenauigkeit. In diesem Apparat ist jedoch die Strömung für elastische Flüssigkeiten bei höheren Gefällen offenkundig nicht mehr stabil. Das Auftreten von Sekundärströmungen (vergleichbar mit den *Taylor*-Wirbeln im Falle des Einflusses der Trägheit der Flüssigkeit) verhindert die saubere Messung. Die Strömung im Kegel-Platte-Apparat zeigt derartige Abweichungen erst bei noch höheren Gefällen.

In Abb. 3 wird das Meßprinzip des Kegel-Platte-Apparates skizziert. Für eine genaue Beschreibung siehe die Originalliteratur (12). Das Lichtbündel betritt den Spalt zwischen Kegel und Platte in radialer Richtung. Bei abgeplatteter Kegelspitze könnte das Bündel den Spalt auf der gegenüberliegenden Seite wieder verlassen. Hierbei würde jedoch der Effekt der Doppelbrechung auf das Lichtbündel zum großen Teil auf der zweiten Seite wieder kompensiert werden. Um dies zu verhindern, wird in der Mitte des Apparates eine Kammer ausgespart, in der sich ein Reflexionsprisma befindet, das das einfallende Bündel in Richtung der Drehachse ablenkt, wodurch nur der Einfluß der einen Seite des Spaltes in die Messung eingeht. An Ein- und Austrittsstelle des Bündels sind am Ringspalt je ein Fenster angebracht.

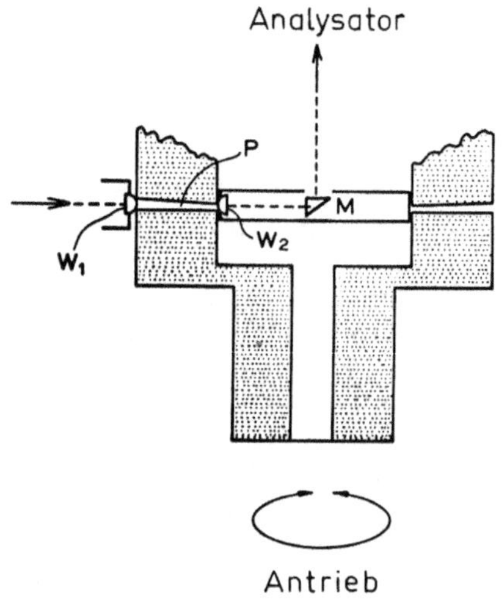

Abb. 3. Prinzip der Kegel-Platte-Anordnung. Das Lichtbündel betritt in der Zeichnung den Ringspalt zwischen statischem Kegel (oberer Teil) und rotierender Platte P (unterer Teil) von links. In der Mitte wird das Lichtbündel durch ein Reflexionsprisma M ausgelenkt. In Wirklichkeit ist der Ringspalt durch Seitenwände abgeschlossen, in denen sich die beiden schematisch angedeuteten Fenster W_1 und W_2 befinden

Es drängt sich nun die Frage auf, wie es möglich ist, daß Flüssigkeiten, die aus kettenförmigen Makromolekülen aufgebaut sind, einen symmetrischen Spannungstensor besitzen und so eine einfache spannungsoptische Regel befolgen. Es ist doch deutlich, daß diese Flüssigkeiten nicht strukturlos sind. Der Name Strukturviskosität für die mit zunehmendem Schergefälle abnehmende Viskosität dieser Systeme besteht doch auf alle Fälle zu Recht. Eine Antwort kann nur darin gesucht werden, daß die Strukturelemente (Fadenmoleküle) von ganz besonderer Beschaffenheit sind, so daß sie im Verhältnis zur Übertragung von linearem Impuls (hohe Viskosität) praktisch keinen Drehimpuls übertragen (hohe Flexibilität der langen Fäden!). Zudem sind diese Fadenmoleküle wahrscheinlich nur an einzelnen Stellen miteinander verhakt. Die Wechselwirkung beschränkt sich dann auf diese Stellen. Dies erklärt die Gültigkeit der spannungsoptischen Regel aus der Theorie der Gummi-Elastizität [Theorie von Netzwerken mit Verknüpfungsstellen endlicher Lebensdauer (13).]

5. Messungen in der 1,3-Ebene

Aus praktischen Erwägungen muß man zur Ausführung dieser Messungen zu einer Viskosimeterströmung übergehen, bei der das Schergefälle räumlich nicht mehr konstant (oder annähernd konstant ist, wie im Falle des *Couette*- oder des Kegel-Platte-Apparates mit kleiner Spaltbreite). Man muß also, was die untersuchte Flüssigkeit betrifft, die Annahme hinzunehmen, daß die Eigenschaften nicht vom Gradienten des Schergefälles abhängen mögen [rheologisch einfache Flüssigkeiten (14)].

Als Geometrie für die Messung in der 1,3-Ebene wurde die des Spaltviskosimeters verwendet (15). Es handelt sich hierbei um einen Apparat mit einer ,,Kapillaren“ mit rechteckigem Querschnitt. Die eine Seite des Querschnittes wird hierbei groß gegenüber der anderen Seite gewählt. Dann wird ein Einfluß der schmalen Seitenwände auf das Strömungsprofil in der Mitte des Kanals vernachlässigbar. Das zur Messung der Doppelbrechung verwendete Lichtbündel wird senkrecht auf die große Seitenfläche gerichtet. Um das Bündel durchzulassen, werden in die stählernen Seitenwände Glasfenster eingebaut. Der essentielle Teil dieser Meßanordnung ist in Abb. 4 zu sehen. Je nach Wunsch kann die polymere Flüssigkeit aus einem der beiden zylindrischen Reservoirs in den Spalt eintreten, wodurch das angegebene Fensterpaar sich entweder in der Nähe der Eintrittsstelle oder relativ weit entfernt von dieser Stelle befindet. Auf diese Weise kann man kontrollieren, ob die gemessene Doppelbrechung tatsächlich unabhängig vom Abstand von der Eintrittsstelle ist. Nur in einem solchen Falle kann man von vollständig entwickelter Strömung sprechen, für die die im folgenden beschriebene Ableitung gilt: Von einem Flüssigkeitsteilchen aus gesehen erhält man dann die erwünschte stationäre Schichtströmung.

Ein Lichtbündel, das den Spalt in der angegebenen Richtung passiert, durchläuft Flüssigkeitsschichten, die verschiedenen Schergefällen ausgesetzt sind. Gemäß dem

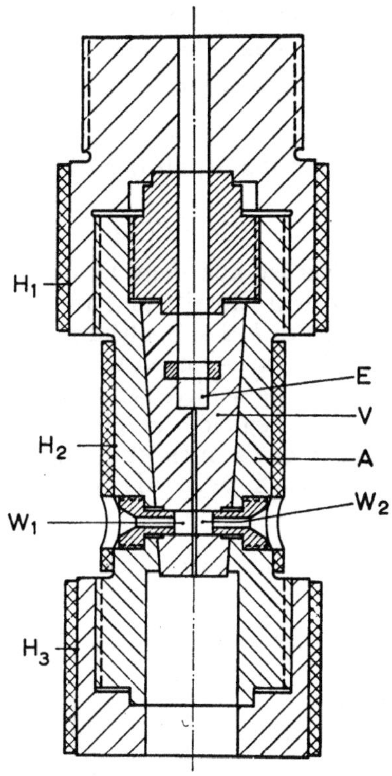

Abb. 4. Spaltapparatur für die Messung der Strömungsdoppelbrechung in der 1,3-Ebene. A ... äußerer Teil, V ... konischer innerer Teil, bestehend aus zwei Hälften, die den Spalt mit rechteckigem Querschnitt umschließen, E ... Eintrittsstelle in den Spalt, W_1, W_2 ... Fenster, H_1, H_2, H_3 ... Heizelemente

annähernd parabolischen Geschwindigkeitsprofil ist das Schergefälle in der Mitte des Spaltes Null und nimmt symmetrisch gegen beide Wände zu. Der gemessene optische Wegunterschied φ wird nach *Wales* (15) wie folgt berechnet:

$$\varphi = 2 \int_0^{h/2} (n_{11} - n_{33}) dx. \qquad [4]$$

Hierin wird $(n_{11} - n_{33})$ als Funktion des Abstandes x von der Spaltmitte aufgefaßt, während h die Spaltbreite (kleine Seite des rechteckigen Querschnittes) darstellt. Der Abstand x wird gemäß der Substitution

$$\sigma/\sigma_w = x/(h/2) \qquad [4a]$$

durch die Schubspannung $\sigma (= p_{21})$ ersetzt, wobei σ_w die Schubspannung an der Wand darstellt. Die obere Grenze des Integrals wird dadurch σ_w. Nach Reorganisation der Gleichung, so daß auf der rechten Seite nur das Integral (ohne Faktor) steht, und durch darauffolgende Differentiation nach σ_w erhält man die folgende Gleichung[1]):

$$(n_{11} - n_{33})_w = (\varphi/h)\,[1 + d\log\varphi/d\log\sigma_w]. \quad [5]$$

Hierbei ist $(n_{11} - n_{33})_w$ die Doppelbrechung an der Wand, an der die Schubspannung

$$\sigma_w = Ph/2L \quad [6]$$

herrscht. Sie ist aus dem Druck P im Reservoir vor dem Eintritt und aus der Länge L und der Breite h der Spaltkapillaren zu berechnen. Um $(n_{11} - n_{33})_w$ zu erhalten, muß man also bei verschiedenen Werten von σ_w messen. Wie sogleich gezeigt werden soll, ist $d\log\varphi/d\log\sigma_w$ meistens ungefähr konstant und gleich zwei. Als Näherung erhält man dadurch:

$$(n_{11} - n_{33})_w \simeq 3\varphi/h. \quad [5a]$$

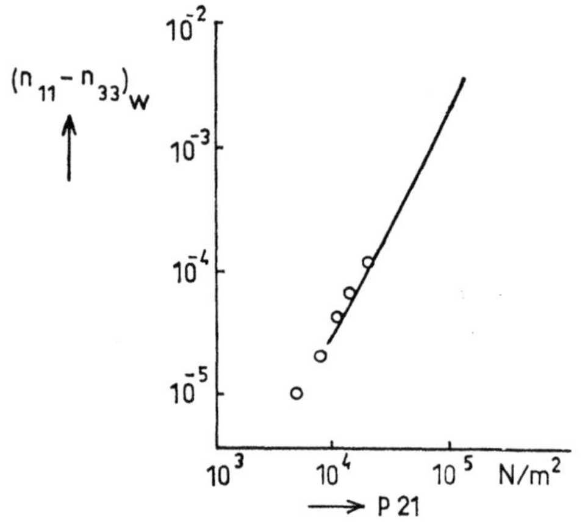

Abb. 5. Strömungsdoppelbrechung in der 1,3-Ebene als Funktion der Schubspannung für eine Polystyrolschmelze (Styron 666) bei 190 °C. Volle Linie: $n_{11} - n_{33}$, berechnet nach Gl. [5], offene Kreise: $n_{11} - n_{22}$, berechnet nach Gl. [7] aus Messungen im Kegel-Platte-Apparat

In Abb. 5 ist der Logarithmus von $(n_{11} - n_{33})_w$ gegen den Logarithmus der Schubspannung (an der Wand) für eine Polystyrolschmelze (Styron 666) aufgetragen (Meßtemperatur 190 °C). Das wiedergegebene Ergebnis wurde durch Konstruktion mit Hilfe der Gl. [5] erhalten und ist daher als volle Linie eingezeichnet. Die durch Kreise angedeuteten Meßpunkte wurden mit dem Kegel-Platte-Apparat erhalten und stellen

$$n_{11} - n_{22} = \Delta n \cos 2\chi \quad [7]$$

dar (vergleiche hiermit die zweite Gl. [2]!). Im Überlappungsgebiet ist innerhalb der Fehlergrenzen kein Unterschied zwischen $n_{11} - n_{22}$ und $n_{11} - n_{33}$ zu erkennen. Weiters erkennt man leicht, daß die Neigung der ausgezogenen Linie ungefähr 2 ist, und daß man mit dem Spalt-Apparat Messungen bei wesentlich höheren Schubspannungen erhalten kann als im Kegel-Platte-Apparat. Während im Kegel-Platte-Apparat der Meßbereich nach oben durch eine zunehmende, wahrscheinlich durch Randeffekte oder durch eine Sekundärströmung verursachte Depolarisation des Lichtes begrenzt wird, kann man im Spalt bis zum Auftreten von Extrusionsdefekten (Schmelzbruch) und selbst darüber hinaus messen. In Abb. 6 ist der Logarithmus des Mittelwertes

$$\langle n_{11} - n_{33}\rangle = \varphi/h$$

gegen den Logarithmus der Schubspannung an der Wand für ein Polystyrol (Styron 678) für verschiedene Meßtemperaturen aufgetragen. In dieser Auftragung ist keine systema-

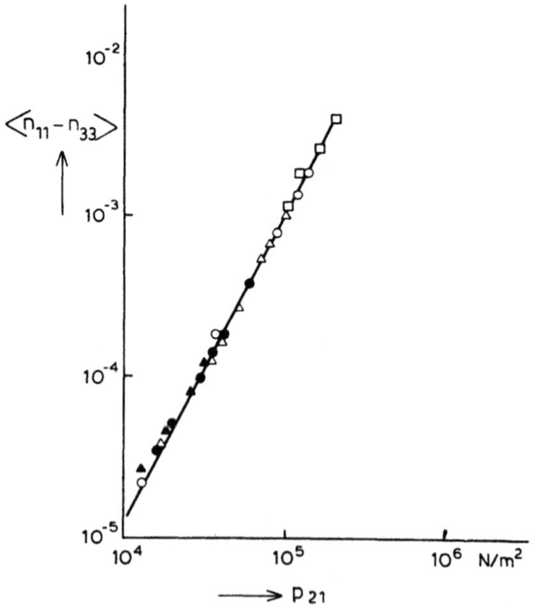

Abb. 6. Nicht nach Gl. [5] korrigierter Mittelwert $\langle n_{11} - n_{33}\rangle = \varphi/h$ als Funktion der Schubspannung für eine Polystyrolschmelze (Styron 678) bei verschiedenen Temperaturen: □ ... 131 °C, ○ ... 141 °C, △ ... 150 °C, ● ... 170 °C, ▲ ... 190 °C (Lit. 18)

[1]) Bekanntlich fand *Rabinowitsch* (16) für das Schergefälle q_w an der Wand einer Kapillaren mit rundem Querschnitt eine analog abgeleitete Gleichung, nämlich

$$q_w = D[3/4 + (1/4)\,(d\log D/d\log\sigma_w)],$$

in der $\sigma_w = PR/2L$ und $D = (4/\pi)\,(Q/R^3)$ ist, während P den Druck im Reservoir vor dem Eintritt, L die Länge, R den Radius der Kapillaren und D das „scheinbare" Schergefälle an der Wand darstellen. Q ist die Ausstoßleistung in Volumen-Einheiten pro Zeiteinheit. Für Spaltkapillaren erhält man eine analoge Gleichung mit den Faktoren 2/3 und 1/3, während $D = 6\,Q/bh^2$ ist, mit b als großer Seite des Querschnittes.

tische Abhängigkeit von der Temperatur zu erkennen. Da der spannungsoptische Koeffizient für Polystyrol praktisch von der Temperatur unabhängig ist, gilt dies nach Abb. 6 offenkundig auch für die Abhängigkeit der Normalspannungsdifferenz $p_{11} - p_{33}$ von p_{21}. (Die Umzeichnung nach Gl. [5] ist bei diesen Messungen nicht ausgeführt worden. Da die Neigung der Linie in der doppelt logarithmischen Auftragung praktisch konstant und gleich zwei ist, würde die Linie für $\log(n_{11} - n_{33})_w$ lediglich um den Betrag log 3 parallel nach oben verschoben sein).

Bemerkenswert ist auf jeden Fall die gefundene Proportionalität zwischen $n_{11} - n_{33}$ und dem Quadrat der Schubspannung. Die molekularen Theorien von *Zimm* und *Lodge* sagen für Lösungen und Schmelzen von Polymeren eine vom Schergefälle unabhängige Viskosität und eine proportional zum Quadrat des Schergefälles ansteigende erste Normalspannungsdifferenz $p_{11} - p_{22}$ voraus. Die zweite Normalspannungsdifferenz $p_{22} - p_{33}$ ist nach diesen Theorien gleich Null (*Weissenberg*-Flüssigkeit).

Bei den hier untersuchten Schmelzen wird dieses Verhalten nicht annäherungsweise gefunden. Die Viskosität ($= p_{21}/q$) fällt stark mit zunehmendem Gefälle ab. Dasselbe gilt für den zur Viskosität analogen Normalspannungskoeffizienten $(p_{11} - p_{22})/q^2$. Nach Elimination des Gefälles aus den experimentellen Relationen für die Schubspannung und die Größe $n_{11} - n_{33}$ wird jedoch eine quadratische Relation erhalten. Was ist die Philosophie zu diesem Ergebnis? Anscheinend wird die Viskositätsabnahme mit zunehmendem Schergefälle tatsächlich durch eine Abnahme der Zahl der Verhakungen verursacht, während gerade dadurch die Verstreckung der statistischen Fadenmoleküle auch bei großem Schergefälle so gering bleibt, daß ein der Theorie *Gauß*scher Knäuel entnommenes Ergebnis (quadratische Abhängigkeit der Größe $n_{11} - n_{33}$ von p_{21}) gültig bleibt.

6. Messungen in der 2,3-Ebene

Obwohl das Ergebnis der Abb. 5 den Eindruck erweckt, als sei die Frage nach der Größe von $n_{22} - n_{33}$ bereits gelöst ($n_{11} - n_{22} \simeq n_{11} - n_{33}$, also $n_{22} - n_{33} \simeq 0$), wurde doch der Versuch unternommen, $n_{22} - n_{33}$ direkt zu messen (11), da die Meßfehler in den beiden anderen Größen zu groß für eine Entscheidung sind, ob $n_{22} - n_{33}$ tatsächlich verschwindet oder nicht.

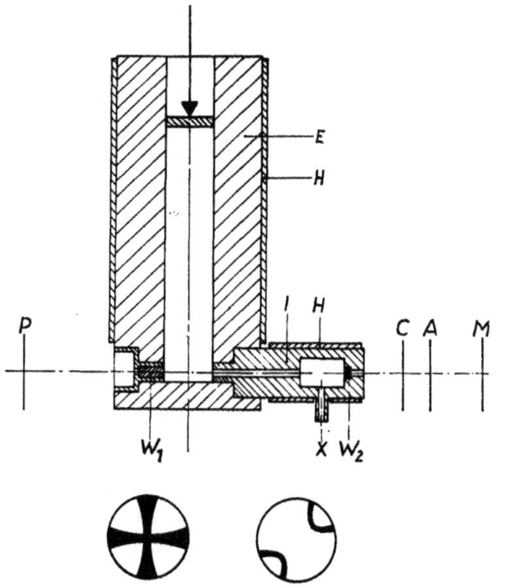

Abb. 7. Apparat für die Messung in der 2,3-Ebene. *E* ... zylindrisches Reservoir mit Kolben, *W* ... Fenster, *I* ... Ansatz mit Kapillare, Kammer und Ausströmöffnung, *P* ... Polarisator, *C* ... Kompensator nach *Ehringhaus*, *A* ... Analysator, *M* ... Mikroskop, *H* ... Heizelement, Malteser-Kreuz und Sicheln ... Abbildung im Okular des Mikroskops

Nach einer bereits früher von *Philippoff* (17) für Lösungen angegebenen Methode wurde das Lichtbündel parallel zur Achse durch eine Kapillare mit rundem Querschnitt gerichtet. In Abb. 7 wird der für polymere Schmelzen von *Wales* konstruierte Apparat gezeigt. An das zylindrische Reservoir eines normalen Kapillarrheometers, das mit Hilfe eines Kolbens leergedrückt werden kann, wurde ein neuer Bestandteil angebaut. Dieser enthält eine horizontale Kapillare. Das Fenster für den Eintritt des Lichtbündels befindet sich in dem verlängerten Reservoir, während sich das Austrittsfenster hinter einer Kammer befindet, in die das Polymere aus der Kapillare ausströmt. An der Unterseite dieser Kammer befindet sich die enge Ausströmöffnung ins Freie. Durch diese Anordnung erreicht man, daß die Kammer vollständig mit Schmelze gefüllt ist.

Zwischen gekreuzten Polarisationsfiltern erkennt man im Querschnitt der durchströmten Kapillare ein dunkles Malteser-Kreuz. In den Lichtweg wird zwischen das Antrittsfenster und den Analysator unter 45 Graden zu den Auslöschungsrichtungen der Filter ein Drehkristallkompensator (Typ Ehringhaus-Zeiss) eingesetzt. Die Kompensationsstellung wird dadurch gekennzeichnet, daß die bei Verdrehung des Kristalles aus dem Malteser-Kreuz hervorgehenden beiden dunkeln Sicheln gerade an der Kapillarwand verschwinden. Man mißt auf diese Weise direkt die Doppelbrechung $(n_{22} - n_{33})_w$ an der Wand. Je nachdem die beiden Sicheln zu beiden Seiten der Drehachse des Kompensators oder senkrecht dazu (sozusagen von der Drehachse halbiert) entstehen, erhält man $n_{33} > n_{22}$ oder $n_{33} < n_{22}$. (Die Richtung 3 liegt tangentiell, während die Richtung 2 = Richtung senkrecht auf die Schubflächen, radial liegt.)

Bei dieser Meßmethode bleibt die Frage offen, ob nicht ein großer Teil der gemessenen Doppelbrechung in den Ein- und Ausströmzonen der Kapillaren entsteht. Dieser Zweifel wurde beseitigt, indem Kapillaren verschiedener Länge (und gleichen Durchmessers) eingesetzt wurden. Es stellte sich hierbei heraus, daß der gemessene Gangunterschied bei gleichem Durchsatz linear mit der Kapillarlänge zunimmt. Die vorhandenen Endeffekte lassen sich so leicht eliminieren.

In Abb. 8 sind für Styron 678 bei 190 °C die Logarithmen der Absolutbeträge der Doppelbrechungen $|n_{11} - n_{33}|$ (Spaltmethode) und $|n_{22} - n_{33}|$ (Kapillarmethode) gegen den Logarithmus des Schergefälles aufgetragen. Man erkennt, daß in dieser Auftragung die beiden Linien ungefähr parallel laufen, während $|n_{22} - n_{33}|$ etwa eine Größenordnung kleiner gefunden wird als $|n_{11} - n_{33}|$. Es sei direkt darauf hingewiesen, daß die Doppelbrechung $n_{22} - n_{33}$ selbst das umgekehrte Vorzeichen der Doppelbrechung $n_{11} - n_{33}$ besitzt. Durch Messungen an einer Reihe von Polymeren wurde die folgende Näherungsgleichung (unabhängig vom Schergefälle) gefunden:

$$n_{33} - n_{22} \simeq (1/10)\,(n_{11} - n_{22}). \qquad [7]$$

Hierbei wurde $n_{33} - n_{22}$ anstelle von $-(n_{22} - n_{33})$ eingeführt. Gilt $n_{11} - n_{22} > 0$ (Polyäthen, Silikonöl), dann wird auch $n_{33} - n_{22} > 0$ gefunden. Bei Polystyrol tragen diese beiden Doppelbrechungen (bei Einhaltung der hier gegebenen Reihenfolge der Indizes) das negative Zeichen. Da bei Polystyrol die Anisotropie des Fadenmoleküls durch die seitlich angebrachten Benzolringe bestimmt wird, während sie z. B. bei Polyäthen durch die Polarisierbarkeit der Kohlenstoffbindungen in der Hauptkette verursacht wird, läßt der simultane Vorzeichenwechsel beider Doppelbrechungen beim Übergang vom einen zum anderen Polymeren darauf schließen, daß auch $n_{33} - n_{22}$ durch einen Orientierungseffekt der Fadenmoleküle verursacht wird.

Die bereits zitierten molekularen Theorien enthalten explizit oder implizit die Annahme, daß die Diffusion jedes „Segmentes" der Kette (= Kugel im Kugel-Feder-Modell) nach allen Richtungen gleich schnell erfolgen kann. Der eine von uns (11) konnte zeigen, daß durch die mehr realistische Annahme einer bevorzugten Diffusion der Segmente in der Richtung der Kette (kleinerer Reibungskoeffizient als für Bewegung senkrecht zur Kettenrichtung) Gl. [7] qualitativ erfüllt wird, ohne daß dadurch die Gültigkeit der spannungsoptischen Regel beeinträchtigt wird.

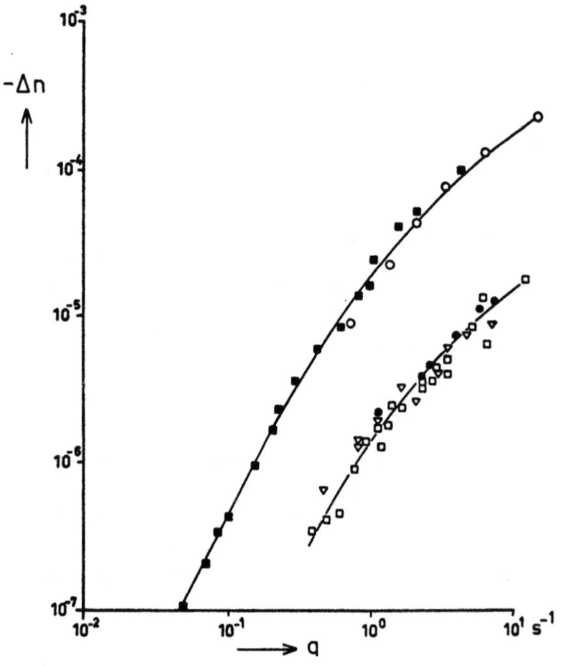

Abb. 8. Doppelbrechungen in den drei Ebenen als Funktionen des Schergefälles für Polystyrol Styron 678 bei 190 °C. ■ . . . $(n_{11} - n_{22})$ aus Kegel-Platte-Apparat (siehe Gl. [7]), ○ . . . $(n_{11} - n_{33})$ aus dem Spaltapparat (mit Hilfe der Gl. [5]), □, ▽, ● . . . $(n_{33} - n_{22})$ aus Kapillaren

7. Schlußwort

Die für die theoretische Interpretation der beschriebenen Erscheinungen erforderlichen Randbemerkungen wurden jeweils am Ende der einzelnen Kapitel eingeflochten. Die Brauchbarkeit der beschriebenen Methoden für die Lösung mancher mehr praktischer Fragen soll hier noch unterstrichen werden. So kann mit dem Kegel-Platte-Apparat gezeigt werden, daß die Einstellung eines stationären Strömungszustandes für hochmolekulare Polymere oder Polymere mit sehr breiter

Molekulargewichtsverteilung unter Umständen mehr als 1000 sec dauern kann, oder überhaupt nicht erreicht wird. Im Spaltapparat erhält man bei solchen Materialien einen Doppelbrechungseffekt, der selbst nach einem Abstand von der Eintrittsstelle von hundert mal der Spaltbreite noch nicht annähernd unabhängig von diesem Abstand geworden ist. Dies sei eine Warnung für die Gebraucher von Kapillarrheometern. Der in Abb. 6 gezeigte Sachverhalt (quadratische Abhängigkeit der Doppelbrechung von der Schubspannung, Unabhängigkeit der gegebenen Relation von der Temperatur) hat inzwischen eine interessante Anwendung auf dem Gebiet des Spritzgusses gefunden (18).

Zusammenfassung

In diesem Vortrag wird ein Überblick über verschiedene Meßmethoden gegeben, die sich zur Erforschung der Strömungseigenschaften von polymeren Flüssigkeiten (Schmelzen) der von diesen Flüssigkeiten erzeugten Strömungsdoppelbrechung bedienen. Im besonderen werden einige weitere Ergebnisse gebracht, die die Gültigkeit der spannungsoptischen Regel unterstützen. Es wird gezeigt, daß $n_{11} - n_{22}$ (optisches Analogon zur ersten Normalspannungsdifferenz) eine quadratische Funktion der Schubspannung ist, und daß $n_{33} - n_{22}$ im allgemeinen etwa ein Zehntel von $n_{11} - n_{22}$ ausmacht, während sein Vorzeichen (in dieser Reihenfolge der Indices) stets mit dem von $n_{11} - n_{22}$ übereinstimmt. Auch werden einige praktische Anwendungen erwähnt.

Summary

In this lecture a survey is given of the various techniques which use the flow birefringence exhibited by streaming polymeric fluids (melts), in order to investigate the flow properties of these fluids. In particular, some further evidence for the validity of the so-called stress optical law is given. It is shown that $n_{11} - n_{22}$ (optical analogue to the first normal stress difference) is a quadratic function of the shear stress and that $n_{33} - n_{22}$ is, in general, about one tenth of $n_{11} - n_{22}$ and has (with this sequence of indices) always the same sign as $n_{11} - n_{22}$. Also some practical applications are mentioned.

Literatur

1) Zum Beispiel: *Lodge, A. S.*, Elastic Liquids, S. 183 (London u. New York 1964).

2) Zum Beispiel: *Berry, J. P.* and *J. Batchelor*, in: Polymer Systems, Deformations and Flow, Herausgeber *Wetton* u. *Wharlow*, S. 188 (London 1968).

3) *Ericksen, J. L.*, Quart. Appl. Math. **14**, 318 (1956).

4) *Knappe, W.* und *V. Semjonow*, persönl. Mitt.

5) *Dahler, J. S.* and *L. E. Scriven*, Nature **192**, 36 (1961).

6) *Lodge, A. S.*, Nature **176**, 838 (1955).

7) *Philippoff, W.*, Nature **178**, 811 (1956).

8) *Janeschitz-Kriegl, H.* Fortschritte Hochpolym.-Forschung **6**, 170–318 (1969); Makromolekulare Chemie **40**, 140 (1960).

9) *Philippoff, W.*, J. Appl. Phys. **27**, 984 (1956).

10) *Adamse, J. W. C.*, *H. Janeschitz-Kriegl*, *J. L. den Otter*, and *J. L. S. Wales*, J. Polym. Sci. A2, **6**, 871 (1968).

11) *Wales, J. L. S.* und *W. Philippoff*, Rheol. Acta im Druck.

12) *Wales, J. L. S.* and *H. Janeschitz-Kriegl*, J. Polym. Sci. A2, **5**, 781 (1967).

13) *Lodge, A. S.*, Trans. Faraday Soc. **52**, 127 (1956).

14) Zum Beispiel: *Coleman, B. D.*, *H. Markovitz*, and *W. Noll*, Viscometric Flows of Non-Newtonian Fluids, 2. Kapitel (Berlin-Heidelberg-New York 1966).

15) *Wales, J. L. S.*, Rheol. Acta **8**, 38 (1969).

16) *Rabinowitsch, B.*, Z. Phys. Chem. A**145**, 1 (1929).

17) *Philippoff, W.*, Trans. Soc. Rheology **5**, 149 (1961).

18) *Wales, J. L. S.*, *J. van Leeuwen*, and *R. van der Vijgh*, Polym. Engng. Sci., **12**, 358 (1972).

Anschriften der Verfasser:

J. L. S. Wales
Centraal Laboratorium T.N.O.
Schoemakerstraat 97, Delft (Holland)

Prof. Dr. *H. Janeschitz-Kriegl*
Laboratorium voor Fysische Chemie
T.H.-Delft, Julianalaan 136, Delft (Holland)

Kolloid-Z. u. Z. Polymere **250**, 1150–1157 (1972)

Aus dem Deutschen Kunststoff-Institut, Darmstadt

Röntgenographische Bestimmung unterschiedlicher Kristallitorientierungen in Polyäthylen-Spritzgußteilen*)

Von W. Heckmann und G. Spilgies

Mit 9 Abbildungen und 1 Tabelle

(Eingegangen am 28. April 1972)

Einleitung

Dünnwandige Spritzgußteile zeigen eine molekulare Orientierung der polymeren Substanz. Diese Orientierungen entstehen durch Scher- und Dehnströmungen, die während des Einspritzvorgangs auftreten. Unter ihrem Einfluß orientieren sich die Molekülketten (1–9). Außerdem können die Scherströmungen bei teilkristallinen Polymeren eine Reihennukleierung hervorrufen, die sich im Sinne einer Orientierung der kristallisierten Ketten in Spritzrichtung auswirkt (10–13). Die Orientierung friert besonders im Bereich der kalten Formwand ein. Dort erhält man auch die größten molekularen Orientierungen.

Bisherige Untersuchungen der Orientierung an Spritzgußteilen beschränkten sich auf Schrumpfmessungen und Messungen der Spannungs- und Orientierungsdoppelbrechung, die die kristalline und amorphe Phase nur schwer oder prinzipiell nicht trennen können.

Ziel dieser Arbeit ist es, weitere Kenntnisse der Kristallitorientierung in flachen Spritzgußteilen zu gewinnen. Dazu wurden an flachen spritzgegossenen Leisten aus Niederdruck-Polyäthylen vollständige Poldiagramme in Abhängigkeit von der Massetemperatur, vom Fließweg und von der Schichttiefe aufgenommen.

Experimentelles

Die röntgenographisch untersuchten Leisten aus Niederdruck-Polyäthylen (Hostalen GD 6250) mit den Maßen 255 × 20 × 3 mm wurden bei 160°, 220° und 280 °C Massetemperatur hergestellt. Es betrugen: die Spritzgeschwindigkeit 3 sec, der Nachdruck 600 kp/cm² 3 sec lang und die Formtemperatur 25 °C.

*) Vorgetragen auf der Arbeitstagung des Fachausschusses „Physik der Hochpolymeren"; Frühjahrstagung des Regionalverbandes Hessen–Mittelrhein-Saar der Deutschen Physikalischen Gesellschaft vom 22. bis 24. März 1972 in Bad Nauheim.

Die röntgenographischen Messungen erfolgten mit einem Siemens-Texturgoniometer (14, 15), mit dem vollständige Polfiguren der *a*- und *b*-Achsen aufgenommen wurden. Zur Untersuchung diente $Cu-K_\alpha$-Strahlung, die an den Netzebenen reflektiert, von einem Geigerzählrohr aufgefangen wurde. Die vom Zählrohr aufgenommenen Impulse wurden verstärkt und aufgezeichnet. Der Untergrund wurde nach einem von *Alexander* angegebenen Verfahren abgetrennt (15). Die verbleibende Intensität ist dann proportional zur Anzahl der in Reflexion liegenden Netzebenen.

Die Messungen im Texturgoniometer wurden an kreisförmigen Proben mit einem Durchmesser von 20 mm und einer Dicke von 1 mm vorgenommen. Diese Proben konnten gleichzeitig für das Durchstrahl- und Reflexionsverfahren benutzt werden. Die Intensitäten des Durchstrahlverfahrens wurden unter dem Polarwinkel $\Phi = 60°$ an die Ergebnisse des Reflexionsverfahrens angepaßt.

Für die Untersuchungen der Kristallitorientierung in Abhängigkeit von der Schichttiefe wurden die Leisten, die bei 160 °C Massetemperatur gespritzt wurden, in 100 μm dicke Mikrotomschnitte zerlegt. Die Probenentnahme erfolgte in 12 cm Abstand vom Anguß. Die durch das Schneiden erzeugte Textur konnte durch abwechselndes Schneiden in und gegen die Spritzrichtung und anschließendes Zusammenlegen der Dünnschnitte gleicher Schichttiefe zu einer 1 mm dicken Probe beseitigt werden.

Die Leisten wurden für die Untersuchungen über dem Fließweg und der Massetemperatur von einer Seite her bis zu 1 mm abgetragen, so daß sich die Meßwerte über Fließweg und Massetemperatur als Mittelwert über 1 mm oberflächennaher Schicht verstehen.

Beschreibung der Orientierung

Um aus den Verteilungen der (200)- und (020)-Reflexe Aussagen auf den Orientierungszustand der (002)-Ebenennormalen zu machen, wurde die Methode der gemittelten Kosinusquadrate (15–17) angewendet. Die gemittelten Kosinusquadrate sind folgendermaßen definiert:

$$\langle \cos^2 \Phi_{hkl}, x \rangle = \frac{\int\limits_0^{2\pi} \int\limits_0^{\pi/2} I(\Phi, \beta) \sin\Phi \cos^2\Phi \, d\Phi \, d\beta}{\int\limits_0^{2\pi} \int\limits_0^{\pi/2} I(\Phi, \beta) \sin\Phi \, d\Phi \, d\beta} \quad [1]$$

Φ = Winkel zwischen *hkl*-Ebenennormalen und Referenzrichtung x (hier Spritzrichtung). $I(\Phi, \beta)$ = Intensität auf der Lagekugel, wobei Φ der Polar- und β der Azimutwinkel ist.

Wegen der Orthogonalität der Kristallitachsen a, b und c ist die Summe der gemittelten Kosinusquadrate gleich eins (18). Es gilt:

$$\langle \cos^2 \Phi_{a,x} \rangle + \langle \cos^2 \Phi_{b,x} \rangle + \langle \cos^2 \Phi_{c,x} \rangle = 1. \qquad [2]$$

Mit Hilfe dieser Beziehung ist es möglich, aus den Intensitätsverteilungen der a- und b-Achsen auf der Lagekugel die mittlere Orientierung der c-Achsen zu entnehmen. Die experimentelle Ermittlung und die Umprojektionen, die für die Berechnung der $\langle \cos^2 \Phi_{hkl,\, x} \rangle$ notwendig waren, wurden nach einer von *Wilchinsky* (19) angegebenen Methode durchgeführt.

Die gemittelten Kosinusquadrate werden in einem gleichseitigen Dreieck dargestellt. Dabei wird ausgenutzt, daß die Summe der Abstände irgendeines Punktes von den drei Seiten in einem gleichseitigen Dreieck einen konstanten Betrag ergibt, der bei richtiger Wahl der Seitenlänge auf eins normiert werden kann. Unsere Ergebnisse werden speziell in das sogenannte reziproke Dreieck ABC eingetragen (20), das in Abb. 1 definiert ist.

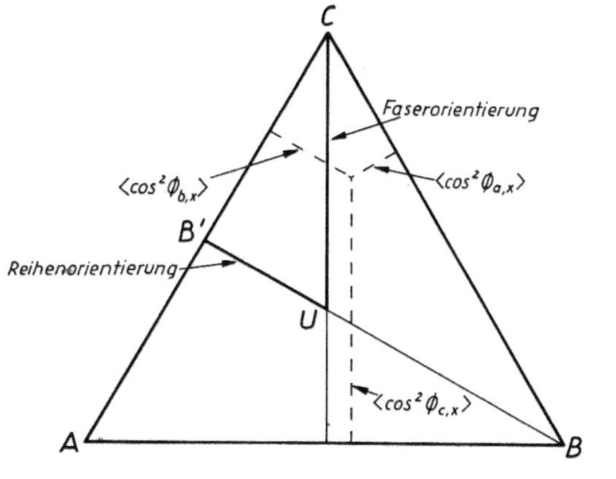

Abb. 1. Darstellung der gemittelten Kosinusquadrate im reziproken Dreieck ABC

Je nach Orientierungstyp liegen die Orientierungszustände an verschiedenen Stellen im reziproken Dreieck. Ist z. B. eine Probe unorientiert, dann haben alle gemittelten Kosinusquadrate den Wert 1/3, d. h. der Orientierungszustand fällt in den Punkt U im reziproken Dreieck.

Mit Hilfe dieser speziellen Darstellung lassen sich verschiedene Orientierungstypen anschaulich deuten, insbesondere auch zwei Strukturmodelle, die später bei der Diskussion der Meßergebnisse benutzt werden. Es sind dies das Reihen- und Faserstrukturmodell. Beide Strukturen sind in der Literatur bekannt und getrennt diskutiert worden; die Faserstruktur erzeugt durch Extrusion einer Polyäthylen-Schmelze in einem Rheometer von *Southern* und *Porter* (8, 9), die Reihenstruktur beobachtet an gescherten Nylon- und Polyäthylen-Schmelzen von *Keller* und *Machin* (11). In Spritzgußteilen stellten außerdem *Paschke* und *Fleißner* (6) durch polarisationsoptische Messungen neben faserigen Strukturen auch sphärolithische Überstrukturen fest, die dem Typ der Reihenstruktur zugeordnet wurden. Die idealisierte Faser- und Reihenstruktur wird im folgenden betrachtet.

Bei der idealisierten Faserstruktur (Abb. 2) liegen alle c-Achsen in Spritzrichtung, während die a- und b-Achsen senkrecht und rotationssymmetrisch dazu stehen. Die Werte für die gemittelten Kosinusquadrate ergeben dann bei idealisierter Faserstruktur

$$\langle \cos^2 \Phi_{c,x} \rangle = 1,$$

$$\langle \cos^2 \Phi_{a,x} \rangle = \langle \cos^2 \Phi_{b,x} \rangle = 0.$$

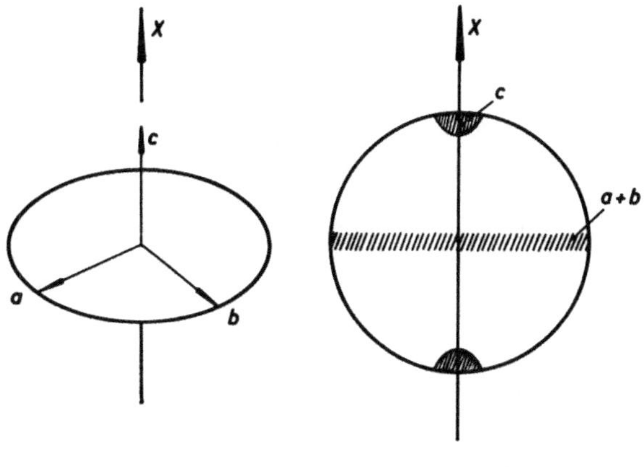

Abb. 2. Ideale Faserorientierung, schematisch und als Poldiagramm

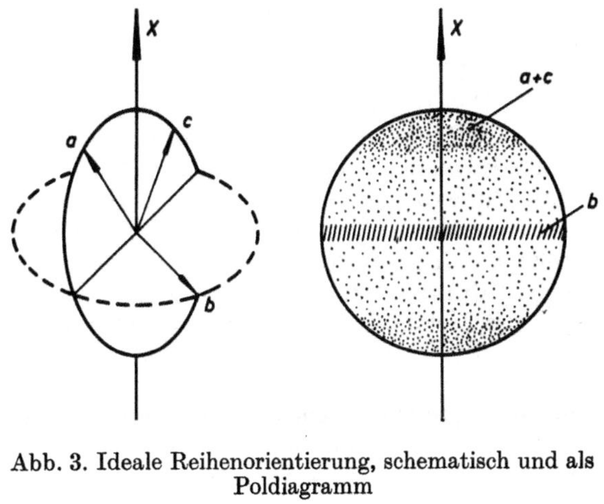

Abb. 3. Ideale Reihenorientierung, schematisch und als Poldiagramm

Diese Struktur würde also im reziproken Dreieck (Abb. 1) in den Punkt C fallen. Bei Hinzunahme eines unorientierten Anteils wandert der Orientierungszustand vom Punkt C gegen den Punkt U des Dreiecks. Da sich dabei der Orientierungstyp nicht ändert, heißt die Linie $\overline{CU}$ Faserorientierungslinie.

Neben der Faserstruktur erzeugen die Scherströmungen in teilkristallinen Polymeren Nukleierungszentren, die ihrerseits Ursprung für das Wachstum von Sphärolithen sind. Die Nukleierungszentren liegen entlang der Scherlinien so dicht zusammen, daß die Sphärolithe bevorzugt senkrecht zur Spritzrichtung wachsen. Die Wachstumsrichtung ist die Richtung der b-Achse (11), so daß bei einer idealisierten Reihenstruktur die b-Achsen senkrecht und rotationssymmetrisch zur Spritzrichtung orientiert sind, während die a- und c-Achsen ein leichtes Maximum (Abb. 3) in Spritzrichtung zeigen. Für die Orientierungsfunktionen ergeben sich dann folgende Werte:

$$\langle \cos^2 \Phi_{b,x} \rangle = 0,$$

$$\langle \cos^2 \Phi_{a,x} \rangle = \langle \cos^2 \Phi_{c,x} \rangle = 0{,}5.$$

Im reziproken Dreieck ABC wird dann die idealisierte Reihenstruktur durch den Punkt B' dargestellt (Abb. 1). Nimmt man auch hier noch einen unorientierten Anteil hinzu, so erhält man die Reihenorientierungslinie $\overline{B'U}$.

Meßergebnisse

a) Orientierungsverlauf über der Schichttiefe

Als typisches Beispiel für die gemessenen azimutalen Intensitätsverteilungen sind in Abb. 4 die der (200)-Reflexe unter $\Phi = 60°$ bei den Schichttiefen 100 μm (B), 400 μm (E), 500 μm (F), 1000 μm (J) abgebildet.

Die Poldiagramme wurden nach Abzug des Untergrundes aus jeweils zehn verschiedenen Intensitätsverteilungen der (200)- und (020)-Reflexe gewonnen, die in Schritten von $\Phi = 10°$ aufgenommen wurden. Die für die Struktur an der Staboberfläche und gegen die Stabmitte charakteristischen Poldiagramme (Probe B und J) sind in Abb. 5a–d dargestellt.

Die Intensitäten sind in willkürlichen Einheiten angegeben. Diese Einheiten sind in den Poldiagrammen der a-Achsen verschieden von denen der b-Achsen.

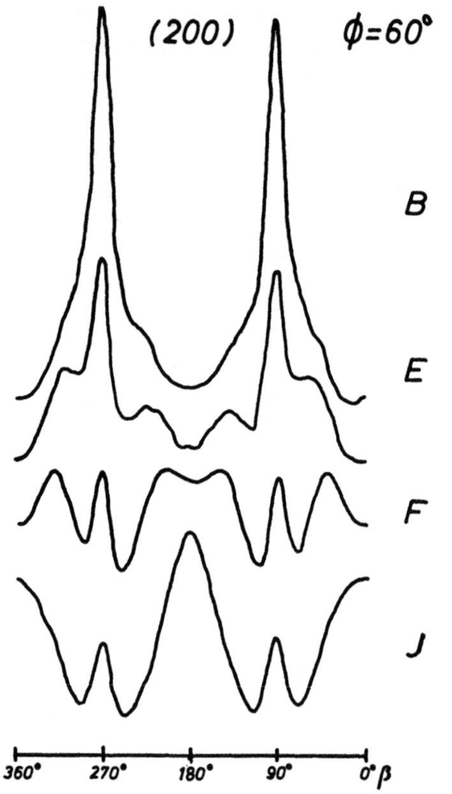

Abb. 4. Azimutale Intensitätsverteilung der a-Achsen bei $\Phi = 60°$ über der Schichttiefe. Proben B–J zunehmende Schichttiefe

In einem weiteren Schritt wurden aus den vollständigen Poldiagrammen der verschiedenen Schichttiefen die Mittelwerte

$$\langle \cos^2 \Phi_{a,x} \rangle \text{ und } \langle \cos^2 \Phi_{b,x} \rangle$$

berechnet (15–17) und in das reziproke Dreieck ABC eingetragen (Abb. 6).

Die eingetragenen Punkte entsprechen den Schichttiefenänderungen von ungefähr 100 μm.

b) Orientierungsverlauf über dem Fließweg und der Massetemperatur

Die Meßwerte über dem Fließweg der Leiste sind Mittelwerte über 1 mm der oberflächennahen Schicht. Die durch $\langle \cos^2 \Phi_{c,x} \rangle$ berechnete mittlere c-Achsenorientierung einer bei 160 °C Massetemperatur gespritzten Leiste ist in Abb. 7 über dem Fließweg aufgetragen.

Die eingezeichnete Gerade wurde aus den Meßpunkten durch linearen Ausgleich erhalten.

Eine Darstellung der Ergebnisse über dem Fließweg und der Massetemperatur im reziproken Dreieck zeigt Abb. 8.

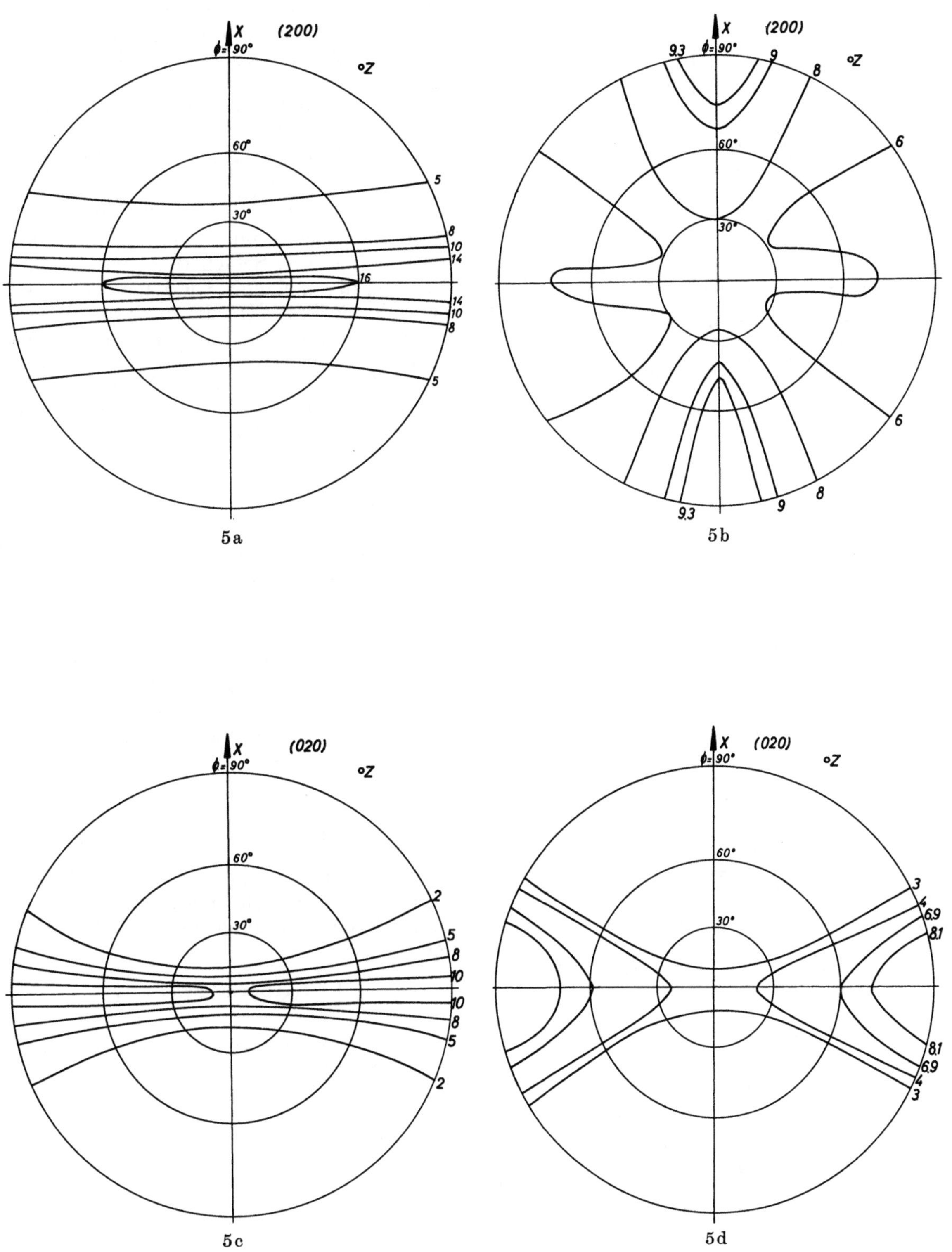

Abb. 5a–d. Poldiagramme der *a*- und *b*-Achsen, x = Spritzrichtung, z = Probennormale, a) und b) Probe B, 100 μm Schichttiefe, c) und d) Probe J, 1 mm Schichttiefe

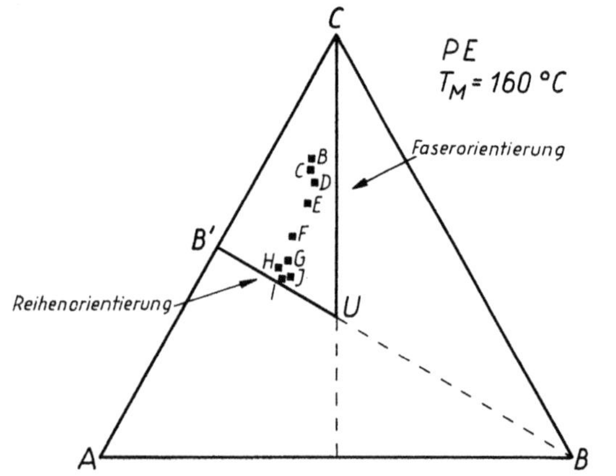

Abb. 6. Orientierungsverlauf über der Schichttiefe einer bei 160 °C Massetemperatur gespritzten Leiste, dargestellt im reziproken Dreieck ABC. B–J jeweils um 100 μm zunehmende Schichttiefe

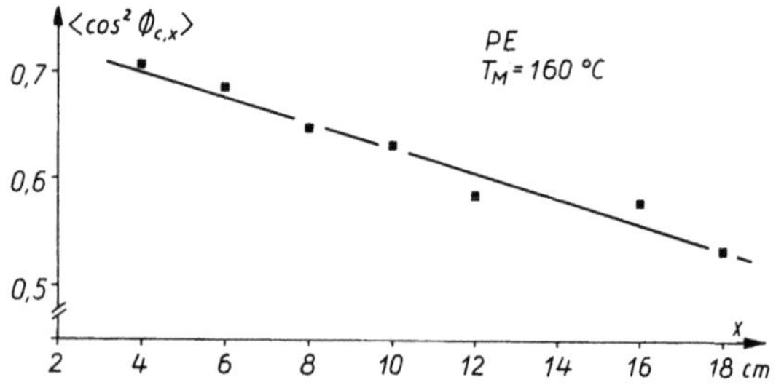

Abb. 7. Mittlere c-Achsenorientierung über dem Fließweg X einer bei 160 °C Massetemperatur gespritzten Leiste

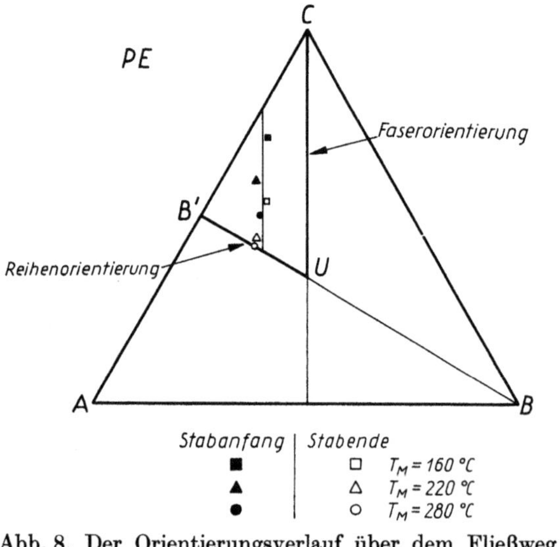

Abb. 8. Der Orientierungsverlauf über dem Fließweg und über der Massetemperatur dargestellt im reziproken Dreieck ABC. Aus Gründen der Übersichtlichkeit sind nur Meßpunkte vom Leistenanfang und -ende eingetragen

Geschlossene und offene Meßpunkte entsprechen jeweils Proben am Leistenanfang und -ende; verschiedene Zeichen bedeuten unterschiedliche Massetemperaturen.

Bestimmung der Orientierungsanteile

Die Meßergebnisse zeigen deutlich die Abhängigkeit der Kristallitorientierung vom Ort innerhalb der Probe, vom Fließweg und von der Massetemperatur. Besonders fällt auf, daß alle Meßpunkte im reziproken Dreieck ABC im Teildreieck $B'UC$ liegen. In diesem Teildreieck liegen die Punkte annähernd auf einer Parallelen zur Faserorientierungslinie $\overline{CU}$ und wandern gegen die Reihenorientierungslinie $\overline{B'U}$ zu, wenn Massetemperatur, Schichttiefe und Abstand vom Anguß zunehmen. Die Lage der Punkte im Teildreieck $B'UC$ des reziproken Dreiecks weist darauf hin, daß Faser- und Reihenstruktur gleichzeitig nebeneinander vorkommen. Wir haben daher ein Verfahren entwickelt, die Orientierungsanteile analytisch zu trennen. Dazu haben wir angenommen, daß sich eine Probe aus drei verschiedenen Orientierungsanteilen, nämlich einem Faser- und Reihenorientierungsanteil und einem unorientierten Anteil zusammensetzt. Die Orientierungsanteile seien mit λ_f, λ_r und λ_u bezeichnet. Dann gilt:

$$\lambda_f + \lambda_r + \lambda_u = 1. \qquad [3]$$

Die gesamte Streuintensität $I_G(\Phi, \beta)$ errechnet sich als Summe der Teilintensitäten der Kristallitanteile, gewichtet mit den jeweiligen Orientierungsanteilen λ_f, λ_r und λ_u. Man erhält Gl. [4].

$$I_G(\Phi, \beta) = \lambda_f I_f + \lambda_r I_r + \lambda_u I_u. \qquad [4]$$

I_f, I_r, I_u = Teilintensitäten der Kristallitanteile.

Die Teilintensitäten I_f, I_r und I_u (Tab. 1) wurden über die Normierungsintegrale [5] unter Berücksichtigung der Modelle berechnet.

$$\int_0^{2\pi} \int_0^{\pi/2} I(\Phi, \beta) \sin\Phi \, d\Phi \, d\beta = 1. \qquad [5]$$

Dabei wurde Rotationssymmetrie um die Spritzrichtung vorausgesetzt.

Tab. 1

	a	b	c
I_u,	$\frac{1}{2\pi}$	$\frac{1}{2\pi}$	$\frac{1}{2\pi}$
I_r,	$\frac{1}{\pi^2 \sin\Phi}$	$\frac{\delta(\Phi - 90°)}{2\pi \sin\Phi}$	$\frac{1}{\pi^2 \sin\Phi}$
I_f,	$\frac{\delta(\Phi - 90°)}{2\pi \sin\Phi}$	$\frac{\delta(\Phi - 90°)}{2\pi \sin\Phi}$	$\frac{\delta(\Phi)}{2\pi \sin\Phi}$

Die Teilintensität des unorientierten Anteils ist sehr leicht zu berechnen, da die Intensität I_u winkelunabhängig ist. Für die beiden anderen Orientierungsanteile ergeben sich aus der Normierungsbedingung die in Tab. 1 angegebenen Distributionen.

Setzt man die Teilintensitäten I_f, I_r und I_u in die Definition der gemittelten Kosinusquadrate [1] ein, indem man für $I(\Phi, \beta)$ die Intensität $I_G(\Phi, \beta)$ aus Gl. [4] benutzt, dann erhält man als Zusammenhang zwischen den Orientierungsanteilen λ_f, λ_r und λ_u und den gemittelten Kosinusquadraten folgende Beziehungen:

$$\begin{aligned} \lambda_f &= \langle \cos^2 \Phi_{c,x} \rangle - \langle \cos^2 \Phi_{a,x} \rangle \\ \lambda_r &= 2[\langle \cos^2 \Phi_{a,x} \rangle - \langle \cos^2 \Phi_{b,x} \rangle] \\ \lambda_u &= 3 \langle \cos^2 \Phi_{b,x} \rangle \end{aligned} \qquad [6]$$

Mit Hilfe dieser Beziehungen ist es möglich, Meßpunkte im reziproken Dreieck ABC weiter zu analysieren. Betrachtet man Linien im Teildreieck $B'UC$ in Abb. 1, die parallel zur Faserorientierungslinie $\overline{CU}$ liegen, so gilt für sie die Beziehung:

$$\langle \cos^2 \Phi_{a,x} \rangle - \langle \cos^2 \Phi_{b,x} \rangle = \text{konst.} \qquad [7]$$

Vergleicht man [7] mit [6], so sieht man, daß auf diesen Linien

$$\frac{\lambda_r}{2} = \text{konst.}$$

gilt. Auf einer Parallelen zur Faserorientierungslinie $\overline{CU}$ sind die Orientierungsanteile λ_f und λ_u veränderlich, während der Reihenorientierungsanteil λ_r konstant bleibt. Dieser Sachverhalt ist besonders deutlich beim Orientierungsverlauf über dem Fließweg und der Massetemperatur in Abb. 8 zu sehen, während die Meßpunkte beim Orientierungsverlauf über der Schichttiefe in Abb. 6 nur in der Nähe der Oberfläche und gegen die Stabmitte konstante Reihenorientierung zeigen. Die Bestätigung für dieses Verhalten zeigen die Abb. 9a–c, in denen die mit dem oben angegebenen Verfahren berechneten Orientierungsanteile λ_f, λ_r und λ_u über dem Fließweg, der Massetemperatur und der Schichttiefe aufgetragen sind.

Der Reihenorientierungsanteil ist über dem Fließweg einer bei 160 °C gespritzten Leiste konstant; deshalb nimmt der unorientierte Anteil mit der Abnahme des Faserorientierungsanteils entsprechend zu. Wegen der Linearität der mittleren c-Achsenorientierung über dem Fließweg (Abb. 7) und der Linearität des unorientierten Anteils

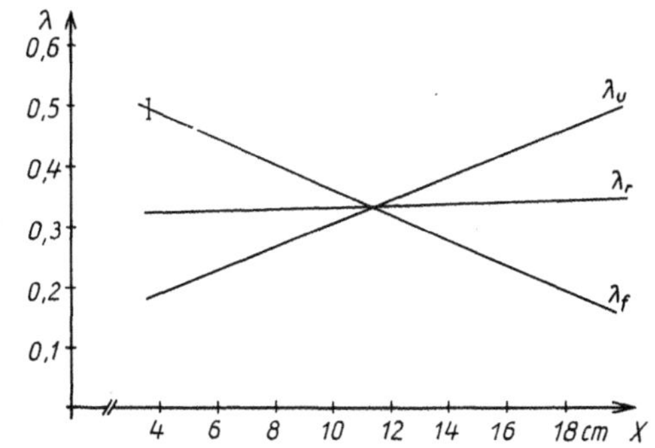

9a

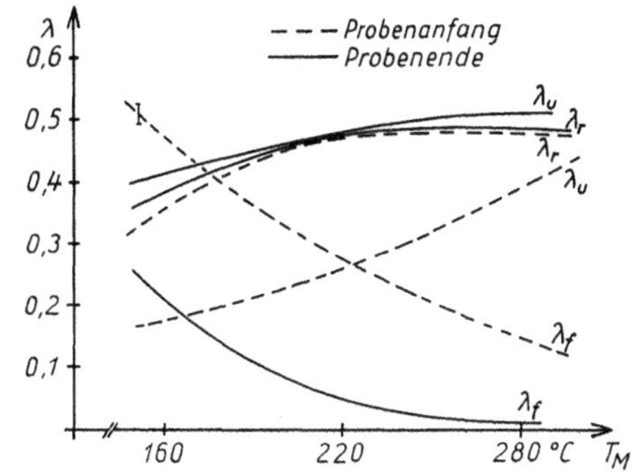

9b

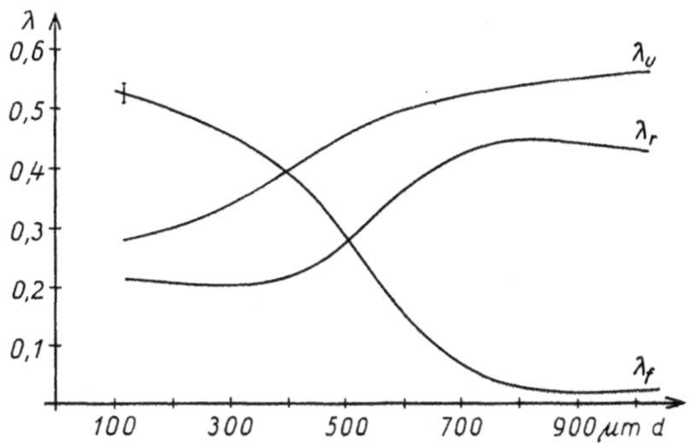

9c

Abb. 9a–c. Die Orientierungsanteile λ_f, λ_r und λ_u als Funktion: a) des Fließweges einer bei 160 °C Massetemperatur gespritzten Leiste, b) der Massetemperatur am Leistenanfang und -ende, c) der Schichttiefe

(Abb. 9a), ist auch der Abfall der Faserorientierung über dem Fließweg linear.

Da die Kurven der Reihenorientierungsanteile am Probenanfang und -ende als Funktion der Massetemperatur fast zusammenfallen (Abb. 9b), ist anzunehmen, daß auch bei Massetemperaturen höher als 160 °C der Reihenorientierungsanteil, gemittelt über 1 mm oberflächennaher Schicht, über dem Fließweg konstant bleibt. Über dem Querschnitt der Leiste ändert sich jedoch der Reihenorientierungsanteil (Abb. 9c). Er nimmt ab 400 μm bis zu 800 μm zu und bleibt dann bis zur Leistenmitte hin konstant, wie parallel durchgeführte polarisationsoptische Messungen gezeigt haben.

Der Faserorientierungsanteil ist, wie man aus den Abb. 9a–c erkennen kann, in der Nähe der Oberfläche der Leiste, am Anguß und bei niedrigen Massetemperaturen am größten. Er nimmt über dem Leistenquerschnitt, dem Fließweg und der Massetemperatur stark ab.

Der unorientierte Anteil gewinnt besonders gegen Ende des Fließwegs, gegen die Leistenmitte und bei hohen Massetemperaturen an Bedeutung.

Diskussion

Die vorgenommene Unterteilung in die drei Orientierungsanteile ist nicht willkürlich, sondern entspricht durchaus den tatsächlich vorliegenden Verhältnissen. Dies sieht man deutlich an den azimutalen Intensitätsverteilungen und den Poldiagrammen. Die Faserorientierung ist aus dem Poldiagramm der Probe B klar ersichtlich, da die a- und b-Achsen senkrecht und rotationssymmetrisch zur Spritzrichtung orientiert sind. Vergleicht man die a- und b-Achsenorientierung, so sieht man, daß die a-Achsen weniger gut senkrecht zur Spritzrichtung orientiert sind als die b-Achsen. Dieser Befund kann durch einen zusätzlichen Reihenorientierungsanteil erklärt werden. Auch an der azimutalen Intensitätsverteilung der a-Achsen der Probe B (Abb. 4) sind die beiden Orientierungstypen zu erkennen. Die Faserorientierung erzeugt bei $\beta = 90°$ und 270° zwei hohe Fasermaxima. Bei $\beta = 120°$ und 240° zeigen sich Schultern, die von der Reihenorientierung herrühren. Mit zunehmender Schichttiefe gehen die Fasermaxima zurück, und die Reihenstruktur tritt deutlich hervor. Sie macht sich in den azimutalen Intensitätsverteilungen durch Maxima unter $\beta = 0°$ und 180° bemerkbar.

Das Poldiagramm der a-Achsen der Probe J zeigt ein schwaches Maximum in Spritzrichtung und erfüllt somit das geforderte Verhalten für eine Reihenorientierung (Abb. 3). Neben der Reihenorientierung ist auch die Faserorientierung anhand der Schlaufen der Intensitätslinie 6 zu erkennen. Das Poldiagramm der b-Achsen zeigt dagegen Abweichungen von der geforderten rotationssymmetrischen Intensitätsverteilung. Die Orientierung der b-Achsen ist zwar wie gefordert senkrecht zur Spritzrichtung, es bildet sich jedoch ein leichtes Maximum in Richtung der Breite aus. Außerdem ist die Rotationssymmetrie nur für schwache Intensitäten vorhanden. Das Verhalten der b-Achsen läßt deshalb vermuten, daß das Sphärolithwachstum auch in der Querschnittsfläche nicht isotrop ist.

Die Untersuchungen wurden mit Mitteln der Arbeitsgemeinschaft Industrieller Forschungsvereinigungen (AIF) gefördert. Wir danken den Herren Prof. Dr. *U. Johnsen* und Dr. *G. Nachtrab* für anregende Diskussionen.

Zusammenfassung

Mit Hilfe der röntgenographischen Methode wurde die Kristallitorientierung in einer dünnen spritzgegossenen Leiste aus Niederdruck-Polyäthylen als Funktion der Schichttiefe, des Fließwegs und der Massetemperatur bestimmt. Dazu wurden vollständige Poldiagramme der a- und b-Achsen aufgenommen. Es wurden zwei Orientierungsstrukturen gefunden, die als Faser- und Reihenstruktur gedeutet wurden. Im Bereich der Oberfläche, am Leistenanfang und bei tiefen Massetemperaturen überwiegt die Faserstruktur, in der die Kristallite so orientiert sind, daß die Molekülketten bevorzugt in der Spritzrichtung liegen. Diese Struktur geht mit zunehmender Entfernung von der Oberfläche, vom Anguß und bei höheren Massetemperaturen in eine Reihenstruktur über. Darunter wird ein sphärolithisches Gefüge verstanden, das entlang ausgezeichneter Fließlinien nukleiert ist, so daß scheibenförmige Sphärolithe perlschnurartig in Reihen angeordnet sind. Es gelang, das Auswerteverfahren so weit zu entwickeln, daß die Anteile der Faser- und Reihenstruktur sowie eines unorientierten Anteils innerhalb der einzelnen Schichten der Spritzlinge jeweils quantitativ bestimmt werden können. Es ist damit möglich, mit Hilfe der röntgenographischen Methode ein detailliertes Bild der kristallinen Orientierung von Spritzgußteilen zu gewinnen und durch Zahlenangaben quantitativ zu beschreiben.

Summary

Using X-ray pole-diagram techniques the crystallit orientation in a flat, injected, low pressure polyethylene slab was examined as a function of cross-section, melt-temperature and distance from the sprue. Complete pole-diagrams of the a and b axes were obtained. Two structures of different orientation were found and explained to be fiber- and row-structures. Within the area of the surface, at the sprue and at low melt-temperatures the fiber-structure is dominant, in which the crystallits are oriented so that the molecular chains are parallel to the injection direction. This structure changes into a row-structure with increasing distance from the surface and the sprue and at higher melt-temperatures. This structure is of a spherulitic nature nucleated along special flow lines so that flat spherulits are ordered like pearls in a row. A procedure is given to separate fiber- and row-structure as well as an unoriented part quantitatively. With the X-ray method it is therefore possible to obtain a detailed picture of the crystalline orientation of injected, moulded parts and it is further possible to describe the orientation quantitatively.

Literatur

1) *Hellwege, K. H.* und *W. Knappe*, Die Festigkeit thermoplastischer Kunststoffe in Abhängigkeit von den Verarbeitungsbedingungen. Nr. 880 der Forschungsberichte des Landes Nordrhein-Westfalen.
2) *Woebcken, W.*, VDI-Zeitschrift **112**, 1015 (1970).
3) *Wiegand, H.* und *H. Vetter*, Kunststoffe **56**, 761 (1966).
4) *Wiegand, H.* und *H. Vetter*, Kunststoffe **57**, 276 (1967).
5) *Paschke, E.*, Kunststoffe **60**, 187 (1970).
6) *Fleißner, M.* und *E. Paschke*, Kunststoffe **61**, 195 (1971).
7) *Reichenherzer, R.*, Kunststoffe–Plastics **15**, 115 (1968).
8) *Southern, J. H.* und *R. S. Porter*, ACS Div. Polymer Chem. Reprints **11**, 266 (1970).
9) *Southern, J. H.* und *R. G. Crystal*, SPE 29th Ann. Techn. Conf. Techn. Papers **17**, 232 (1971).
10) *Keller, A.*, Nature **174**, 926 (1954).
11) *Keller, A.* und *M. J. Machin*, J. Macromol. Sci. **B1**, 41 (1967).
12) *Haas, T. W.* und *B. Maxwell*, Polymer Engng. Sci. **8**, 225 (1969).
13) *Binsbergen, F. L.*, Nature **211**, 516 (1966).
14) *Neff, H.*, Grundlagen und Anwendungen der Röntgenfeinstrukturanalyse (München 1958).
15) *Alexander, L. E.*, X-Ray Diffraction Methods in Polymer Science (New York 1969).
16) *Wilchinsky, Z. W.*, Advances in X-Ray Analysis **6**, 231 (New York 1963).
17) *Wilchinsky, Z. W.*, J. Appl. Phys. **30**, 792 (1959).
18) *Desper, C. R.* and *R. S. Stein*, J. Appl. Phys. **37**, 3990 (1966).
19) *Wilchinsky, Z. W.*, J. Appl. Phys. **31**, 1969 (1960).
20) *Desper, C. R.*, J. Appl. Polymer Sci. **13**, 169 (1969).

Anschrift der Verfasser:
Dipl.-Phys. *W. Heckmann* und Dipl.-Phys. *G. Spilgies*
Deutsches Kunststoff-Institut
6100 Darmstadt, Schloßgartenstr. 6R

Kolloid-Z. u. Z. Polymere **250**, 1158–1161 (1972)

Aus dem Sonderforschungsbereich Makromoleküle Mainz-Darmstadt (SFB 41) und dem Institut für Physikalische Chemie der Universität Mainz

Das Wachstum von Polymerketten im Kristallgitter des Monomeren*)

Von J. Kaiser, G. Wegner und E. W. Fischer

Mit 3 Abbildungen

(Eingegangen am 8. Juni 1972)

Einige niedermolekulare Verbindungen mit konjugierten Dreifachbindungen als Strukturelement können im festen, kristallinen Zustand polymerisiert werden. Die Polymerisation tritt bei Bestrahlung der Monomerkristalle mit Röntgen- oder UV-Licht oder beim Tempern unterhalb des Schmelzpunktes der jeweiligen Monomermodifikation ein (1–3). Es gelingt mit dieser Methode, Einkristalle des Monomeren in Einkristalle des entsprechenden Polymeren umzuwandeln. Dabei ist die Frage von Interesse, wie die Ketten des topochemisch erzeugten Polymeren im Gitter des Monomeren wachsen. Zwei verschiedene Mechanismen sind denkbar:

1. Im Verlauf der topochemischen Polymerisation können die Ketten im Monomergitter eine eigene kristalline Phase bilden (Modell I: heterogenes Wachstum).

2. Die einzelnen Polymerketten können gerichtet im Monomergitter wachsen, und zwar ausgehend von Plätzen, die statistisch im Monomerkristall verteilt sind (Modell II: homogenes Wachstum).

I. Heterogenes Wachstum

Der in Modell I beschriebene Verlauf des Kettenwachstums wird immer dann eintreten, wenn die Geometrie des Monomergitters für die Polymerisation ungünstig ist, so daß es nur wenigen Keimen im Innern der Probe gelingt, eine für das weitere Wachstum ausreichende Größe zu erlangen. Es werden sich demnach wachstumsfähige Keime der Polymerphase bevorzugt an der Oberfläche der Kristalle oder in der Umgebung von Gitterfehlern bilden (4). Da sich die Polymerketten wegen der unterschiedlichen Packungseigenschaften von Monomeren und Polymeren sterisch nur sehr schwer in das Monomergitter einfügen lassen, ist es energetisch günstiger, wenn neu entstehende Ketten an der Phasengrenze zu bereits vorhandenem Polymeren wachsen, anstatt neue Keime im Innern des Monomerkristalles zu bilden. Die Polymerisation dringt demnach von einigen wenigen Zentren aus in den Monomerkristall vor. Es entstehen somit in den Proben während der Polymerisation kristalline Domänen des Polymeren und bei höherem Umsatz kleine Kristallite des Polymeren, die bezüglich des Monomergitters kristallographisch orientiert sein können.

Wenn eine beträchtliche Differenz zwischen den Parametern des Monomergitters und des Polymergitters besteht, so kann die ursprüngliche Gestalt des Monomerkristalles verloren gehen und die Polymerkristalle werden fibrillär. Derartige Vorgänge sind bei der Polymerisation von Trioxan und Tetroxan im festen Zustand beschrieben worden (5, 6). Sie lassen sich leicht röntgenographisch beobachten. Röntgenweitwinkel-Untersuchungen an teilpolymerisierten Proben zeigen in Abhängigkeit vom Umsatz charakteristische Änderungen in der Intensitätsverteilung der Reflexe in Abhängigkeit vom Umsatz. Die Reflexe des Monomeren bleiben scharf, nehmen aber mit steigendem Gehalt an Polymeren in ihrer Intensität ab. Daneben erscheinen neue Reflexe, die der Polymerphase zuzuordnen sind. Typisch für den Verlauf einer Polymerisation nach Modell I ist, daß keine Änderungen in den Atomlagen des Restmonomeren zu erkennen sind. Es sei noch vermerkt, daß fast alle der bisher bekannten topochemischen Polymerisationen nach diesem Schema ablaufen (4, 7).

II. Polymerisation der Diacetylene

Ein zweiter, ganz anderer Mechanismus der Phasenumwandlung von Monomer- zu

*) Vorgetragen auf der Arbeitstagung des Fachausschusses „Physik der Hochpolymeren"; Frühjahrstagung des Regionalverbandes Hessen–Mittelrhein–Saar der Deutschen Physikalischen Gesellschaft vom 22. bis 24. März 1972 in Bad Nauheim.

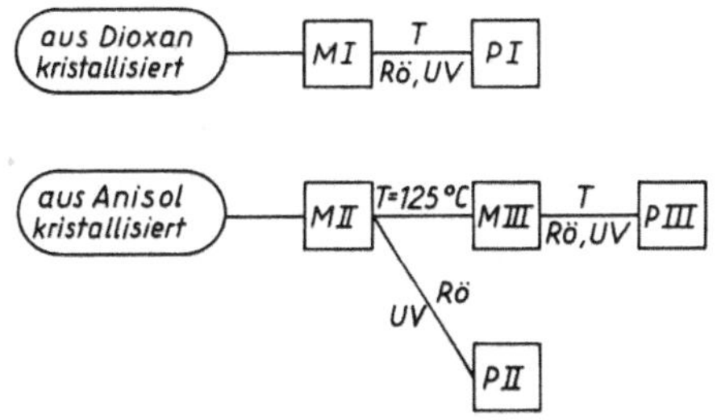

Abb. 1. Monomere und polymere Modifikationen des 2,4-Hexadiindiol-bis-phenylurethans und ihre Umwandlungen (M: Monomeres; P: Polymeres; T: Tempern; Rö, UV: Behandlung mit Röntgen- bzw. mit UV-Strahlen)

Polymerkristall wird bei der Polymerisation von 2,4-Hexadiin-1,6-diol-bis-phenylurethan (HDDU) beobachtet (8). HDDU kann in verschiedenen Modifikationen kristallisieren. Die bei der thermischen und strahlenchemischen Festkörperpolymerisation des HDDU auftretenden Umwandlungen sind in Abb. 1 skizziert. Unabhängig von der Art der Polymerisation entsteht stets das gleiche Polymere im Sinne von Gl. [1].

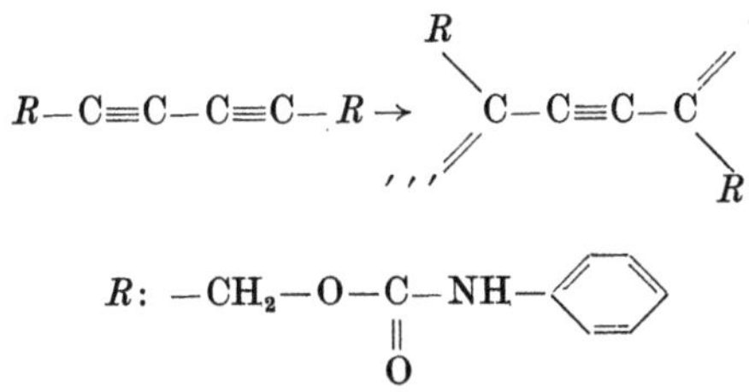

[1]

Dabei entsteht im Kristallverband ein Polymeres mit trans-Struktur (9). In Abb. 2 sind die Drehkristall-Aufnahmen der Polymermodifikationen PI, PII und PIII nach Extraktion des nicht umgesetzten Monomeren wiedergegeben. Die Polymeren sind im Extraktionsmittel (Dioxan) unlöslich und unquellbar.

III. Homogenes Wachstum

Die Kristalle der Modifikation MI (vgl. Abb. 1) sind sehr reaktiv. Nach 1 Std. Bestrahlungszeit mit Röntgenstrahlen (30 kV/30 mA) werden Umsätze von nahezu 100% erreicht. Beobachtungen mit Hilfe des Polarisationsmikroskopes zeigen, daß die Einkristalle des Monomeren sich quantitativ in Einkristalle des Polymeren umwandeln, ohne daß das Auftreten einer zweiten Phase optisch erkennbar wird. Mit einer speziellen Aufnahmetechnik konnte die Polymerisation von Einkristallen von MI im Röntgenstrahl röntgenographisch verfolgt werden. Die wesentlichen Ergebnisse dieser Weitwinkel-Streuversuche sind:

1. Während der Polymerisation treten keine neuen Reflexe auf und es verschwinden auch keine Reflexe.

2. Die Reflexe des polymerisierenden Kristalls verschieben sich mit zunehmendem Umsatz kontinuierlich teils zu größeren, teils zu kleineren *Bragg*schen Winkeln oder aber behalten ihre Lage unverändert bei.

3. Die Änderungen der Reflexlagen, die bei einem Umsatz von ca. 80% abgeschlossen sind, lassen sich als Folge anisotroper Gitteraufweitung verstehen. Die Gitteraufweitung läßt sich mit einer Störung des Monomergitters durch die sich neubildenden Polymerketten erklären (10).

Der Schluß aus den röntgenographischen und optischen Untersuchungen ist, daß es sich bei dieser Polymerisation um eine Ein-Phasen-Reaktion handelt. Die Polymerketten werden ausgehend von statistisch im Monomergitter verteilten Plätzen gebildet. Mit

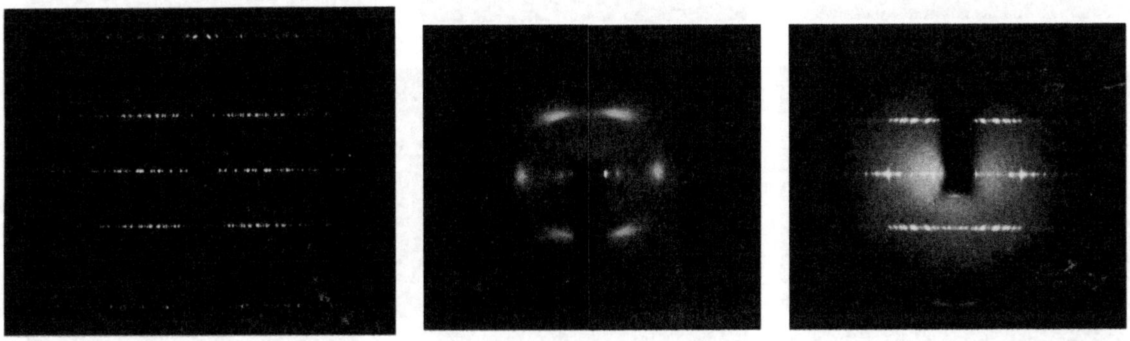

a b c

Abb. 2. Drehkristall-Aufnahmen der Polymermodifikationen PI–III nach Extraktion des nicht umgesetzten Monomeren. Drehachse ist jeweils die *c*-Achse (Kettenrichtung). Die Identitätsperiode beträgt einheitlich 4,9 Å (a) PI; b) PII; c) PIII anderen Worten: es handelt sich um eine Art von isomorphem Ersatz von Monomereinheiten durch Polymerketten innerhalb des Kristalls.

Die Modifikation MIII des Monomeren HDDU (vgl. Abb. 1) kann ebenfalls thermisch oder strahlenchemisch polymerisiert werden. Die Reaktion folgt auch hier dem gleichen Mechanismus, wie er oben für die Modifikation MI beschrieben ist.

Auch auf eine andere, besonders eindrucksvolle Weise können die statistisch im Gitter des Monomeren eingebauten Ketten des Polymeren nachgewiesen werden. Erwärmt man einen Kristall der Modifikation MII (vgl. Abb. 1) auf Temperaturen über 125 °C, so findet eine Modifikationsumwandlung zur Modifikation MIII des Monomeren statt. Dabei handelt es sich um eine destruktive Umwandlung, das heißt, es besteht keine kristallographische Beziehung zwischen den beiden Monomerphasen. Wird ein Einkristall von MII jedoch vor der thermischen Behandlung für kurze Zeit mit Röntgenstrahlen bestrahlt, so läuft die Umwandlung von MII zu MIII gerichtet ab. Die Wachstumsrichtung der Phase MIII ist parallel zur c-Achse des Einkristalls aus MII. Aufgrund des dichroitischen Verhaltens der teilpolymerisierten Kristalle von MII ist bekannt, daß die Ketten des Polymeren PII (vgl. Abb. 1) nach der c-Achse von MII orientiert sind. Die einzelnen in c-Richtung gewachsenen Ketten des Polymeren engen also offenbar den Verlauf der Modifikationsumwandlung auf die c-Richtung der MII-Kristalle ein. Die Orientierung der Phasenumwandlung ist um so besser, je länger die Kristalle der Modifikation MII vorbestrahlt werden, d. h. je mehr Ketten des Polymeren der Modifikation PII im Gitter des Monomeren MII erzeugt werden. Dies ergibt sich deutlich aus Röntgenweitwinkel-Untersuchungen an verschieden lang vorbestrahlten Kristallen von MII nach der Umwandlung zu MIII (vgl. Abb. 3).

Die Umwandlung läuft bereits bei einem Gehalt von 3 Gew.-% des Polymeren gerichtet ab. Wären die Ketten des Polymeren nicht statistisch im Monomergitter verteilt, dann gäbe es bei diesem geringen Umsatz sicher Bereiche, die erstens unorientiert und zweitens bei verschiedenen Temperaturen umwandeln würden; denn die Umwandlungstemperatur steigt in Abhängigkeit von der Vorbestrahlung kontinuierlich an, d. h. sie hängt von der Anzahl der bereits gebildeten Ketten des Polymeren ab.

Literatur

1) *Seher, A.*, Liebigs Ann. Chem. **589**, 222 (1954).
2) *Bohlmann, F.*, Angew. Chem. **69**, 82 (1957).
3) *Wegner, G.*, Makromol. Chem. **154**, 35 (1972).

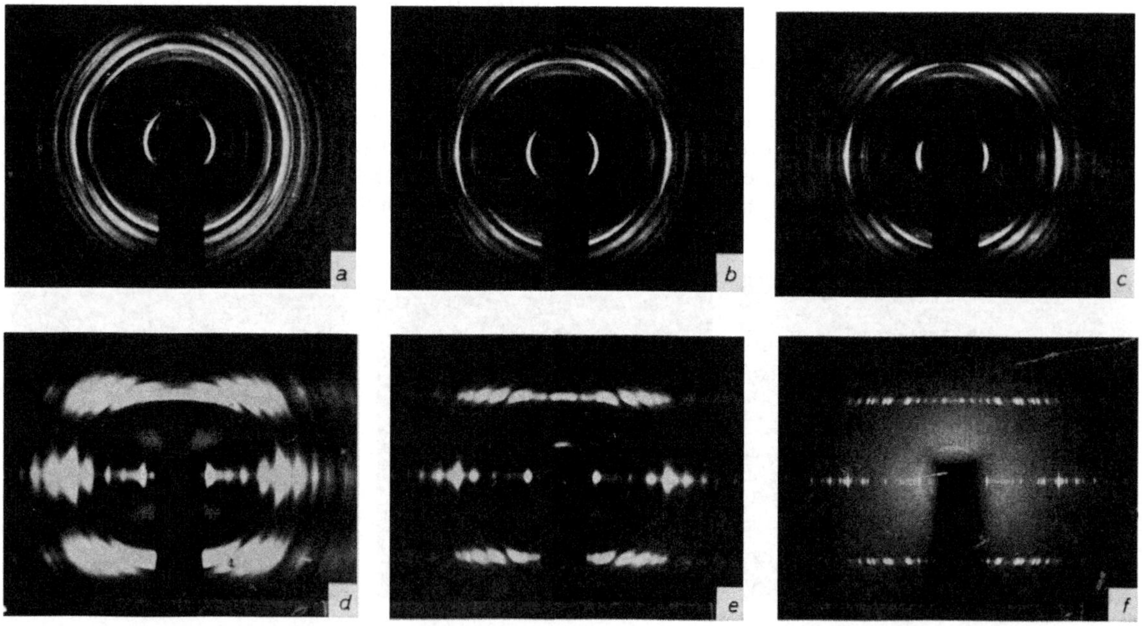

Abb. 3. Drehkristall-Aufnahmen von MIII nach der thermischen Umwandlung aus MII in Abhängigkeit von der Vorbestrahlung der MII-Kristalle. Bestrahlungsbedingung: 30 kV/30 mA; Bestrahlungszeit: a) 2, b) 5, c) 10, e) 20, e) 40 und f) 90 min. Drehachse war die ursprüngliche c-Achse der MII-Kristalle

4) *Bamford, C. H.* and *G. H. Eastmond*, Quart. Rev. **23**, 271 (1969).
5) *Hayashi, K.* und *S. Okamura*, Makromol. Chem. **47**, 230 (1961).
6) *Munoz-Escalona, A.* et al., Kinetics and Mechanism of Polyreactions, IUPAC-Symposium on Macromolecular Chemistry, Budapest 1969, Vol. IV, p. 103.
7) *Nakanishi, H.* et al., J. Pol. Sci. AI, **7**, 713 (1969).
8) *Kaiser, J.*, Dissertation D 77 (Mainz 1972).
9) *Hädicke, E.* et al., Angew. Chem. **83**, 253 (1971).
10) *Kaiser, J. G. Wegner* und *E. W. Fischer*, Israel J. Chem. **10**, 157 (1972).

Anschrift der Verfasser:
Dr. *J. Kaiser*, Prof. Dr. *G. Wegner*,
Prof. Dr. *E. W. Fischer*
Institut f. Physikal. Chemie der Universität
6500 Mainz
Jakob-Welder-Weg 15

Kolloid-Z. u. Z. Polymere **250**, 1162–1173 (1972)

Aus dem Wissenschaftlichen Labor des Werkes Dormagen der Farbenfabriken Bayer AG

Untersuchungen zu Struktur und Eigenschaften der Polyamide

I. Strukturänderungen beim Strecken und Tempern von Polyamid 6,6 (1. Teil)*)

*Von G. Hinrichsen***)

Mit 11 Abbildungen und 2 Tabellen

(Eingegangen am 5. Mai 1972)

I. Problemstellung

Zur physikalischen Charakterisierung teilkristalliner hochpolymerer Festkörper wird vielfach deren Kristallisationsgrad verwendet, der sich z. B. aus Infrarot-, Röntgen-, Dichte- oder kalorischen Messungen bei Annahme eines Zwei-Phasen-Systems aus kristallinen und amorphen Bereichen ermitteln läßt. Bei den Polyamiden sind Schwierigkeiten in der Bestimmung dieser Größe zu erwarten, da jedes dieser Polymeren in mehreren Kristallgittern kristallisieren kann, womit Unterschiede in Kettenpackung, -anordnung und -konformation verbunden sind. Daher ist es nicht überraschend, daß im Falle der interessantesten Polyamide je nach Autor und Meßverfahren unterschiedliche Werte für den Kristallisationsgrad in der Literatur berichtet sind. Darüber hinaus hat es sich gezeigt, daß die Angabe eines Kristallisationsgrades insbesondere dann nicht ausreicht, wenn es um die Erklärung mechanischer Eigenschaften der Hochpolymeren geht. Zum vollen Verständnis vieler physikalischer Eigenschaften teilkristalliner Festkörper ist vielmehr die Kenntnis der gegenseitigen räumlichen Anordnung der amorphen und kristallinen Bereiche, deren Struktur und Eigenschaften sowie der Kopplung zwischen diesen Bereichen notwendig.

Zu den derzeit nicht völlig gelösten Problemen der Polymerphysik gehört die Verstreckung teilkristalliner Hochpolymerer. Während mehrere Autoren (1–3) die Ansicht vertreten, daß während des Verstreckungsprozesses eine völlige Zerstörung der ursprünglichen und die Ausbildung einer neuen fibrillären Struktur stattfindet, hat *Bonart* (4) ein Modell für die Schulter-Hals-Verstreckung vorgeschlagen, bei dem die Kristalle im wesentlichen unzerstört bleiben und nur einer Scherdeformation unterworfen werden. Die Polyamide eignen sich deshalb gut für Untersuchungen des Verstreckprozesses, da eine Verstreckung zwischen Raumtemperatur und Temperaturen kurz unterhalb des Schmelzpunktes möglich ist und eine größere Variation im Streckverhältnis eingestellt werden kann. Letztlich ist es ein Ziel dieser Arbeit, Zusammenhänge zwischen den Herstellungs- und Temperbedingungen einerseits und den thermischen und kalorischen Eigenschaften wie Schmelzverhalten, Schmelzpunkt und Schmelzwärme andererseits aufzuzeigen.

Im 1. Teil dieser Arbeit soll über Verfahren zur Ermittlung des Kristallisationsgrades von Polyamid 6,6 berichtet und die Schwierigkeiten bei der Bestimmung dieser Größe geschildert werden. Großer Wert wird auf die Einbeziehung und Diskussion zweier detaillierter Arbeiten an Polyamid 6 und 6,6 von *Illers* und *Haberkorn* (5, 6) gelegt. Im 2. Teil der Arbeit wird über Messungen auf dem Röntgenkleinwinkelgebiet berichtet, die Auskunft über die beim Verstrecken und Tempern erfolgenden Strukturänderungen geben können. Ebenfalls in diesem Teil der Arbeit werden die Zusammenhänge zwischen übermolekularer Struktur und Schmelzverhalten diskutiert.

II. Experimentelles

1. *Ausgangsmaterial und Vorbehandlung*

Zur Verfügung standen uns unverstreckte und verstreckte Drähte (Durchmesser 1 mm bzw. 0,5 mm), Fäden (Durchmesser 20 μ) und Folien, die aus handelsüblichen Polyamid 6,6-Schnitzeln mit einer relativen Viskosität $\eta_{rel} = 2{,}45$ (gemessen in 1%iger Schwefelsäurelösung) hergestellt worden wa-

*) Auszugsweise vorgetragen auf der Frühjahrstagung der Deutschen Physikalischen Gesellschaft vom 22. 3. bis 24. 3. 1972 in Bad Nauheim.

**) Herrn Prof. Dr. *Otto Bayer* zum 70. Geburtstag gewidmet.

ren. Die unverstreckten Drähte wurden teils mittels einer kleinen Laborstreckmaschine, die die Verstreckung in temperierten Bädern gestattet, verstreckt, teils lagen uns nach den üblichen Verfahren der Drahtverstrekkung hergestellte Proben vor. Die Folien wurden manuell über einen geheizten Streckdorn (Temperatur ca. 220 °C) auf die vierfache Länge verzogen.

Die Temperung der Proben wurde in einem Siliconölbad oder in flüssigem *Wood*-Metall ausgeführt. Die Präparate, die einer Temperung oberhalb 240 °C unterworfen worden waren, wiesen an den Oberflächen leichte Verfärbungen auf, so daß insbesondere die Dichte- und kalorischen Werte geringfügig verfälscht sein können. Die Lagerung der untersuchten Proben erfolgte unter Laborbedingungen. Vergleichsmessungen wurden jedoch auch an Proben ausgeführt, die vor und nach der Temperung längere Zeit über Phosphorpentoxid getrocknet worden waren. Gegenüber den unter Laborbedingungen gehaltenen Präparaten konnten an diesen Proben nur geringe Änderungen der Dichte und Schmelzenthalpie festgestellt werden, so daß der Einfluß der Feuchtigkeit auf die im Rahmen dieser Arbeit diskutierten Ergebnisse von geringerer Bedeutung erscheint.

2. *Röntgenweitwinkeluntersuchungen*

Fotografische Weitwinkeldiagramme wurden auf selbstgebauten und Flachkammern der Fa. Siemens angefertigt. Die Aufnahme der Streukurven geschah mit Hilfe von Interferenzgoniometern der Firmen Siemens und Berthold. Aus den Röntgenstreukurven wurden folgende 3 Kenngrößen abgelesen:

Reflexhalbwertsbreiten des (100)- bzw. (010)-Reflexes

Die Intensitätsprofile dieser beiden benachbarten Reflexe überlappen sich derart, daß eine unmittelbare Bestimmung der Reflexhalbwertsbreiten aus den gemessenen Streukurven nicht möglich ist. Um eine grobquantitative Angabe über diese Größe machen zu können, wurde bei der Auswertung vom Maximum der jeweiligen Interferenz ein Lot gefällt und, wie in Abb. 1 eingezeichnet, die halbe Interferenzbreite ausgemessen. Der so ermittelte Wert wurde dann für die Zahlenangabe der Reflexhalbwertsbreite verdoppelt. Diese Zahlenangabe enthält noch die durch die Meßanordnung bedingte Apparateverbreiterung und ist nur als ein ungefähres Maß für die Größe der kohärent streuenden Bereiche anzusehen.

Winkeldifferenz der Äquatorhauptreflexe $\Delta\theta$

Ganz allgemein beobachtet man bei Polyamiden, daß Lage und Intensität der Weitwinkelreflexe insbesondere von den Kristallisationsbedingungen und der Vorbehandlung der Proben beeinflußt werden. Die Winkeldifferenz der beiden Äquatorhauptreflexe (100) und (010) kann, wie *Reichle* und *Prietzschk* (7) zeigen konnten, als ein gutes Maß für die Ordnung innerhalb der Kristallite gewählt werden. So nimmt die Größe $\Delta\theta$ z. B. mit steigender Tempertemperatur der Proben zu, ein Effekt, der durch die Abstandsänderung benachbarter Rostebenen hervorgerufen wird. Die Ermittlung des Zahlenwertes für $\Delta\theta$ aus den Streukurven stößt auf ähnliche Schwierigkeiten, wie wir sie im vorhergehenden besprochen haben, da sich die Interferenzintensitäten überlappen. Die im Rahmen dieser Arbeit untersuchten Proben ergaben zwischen $2\theta = 12°$ und $2\theta = 32°$ Äquatorstreukurven mit zwei mehr oder minder stark ausgeprägten, etwa gleich hohen Streumaxima, wie in den Abbildungen 1 und 2 zu erkennen ist. Um einen korrekten Wert für die Winkeldifferenz $\Delta\theta$ zu erhalten, wurde ein einfaches, von Hand durchzuführendes Verfahren zur Reflexprofilanalyse entworfen, das in Abb. 2 skizziert ist. Vom Minimum der Streukurve beim Punkt X ($2\theta \approx 22°$) wird ein Lot auf die Untergrundgerade AA' gefällt und dieses Lot halbiert

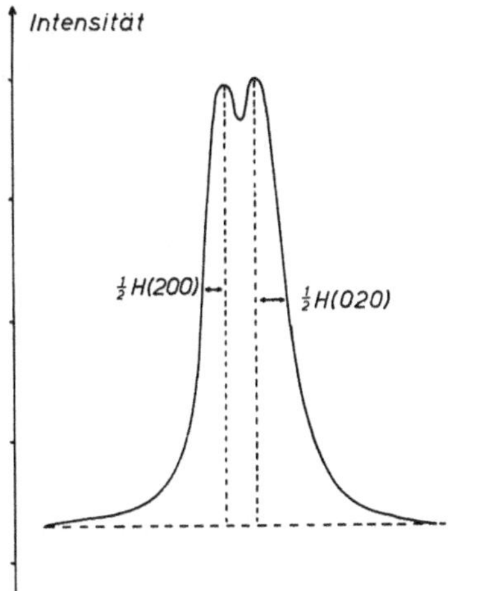

Abb. 1. Ermittlung der Halbwertsbreiten des (100)- und (010)-Reflexes bei Polyamid 6,6

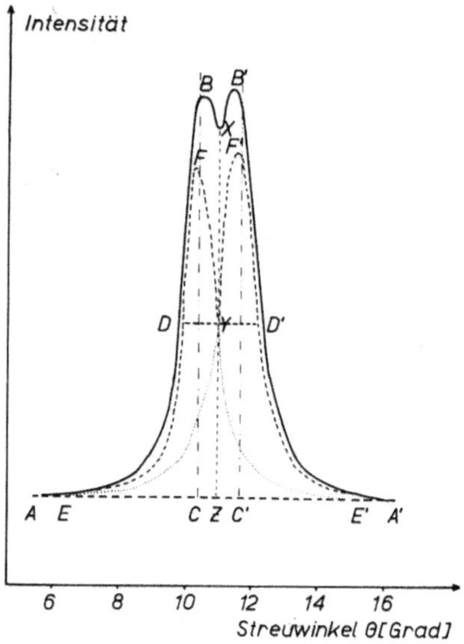

Abb. 2. Reflexprofilanalyse des (100)- und (010)-Reflexes bei Polyamid 6,6 (nähere Angaben im Text)

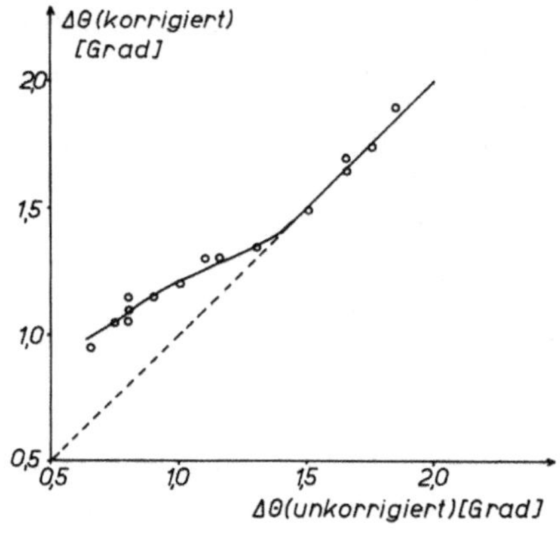

Abb. 3. Korrektur der Winkeldifferenz der Äquatorhauptreflexe (100) und (010)

(Punkt Y). Eine Halbierung konnte bei unseren Meßkurven gewählt werden, da (100) und (010) nahezu gleiche Maximalintensität besaßen; unterscheiden sich die Intensitäten der beiden Reflexe, so hat man eine andere Teilung der Strecke XZ zu wählen. Die Punkte D und D' werden ermittelt, indem eine Parallele zu AA' durch Y gelegt wird. BC bzw. $B'C'$ ist die die Mittelsenkrechte zu YD bzw. YD' (Symmetriegerade); B und B' koinzidieren nicht mit den Maxima der Streukurve. Die Kurvenzüge AD und $A'D'$ werden an den Symmetriegeraden BC bzw. $B'C'$ gespiegelt. Vom Kurvenzug $ADBX$ ($A'D'B'X$) wird die Kurve EY ($E'Y$) grafisch subtrahiert. Die resultierenden Kurvenzüge $ADFYE'$ bzw. $A'D'F'YE$ stellen in erster Näherung die gesuchten Reflexprofile des (100)- bzw. (010)-Reflexes dar. Der Abstand FF' (gerechnet in Winkelgraden) wird als Winkeldifferenz $\Delta\theta$ angegeben. In Abb. 3 haben wir den aus den Meßkurven direkt zu entnehmenden Abstand der Maxima (in Abb. 2 die Größe BB') gegen den nach dem angebenenen Verfahren korrigierten Abstand (in Abb. 2 die Größe FF') für unter verschiedenen Bedingungen getemperte Proben aufgetragen. Wie erwartet ist eine deutliche Korrektur um 0,3–0,4° für diejenigen Proben notwendig, bei denen $\Delta\theta$ klein ist; bei Streukurven mit ausgeprägten Interferenzmaxima erübrigt sich eine Korrektur. Bei den in Abschnitt III durchgeführten Berechnungen der Dichte der kristallinen Bereiche wurde der korrigierte Wert für $\Delta\theta$ verwendet.

Kristallorientierung

Die angulare Verbreiterung der Reflexe kann als ein Maß für die Ausrichtung der Kristallite in die Streckrichtung verwendet werden. Meßtechnisch läßt sich die Kristallitorientierung auf einem Goniometer am einfachsten dadurch ermitteln, daß der Verlauf der Streuintensität eines orientierten Präparates unter festgehaltenem Streuwinkel (Glanzwinkel der intensivsten Reflexe) aufgezeichnet wird, während das Präparat mit konstanter, geringer Winkelgeschwindigkeit um eine Achse, die mit dem einfallenden Primärstrahl koinzidiert, rotiert. Zahlenmäßig geben wir den Reziprokwert der halben Halbwertsbreite der angularen Intensitätsverteilungsfunktion als Orientierungswert an.

3. Röntgenkleinwinkeluntersuchungen

Da die verstreckten Polyamide in der Röntgenkleinwinkelstreuung meistens zu sogenannten Vier-Punkt-Diagrammen Anlaß geben, die je nach Verstreck- und Temperbedingungen mehr oder minder stark ausgeprägt sind, bietet sich als Meßverfahren die Arbeitsweise mit punktförmigem Primärstrahl (*Kiessig*-Kammer) an. Messungen mit spaltförmigem Primärstrahl (*Kratky*-Kammer) lassen keine Aussage über den Winkel zu, unter dem die Lamellenpakete gegeneinander geneigt vorliegen. Bei der quantitativen Auswertung von Streukurven, die mit spaltförmigem Primärstrahl aufgenommen werden, können Fehler gemacht werden, wenn die Winkelbeziehungen nicht berücksichtigt werden.

4. *Kalorimetrische Messungen*

Zur Messung von Schmelzverhalten, Schmelzpunkt und Schmelzwärme diente uns ein Differentialkalorimeter DSC 1 der Fa. Perkin-Elmer. Der Fehler bei der Bestimmung der Schmelzpunkte kann mit ± 2 °C und bei der Berechnung der Schmelzenthalpie mit ± 1 cal/g angenommen werden. Als Heizrate wurde in den meisten Schmelzexperimenten 16 °C/min gewählt. Zur Verhinderung einer oxydativen Schädigung der Proben während des Aufheizprozesses wurde die DSC-Zelle mit Stickstoff gespült.

5. *Dichtebestimmung*

Die Ermittlung der Dichten der untersuchten Proben geschah in einer Dichtegradientensäule, die mit Mischungen aus Mono- und Dichlorbenzol geschichtet war. Die Temperatur des Gradientenrohres wurde auf 25 °C konstant gehalten. Als Eichkörper dienten uns Glaskugeln bekannter Dichte.

III. Ergebnisse und Diskussion

In zwei kürzlich veröffentlichten Arbeiten von *Illers* und *Haberkorn* (5, 6) wird ausführlich über Messungen an Polyamid 6 und in kürzerer Form an Polyamid 6,6 berichtet. Es gelang den Autoren, eine Relation zwischen der Schmelzwärme und dem spezifischen Volumen der Proben herzuleiten, aus der insbesondere eine Bestimmung der spezifischen Volumina der amorphen Phase und mit Hilfe dieser Werte die Angabe eines Kristallisationsgrades möglich war. *Illers* und *Haberkorn* machten die Beobachtung, daß sowohl bei Polyamid 6 wie auch Polyamid 6,6 das spezifische Volumen der amorphen Phase davon abhängt, ob das Poly-

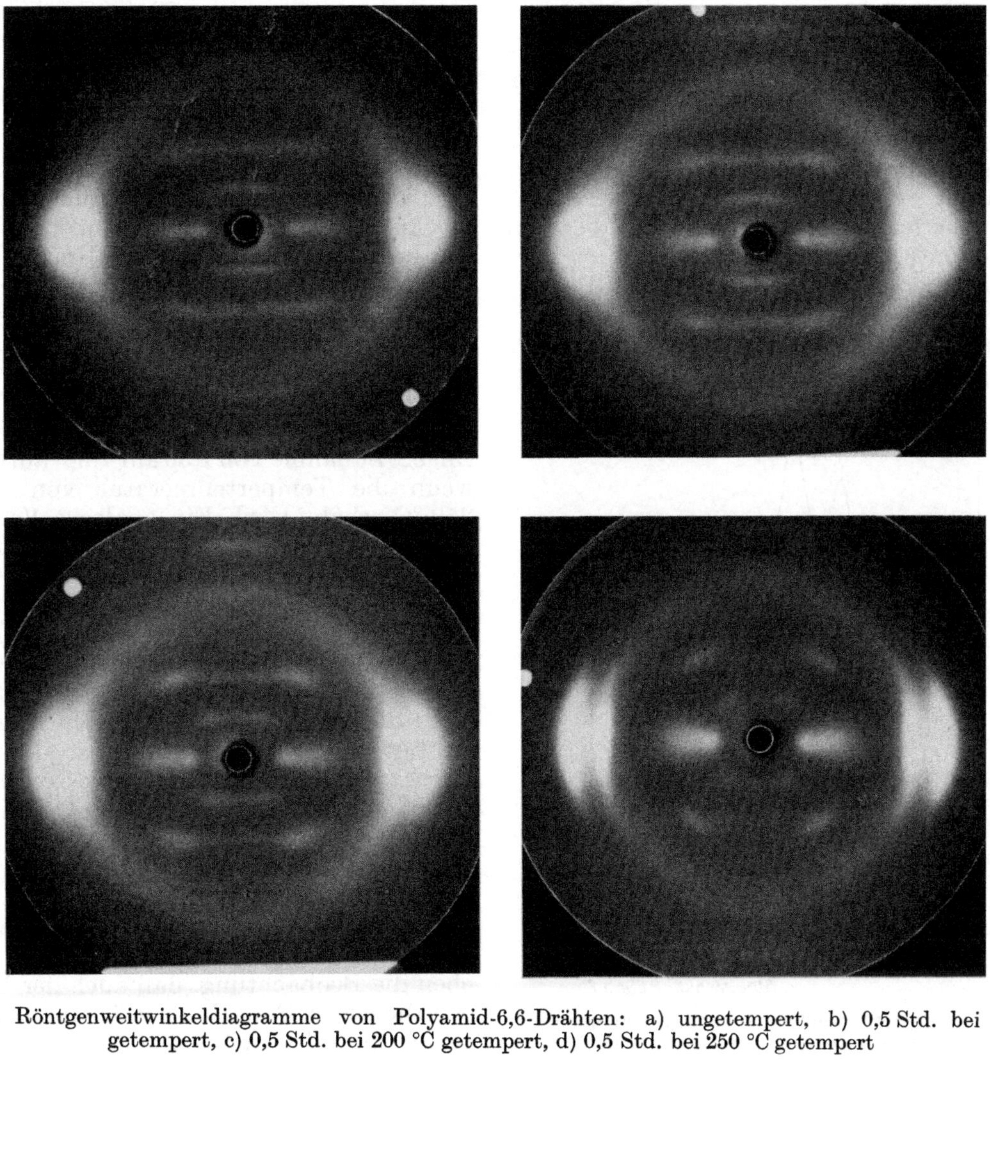

Abb. 4. Röntgenweitwinkeldiagramme von Polyamid-6,6-Drähten: a) ungetempert, b) 0,5 Std. bei 120 °C getempert, c) 0,5 Std. bei 200 °C getempert, d) 0,5 Std. bei 250 °C getempert

mere in der stabilen α-Modifikation oder in der instabilen (pseudo-)hexagonalen γ-Modifikation kristallisiert ist. Durch die zitierten Arbeiten, die die ersten ausführlichen Untersuchungen zu der genannten Fragestellung bei den Polyamiden darstellen, ist gezeigt worden, daß die in der vorhergehenden Literatur mitgeteilten Kristallisationsgrade mit sehr viel Vorsicht zu verwenden sind. Unsere ersten Meßergebnisse an Polyamid 6 und 6,6, worüber in dieser Arbeit berichtet werden soll, standen nicht in ausreichender Übereinstimmung mit den von *Illers* und *Haberkorn* mitgeteilten Daten, so daß ausführliche Röntgen-, Dichte- und kalorimetrische Messungen von uns ausgeführt wurden.

Nach *Bunn* und *Garner* (8) kann Polyamid 6,6 in der triklinen α-, der monoklinen β- und der (pseudo-)hexagonalen γ-Kristallmodifikation kristallisieren. Während die hexagonale Kristallstruktur röntgenografisch leicht von den beiden übrigen Kristallmodifikationen unterschieden werden kann, differieren α- und β-Modifikation nur in der Intensität einiger Meridianreflexe. Erfahrungsgemäß überwiegt bei verstreckten und/oder getemperten Proben die trikline α-Modifikation, so daß wir diese für unsere weiteren Überlegungen angenommen haben, da eine quantitative Ermittlung des α/β-Verhältnisses ohnehin nicht möglich ist.

Die fotografischen Röntgenweitwinkeldiagramme einiger ausgewählter Proben sind

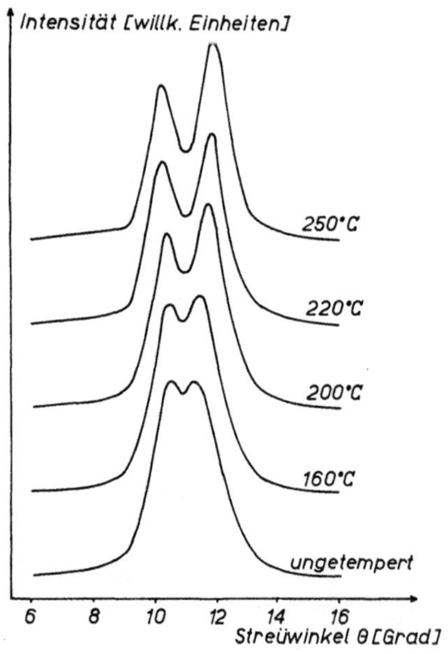

Abb. 5. Röntgenweitwinkelstreukurven von ungetemperten und getemperten Polyamid 6,6-Drähten

in der Abb. 4 wiedergegeben; Abb. 5 stellt die Äquatorstreukurven eines ungetemperten und einiger getemperter Polyamid-Drähte dar. Die fotografischen Aufnahmen und die Streukurven lassen erkennen, daß infolge der Temperung Änderungen der Netzebenenabstände auftreten, ein bei den Polyamiden bekanntes Phänomen. In der Abb. 6 ist

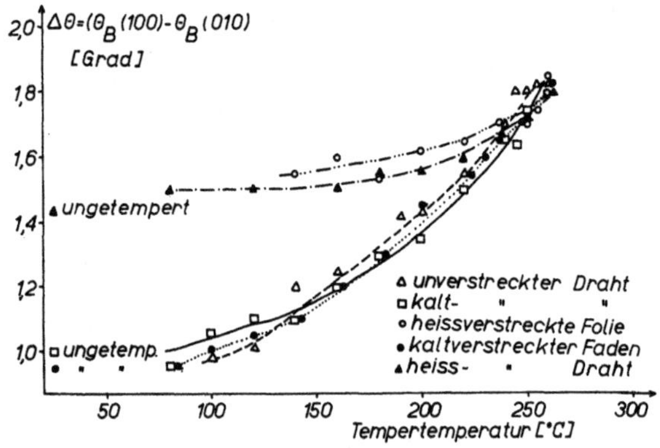

Abb. 6. Winkeldifferenz der Äquatorhauptreflexe $\Delta\theta$ als Funktion der Tempertemperatur bei Polyamid 6,6-Proben

eine die Änderung der Netzebenenabstände quantitativ beschreibende Größe, nämlich die im vorhergehenden Abschnitt definierte Winkeldifferenz der beiden Äquatorhauptreflexe, $\Delta\theta$, als Funktion der Tempertemperatur dargestellt. Für die unverstreckten und die kaltverstreckten Proben wird ein starkes Anwachsen dieser Größe von 1,00 auf 1,80° beobachtet, wohingegen die beiden heißverstreckten Proben eine wesentlich geringere Zunahme von 1,50 auf 1,80° aufweisen, wenn die Tempertemperatur von 80 auf 250 °C erhöht wird. Ein analoges Verhalten finden wir für die gemessenen Halbwertsbreiten der Äquatorhauptreflexe, die ein Maß für die Größe der kohärent streuenden Bereiche darstellen, s. Abb. 7. Die in Abb. 7 eingetragenen Halbwertsbreiten sind unmittelbar aus den Meßkurven entnommen, wobei die Apparateverbreiterung nicht berücksichtigt wurde. Wiederum zeigen die unverstreckten und die kaltverstreckten Proben einen starken, die heißverstreckten Proben einen geringen Abfall der Reflexhalbwertsbreite in Abhängigkeit von der Tempertemperatur.

Die Ergebnisse der Dichtemessungen sind in der Abb. 8 grafisch dargestellt. Wir machen die Beobachtung, daß auch der Verlauf der Dichte als Funktion der Tempertemperatur für die kalt- und heißverstreckten Proben

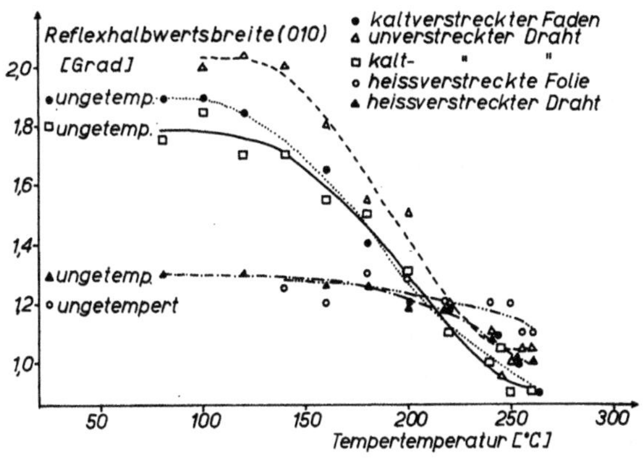

Abb. 7. Die Halbwertsbreite des (010)-Reflexes von getemperten Polyamid 6,6-Proben in Abhängigkeit von der Tempertemperatur

ein ähnliches Verhalten zeigt wie die röntgenografischen Meßwerte. Während für die ungetemperten unverstreckten bzw. kaltverstreckten Proben Werte um 1,13 g/cm³ gemessen werden, steigt die Dichte dieser Proben auf mehr als 1,16 g/cm³, wenn die Präparate einer extrem hohen Tempertemperatur unterworfen worden sind. Für die heißverstreckten Proben erhält man zwar ebenfalls Dichtewerte von 1,16 g/cm³, wenn die Proben bei 250 °C getempert worden sind, die Zunahme der Dichte durch die Temperung ist jedoch beträchtlich schwächer (Dichte der ungetemperten heißverstreckten Proben ca. 1,15 g/cm³).

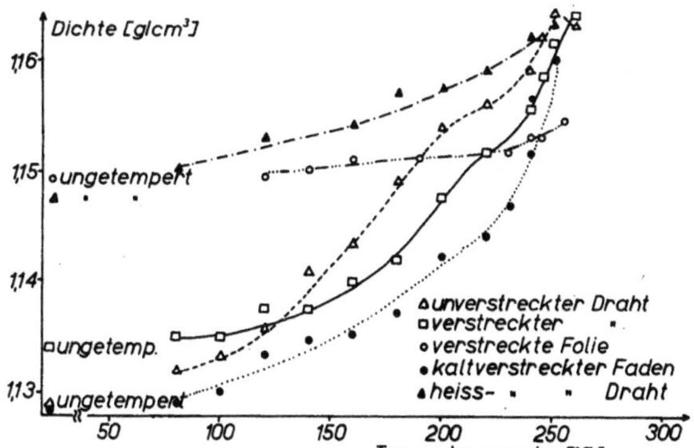

Abb.8. Die Dichte von getemperten Polyamid 6,6-Proben in Abhängigkeit von der Tempertemperatur

Die Schmelzwärme, die bei teilkristallinen Proben ebenfalls ein Maß für den Kristallisationszustand darstellt, variiert, wie die Abb. 9 zeigt, für alle im Rahmen dieser Arbeit untersuchten Proben in einem nur geringen Umfang. Beobachten wir für die unverstreckte Probe noch einen Zuwachs

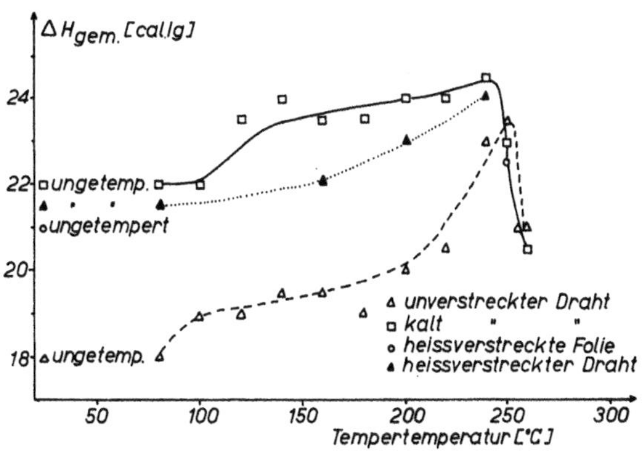

Abb. 9. Der Einfluß der Tempertemperatur auf die Schmelzwärme von Polyamid 6,6-Proben

von 18 auf 23 cal/g, so steigt die Schmelzwärme der kaltverstreckten Probe als Folge der Temperung um maximal 2,5 cal/g (von 22 auf 24,5 cal/g). Wie die Ergebnisse von *Illers* und *Haberkorn* zeigen, läßt sich ein stärkeres Anwachsen der Schmelzenthalpie dadurch erreichen, daß die Temperzeit verlängert wird. Da jedoch bekannterweise an den Polyamiden bei erhöhter Temperatur sowohl Polymerisations- wie Depolymerisationsvorgänge und oxydative Schädigung beobachtet werden, haben wir keine Temperungen, die sich über einen längeren Zeitraum erstrecken, ausgeführt.

Die Abb. 6–8 lassen erkennen, daß die ungetemperten verstreckten Drähte sich sehr deutlich in den röntgenografischen Daten und der Dichte unterscheiden, je nachdem, ob sie „kalt" oder „heiß" verstreckt worden waren. In der Tab. 1 sind einige interessierende Größen von Proben zusammengestellt, die bei verschiedenen Verstrecktemperaturen verdehnt worden sind; der Verstreckgrad wurde konstant auf 1:3,5 gehalten. Während erneut die kristallografischen Daten und die Dichtewerte eine starke Abhängigkeit von der Verstrecktemperatur aufweisen, bleibt die Schmelzwärme (und

Tab. 1. Kenngrößen von Polyamid 6,6-Drähten, die bei verschiedenen Temperaturen verstreckt worden waren. Streckverhältnis 1:3,5

Verstreck-temperatur [°C]	Halbwerts-breite (010) [Grad]	$\Delta\theta$ [Grad]	Dichte [g/cm³]	Schmelz-wärme [cal/g]
80	1,60	1,20	1,1335	22
120	1,50	1,35	1,1400	21
160	1,30	1,45	1,1455	21,5
200	1,10	1,60	1,1515	21,5
220	1,00	1,70	1,1560	22

auch der Schmelzpunkt) von diesem Parameter völlig unbeeinflußt.

Die in dieser Arbeit geschilderten Meßverfahren geben die Möglichkeit, Aussagen über den Kristallisationsgrad teilkristalliner hochpolymerer Festkörper zu machen. Nimmt man an, daß das Polyamid 6,6 durch ein Zwei-Phasen-System aus besser geordneten (kristallinen) und weniger gut geordneten (amorphen) Bereichen beschrieben werden kann, so gilt für die Kristallinität α die Beziehung

$$\alpha = \frac{v_a - v}{v_a - v_c}. \qquad [1]$$

Aus dem gemessenen spezifischen Volumen v der Proben sowie den spezifischen Volumina der kristallinen (v_c) und amorphen Phase (v_a) kann der (Dichte)Kristallisationsgrad bestimmt werden. Zur Frage, inwiefern die Polyamide besser durch ein Zwei-Phasen-System oder als Parakristall beschrieben werden können, sei auf die entsprechenden Ausführungen von *Illers* und *Haberkorn* (5) verwiesen. Gl. [1] beinhaltet nicht, daß v_c dem spezifischen Volumen des Idealkristalls und v_a dem der abgeschreckten unterkühlten Schmelze entspricht. Wird jedoch nach Gl. [1] für eine größere Anzahl von Meßwerten aus dem spezifischen Volumen verschiedener Proben deren Kristallisationsgrad bestimmt, so gehen alle Autoren von der Annahme aus, daß v_a und v_c als konstant anzusehen sind. Gerade diese Annahme ist, wie weiter unten ausgeführt werden wird, im Falle der Polyamide nicht zulässig.

Auch aus den gemessenen Schmelzwärmen läßt sich der Kristallisationsgrad berechnen nach der Gleichung (9)

$$\alpha = \frac{\Delta H_{\text{gem}} + \dfrac{2\sigma_e \alpha v_c}{l}}{\Delta H_{\text{id}}} = \frac{\Delta H_{\text{gem}} + \dfrac{2\sigma_e v}{L}}{\Delta H_{\text{id}}} = \frac{\Delta H_{\text{kor}}}{H\Delta_{\text{id}}} \qquad [2]$$

mit

ΔH_{id} Schmelzwärme des unendlich ausgedehnten Idealkristalls,
ΔH_{gem} gemessene Schmelzenthalpie,
σ_e freie Grenzflächenenergie der Deckflächen der Kristallite,
L röntgenografische Langperiode,
l Dicke der Kristallamellen,

wobei von der Annahme ausgegangen wird, daß die laterale Ausdehnung der Kristalle beträchtlich größer ist als deren Dicke in Kettenrichtung.

Für die Bestimmung des Enthalpie-Kristallisationsgrades ist die Kenntnis des Wertes der freien Grenzflächenenergie und der Dicke der Kristallite notwendig. Die Langperiode der von uns untersuchten Proben haben wir röntgenografisch bestimmt (s. 2. Teil dieser Arbeit), wohingegen uns für die Größe der Grenzflächenenergie kein zuverlässiger Wert bekannt ist. Für eine grobe Abschätzung des Grenzflächenenergiebeitrages werden wir deshalb den von *Illers* und *Haberkorn* an Polyamid 6 ermittelten Wert von $\sigma_e = 47$ erg/cm^2 verwenden. Bei Langperioden zwischen 60 und 100 Ångstrom (je nach Temperbedingung) liegt der Beitrag der Grenzflächenenergie zur Schmelzenthalpie zwischen 4,5 und 2,7 cal/g, d. h. die Korrektur der gemessenen Schmelzwärme durch den Enthalpiebetrag der Grenzflächen kann mehr als 20% betragen und darf bei einer exakten Bestimmung des Kristallisationsgrades keinesfalls vernachlässigt werden. Gerade bei schlechtkristallisierten Proben mit geringer Schmelzenthalpie und kleiner Kristallitgröße spielt der Enthalpiebeitrag der Grenzflächen eine große Rolle, wenn aus Messungen der Schmelzwärme ein Kristallisationsgrad angegeben wird. Es muß an dieser Stelle jedoch die Frage gestellt werden, ob die geschilderte Korrektur mit einem konstanten Wert für die freie Grenzflächenenergie ausgeführt werden darf. Wie die im vorhergehenden geschilderten röntgenografischen Messungen gezeigt haben, ändern sich Kristallitgröße und -güte sowie der Abstand einzelner Netzebenen als Folge einer Temperung, so daß eine Abhängigkeit des Wertes der freien Grenzflächenenergie von der Probenvorbehandlung wahrscheinlich ist.

Infolge der eben geschilderten Unsicherheiten haben wir davon abgesehen, die korrigierte Schmelzwärme ΔH_{korr} für jede Probe zu ermitteln. In der Abb. 10 haben wir deshalb die gemessene Schmelzwärme als Funktion des spezifischen Volumens dargestellt. In die Grafik sind die beiden Ge-

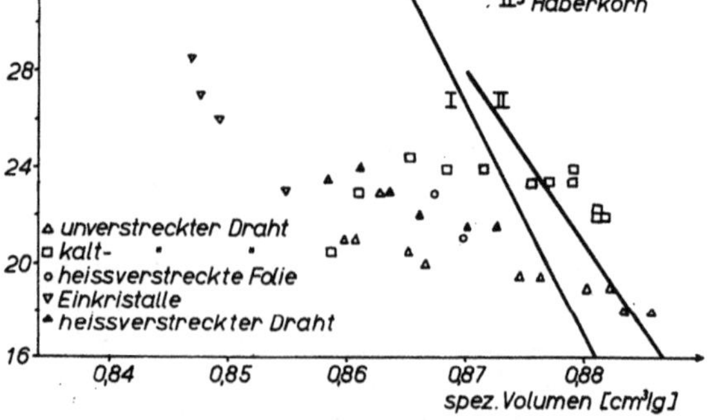

Abb. 10. Zusammenhang zwischen Schmelzenthalpie und spezifischem Volumen bei Polyamid 6,6-Proben

raden eingetragen, die in der Arbrit von *Illers* und *Haberkorn* (6) mitgeteilt worden sind, wobei diese Autoren ebenfalls die gemessene und nicht eine korrigierte Schmelzwärme verwendet haben. (Die spezifischen Volumina sind umgerechnet worden, da von *Illers* und *Haberkorn* eine Meßtemperatur von 20 °C, von uns 25 °C benutzt wurde.) Aus der Abb. 10 ist ersichtlich, daß die in dieser Arbeit ermittelten Meßpunkte weder einen linearen Zusammenhang zwischen Schmelzwärme und spezifischem Volumen erkennen lassen, wie er aufgrund der Gln. [1] und [2] erwartet werden darf, noch unsere Meßpunkte durch die Gerade *I*, die für Proben mit trikliner Kristallmodifikation gelten soll, repräsentiert werden. Über die Ergebnisse unserer Messungen an Einkristallen wird in einer gesonderten Publikation (10) berichtet, so daß diese hier nicht diskutiert werden sollen.

Einen linearen Zusammenhang zwischen ΔH_{korr} (und angenähert ΔH_{gem}) und dem spezifischen Volumen v einer Probe hat man nach Gl. [1] und [2] nur dann zu erwarten, wenn die spezifischen Volumina der amorphen und kristallinen Phase, v_a und v_c, von der Probenvorbehandlung unabhängig und konstant sind, da gilt

$$\Delta H_{\text{korr}} = \Delta H_{\text{id}} \frac{v_a - v}{v_a - v_c} = \text{const.} - \Delta H_{\text{id}} \frac{v}{v_a - v_c} \quad [3]$$

Ändern sich v_a oder v_c von Probe zu Probe, so wird keine Gerade in der Auftragung, wie sie in Abb. 10 gewählt wurde, zu beobachten sein. Unsere Röntgenweitwinkelmessungen geben einen unmittelbaren Hinweis darauf, daß durch die thermische Behandlung der Proben die Ordnung innerhalb der Kristallite beeinflußt wird. Die sehr augenfällige Änderung des Abstandes der beiden Äquatorhauptreflexe läßt sich dadurch erklären, daß Netzebenenabstände verändert werden. Experimentell stellt man fest, daß der (100)-Reflex seine Lage unabhängig von den Temperbedingungen der Proben bei $2\theta = 20{,}4°$ beibehält, während der (010)-Reflex zwischen $2\theta = 22{,}4°$ und $2\theta = 24{,}0°$ beobachtet wird. Aus diesen Messungen können wir den Schluß ziehen, daß die Rostebenen der untersuchten Polyamid-6,6-Proben ihren Abstand zwischen 3,97 und 3,71 Å verändert haben, wobei die kleinsten Rostebenenabstände an Proben beobachtet werden, die bei Temperaturen kurz unterhalb des Schmelzpunktes getempert worden waren. Die Abnahme des (010)-Netzebenenabstandes läßt sich kristallografisch mit einer Verkleinerung der Abmessungen der Elementarzelle interpretieren. Um quantitative Rechnungen vornehmen zu können, sind wir in einem vereinfachten Modell davon ausgegangen, daß die trikline Elementarzelle in 5 Bestimmungsstücken (a, c, α, β, γ) erhalten bleibt und nur die Länge der b-Achse verändert wird (eine Bestätigung dieser Annahme müßte durch eine aufwendige Strukturanalyse erbracht werden). Als Maß für die Änderung der Länge der b-Achse kann die meßtechnisch einfach zu ermittelnde Zu- oder Abnahme des $\Delta\theta$-Wertes gewählt werden, wie aus dem Vorausgegangenen leicht abzuleiten ist. Aus den geometrischen Abmessungen der Elementarzelle und dem Monomerengewicht kann unter den angenommenen Voraussetzungen eine Berechnung der „Kristalldichte" von Polyamid 6,6 vorgenommen werden. In der Abb. 11 ist diese „Kristalldichte" als

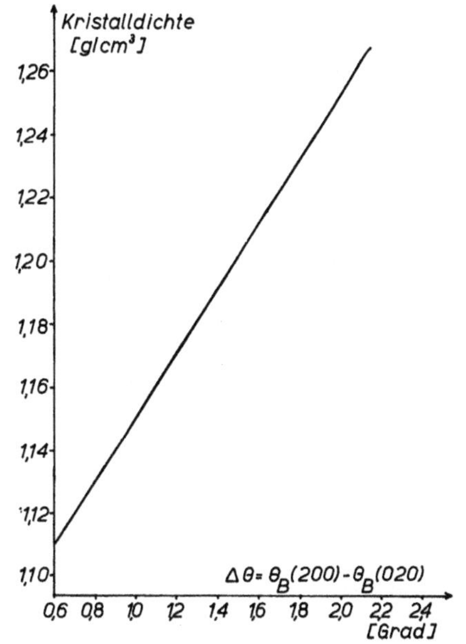

Abb. 11. Die Kristalldichte von Polyamid 6,6 in Abhängigkeit von der Winkeldifferenz der beiden Äquatorhauptreflexe $\Delta\theta$

Funktion der Meßgröße $\Delta\theta$ aufgetragen; es ergibt sich ein linearer Zusammenhang zwischen diesen beiden Größen. Nach unseren Rechnungen haben wir z. B. bei einem $\Delta\theta$-Wert von 1,00° eine Kristalldichte von 1,15 g/cm³, bei $\Delta\theta = 1{,}80°$ eine Dichte von 1,23 g/cm³ zu erwarten. Die letztgenannte Dichte stimmt mit den zuverlässigsten Literaturwerten überein, da die Messungen stets an gut kristallisierten Proben gemacht worden sind (8, 11).

Wie wir gezeigt haben, kann man nicht von der Annahme ausgehen, daß die Kristalldichte bei Polyamid 6,6 unabhängig von der thermischen Vorgeschichte der Proben ist. Beabsichtigt man nach Gl. [1] den Kristallisationsgrad von Proben aus den Dichtewerten zu bestimmen, so ist zusätzlich zur Kenntnis der Kristalldichte noch die Kenntnis der Dichte der amorphen Bereiche notwendig. Über die Struktur der amorphen Bereiche der Polyamide läßt sich aus den heute bekannten Meßverfahren keinerlei klare Aussage gewinnen, so daß z. B. die Ermittlung der Dichte der amorphen Bereiche nur auf indirekte Weise möglich ist. *Illers* und *Haberkorn* (6) erhalten aus der in Abb. 10 ersichtlichen Extrapolation der Schmelzwärme in Abhängigkeit vom gemessenen spezifischen Volumen einen Wert für v_a von 0,893 cm³/g. Für eine erste Abschätzung der Kristallinitäten aus den Dichtewerten haben wir diesen Wert verwendet und die Kristallisationsgrade auf zwei Arten bestimmt, nämlich zum einen, indem wir mit konstanten Werten für $v_c = 0{,}8110\,\text{cm}^3/\text{g}$ ($\varrho_c = 1{,}233\,\text{g/cm}^3$ entsprechend $\Delta\theta = 1{,}80°$) und $v_a = 0{,}8930$ cm³/g, zum anderen, indem wir mit variablen Werten für v_c, die aus den $\Delta\theta$-Werten mit Hilfe der in Abb. 11 dargestellten Geraden ermittelt wurden, und konstantem $v_a = 0{,}8930$ cm³/g die Rechnungen durchführten. Die Ergebnisse der Rechnungen, die in der Tab. 2 zusammengestellt sind, lassen folgende Aussagen zu: Führt man die Bestimmung der Kristallinitäten mit konstanten Werten für v_a und v_c durch, so werden Kristallisationsgrade zwischen 10 und 43% erhalten, und zwar steigt die Kristallinität (entsprechend der Dichtezunahme) mit wachsender Tempertemperatur an. Ein anderes Bild ergibt sich, wenn die Berechnungenmit konstantem v_a, aber variablem v_c ausgeführt

Tab. 2. Spezifische Volumina, Schmelzenthalpie und Kristallität von Polyamid 6,6-Drähten

Tempertemperatur [°C]	v_c [cm³/g]	v [cm³/g]	α $v_a = 0{,}8930$ $v_c = 0{,}8110$ [%]	α $v_a = 0{,}8930$ v_c variabel [%]	ΔH_{gem} [cal/g]
a) *kalt verstreckt*					
ungetempert	0,8688	0,8818	14	39	22
80	0,8688	0,8811	15	41	22
100	0,8651	0,8811	15	38	22
120	0,8613	0,8791	17	38	23,5
140	0,8591	0,8791	17	36	24
160	0,8540	0,8772	19	36	23,5
180	0,8475	0,8757	21	38	23,5
200	0,8425	0,8715	26	39	24
220	0,8319	0,8684	30	38	24
240	0,8217	0,8654	34	36	24,5
250	0,8150	0,8610	37	38	23
260	0,8091	0,8587	42	41	20,5
b) *heiß verstreckt*					
ungetempert	0,8361	0,8716	27	38	21,5
80	0,8319	0,8695	29	38	21,5
120	0,8319	0,8676	31	42	—
160	0,8319	0,8665	33	43	22
180	0,8285	0,8643	35	45	—
200	0,8285	0,8639	36	45	—
220	0,8250	0,8628	37	44	23
240	0,8216	0,8605	40	45	24
250	0,8183	0,8598	41	44	—
c) *unverstreckt*					
ungetempert	—	0,8854	9	—	18
80	0,8764	0,8834	12	(57)	18
100	0,8718	0,8834	13	51	19
120	0,8673	0,8822	16	49	19
140	0,8605	0,8762	21	50	19,5
160	8,8525	0,8745	23	46	19,5
180	0,8445	0,8700	28	47	19
200	0,8375	0,8666	32	46	20
220	0,8285	0,8651	34	43	20,5
240	0,8183	0,8628	37	41	23
250	0,8123	0,8584	43	43	23,5
260	0,8090	0,8598	41	40	21

werden; die berechneten Kristallinitäten liegen dann zwischen 36 und 46% und zeigen nahezu keinen Gang mit der thermischen Vorbehandlung der Proben. Dieselbe Aussage läßt sich machen, wenn man die gemessenen Schmelzenthalpien der Proben betrachtet. Bei den unverstreckten Proben beobachten wir kleine Diskrepanzen zwischen dem Verlauf des Kristallisationsgrades und der gemessenen Schmelzenthalpie in Abhängigkeit von der Tempertemperatur. Diese Diskrepanz läßt sich durchaus beseitigen, wenn wir für das spezifische Volumen der amorphen Bereiche der unverstreckten Proben einen kleineren als den von uns verwendeten Wert von $v_a = 0{,}8930$ cm³/g bei der Berechnung der Kristallinitäten benutzen. Daß die spezifischen Volumina der amorphen Phase für verstreckte und unverstreckte Proben durchaus verschieden sein können, ist insbesondere beim Polyäthylen bekannt (12). Es soll in dieser Arbeit nicht der Eindruck erweckt werden, daß durch unsere Messungen der verwendete Wert für v_a von 0,8930 cm³/g für das spezifische Volumen der amorphen Bereiche bestätigt werden konnte; wir konnten lediglich den Nachweis führen, daß bei Verwendung dieser Zahlenangabe die aus den Dichtewerten berechneten Kristallisationsgrade in einem vernünftigen Bereich liegen und mit den gemessenen Schmelzwärmen in einen sinnvollen Zusammenhang gebracht werden können. Unterstellt man, daß eine Kristallinität von 40% richtig ist und rechnet den gemessenen Schmelzwärmen von 22–24 cal/g noch den Beitrag hinzu, der durch die Grenzflächenenergie der Kristallite verursacht wird, so läßt sich bei einer korrigierten Schmelzwärme von 25–27 cal/g die Schmelzenthalpie des unendlich ausgedehnten Idealkristalls zwischen 60 und 70 cal/g abschätzen, ein Wert, der ausgezeichnet mit der von *Illers* und *Haberkorn* (5) an Polyamid 6 ermittelten Schmelzwärme des Idealkristalls von 55–64 cal/g übereinstimmt[1]).

Auf zwei Dinge sei in Kürze noch aufmerksam gemacht. Bei der Abschätzung der Kristallinitäten aus den gemessenen Dichtewerten haben wir die Annahme gemacht, daß die Dichte der amorphen Bereiche konstant sei. Es erscheint uns jedoch durchaus möglich, daß auch die Dichte dieser Bereiche – so wie wir es für die kristallinen gezeigt haben – von der Vorbehandlung der Proben abhängt. Wie aus den Angaben in Tab. 2 zu ersehen ist, gibt es Anzeichen dafür, daß z. B. die Dichten der amorphen Bereiche der unverstreckten und verstreckten Proben verschieden sein könnten. Ferner soll noch darauf hingeweisen werden, daß bei der Berechnung von Kristallinitäten aus gemessenen Schmelzenthalpiewerten nicht unbedingt die Schmelzwärme des unendlich ausgedehnten Idealkristalls, sondern die Schmelzwärme des jeweiligen unendlich ausgedehnten Realkristalls zu verwenden ist. Wie wir gezeigt haben, variiert die Kristalldichte sehr deutlich mit der Vorbehandlung der Proben, so daß man auf eine geänderte Enthalpie dieser Bereiche schließen kann. Es wird jedoch notwendig sein, weitere Meßverfahren, die Aussagen über die Höhe des Kristallisationsgrades gestatten, einzusetzen, um konkrete Angaben über die interessierenden Größen machen zu können.

Zusammenfassend läßt sich nach Auswertung der röntgenografischen, kalorimetrischen und Dichtemessungen folgendes sagen: 1. Ein funktionaler Zusammenhang zwischen der Schmelzenthalpie und dem spezifischen Volumen, wie er bei anderen Polymeren bereits nachgewiesen worden ist, konnte von uns am Polyamid 6,6 nicht bestätigt werden. Diese Aussage gilt um so mehr, wenn man die von *Illers* und *Haberkorn* (6) mitgeteilten Meßergebnisse hinzuzieht. Es ist nach unseren Beobachtungen nicht zulässig, allein aus den Dichtewerten von Proben deren Kristallinität zu berechnen. Die deutlichen Unterschiede unserer Daten zu denen von *Illers* und *Haberkorn* sind auch dadurch nicht wegzudeuten, daß von uns ungetrocknete Proben verwendet wurden, da durchgeführte Vergleichsmessungen an über P_2O_5 getrockneten Proben keine nennenswerten Unterschiede der Meßwerte erbrachten. 2. Beabsichtigt man, aus Dichtewerten Aussagen über den Kristallisationsgrad von Polyamid 6,6 zu machen, so muß der jeweilige Kristallzustand der Proben röntgenografisch ermittelt und ein geeigneter Wert für das spezifische Volumen der kristallinen Phase verwendet werden. Es ist zu vermuten, daß auch die Dichte der amorphen Bereiche von der Probenvorbehandlung abhängt, jedoch werden wir erst in der Zukunft in die Lage versetzt werden, mit Hilfe weiterer Ver-

[1]) Verwendet man die in der Arbeit von *Illers* und *Haberkorn* (6) an Polyamid 6,6 ermittelten Dichte- und Schmelzenthalpiewerte, wie sie in der Abb. 1 der zitierten Arbeit enthalten sind, so kommt man zu wesentlich höheren Werten für die Schmelzenthalpie des Idealkristalles. Gerade *I* läßt sich durch die Gleichung $\Delta H = 1042{,}9 - 1167{,}9 \cdot v$ beschreiben; für $v_c = 0{,}820$ cm³/g [*Starkweather* (11)] ergibt sich $\Delta H_{id} = 85{,}2$ cal/g, bei $v_c = 0{,}811$ cm³/g (diese Arbeit) $\Delta H_{id} = 95{,}7$ cal/g.

fahren (Röntgenkleinwinkelstreuung, Infrarotspektroskopie) eine zahlenmäßige Abschätzung anzugeben. In der vorliegenden Arbeit haben wir deshalb einen konstanten Wert für v_a verwendet, der der Arbeit von *Illers* und *Haberkorn* (6) entnommen ist. 3. Bei Verwendung eines sinnvollen Wertes für v_a und variablen, aus röntgenographisch ermittelten Strukturdaten berechneten Werten für v_c läßt sich eine Abschätzung des Kristallisationsgrades von Polyamid 6,6-Proben geben. Für die im Rahmen dieser Arbeit untersuchten Proben erhalten wir Kristallinitäten von rund 40%; der Kristallisationsgrad wird durch Verstreckung und thermische Vorbehandlung der Proben nur wenig beeinflußt. Die Konstanz des Kristallisationsgrades wird durch die gemessenen Werte der Schmelzenthalpie bestätigt. 4. Die beträchtliche Zunahme der Dichte (Grenzwerte 1,127 resp. 1,164 g/cm³) wird für die von uns untersuchten Proben nur zu einem geringen Teil dadurch verursacht, daß der Kristallisationsgrad der Proben durch Verstreckung und thermische Vorbehandlung geändert wurde. Den größeren Anteil des Dichteanstiegs führen wir auf die nachweisbare Änderung der Molekülpackung innerhalb der Kristallite zurück. Die am Polyamid 6,6 aufgefundenen Zusammenhänge von Röntgenstruktur, Dichte und Schmelzwärme konnten wir ebenfalls an Polyamid 6 und Polyamid 12 sicherstellen (13).

Danksagung

Herrn Dr. *von Falkai* danke ich für sein stets förderndes Interesse. Herrn Dr. *H. Wilsing* und Herrn Dr. *H. Orth* habe ich für Unterstützung bei der Ausführung von Untersuchungen und für anregende Diskussionen zu danken. Ein besonderer Dank gilt Herrn *E. Vey* für seinen unermüdlichen Einsatz. Frau *K. Hahn*, Frl. *R. Albrecht*, Herrn *S. Bartz*, Herrn *A. Klotz* und Herrn *J. Wannhoff* sei für die sorgfältigen Messungen gedankt.

Zusammenfassung

Unverstreckte sowie bei verschiedenen Temperaturen verstreckte Polyamid 6,6-Proben (Fäden, Drähte, Folien) wurden nach einer Temperung zwischen Raumtemperatur und Schmelzpunkt auf Kristallstruktur, Dichte und Schmelzwärme untersucht. Es wurde festgestellt, daß die Kristallstruktur und die Dichte kaltverstreckter Proben sich bei Temperung weit unterhalb des Schmelzpunktes merklich verändern, wohingegen die Schmelzwärme konstant bleibt. Heißverstreckte Proben zeigen in allen drei Eigenschaften bis zu Tempertemperaturen von 220 °C keine nennenswerten Änderungen. Durch Temperung in der Nähe des Schmelzpunktes ändern sich die genannten Kenngrößen aller untersuchten Proben. Bei der Bestimmung eines Kristallisationsgrades aus den gemessenen Dichten ergeben sich dann unsinnige Angaben, wenn konstante Werte für die spezifischen Volumina der amorphen und der kristallinen Phase verwendet werden. Berücksichtigt man, daß entsprechend den röntgenografischen Befunden zumindest das Volumen der kristallinen Phase von den Verstreck- und Temperbedingungen abhängt, so läßt sich bei Verwendung eines konstanten, in der Literatur mitgeteilten Wertes für das spezifische Volumen der amorphen Phase die Kristallinität der untersuchten Proben mit etwa 40% abschätzen. Die Kristallinität wird durch die Verstreckung und Temperung der Proben nur wenig beeinflußt, ein Resultat, das in guter Übereinstimmung mit den Ergebnissen der kalorimetrischen Messungen steht. Ein Anwachsen der Dichte bei Polyamid 6,6 – analoges gilt für weitere Polyamide – kann also durch zwei Effekte verursacht werden: Zum einen kann der Kristallisationsgrad, d. h. der Anteil an kristallisierten Kettensequenzen, zunehmen, zum anderen liefert die Änderung der Packungsdichte der Kettenmoleküle in den kristallinen Bereichen einen nicht zu vernachlässigenden Beitrag zur Dichtezunahme.

Summary

Undrawn as well as drawn samples of polyamide 6,6 (fibers, filaments, films) have been annealed at temperatures between room temperature and melting point. Investigations on crystal structure, density and heat of fusion have been carried out. It has been noticed that crystal structure and density of the cold drawn specimens are changed considerably as a result of annealing at temperatures far below the melting point whereas heat of fusion remains constant. With hot drawn specimens only negligible changes of all three properties are observed for annealing temperatures up to 220 °C. By annealing close upon the melting point the quoted properties of all investigated specimens are strongly influenced. The calculation of a degree of crystallinity leads to unreasonable values if constant data of the specific volumes of the amorphous and crystalline phase are used. With regard to the observation that due to the X-ray wide angle measurements at least the specific volume of the crystalline phase depends on drawing and annealing conditions the crystallinity of the investigated samples of polyamide 6,6 can be estimated to about 40%, if a constant value of the density of the amorphous phase is applied which is reported recently in the literature. The degree of crystallinity of the specimens has been influenced slightly by drawing and annealing processes, a result which is in good accordance to the calorimetric data of heat of fusion. An augmentation of density of polyamide 6,6 – an analogous statement is valid for other polyamides – can be caused by two effects: On the one hand the degree of crystallinity i.e. the portion of the crystallized chain sequences can be increased, on the other hand the change of packing density of the chain molecules inside the crystallites influences the augmentation in an unneglible manner.

Literatur

1) *Fischer, E. W.* und *G. F. Schmidt*, Angew. Chem. **74**, 571 (1962).

2) *Kobayashi, K.*, in: *P. H. Geil*, Polymer Single Crystals, Kap. 8 (New York 1963).

3) *Peterlin, A.*, J. Polymer Sci. **C9**, 61 (1965).

4) *Bonart, R.* und *F. Schultze-Gebhardt*, Angew. Makromol. Chem. **22**, 41 (1972).

5) *Illers, K. H.* und *H. Haberkorn*, Makromol. Chem. **142**, 31 (1971).

6) *Illers, K. H.* und *H. Haberkorn*, Makromol. Chem. **146**, 267 (1971).

7) *Reichle, A.* und *A. Prietzschk*, Angew. Chem. **74**, 562 (1962).

8) *Bunn, C. W.* and *E. V. Garner*, Proc. Royal Soc. (London) **189A**, 39 (1947).

9) *Fischer, E. W.* und *G. Hinrichsen*, Kolloid-Z. u. Z. Polymere **247**, 858 (1971).

10) *Hinrichsen, G.*, Makromol. Chem. (i. Druck).

11) *Starkweather, H. W.* and *R. E. Moynihan*, J. Polymer Sci. **22**, 363 (1956).

12) *Fischer, E. W.*, *Goddar, H.* und *G. F. Schmidt*, Makromol. Chem. **118**, 144 (1968).

13) *Hinrichsen, G.* (in Vorbereitung).

Anschrift des Verfassers:
Dr. *Georg Hinrichsen*
Wissenschaftl. Labor des Werkes Dormagen
der Bayer AG. 4047 Dormagen

Kolloid-Z. u. Z. Polymere **250**, 1174–1181 (1972)

Aus dem Deutschen Kunststoff-Institut, Darmstadt

Keimbildung und Kristallisation von nukleiertem und nicht nukleitertem Polypropylen bei konstanter Abkühlgeschwindigkeit*)

Von U. Johnsen und G. Spilgies

Mit 7 Abbildungen

(Eingegangen am 24. April 1972)

1. Einleitung

Die Keimdichte und damit die Geschwindigkeit des gesamten Kristallisationsprozesses einiger teilkristalliner Polymerer kann erhöht werden, wenn durch Zugabe geeigneter Fremdpartikel die Keimbildungsarbeit erniedrigt wird (1–5). Diese Methode der Modifizierung eines Kunststoffes bezeichnet man als Nukleierung, sie hat bereits bei Polypropylen (6–8) und Polyäthylenterephthalat (9) technologische Bedeutung erlangt, da der Kristallisationsprozeß in einer Kunststoffschmelze mit Keimbildner schon bei geringeren Unterkühlungen einsetzt und nach kürzeren Abkühlzeiten abgeschlossen ist. Ausführlich sind die Vorteile der Nukleierung von Polypropylen (6, 7) und Polyäthylenterephthalat (9) für die Spritzgußtechnik untersucht.

Zur Charakterisierung der Wirksamkeit eines Nukleierungsmittels haben *Beck* und *Ledbetter* (2) ein thermoanalytisches Verfahren angegeben, das experimentell einfach und schnell durchführbar ist: Es wird diejenige Temperatur bestimmt, bei der die Kristallisationsgeschwindigkeit am höchsten ist, wenn Polymerproben von einer Temperatur oberhalb der Schmelztemperatur mit konstanter Geschwindigkeit abgekühlt werden. Diese Temperatur der maximalen Kristallisationsgeschwindigkeit ist bei gleicher Abkühlgeschwindigkeit um so höher, je höher die Keimdichte, d. h. je höher die Wirksamkeit des Keimbildners ist (2, 3, 10). Ein quantitativer Zusammenhang zwischen dieser Temperatur und der Keimdichte ist bisher nicht bekannt. Der Zusammenhang soll in dieser Arbeit hergestellt werden. Zu diesem Zweck wird die Keimdichte mit Hilfe von isothermen Messungen bestimmt und für die Kristallisation bei konstanter Abkühlung eine modifizierte *Avrami*-Gleichung entwickelt.

*) Vorgetragen auf der Arbeitstagung des Fachausschusses „Physik der Hochpolymeren"; Frühjahrstagung des Regionalverbandes Hessen–Mittelrhein–Saar der Deutschen Physikalischen Gesellschaft vom 22. bis 24. März 1972 in Bad Nauheim.

2. Experimentelle Ergebnisse

2.1. Kristallisation bei konstanter Abkühlgeschwindigkeit

Die nach der Methode von *Beck* und *Ledbetter* (2) durchgeführten thermoanalytischen Messungen zur Kennzeichnung der Keimdichte werden im folgenden an einem typischen Beispiel (Abb. 1) erläutert. Eine Probe wird im Differentialkalorimeter (DSC 1 B Perkin-Elmer) mit konstanter Geschwindigkeit von einer Temperatur oberhalb der Schmelztemperatur, bei unseren Messungen durchgehend 220 °C, abgekühlt. Der registrierte, exotherme Wärmestrom ist proportional dem je Zeiteinheit kristallisierenden Massenanteil, der Kristallisationsgeschwindigkeit. Diese erreicht weit unterhalb der Schmelztemperatur ein Maximum, das dadurch zustande kommt, daß beim Abkühlen einerseits die zunehmende Keimdichte und die zunehmende Sphärolithwachstumsgeschwindigkeit eine Erhöhung der Kristallisationsgeschwindigkeit bewirken, andererseits das Aufbrauchen der kristallisierungsfähigen Schmelze eine Abnahme verursacht. Abb. 1 b zeigt das Thermogramm einer mit 1 Gew.-% Natrium-p-tert.-butylbenzoat [Na(ptbB)] nukleierten Polypropylen-Probe. Die höchste Kristallisationsgeschwindigkeit ist hier gegenüber der nicht nukleierten Probe, Abb. 1 a, zu einer höheren Temperatur verschoben. Diese Temperatur des Maximums ist somit bei vorgegebener Abkühlgeschwindigkeit ein relatives Maß für die Keimdichte.

In der Abb. 2 sind die so gemessenen Temperaturen T_p der maximalen Kristallisationsgeschwindigkeit über dem Keimbildner-

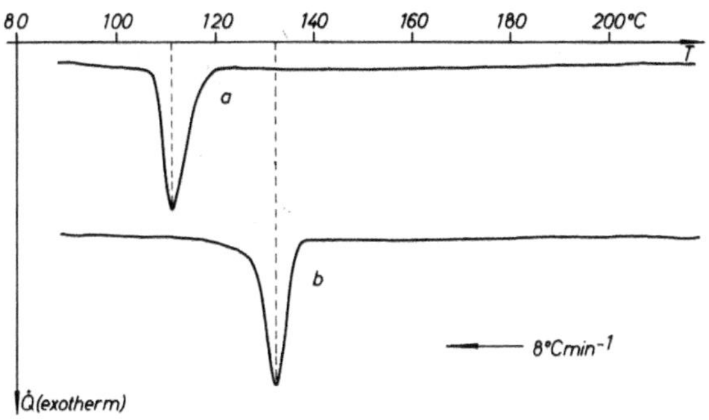

Abb. 1. DSC-Kristallisationskurven von Polypropylen bei einer Abkühlgeschwindigkeit von 8 °C/min. (a) ohne Keimbildner, (b) 1 Gew.-% Natrium-p-tert.-butylbenzoat

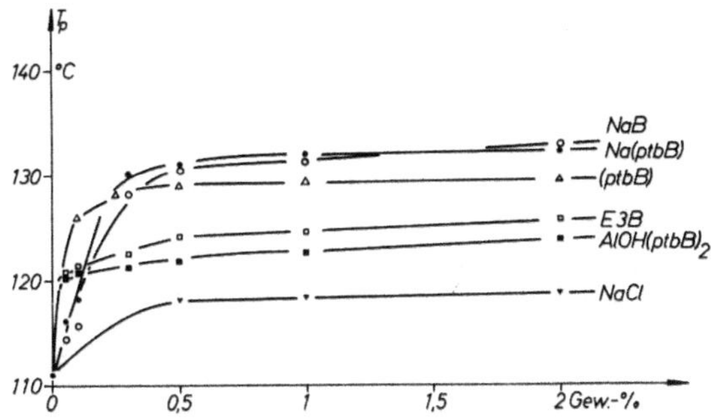

Abb. 2. Temperatur der maximalen Kristallisationsgeschwindigkeit von Polypropylen bei einer Abkühlgeschwindigkeit von 8 °C/min für verschiedene Keimbildner

gehalt für verschiedene Keimbildner aufgetragen. In allen Fällen wurden Keimbildner und Polypropylen in feiner Pulverform mechanisch gemischt. Auffallend ist folgendes: Bei allen Substanzen steigt die Temperatur der höchsten Kristallisationsgeschwindigkeit bei geringen Keimbildnerkonzentrationen sehr stark an und ändert sich kaum noch oberhalb 0,5 Gew.-%. Bei dieser Konzentration ist daher der Endwert, der die Wirksamkeit eines Keimbildners charakterisiert, praktisch schon erreicht. Sehr wirksame Keimbildner sind danach Natriumbenzoat (NaB) (2, 3, 13, 15), Natrium-p-tert.-butylbenzoat [Na(ptbB)] (2, 13, 15) und p-tert.-Butylbenzoesäure (ptbB) (15). Weniger wirksam sind der Chinachridon-Farbstoff E3B (Farbwerke Hoechst) (16) und Aluminiumhydroxy-di-p-tert.-butylbenzoat [AlOH(ptbB)$_2$]. Eine geringe Wirksamkeit besitzt Kochsalz (NaCl).

2.2. *Polarisationsmikroskopische Bestimmung der Keimdichte*

Um den Zusammenhang zwischen der Keimdichte und den in Abb. 2 dargestellten Temperaturen T_p der höchsten Kristallisationsgeschwindigkeit herzustellen, wurde die Keimdichte zunächst direkt polarisationsmikroskopisch bestimmt (10, 12). Dazu wurden 1 mm dicke Polypropylen-Platten mit unterschiedlichem Keimbildnergehalt isotherm kristallisiert, aus denen 20 μm dicke Mikrotomschnitte angefertigt wurden. Abb. 3a zeigt eine polarisationsmikroskopische Aufnahme einer Probe ohne Keimbildner, kristallisiert bei 129 °C. Man erkennt sehr große Sphärolithe. Durch Auszählen der Sphärolithe läßt sich die Sphärolithdichte bestimmen, die hier und im folgenden als Maß für die Keimdichte dient. Die Aufnahme in Abb. 3b stammt von einer mit 0,2 Gew.-% Natriumbenzoat nukleierten Probe, ebenfalls bei 129 °C kristallisiert. Hier sind keine einzelnen Sphärolithe mehr zu erkennen. Eine Bestimmung der Keimdichte war polarisationsmikroskopisch nur in sehr schwach nukleierten Proben bis zu Keimdichten von $3 \cdot 10^7$ cm^{-3} polarisationsmikroskopisch noch möglich.

2.3. *Isotherme Kristallisation*

Um auch die Keimdichte in effektiv nukleierten Proben zu bestimmen, wurde von der Möglichkeit Gebrauch gemacht, auch isotherme Kristallisationen im Differentialkalorimeter durchführen zu können (17, 18). Dazu wurden nukleierte und nicht nukleierte Proben vor der Messung außerhalb des Meßgerätes in Stickstoffatmosphäre 10 min lang bei 220 °C aufgeschmolzen. Unter diesen Bedingungen hatten die Temperatur der Schmelze und die Aufschmelzdauer keinen Einfluß mehr auf die Kristallisation. Anschließend wurden die Proben in den auf die jeweilige Kristallisationstemperatur eingestellten Meßkopf eingebracht. Als Zeitnullpunkt wurde die Zeit angenommen, bei der die Probe auf die Kristallisationstemperatur abgekühlt war. Dies war etwa 20 sec nach Einbringen der Probe in den Meßkopf der Fall. Diese Zeit beschränkte den Meßbereich der Kristallisationstemperatur nach unten auf 115 °C bei nicht nukleierten Proben und auf 130 °C bei stark nukleierten Proben, da bei großen Unterkühlungen die Kristallisation schon merklich eingesetzt hatte, bevor die Probe die Kristallisationstemperatur erreichte. Der Meßbereich war zu hohen Kristallisationstemperaturen auf 135 °C bzw. 145 °C dadurch begrenzt, daß die bei diesen Temperaturen langsamer abgegebene Kristallisationswärme nicht mehr hinreichend genau registriert werden konnte.

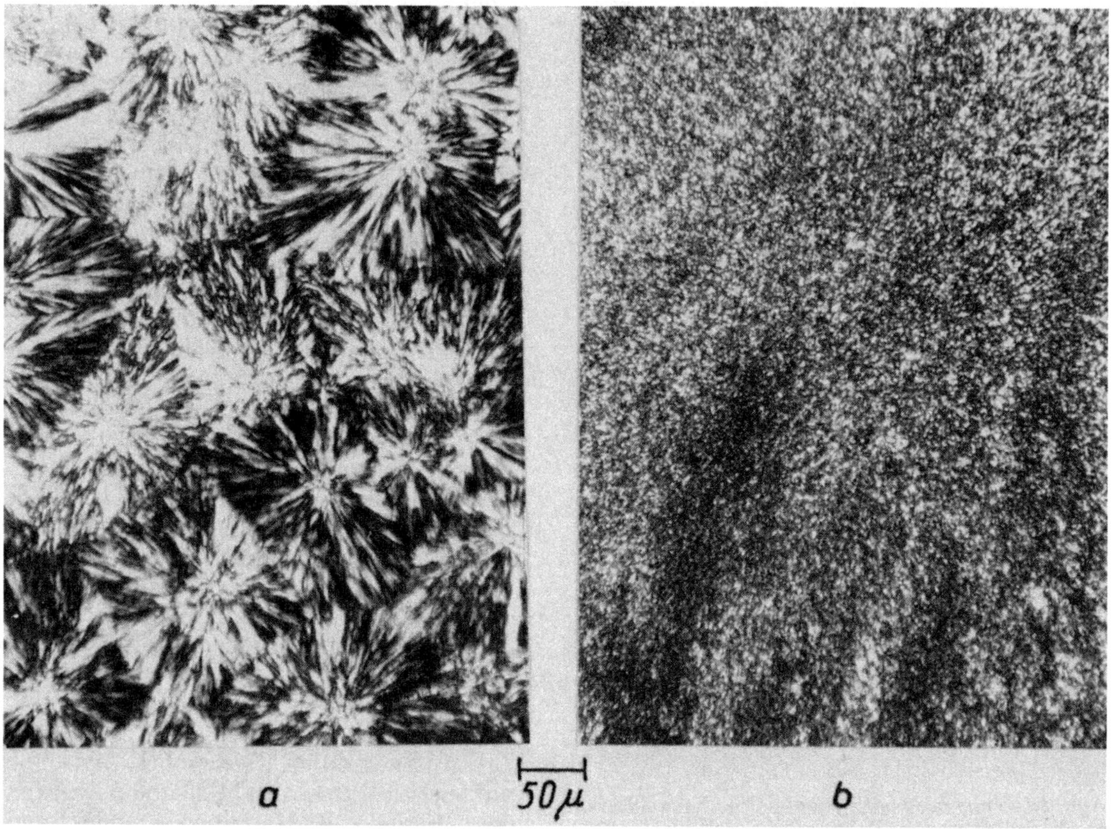

Abb. 3. Polypropylen, isotherm kristallisiert bei 129 °C (a) ohne Keimbildner, (b) 0,2 Gew.-% Natriumbenzoat

Der während der Kristallisation frei werdende Wärmestrom ist der Kristallisationsgeschwindigkeit proportional. Die Fläche zwischen Referenzlinie und DSC-Kurve bis zu einer bestimmten Zeit t entspricht der bis zu dieser Zeit abgegebenen Wärmemenge $\Delta H(t)$. Man erhält daher durch Integration der DSC-Kurve den zeitlichen Verlauf der isothermen Kristallisation

$$X(t) = \Delta H(t)/\Delta H(\infty).$$

Dabei ist $X(t)$ der in Form von Sphärolithen kristallisierte Massenanteil. Es wird im folgenden vorausgesetzt, daß sich der Kristallisationsgrad der wachsenden Sphärolithe während der Kristallisation nicht ändert und gleich dem am Ende der Kristallisation erreichten Kristallisationsgrad $\alpha(\infty)$ ist. Der Kristallisationsgrad hat dann den zeitlichen Verlauf $\alpha(t) = \alpha(\infty)X(t)$.

Die gesuchte Keimdichte bei isothermer Kristallisation wurde mit Hilfe der *Avrami*-Gleichung (11, 19, 20)

$$X(t) = 1 - \exp(- kt^n) \qquad [1]$$

ermittelt. Dabei ist k eine temperaturabhängige Geschwindigkeitskonstante; der Exponent n charakterisiert die Art der Keimbildung und das Wachstum der kristallisierenden Einheiten. Einige gemessene Kristallisationskurven $X(t)$ für nukleierte und nicht nukleierte Proben wurden nach dem üblichen Verfahren (18) angepaßt; dabei erhielten wir Werte für n zwischen 2,6 und 3,2. Solche Werte sind zu erwarten, da im Polarisationsmikroskop an nicht nukleierten und schwach nukleierten Proben beobachtet wurde, daß nahezu alle Sphärolithe sofort nach dem Abschrecken auf die Kristallisationstemperatur zu wachsen begannen und im Laufe der weiteren Kristallisation nur noch sehr vereinzelt weitere Sphärolithe erzeugt wurden. Außerdem waren alle Sphärolithe nahezu gleich groß, bevor die wachsenden Sphärolithe aneinander stießen. Daher haben wir es hier überwiegend mit athermischer Keimbildung (11, 21) zu tun, und es kann $n = 3$ vorausgesetzt werden. Die Geschwindigkeitskonstante enthält in diesem Fall die Sphärolithwachstumsgeschwindigkeit v und die Keimdichte N in der Form $k = 4/3 \cdot \pi \cdot v^3 N$ (11).

Die isotherme DSC-Messung liefert unmittelbar die Kristallisationsgeschwindigkeit $\dot{X}(t)$. Zur Bestimmung der Geschwindigkeitskonstanten k wurde die Zeit t_m zwischen Abschrecken der Probe auf die Kristallisationstemperatur und Erreichen der höchsten Kristallisationsgeschwindigkeit dem Thermogramm entnommen. Die Konstante k ergibt sich dann nach zweimaligem Differenzieren der *Avrami*-Gleichung [1] zu $k = 2/3t^3{}_m$.

Die zur Auswertung benötigte radiale Sphärolithwachstumsgeschwindigkeit v wurde unabhängig von den DSC-Messungen direkt mikroskopisch gemessen (12, 14, 24), sie ist in Abb. 4 über der Kristallisationstemperatur logarithmisch aufgetragen. Damit läßt sich nun die Keimdichte $N = 1/2\pi(vt_m)^3$ berechnen. Die Ergebnisse sind in Abb. 5 für verschiedene Keimbildnergehalte vom Na(ptbB) zusammengefaßt. Für die nicht nukleierten Proben sind die nach diesem Verfahren bestimmten Keimdichten und die polarisationsmikroskopisch bestimmten Keimdichten gleich. In der Abbildung erkennt man deutlich zwei Gruppen, einerseits die nicht oder nur schwach nukleierten Proben mit einer geringen Keimdichte und andererseits die effektiv nukleierten Proben. Zwischen 0,05 Gew.-% und 0,3 Gew.-% liegt ein großer Sprung in der Keimdichte von ca. 4 Zehnerpotenzen. Oberhalb 0,5 Gew.-% wird die Keimdichte nur noch geringfügig erhöht. Dieser Befund stimmt überein mit dem charakteristischen Verlauf der bei konstanter Abkühlgeschwindigkeit gemessenen Temperatur T_p (Abb. 2), die ab 0,5 Gew.-% Keimbildnergehalt nur noch geringfügig erhöht wird.

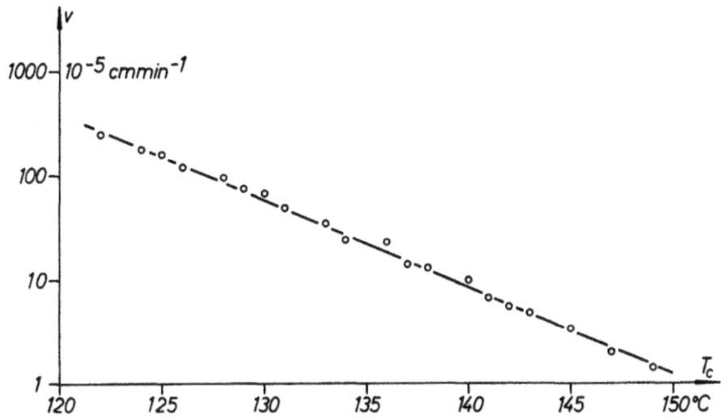

Abb. 4. Radiale Sphärolithwachstumsgeschwindigkeit von Polypropylen in Abhängigkeit von der Kristallisationstemperatur

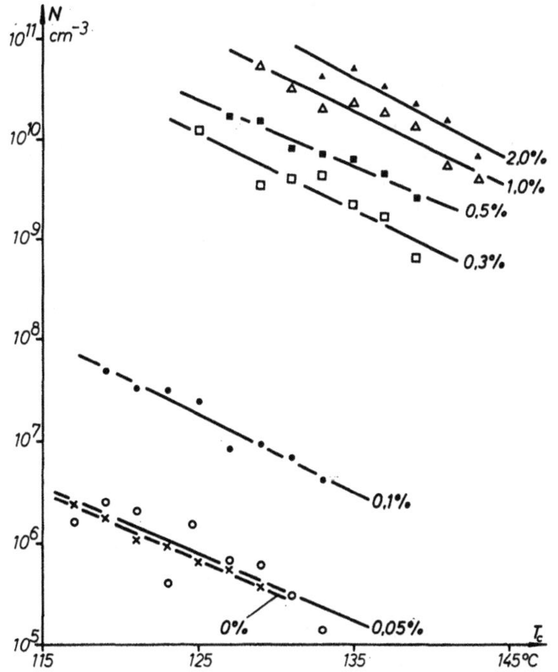

Abb. 5. Keimdichte von Polypropylen in Abhängigkeit von der Kristallisationstemperatur mit dem Keimbildnergehalt [Na(ptbB)] als Parameter

3. Analytische Beschreibung der nicht-isothermen Kristallisation

Die Kinetik der Kristallisation bei konstanter Abkühlgeschwindigkeit wurde bereits von *Ozawa* (23) behandelt, dabei sind die Sphärolithwachstumsgeschwindigkeit und die Keimbildungsgeschwindigkeit in einer sogenannten Abkühlfunktion zusammengefaßt, so daß über diese Größen im einzelnen keine Aussagen gemacht werden. Im folgenden wird die beobachtete Kristallisation bei konstanter Abkühlgeschwindigkeit mit einer modifizierten *Avrami*-Gleichung quantitativ beschrieben, zu diesem Zweck werden die isotherm gemessenen Sphärolithwachstumsgeschwindigkeiten und Keimdichten herangezogen.

Die übliche *Avrami*-Gleichung [1] beschreibt die Kristallisation unter der Voraussetzung einer konstanten Sphärolithwachstumsgeschwindigkeit und, im Fall der athermischen Keimbildung, unter der Voraussetzung einer konstanten Keimdichte. Die kinetische Gleichung soll nun unter der Voraussetzung abgeleitet werden, daß Sphärolithwachstumsgeschwindigkeit und Keimdichte Funktionen der Kristallisationstemperatur und damit bei konstanter Abkühlgeschwindigkeit auch Funktionen der Zeit sind. Zur Ableitung der modifizierten *Avrami*-Gleichung wird eine einfache, von *Mandelkern* (11) angegebene Methode angewendet. Es wird zunächst ein fiktiver kristallisierter Massenanteil $X'(t)$ ohne Berücksichtigung der gegenseitigen Behinderung im Wachstum von benachbarten Sphärolithen berechnet. Daraus ergibt sich dann der wirklich kristallisierte Massenanteil

$$X(t) = 1 - \exp(-X'(t)). \qquad [2]$$

Bei zeitabhängiger Keimdichte $N(t)$ und kugelförmig wachsenden Sphärolithen mit der zeitabhängigen Wachstumsgeschwindigkeit $v(t)$ ergibt sich

$$X'(t) = \frac{4\pi}{3} \int_0^t \dot{N}(\tau) \left[\int_\tau^t v(t)dt\right]^3 d\tau \qquad [3]$$

Unter den speziellen Bedingungen $\dot{N}(t) = 0$ für $t > 0$, $N = \text{const.}$ und $v = \text{const.}$ ergibt sich aus [2] und [3] die übliche *Avrami*-Gleichung [1] bei athermischer Keimbildung und dreidimensionalem Wachstum, wobei bei $t = 0$ die Probe auf die Kristallisationstemperatur abgeschreckt wird.

Zur Ausführung der Integration in Gl. [3] wird die Zeitabhängigkeit der Keimdichte und der Sphärolithwachstumsgeschwindigkeit benötigt. Diese Funktionen werden aus den vorliegenden isothermen Messungen entnommen. Die Wachstumsgeschwindigkeit der Sphärolithe ist null für Temperaturen größer als die Schmelztemperatur T_m und für Temperaturen kleiner als die Glastemperaturen T_g. Zwischen diesen beiden Temperaturen nimmt die Wachstumsgeschwindigkeit ein Maximum an (22, 24). In einem Bereich zwischen dem Maximum und der Schmelztemperatur T_m wurde die Wachstumsgeschwindigkeit gemessen. Sie läßt sich im Bereich zwischen 120 °C und 150 °C in der Form $v(T) = v(T_0)\, e^{-\mu(T-T_0)}$ wiedergeben. Der Temperaturkoeffizient μ ergibt sich aus der Steigung der Geraden in Abb. 4. Die mit dieser Funktion zu höheren Temperaturen extrapolierte Wachstumsgeschwindigkeit ist damit größer als die wirkliche Wachstumsgeschwindigkeit, insbesondere ist sie für Temperaturen oberhalb des Schmelzpunktes nicht exakt null. Auf diese Abweichung wird später eingegangen.

Die Keimdichte $N(T)$ kann nach Abb. 5 im Bereich zwischen 120 °C und 145 °C in der Form $N(T) = N(T_0) e^{-\nu(T-T_0)}$ dargestellt werden, wobei $N(T_0)$ von der Keimbildnerkonzentration und von der Art des Keimbildners abhängt. Die mit dieser Funktion durch Extrapolation über 145 °C hinaus berechnete Keimdichte ist größer als die wirkliche Keimdichte. Der Temperaturkoeffizient ν der Keimdichte ist von der Keimbildnerkonzentration nahezu unabhängig, wie man aus den nahezu gleichen Steigungen der Geraden in Abb. 5 entnimmt.

Bei einer konstanten Abkühlgeschwindigkeit γ ist $T = T_0 - \gamma t$. Mit dieser Beziehung ergibt sich für die Zeitabhängigkeit der Wachstumsgeschwindigkeit bzw. der Keimdichte $v(t) = v_0 e^{\beta t}$ und $N(t) = N_0 e^{\delta t}$, wobei $\beta = \mu\gamma$ und $\delta = \nu\gamma$ die Zeitkoeffizienten der Wachstumsgeschwindigkeit bzw. der Keimdichte sind.

Für die in Gl. [3] gebrauchte Keimbildungsgeschwindigkeit können wir, wie im Abschnitt 2.3 gezeigt, athermische Keimbildung voraussetzen, d. h. zu jeder Temperatur während der Abkühlung gehört eine bestimmte Keimdichte. Während der Abkühlung ergibt sich daher eine Zunahme der Keimdichte allein aufgrund der Temperaturerniedigung. Die Keimbildungsgeschwindigkeit $\dot{N}(t)$ ergibt sich somit durch Differenzieren der Keimdichte nach der Zeit.

Im folgenden wird $T_0 = 220$ °C gesetzt. Damit sind nach den in den Abb. 4 bzw. 5 dargestellten Meßergebnissen v_0 und N_0 festgelegt, wobei N_0 noch von der Keimbildnerkonzentration abhängt.

Mit dieser Zeitabhängigkeit der Keimdichte und der Wachstumsgeschwindigkeit folgt aus Gl. [3]

$$X'(t) = \frac{4\pi}{3\beta^3}\, \delta N_0\, v_0^3 \int_0^t e^{\delta\tau}(e^{\beta t} - e^{\beta\tau})^3 d\tau. \qquad [4]$$

Zur weiteren Vereinfachung kann die untere Grenze des Integrals durch $-\infty$ ersetzt werden, da das Integral in Gl. [4] zwischen den Grenzen $-\infty$ und 0 mit den aus den isothermen Messungen gewonnenen Werten für N_0, v_0, β und δ nur einen verschwindend kleinen Beitrag liefert. Damit folgt aus den Gln. [2] und [4]

$$X(t) = 1 - \exp(-K e^{\varepsilon t})$$

$$K = \frac{8\pi N_0\, v_0^3}{(\delta + \beta)\cdot(\delta + 2\beta)\cdot(\delta + 3\beta)}\,; \quad \varepsilon = \delta + 3\beta. \qquad [5]$$

Die numerischen Ergebnisse zeigen, daß der kristallisierte Massenanteil $X(t)$, berechnet mit den aus isothermen Messungen gewonnenen Werten für N_0, v_0, β und δ, bis zu Zeiten, die bei einer Abkühlgeschwindigkeit von 8 °C/min Temperaturen bis zu 20 °C unterhalb des Schmelzpunktes entsprechen, verschwindend klein ist. Das bedeutet, daß zur Ausführung der Integration in Gl. [4] die durch Extrapolation gewonnenen, zu großen Werte für $N(t)$ und $v(t)$ benutzt werden können.

Im DSC-Gerät wird direkt die Kristallisationsgeschwindigkeit $\dot{X}(t)$ gemessen, die zur Zeit t_p mit $\ddot{X}(t_p) = 0$ ein Maximum hat, daraus ergibt sich $t_p = -(1/\varepsilon) \ln K$. Dieser Zeit t_p entspricht die Temperatur T_p der höchsten Kristallisationsgeschwindigkeit

$$T_p = T_0 + \frac{\gamma}{\varepsilon} \ln \frac{8\pi N_0 v_0^3}{(\delta + \beta)(\delta + 2\beta)(\delta + 3\beta)}$$

$$= T_0 - \frac{1}{\nu + 3\mu} \ln \frac{\gamma^3(\nu + \mu)(\nu + 2\mu)(\nu + 3\mu)}{8\pi N_0 v_0^3} \qquad [6]$$

Aus den Steigungen der Geraden in Abb. 5 ist zu entnehmen, daß der Temperaturkoeffizient der Keimdichte ν für nukleierte und nicht nukleierte Proben nahezu gleich ist. Daher ergibt sich aus der Gleichung [6] für die Verschiebung der Temperatur der maximalen Kristallisationsgeschwindigkeit einer nukleierten Probe T_{pn} gegenüber einer nicht nukleierten Probe T_{p0} die Beziehung

$$T_{pn} - T_{po} = \frac{\gamma}{\delta + 3\beta} \ln \frac{N_{on}}{N_{oo}} \qquad [7]$$

Das Verhältnis der Anfangskeimdichten einer nukleierten Probe N_{0n} und einer nicht nukleierten Probe N_{00} ist unter der Voraussetzung gleicher Temperaturkoeffizienten ν gleich dem Verhältnis der Keimdichten $N(T)_n$ und $N(T)_0$ bei einer bestimmten Temperatur T. Der Zahlenwert $(\delta + 3\beta)$ kann aus der Breite der DSC-Kurve gewonnen werden. Als Maß für die Breite bietet sich die Höhe der normierten Kristallisationskurve an, die einmal aus Gl. [5] zu $\dot{X}(t_p) = (\delta + 3\beta)/e$ folgt und die zum anderen leicht experimentell bestimmt werden kann. Damit ergibt sich das Verhältnis der Keimdichten einer nukleierten Probe und einer nicht nukleierten Probe zu

$$\frac{N(T)_n}{N(T)_o} = \exp\left[\frac{e}{\gamma} \dot{X}(t_p) \cdot (T_{pn} - T_{po})\right]. \qquad [8]$$

4. Diskussion

Als Beispiel ist in Abb. 6 die Kristallisationsgeschwindigkeit für eine Probe, die mit 1 Gew.-% Na(ptbB) nukleiert ist, über der Kristallisationszeit aufgetragen. Zu jeder Zeit gehört eine bestimmte Temperatur, da die Probe aus der Schmelze mit 8 °C/min abgekühlt wurde. Die Kurve a) gibt die direkt registrierte, normierte Kurve und die Kurve b) das berechnete Ergebnis wieder. Bei der Berechnung der Kurve b) wurden die Werte N_0, ν, v_0 und μ aus den isothermen Messungen der Abb. 4 und 5 benutzt. Die berechnete Kurve enthält also keine Anpassungsparameter. Sehr gut ist die Übereinstimmung in der Temperatur T_p, bei der die Kristallisationsgeschwindigkeit maximal ist. Weniger gut ist die Übereinstimmung in der Kurvenbreite. Die gemessene maximale Kristallisationsgeschwindigkeit ist demnach kleiner als die mit der modifizierten *Avrami*-Gleichung berechnete. Der Grund für diese Differenz ist vermutlich folgender. Während der nicht isothermen Kristallisation besteht in der Probe ein Temperaturgradient, und daher bestehen in der Probe lokal unterschiedliche Keimdichten und Wachstumsgeschwindigkeiten. Daher liefert die Messung eine Überlagerung gegeneinander verschobener, idealer Kristallisationskurven. Dieser Sachverhalt führt zu einer Verbreiterung der gemessenen gegenüber der berechneten Kristallisationskurve, die ideale Bedingungen voraussetzt. Auch bei der isothermen Kristallisation kann dieser Effekt, wie *Binsbergen* und *de Lange* (14) gezeigt haben, zu falschen *Avrami*-Parametern führen, wenn in der Probe geringe, lokale Unterschiede in der Keimdichte vorliegen. Trotz der experimentell bedingten Ungenauigkeit läßt sich das Verhältnis der Keimdichte einer nukleierten Probe zu der einer nicht nukleierten Probe mit Hilfe der Gl. [8] aus reinen nicht isothermen Kristallisationsmessungen bis zu einer Zehnerpotenz genau abschätzen.

In Abb. 7 sind die gemessenen und die nach der modifizierten *Avrami*-Gleichung berechneten Temperaturen T_p der maximalen Kristallisationsgeschwindigkeit von Polypropy-

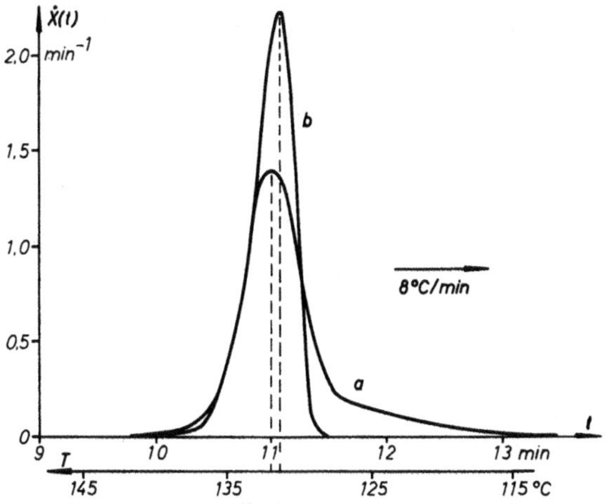

Abb. 6. Kristallisationsgeschwindigkeit von Polypropylen mit 1 Gew.-% Na(ptbB), (a) gemessen, (b) berechnet nach der modifizierten *Avrami*-Gleichung

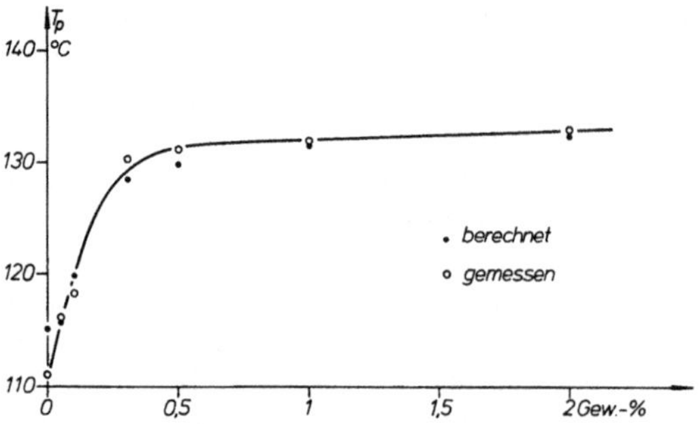

Abb. 7. Temperatur T_p der maximalen Kristallisationsgeschwindigkeit von Polypropylen bei einer Abkühlgeschwindigkeit von 8 °C/min, nukleiert mit Na(ptbB)

len bei einer Abkühlgeschwindigkeit von 8 °C/min aus der Schmelze als Funktion des Keimbildnergehaltes Na(ptbB) aufgetragen. Man findet eine sehr gute Übereinstimmung. Eine Ausnahme bildet die Probe ohne Keimbildner. Der gemessene Wert ist hier um 4,5 °C kleiner als der berechnete. Dieser Unterschied kommt vermutlich dadurch zustande, daß die Extrapolation der Keimdichte und der Wachstumsgeschwindigkeit zu tiefen Temperaturen über den Bereich hinaus, in dem isotherme Messungen durchgeführt werden konnten, eine zu hohe Keimdichte und eine zu hohe Wachstumsgeschwindigkeit liefert. Bei den nukleierten Proben ist diese Abweichung ohne Bedeutung, da die Proben innerhalb des Gültigkeitsbereiches der isotherm gemessenen Zeitabhängigkeit der Keimdichte und der Wachstumsgeschwindigkeit kristallisiert wurden.

Eine weitere Möglichkeit, das Ergebnis der Rechnung mit den Meßergebnissen zu vergleichen, ergibt sich durch Variation der Abkühlgeschwindigkeit. Die Verdopplung der Abkühlgeschwindigkeit sollte die Temperatur T_p um $\Delta T_p = (3 \ln 2)/(\nu + 3\,\mu)$ zu tieferen Temperaturen verschieben. Entnimmt man die Temperaturkoeffizienten ν und μ den Steigungen der Geraden in den Abb. 4 und 5, so ergibt sich $\Delta T_p = 2{,}8$ °C. Dieser Wert entspricht sehr genau der experimentell gefundenen Verschiebung von ca. 3 °C nach einer Verdopplung der Abkühlgeschwindigkeit von 8 °C/min auf 16 °C/min und von 16 °C/min auf 32 °C/min.

Aus den durchgeführten isothermen und nicht isothermen Messungen der Kristallisationsgeschwindigkeit können Aussagen über den Keimbildungsmechanismus gemacht werden, die anschließend diskutiert werden. Die Keimdichte ist auch in den nukleierten Proben stark von der Kristallisationstemperatur abhängig, sie nimmt exponentiell mit der Unterkühlung zu. Die zu jeder Temperatur gehörende, bestimmte Keimdichte stellt sich sofort nach Erreichen der Temperatur ein, d. h. die Keimbildungsgeschwindigkeit für diese Keime ist sehr hoch. Bei weiterer Unterkühlung werden weitere Keime erzeugt. Daraus kann man schließen, daß bei einer bestimmten Temperatur nur ein Teil des Keimbildners aktiv ist, und daß erst nach weiterer Unterkühlung zusätzliche Keimbildnerkörner aktiv werden. Mit zunehmender Unterkühlung wird die kritische Größe des Primärkeimes (5, 21) im Polymeren kleiner. Man kann sich daher vorstellen, daß die großen Primärkeime nur an einem Teil der Keimbildnerkörner mit besonders günstigen Eigenschaften für die Keimbildung gebildet werden können. Bei weiterer Unterkühlung werden die Primärkeime kleiner, und es können zusätzliche Keimbildnerkörper aktiv werden, die bis zu dieser Unterkühlung noch nicht aktiv waren.

Eine besonders starke Erniedrigung der Keimbildungsarbeit wird erreicht, wenn die Keimbildung an Stufen oder Spalten am Keimbildnerkorn vor sich geht. Dann hat nämlich der Primärkeim einen größeren Kontakt zum Keimbildner als auf einer ebenen Fläche. Die Erniedrigung der Keimbildungsarbeit ist dann besonders groß, wenn der kritische Primärkeim kleiner ist als die Länge einer Stufe oder eines Spaltes. In diesem Fall ist ein Keimbildnerkorn bis zu einer bestimmten Unterkühlung inaktiv, und erst nach Überschreiten einer bestimmten Unterkühlung wird der kritische Primärkeim kleiner als die größten vorhandenen Stufen oder Spalten, das Keimbildnerkorn wird damit ein aktives Keimbildungszentrum.

Technologisch wichtig ist, daß bei den von uns untersuchten Keimbildnern eine Konzentration von etwa 0,5 Gew.-% ausreicht, um einen maximalen keimbildenden Effekt zu erzielen. Eine höhere Konzentration eingebrachter Fremdpartikel könnte sogar die mechanischen und optischen Eigenschaften von Kunststoffteilen ungünstig beeinflussen.

Die Untersuchungen wurden mit Mitteln der Arbeitsgemeinschaft Industrieller Forschungsvereinigungen (AIF) gefördert. Den Farbwerken Hoechst AG danken wir für das Probenmaterial.

Zusammenfassung

Die Kristallisationskinetik von nukleiertem und nicht nukleiertem Polypropylen wird mittels Differentialkalorimetrie im isothermen Fall und bei konstanter Abkühlgeschwindigkeit untersucht. Zur Beschreibung der Kristallisation bei konstanter Abkühlgeschwindigkeit wird eine für diesen Zweck modifizierte *Avrami*-Gleichung entwickelt und mit der differentialkalorimetrisch ermittelten Kinetik der Kristallisation verglichen. Dabei erweist sich die Temperatur, bei der die Kristallisationsgeschwindigkeit bei konstanter Abkühlgeschwindigkeit maximal ist, als ein relatives Maß für die Keimdichte. Der Mechanismus der heterogenen Keimbildung und die Abhängigkeit der Keimdichte von der Unterkühlung und der Nukleierung werden diskutiert.

Summary

The isothermal crystallization and the crystallization by cooling at a constant rate of nucleated and unnucleated polypropylene are investigated by means of differential scanning calorimetry. *Avrami*'s equation is extended to describe the kinetics of crystallization by cooling at a constant rate. In this way obtained analytical data are compared with measured DSC-curves. The temperature at highest crystallization rate during cooling at a constant rate from the melt proves to be a relative measure of nucleation density. The mechanism of heterogeneous nucleation and the relation between nucleation density and undercooling are discussed.

Literatur

1) *Last, A. G. M.*, J. Polymer Sci. **39**, 543 (1959).
2) *Beck, H. N., H. D. Ledbetter*, J. Appl. Polymer Sci. **9**, 2131 (1965).
3) *Beck, H. N.*, J. Appl. Polymer Sci. **11**, 673 (1967).
4) *Inoue, M.*, J. Polymer Sci. A**1**, 2013 (1963).
5) *Price, F. P.* in *A. C. Zettelmoyer* (Editor), Nucleation (New York 1969), p. 405.
6) *Kuhre, C. J., M. Wales*, and *M. E. Doyle*, SPE Journal **20**, 1113 (1964).
7) *Lane, J. E.*, Brit. Plastics **39**, 528 (1966).
8) *Rybnikar, F.*, Kunststoffe **58**, 515 (1968).
9) *Asmus, K. D.* and *M. Fleissner*, Brit. Polymer J. **2**, 295 1970).
10) *Johnsen, U., G. Spilgies*, and *H. G. Zachmann*, Kolloid-Z. u. Z. Polymere **240**, 762 (1970).
11) *Mandelkern, L.*, Crystallization of Polymers, Chap. 8 (New York 1964).
12) *v. Falkai, B.*, Makromol. Chem. **41**, 86 (1960).
13) *Binsbergen, F. L.*, Polymer **11**, 253 (1970).
14) *Binsbergen, F. L.* and *B. G. M. deLange*, Polyme **11**, 309 (1970).
15) US Pat. Nr. 3367926 (1968).
16) *Leugering, H. J.*, Makromol. Chem. **109**, 204 (1967).
17) *Booth, A.* and *J. N. Hay*, Polymer **10**, 95 (1969).
18) *Johnsen, U., G. Nachtrab* und *H. G. Zachmann*, Kolloid-Z. u. Z. Polymere **240**, 756 (1970).
19) *Avrami, M.*, J. Chem. Phys. **7**, 1103 (1939); **8**, 212 (1940); **9**, 177 (1941).
20) *Evans, U. R.*, Trans. Faraday Soc. **41**, 365 (1945).
21) *Zachmann, H. G.*, Fortschr. Hochpolym.-Forschg. **3**, 581 (1964).
22) *Heber, I.*, J. Polymer Sci. A, **2**, 1291 (1964).
23) *Ozawa, T.*, Polymer **12**, 150 (1971).
24) *Mandelkern, L., N. L. Jain*, and *H. Kim*, J. Polymer Sci. A-2, **6**, 165 (1968).

Anschrift der Verfasser:
Prof. Dr. *U. Johnsen* und Dipl.-Phys. *G. Spilgies*
Deutsches Kunststoff-Institut
6100 Darmstadt, Schloßgartenstr. 6R

Kolloid-Z. u. Z. Polymere **250**, 1182–1186 (1972)

Aus dem Physikalisch-Chemischen Institut der Technischen Universität Clausthal

Über die thermodynamische Stabilität von hochmolekularen Stoffen im flüssigen Zustand*)

Von W. Borchard

Mit 5 Abbildungen

(Eingegangen am 23. Mai 1972)

Es ist allgemein bekannt, daß man aus den Aussagen der Hauptsätze der Thermodynamik die Bedingungen für ein heterogenes Gleichgewicht ableiten kann. Gleichgewichte dieser Art sind zwischen Phasen möglich, die sich in verschiedenen Stoffzuständen, wie kristallin, flüssig und gasförmig, befinden. Nach der Methode von *Gibbs* lassen sich diese Gleichgewichtsbedingungen für abgeschlossene Systeme aus der Bedingung ableiten, daß für gegebene Werte der Entropie S und des Volumens V die innere Energie U ein Minimum besitzt (1).

Bezieht man in die Betrachtungen zusätzlich die Bildung von neuen Phasen ein, die sich von den ursprünglich vorhandenen unterscheiden, dann spricht man vom instabilen Gleichgewicht bzw. System, wenn die Bildung einer neuen Phase einem möglichen Vorgang entspricht. Bei stabilen Systemen entspricht die Bildung einer neuen Phase einem unmöglichen Vorgang.

Neue Phasen, die sich von den ursprünglichen Phasen in dem Satz der intensiven Zustandsvariablen beliebig wenig unterscheiden, bezeichnet man als benachbarte Phasen. Eine Phase, die hinsichtlich der Bildung von benachbarten Phasen instabil ist, nennt man absolut instabil oder labil. Von diesen unterscheidet man eine metastabile Phase, die hinsichtlich der Bildung von benachbarten Phasen stabil, jedoch in bezug auf die Bildung nichtbenachbarter Phasen instabil ist (2). Bei neutralen Phasen läuft die betrachtete Umwandlung ohne Entropieänderung ab. Infolge der Fluktuationserscheinungen wandeln sich absolut instabile Phasen sofort um, bis sich stabile oder metastabile Phasen gebildet haben, wenn im System keine Hemmungen auftreten.

*) Vorgetragen auf der Arbeitstagung des Fachausschusses „Physik der Hochpolymeren"; Frühjahrstagung des Regionalverbandes Hessen–Mittelrhein–Saar der Deutschen Physikalischen Gesellschaft vom 22. bis 24. März 1972 in Bad Nauheim.

Das Kriterium dafür, daß eine Phase gegenüber dem virtuellen Zerfall in zwei benachbarte Phasen stabil ist, lautet für ein abgeschlossenes System nach *Gibbs*:

$$\Delta S < 0, \tag{1}$$

bei den Nebenbedingungen:

$$\Delta U = 0,\ \Delta U = 0,\ \Delta n_i = 0. \tag{1a}$$

Der Operator Δ bezeichnet die bei dem virtuellen Zerfall auftretende Variation einer Zustandsgröße bis zu Gliedern beliebig hoher Ordnung. Für ein abgeschlossenes System bleiben die gesamte innere Energie U, das Gesamtvolumen V und die Gesamtmolzahl n_i konstant. Die *Taylor*-Reihenentwicklung der molaren Größen $\Delta\bar{S}(\bar{U}, \bar{V})$ liefert bei Berücksichtigung der Nebenbedingungen (Gl. [1a]) für eine Variation zweiter Ordnung von $\bar{S}$ als Funktion der unabhängigen Variablen $\bar{U}$ und $\bar{V}$ in der Schreibweise nach *Haase* (2) die Beziehung [2]:

$$\delta^2\bar{S}(\bar{U}, \bar{V}) < 0. \tag{2}$$

Die quadratische Form $\delta^2\bar{S}(\bar{U}, \bar{V})$ ist negativ-definit; daraus resultieren die Ungleichungen:

$$\frac{\partial^2\bar{S}}{\partial\bar{U}^2} < 0, \tag{3}$$

$$\frac{\partial^2\bar{S}}{\partial\bar{U}^2}\cdot\frac{\partial^2\bar{S}}{\partial\bar{V}^2} - \left(\frac{\partial^2\bar{S}}{\partial\bar{U}\partial\bar{V}}\right)^2 > 0, \tag{4}$$

$$\frac{\partial^2\bar{S}}{\partial\bar{V}^2} < 0. \tag{5}$$

Mit den bekannten thermodynamischen Beziehungen folgen aus den Gln. [3, 4] die Ungleichungen [6] und [7]:

$$\bar{C}_V > 0 \tag{6}$$

und

$$\varkappa > 0. \tag{7}$$

Die Beziehung [6] ist als Bedingung für die thermische Stabilität bekannt und besagt, daß die Molwärme bei konstantem Volumen $\bar{C}_V$ für eine stabile Phase positiv sein muß. Die Ungleichung [7] wird als Bedingung für die mechanische Stabilität bezeichnet und besagt, daß die isotherme Kompressibilität $\varkappa$ stets positiv sein muß, wenn eine Phase stabil ist.

Mit dem bekannten Zusammenhang zwischen den Molwärmen bei konstantem Druck $\bar{C}_P$ und konstantem Volumen $\bar{C}_V$ und der isothermen Kompressibilität gilt mit Gl. [7] die Beziehung:

$$\bar{C}_P - \bar{C}_V = \frac{\alpha^2 T \bar{V}}{\varkappa} > 0. \qquad [8]$$

In dieser Gleichung stehen die aus Zustandsmessungen leicht zugänglichen Größen wie absolute Temperatur T, Molvolumen $\bar{V}$, isobarer Ausdehnungskoeffizient und isotherme Kompressibilität. Die Beziehung [8], im folgenden auch Stabilitätsfunktion genannt, ist ein empfindliches Kriterium zur Prüfung der Stabilität einer Phase. Eine Phase ist absolut instabil, wenn in Gl. [8] $\varkappa < 0$ ist. Die Stabilitätsgrenze wird z. B. in einem Einstoffsystem durch $\varkappa = 0$ charakterisiert. Bei positiven endlichen Werten von α und T hat $\bar{C}_P - \bar{C}_V$ eine Polstelle im positiven Bereich. Für $\varkappa > 0$ verschwindet $\bar{C}_P - \bar{C}_V$, wenn $\alpha = 0$ bzw. $T = 0$ gilt. Dieser Fall z. B. kann als singulärer Punkt bei Systemen auftreten, in denen α einen Vorzeichenwechsel erfährt. Da alle benachbarten Phasen des singulären Punktes stabile Phasen darstellen, ist das Gleichgewicht notwendigerweise stabil. Ist jedoch die Bedingung $\varkappa = 0$ für mehrere Werte der Inneren Energie als Funktion von $\bar{V}$ und $\bar{S}$ bei konstantem P und T erfüllt, so liegt ein neutrales Gleichgewicht vor, das durch die Stabilitätsgrenzkurve beschrieben wird.

Aus gemessenen Zustandsgrößen für die flüssigen Einkomponentensysteme Wasser, Schwefel, Quecksilber und Polystyrol in einem größeren Temperatur- und auch Druckbereich lassen sich wertvolle Rückschlüsse auf das Verhalten der Systeme gewinnen, wenn die Stabilitätsfunktion auf den Wert Null extrapoliert wird. Die zugehörigen Druck- und Temperaturwerte ergeben im P, T-Diagramm unter den obigen Voraussetzungen die Stabilitätsgrenzkurve, die besagt, daß bei Überschreiten der auf dieser Kurve liegenden Zustandswerte die flüssige Phase instabil wird.

Für Systeme aus zwei und mehr Komponenten resultieren andere Bedingungen, die bei konstantem mathematischen Ansatz für die Konzentrations-, Druck- und Temperaturabhängigkeit der chemischen Potentiale zur Berechnung der Spinodalkurve bzw. Spinodalfläche führen (1, 2, 3).

Aus experimentellen Werten des spezifischen Volumens von Wasser, die von *Grindley* und *Lind* in Abhängigkeit von Druck und Temperatur ermittelt wurden, wurden α und $\varkappa$ berechnet (4). Die Funktion $\alpha^2 T \bar{V}/\varkappa$ ist in Abb. 1 für verschiedene Drucke gegen

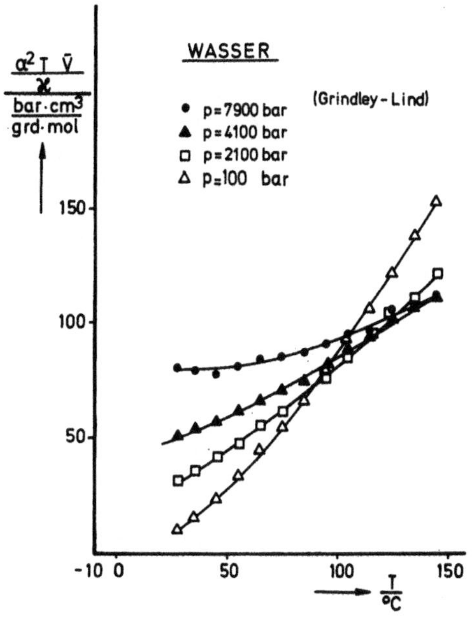

Abb. 1. $\alpha^2 T \bar{V}/\varkappa$ als Funktion der Temperatur bei verschiedenen Drucken für das System Wasser

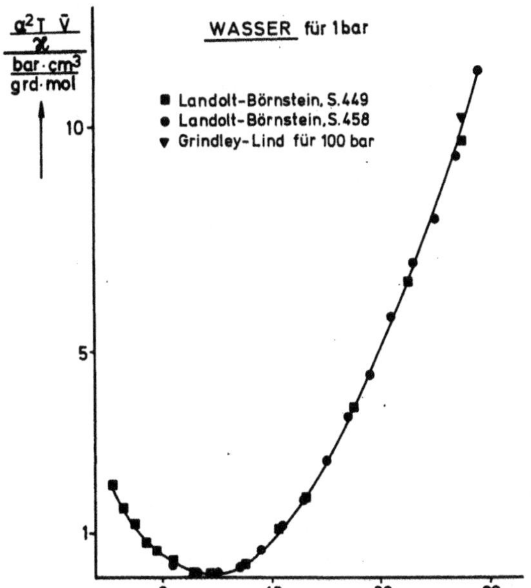

Abb. 2. $\alpha^2 T \bar{V}/\varkappa$ in Abhängigkeit von der Temperatur bei Normaldruck für das System Wasser

die Temperatur aufgetragen. Eine Extrapolation der Isobaren für 100 bar würde ohne Kenntnis des tatsächlichen Verlaufs der Kurve einen Schnittpunkt mit der Abszisse bei ca. 10 °C ergeben. Bei dieser Temperatur sollte die Flüssigkeit für $\varkappa > 0$ einen singulären Punkt besitzen, wenn die gleiche Temperaturabhängigkeit molekularer Wechselwirkungen vorausgesetzt wird. Für die höheren Drucke wird dieser Punkt zu tieferen Temperaturen verschoben. Daraus resultiert ein negativer Wert für (dP/dT) entlang der Kurve, die den geometrischen Ort aller singulären Punkte darstellt, für die gilt $\bar{C}_P = \bar{C}_V$. Das Vorzeichen dieses Differentialquotienten stimmt mit dem Vorzeichen von $(dP/dT)_{\text{Koex}}$ entlang der Koexistenzkurve Wasser–Eis überein. Wie aus Abb. 2 ersichtlich, verläuft die Isobare für Normaldruck parabelförmig gekrümmt und erreicht bei ca. 4 °C den Wert Null, weil der Ausdehnungskoeffizient das Vorzeichen wechselt (5).

Die Untersuchungen von *J. J. Thompson*, *Röntgen* und *A. Eucken* haben gezeigt, daß Wasser bei tieferen Temperaturen vermutlich Aggregate vom Typ $(H_2O)_n$ mit $n = 2,4,8$ bildet, die in der Nähe von 0 °C vornehmlich aus Achter-Aggregaten bestehen (6–8). Röntgenographische Messungen haben ergeben, daß dies Aggregate Tridymitstruktur besitzen wie das Eis (9). Wenn die Assoziation der Wassermolekeln über eine Gleichgewichtsreaktion verläuft, so bestehen zwischen N Teilchenarten $N - 1$ Reaktionsgleichungen. Im Sinne der *Gibbs*schen Phasenregel handelt es sich um ein Einkomponentensystem. Man erkennt also, daß das flüssige Wasser bei tieferen Temperaturen durch Aggregat- oder Clusterbildung der Stabilitätsabnahme ausweicht.

Die Werte der Funktion $T\bar{V}\alpha^2/\varkappa$ für Schwefel wurden einer Arbeit von *F. Fehér* und *E. Hellwig* entnommen und sind für Normaldrucke in Abb. 3 in Abhängigkeit von der Temperatur aufgetragen (10). Von 120 °C nimmt die Funktion mit steigender Temperatur bis ca. 159 °C stark ab und oberhalb dieser Temperatur wieder stark zu. Aus der Extrapolation der Kurve im Temperaturbereich $T < 159$ °C auf höhere Temperaturen würde man ein Instabilwerden der flüssigen Phase oberhalb 159 °C, ähnliches würde man aus der Extrapolation des Kurvenverlaufs oberhalb von 159 °C für Temperaturen $T < 159$ °C erwarten. Da $\varkappa$ jedoch endlich bleibt, handelt es sich hier um einen singulären Punkt oder einen Bereich eines

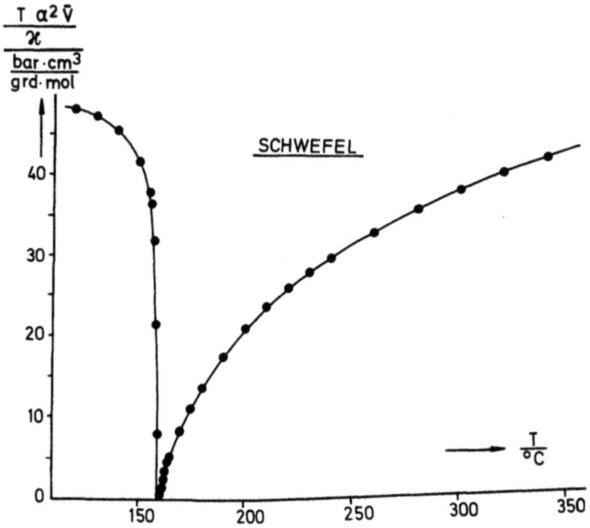

Abb. 3. $\alpha^2 T\bar{V}/\varkappa$ in Abhängigkeit von der Temperatur bei Normaldruck für das System Schwefel

neutralen Gleichgewichts eines Einkomponentensystems. Ist jedoch eine der Voraussetzungen in Gl. [1a] nicht erfüllt, gelten andere Bedingungen (1, 2).

Aus dem starken Anstieg der Viskosität zwischen 160 und 185 °C und aus ESR-Messungen schließt man, daß der flüssige Schwefel oberhalb von 160 °C hochmolekulare Bestandteile in Ring- oder Kettenform bildet, die sich bei 160°C wieder in die Ringform der Molekülgröße S_8 umwandeln (11–14). Die Einstellung dieser Gleichgewichte kann durch Abschrecken der Schwefelschmelzen verhindert werden, wodurch eine nicht stabile Entmischung der Schwefelschmelze auftritt (15, 16). In diesem Fall besteht der Schwefel aus mehr als einer Komponente, weil infolge fehlender Gleichgewichts- oder Reaktionsbedingungen die Zahl der Bestandteile gleich der Anzahl der Komponenten wird. Auch hier liegt der interessante Fall vor, daß Schwefel durch Bildung anderer Bestandteile stabil bleiben kann. Ist jedoch diese Reaktion gehemmt, so wird das System durch vorübergehende Entmischung vermutlich instabil. In diesem Fall muß noch näher untersucht werden, welche der Stabilitätsbedingungen nicht erfüllt ist. Bei Gültigkeit der angeführten molekularen Deutung erfolgt die Bildung höhermolekularer Aggregate im Gegensatz zu H_2O zunächst mit steigender Temperatur oberhalb der Temperatur des singulären Punktes.

Die Untersuchungen der Funktion $T\bar{V}\alpha^2/\varkappa$ für das System Quecksilber aus den experimentellen Ergebnissen von *Grindley* und

Lind zeigen, daß in dem untersuchten Temperatur- und Druckbereich von 30–150 °C und 0–8000 bar kein Hinweis auf die Existenz von Stabilitätsgrenzen vorliegt (4).

Beim System Polystyrol (PST) wurde die Stabilitätsfunktion aus den Werten des spez. Volumens und der Kompressibilität der Arbeiten von *Breuer* bzw. *Rehage* und *Breuer* berechnet (17, 18, 28). Man entnimmt der Abb. 4, daß die spezifische Kompressibili-

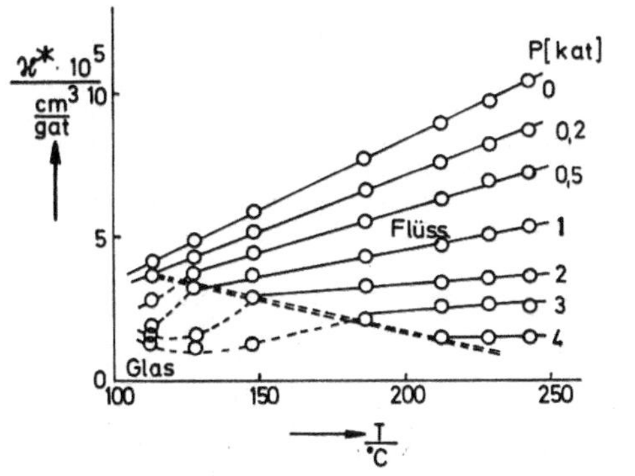

Abb. 4. Die spezifische isotherme Kompressibilität in Abhängigkeit von der Temperatur nach *Rehage* und *Breuer* (17, 18). Die Grenze des beginnenden Einfrierens ist doppelt gestrichelt dargestellt

tät $\varkappa^*$ im Bereich des flüssigen Polystyrols eine lineare Funktion der Temperatur ist. Allein aus der linearen Extrapolation dieser Größe zu tieferen Temperaturen folgt, daß die Funktion $T\bar{V}\alpha_t/\varkappa$ für $\varkappa = 0$ und $T\bar{V}\alpha^2 > 0$ eine Polstelle an der Stabilitätsgrenze besitzt. Dieser Bereich der Stabilitätsgrenzkurve beginnt, wie in Abb. 5 dargestellt, bei 0 °C mit $(dP/dT)_{stab} < 0$. Aus der Extrapolation der Funktionswerte zu höheren Drucken bei konstanter Temperatur erhält man den Teil der Stabilitätsgrenzkurve mit $(dP/dT)_{stab} > 0$, der sich von 50–250 °C erstreckt und gegenüber der Kurve des beginnenden bzw. beendeten Einfrierens nahezu parallel auf der Ordinate verschoben ist. Der durch die Schraffierung angedeutete Bereich ist aufgrund der oben durchgeführten Extrapolation instabil.

Es ist zu bemerken, daß das Auftreten einer Polstelle in $T\bar{V}\alpha^2/\varkappa$ für $\varkappa \to 0$ ein Analogon im Koexistenzbereich zwischen Gas und Flüssigkeit einer niedrigmolekularen Substanz besitzt, wenn z. B. ein Gas oder eine Flüssigkeit isotherm aus einem metastabilen Zustand durch eine Zustandsänderung instabil wird.

Die Stabilitätsgrenzkurve verläuft für Temperaturen $T > 100$ °C mit ungefähr der gleichen Steigung wie die Kurven, die den Einfrierbereich einschließen. Danach scheint die unterkühlte metastabile Polystyrolschmelze durch Einfrieren dem Zustand der Instabilität auszuweichen. In diesem Fall wird durch den Einfriervorgang die Beweglichkeit der Polymerketten verhindert. Dies führt über verschiedene Modellvorstellungen zwangsläufig zu einer Clusterbildung in molekularen Bereichen (19–22).

Obwohl aufgrund von Entmischungserscheinungen mit niedrig-molekularen Lösungsmitteln ein molekular uneinheitliches Polystyrol im heterogenen Gebiet nicht als eine Komponente angesehen werden darf, haben wir Polystyrol als eine Komponente betrachtet, weil im Zustandsgebiet der Schmelze keine Hinweise auf durch mehrere Komponenten hervorgerufene Heterogenitäten beobachtet werden (23, 24).

Der Abb. 4 entnimmt man, daß PST unter Normaldruck aufgrund der im Bereich der im inneren Gleichgewicht befindlichen Schmelze gemessenen Zustandsgrößen ca.

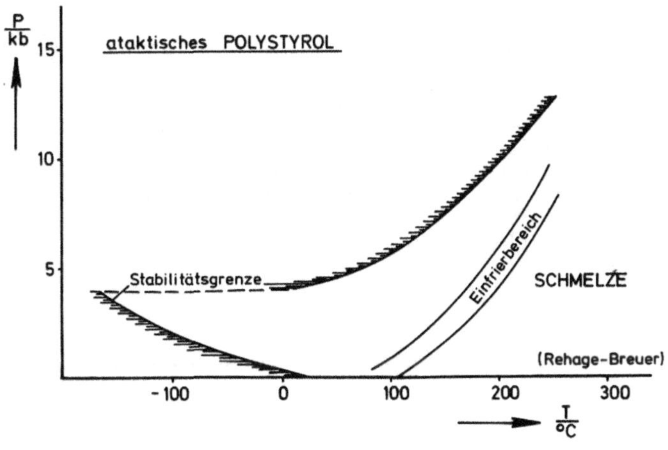

Abb. 5 Stabilitätsgrenzkurve und Einfrierbereich im *P-T*-Diagramm für das System Polystyrol

70 °C unterhalb des Einfrierbereichs wegen $\varkappa < 0$ instabil wird. Ähnliche Überlegungen werden aufgrund von speziellen Modellvorstellungen von *Gibbs* und *Dimarzio* entwickelt, wobei die Autoren für $T < T_G$ eine Umwandlung 2. Ordnung postulieren (25). Aus unseren Ergebnissen kann jedoch hinsichtlich einer möglichen Umwandlung keine Aussage gemacht werden. Das Gleichgewichtsvolumen von PST unterhalb der Einfriertemperatur wird häufig aus der Extrapolation der Flüssigkeitskurve gewonnen, dieses Verfahren ist nach diesen Ausführungen in einem größeren Temperaturbereich anzuzweifeln.

In diesem Zusammenhang sei noch erwähnt, daß für Stoffe, die kristallisieren und durch Abschrecken ebenso glasig erstarren können, aus dem Vergleich der $\bar{C}_P$/Kurven von unterkühlter Flüssigkeit und Kristall in Abhängigkeit von der Temperatur qualitativ eine Grenztemperatur unterhalb des Schmelzpunktes postuliert werden kann, bei der die $\bar{C}_P/T$Kurve der unterkühlten Flüssigkeit sich stark verändern muß (26, 27). Dies ist plausibel, weil die Entropieänderung der unterkühlten Flüssigkeit größer ist als die des Kristalls. Schließlich würde bei Fehlen dieser Grenztemperatur eine amorphe Phase entstehen, die eine geringere Entropie als die stabile geordnete Phase bei der gleichen Temperatur besitzt. Dies ist jedoch unmöglich, und im allgemeinen beobachtet man schon oberhalb dieser Grenztemperatur die glasige Erstarrung der unterkühlten Flüssigkeiten.

Herrn Prof. Dr. *G. Rehage* danke ich für anregende Diskussion.

Zusammenfassung

Die Stabilitätsbedingung $T\alpha^2\bar{V}/\varkappa > 0$ wird auf experimentelle Ergebnisse der Zustandswerte von Wasser, Schwefel, Quecksilber und Polystyrol angewendet, α ist der isobare Ausdehnungskoeffizient, $\varkappa$ die isotherme Kompressibilität, $\bar{V}$ das Molvolumen und T die absolute Temperatur. Das Auftreten von Stabilitätsgrenzen liefert wertvolle Hinweise auf molekulare Vorgänge hinsichtlich der Änderung von Teilchenarten. Aus dem Verlauf der Stabilitätsgrenzkurve kann gefolgert werden, daß Polystyrol bei Normaldruck ca. 70 °C unterhalb der Einfriertemperatur bezüglich der Bildung benachbarter Phasen instabil wird.

Summary

The stability condition $T\alpha^2\bar{V}/\varkappa > 0$ is applied to experimental data of the specific volume of water, sulfur, mercury and polystyrene, α is the expansion coefficient at constant pressure, $\varkappa$ the isothermal compressibility, $\bar{V}$ the molar volume and T the absolute temperature. The existence of stability limits gives useful hints on molecular processes concerning the change of particles. From the curve of the stability limit it can be concluded that at atmospheric pressure polystyrene becomes instabile at about 70 °C below the glass transition temperature concerning the formation of phases infinitely near to each other.

Literatur

1) *Gibbs, J. W.*, The Scientific Papers of *J. W. Gibbs*, Vol. **I**, Thermodynamics, Dover reprint (1961).
2) *Haase, R.*, Thermodynamik der Mischphasen (Berlin-Göttingen-Heidelberg 1956).
3) *Chermin, H. A.*, Thesis, Essex (1971).
4) *Grindley, T.* and *J. E. Lind*, Jr., J. Chem. Phys. **54**, 3983 (1971).
5) *Landolt-Börnstein*, Zahlenwerte und Funktionen, 6. Aufl., Bd. II, 1. Teil, S. 449–459.
6) *Thompson, J. J.*, Watt's "Dictionary of Chemistry" edit. *Morley* and *Nuir* **1**, 92 (1890).
7) *Röntgen, W. K.*, Ann. Phys. **45**, 91 (1892).
8) *Eucken, A.*, Z. Elektrochem. **53**, 102 (1949).
9) *Bernal* and *Fowler*, J. Chem. Phys. **1**, 515 (1933).
10) *Fehér, F.* und *E. Hellwig*, Z. anorg. allg. Chem. **294**, 50 (1958).
11) *Bacon, R. F.* and *R. Fanelli*, J. Amer. Chem. Soc. **65**, 639 (1943).
12) *Meyer, K. H.* and *Y. Go*, Helv. Chim. Acta **17**, 1081 (1934).
13) *Specker, H.*, Z. anorg. all. Chem. **261**, 116 (1950).
14) *Gardner, D. M.* and *G. K. Fraenkel*, J. Amer. Chem. Soc. **78**, 3279 (1956).
15) *Malus, C.*, Ann. Chim. Phys. [7], **24**, 491 (1901).
16) *Kruyt, H. H.*, Z. physik. Chem. **64**, 513 (1908).
17) *Breuer, H.*, Dissertation (Aachen 1965).
18) *Rehage, G.* und *H. Breuer*, Forschungsber. des Landes NRW Nr. 1839 (1967).
19) *Simon, F.*, Z. anorg. allg. Chem. 233, **219** (1931).
20) *Tammann, G.*, Der Glaszustand, Leipzig 1933).
21) *Jenckel, E.*, Kolloid-Z. **120**, 160 (1951).
22) *Rehage, G.*, Ber. Bunsenges. **74**, 796 (1970).
23) *Rehage, G., D. Moeller* und *O. Ernst*, Makromol. Chem. **88**, 232 (1965).
24) *Rehage, G.* and *W. Wefers*, J. Polymer Sci., Part. A-2, **6**, 1683 (1968).
25) *Gibbs, J. H.* and *E. A. Dimarzio*, J. Chem. Phys. **28**, 373 (1958).
26) *Kauzmann, W.*, Chem. Revs. **34**, 2191 (1948).
27) *Angell, C. A.*, J. Chemical Ed. **47**, 583 (1970).
28) *Breuer, H.* und *G. Rehage*, Kolloid-Z. u. Z. Polymere **216**, 159 (1967).

Anschrift des Verfassers:
Dr. *W. Borchard*
Physikalisch-Chemisches Institut der TU Clausthal
3392 Clausthal-Zellerfeld
Adolf-Römer-Str. 2 A

Kolloid-Z. u. Z. Polymere **250**, 1187–1196 (1972)

Aus dem Institut für Physikalische Chemie der Universität Mainz (II. Ordinariat) und dem Camille Dreyfus Laboratory, Research Triangle Institute, Research Triangle Park, North Carolina (USA)

Berechnung der Schlaufenendenabstandsverteilung bei der Bildung von Kristallen aus Kettenmolekülen*)

By W.-M. Ewers, H.-G. Zachmann und A. Peterlin

Mit 11 Abbildungen

(Eingegangen am 16. November 1972)

Einleitung

In verschiedenen kristallisationskinetischen Theorien (1–5) wird davon ausgegangen, daß sich Kristalle mit regelmäßigen Kettenfalten an den Grund- und Deckflächen ausbilden, wie in Abb. 1a angedeutet. Das Entstehen von derartigen Kettenfalten wird damit begründet, daß der herausragende Teil eines soeben in den Kristall eingebauten Moleküls den kleinsten Weg bis zur Kristallisationsfront hat.

Unserer Meinung nach ist diese Behauptung nur für eine Kristallisation aus der sehr verdünnten Lösung richtig. In einer konzentrierten Lösung sowie in der Schmelze befinden sich nämlich in der Umgebung der wachsenden Kristallfläche gewöhnlich irgendwelche Moleküle, die entweder vollständig in der Schmelze liegen oder bereits teilweise in den Kristall an irgendeiner Stelle früher eingebaut worden sind. Wenn man daher voraussetzt, das jeweils dasjenige Kettenstück an die wachsende Kristallfläche angelagert wird, das den geringsten Diffusionsweg hat, so entsteht im allgemeinen ein Kristall, aus dem Ketten mit einem freien Ende sowie Schlaufen verschiedener Länge N und verschiedenen Endenabstandes h herausragen (siehe Abb. 1b). Unter der Schlaufenlänge N verstehen wir dabei die Anzahl der monomeren Einheiten, die die Schlaufe bilden, und unter dem Schlaufenendenabstand h den Abstand der Endpunkte gemessen in Längen von monomeren Einheiten (siehe Abb. 2). Kristalle mit heraushängenden Schlaufen wurden erstmals von *Flory* (6) sowie *Fischer* und *Lorenz* (7) vorausgesetzt.

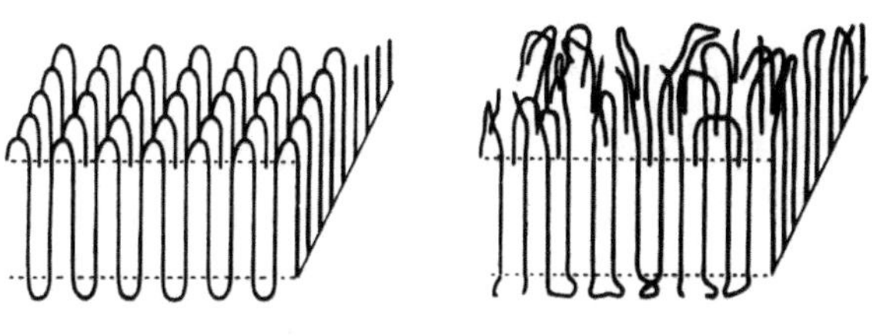

Abb. 1. Zwei verschiedene Modelle für einen Kristall aus Kettenmolekülen

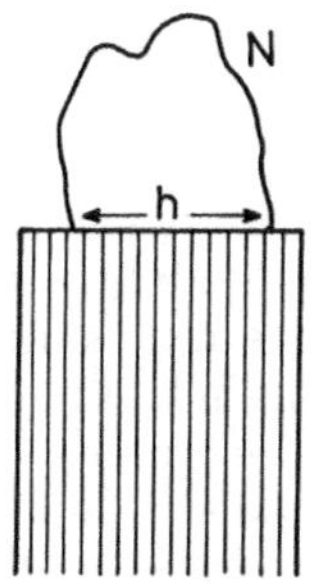

Abb. 2. Zur Definition der Schlaufenlänge und des Schlaufenendenabstandes

In der vorliegenden Arbeit soll nun das Entstehen und Wachsen von Kristallen theoretisch untersucht werden, ohne die einschränkende Annahme, daß aus irgendwelchen nicht in die Rechnung eingehenden Gründen eine Faltung der Ketten auftritt. Das Ziel unserer Überlegungen ist es vielmehr, die sich bei der Kristallisation ausbildende Verteilung der Schlaufenendenabstände auszurechnen und Bedingungen anzugeben, unter denen im besonderen regelmäßige Falten zu erwarten sind. Dabei wird nur der Fall betrachtet, daß die Kristallisation sehr *rasch* im Vergleich zur Diffusion erfolgt. Die erhaltene Verteilung der Schlaufenendenabstände ist daher rein kinetisch bedingt und entspricht nicht dem Minimum der freien Energie. Ein Ansatz zur Berechnung der Schlaufenendenabstandsverteilung wurde von uns bereits früher

*) Vorgetragen auf der Arbeitstagung des Fachausschusses „Physik der Hochpolymeren"; Frühjahrstagung des Regionalverbandes Hessen–Mittelrhein–Saar der Deutschen Physikalischen Gesellschaft vom 22. bis 24. März 1972 in Bad Nauheim.

angegeben (8). In der vorliegenden Arbeit sollen die diesbezüglichen Überlegungen wesentlich verbessert und erweitert werden.

Von Interesse ist auch die Frage, welche Verteilung der Schlaufenendenabstände zu einem Minimum der freien Energie gehört. Diese Schlaufenendenabstände bilden sich nämlich jeweils dann aus, wenn die Kristallisation sehr *langsam* im Vergleich zur Diffusion erfolgt. Sie wurden in einer anderen Arbeit berechnet (9).

Untersuchungen über die Kinetik der Kristallisation wurden in neuester Zeit noch von *Calvert* und *Uhlmann* (10) durchgeführt. Diese Autoren haben aber nicht die Morphologie der Kristalldeckschichten, sondern die Wachstumsgeschwindigkeit bestimmt.

B. Ableitung der Gleichungen

1. *Voraussetzungen*

Beim Wachsen eines Kristalls werden jeweils einzelne Kettenstücke, die Teile von bedeutend längeren Molekülen sind, an die wachsende Kristalloberfläche angelagert. Es gibt dabei verschiedene Möglichkeiten, die in Abb. 3 angedeutet sind (die Stelle, an der das Kettenstück angelagert wird, ist jeweils mit P bezeichnet):

a) Das sich anlagernde Kettenstück kann Teil eines Moleküls sein, das vollständig in der Schmelze liegt (Abb. 3a). In diesem Fall entsteht an der Deckfläche und an der Grundfläche des Kristalls je ein Kettenstück mit einem freien Ende.

b) Das Kettenstück kann Teil eines Moleküls sein, das aus der Deckfläche des wachsenden Kristalls herausragt und ein freies Ende besitzt (Abb. 3b). In diesem Fall entsteht bei der Anlagerung an der Deckfläche eine Schlaufe und an der Grundfläche ein Kettenstück mit einem freien Ende.

c) Das Kettenstück kann Teil eines Moleküls sein, das aus der Grundfläche mit einem freien Ende herausragt (Abb. 3c). Es entsteht dann an der Grundfläche eine Schlaufe und an der Deckfläche ein Kettenstück mit einem freien Ende.

d) Das Kettenstück kann einem Molekül entstammen, das aus einem *anderen* Kristall herausragt und ein freies Ende besitzt. Es entsteht dann ein Kettenstück mit einem freien Ende und ein Kettenstück, das zwei verschiedene Kristalle miteinander verbindet. Je nach der Lage des zweiten Kristalls kann das Kettenstück mit einem freien Ende an der Deckfläche des betrachteten Kristalls (Abb. 3d) oder an der Grundfläche liegen.

Wir berücksichtigen im folgenden der Einfachheit halber nur die ersten drei Prozesse a bis c. Im Anhang wird gezeigt, daß beim Einbeziehen des Prozesses d das wesentliche Resultat Gl. [8] unverändert bleibt; nur der Parameter p_1 muß durch einen etwas anders definierten Parameter p ersetzt werden.

Zur Berechnung der Verteilung der Schlaufenendenabstände gehen wir von folgenden Voraussetzungen bzw. Festsetzungen aus:

1. Die Ketten müssen nicht durch Diffusion über längere Strecken an die Kristallisationsstelle herangebracht werden. Es wird vielmehr jeweils dasjenige Kettenstück an den Kristall angebaut, das der Stelle, an der der Kristall wächst, am nächsten ist. Der Übergang von der Schmelze in den Kristall ist für diesen Fall schematisch in Abb. 4 angedeutet. Man sieht, daß Kettenstücke, die in der Schmelze benachbart waren, auch im Kristall benachbart sind.

2. Die Wahrscheinlichkeit dafür, daß ein

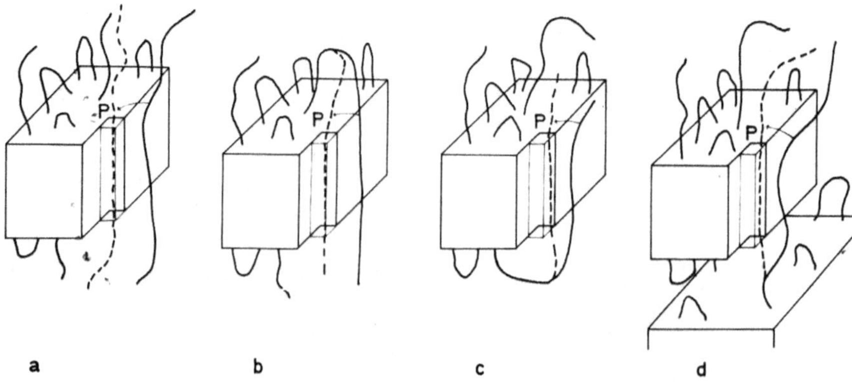

Abb. 3. Verschiedene Möglichkeiten für die Anlagerung eines Kettenstückes an einen wachsenden Kristall

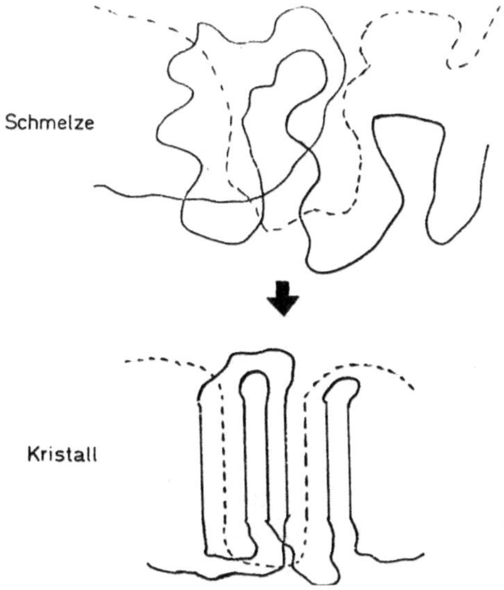

Abb. 4. Schematische Darstellung der Moleküle beim Übergang aus der Schmelze in den kristallinen Zustand unter der Annahme, daß die Kristallisation rasch im Vergleich zur Diffusion erfolgt

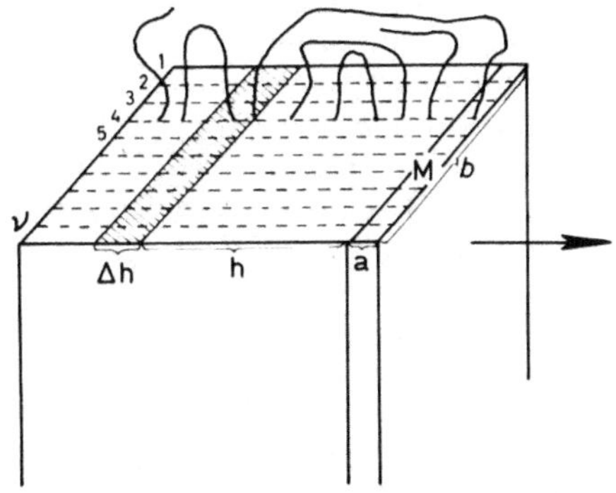

Abb. 5. Schematische Darstellung eines wachsenden Kristalls zur Berechnung der Verteilung der Schlaufenendenabstände im linearen Fall (Schlaufenendenabstandsvektoren alle parallel zur Wachstumsrichtung) M bezeichnet eine gerade angewachsene monomolekulare Schicht, der Pfeil gibt die Wachstumsrichtung an

Teil eines Moleküls angelagert wird, das zuvor vollständig in der Schmelze bzw. Lösung lag (Prozeß Abb. 3a), bezeichnen wir mit p_1. Die Wahrscheinlichkeit für die Bildung einer Schlaufe an der Deckfläche bzw. an der Grundfläche des Kristalls ist dann dementsprechend jeweils durch $(1 - p_1)/2$ gegeben. Bei einer Kristallisation aus der Lösung ist p_1 desto größer, je konzentrierter die Lösung ist. Bei der Kristallisation aus der Schmelze muß p_1 von der gegenseitigen Durchdringung der Moleküle abhängen; je stärker die Durchdringung ist, desto größer ist auch p_1. Die Anlagerungswahrscheinlichkeit p_1 geht als Parameter in unsere Ableitung ein, der nicht weiter berechnet wird.

3. Die Wahrscheinlichkeit, daß eine Schlaufe einen Endenabstand h besitzt, ist proportional der Anzahl der Bildungsmöglichkeiten einer solchen Schlaufe.

Bei den folgenden Rechnungen betrachten wir zunächst ein „lineares" Wachstumsmodell, bei dem die Gedankengänge, die wir anstellen, besonders leicht und übersichtlich darstellbar sind, das aber vermutlich keine physikalische Bedeutung besitzt. Im Anschluß daran übertragen wir unsere Überlegungen auf den physikalisch sinnvollen nichtlinearen Fall. Auf diesen Fall, der den realen Verhältnissen entspricht, beziehen sich die Resultate der Abb. 7–11.

2. *Linearer Fall*

Wir betrachten den in Abb. 5 dargestellten Kristall, der in Pfeilrichtung wachsen möge und an den sich gerade eine monomolekulare Schicht M der Dicke a anlagern soll. Wir setzen voraus, daß die Schlaufenendenabstandsvektoren alle parallel zueinander in Wachstumsrichtung liegen sollen (lineares Modell), wie in der Abbildung angedeutet. Wenn sich dann in der Schicht M eine Schlaufe bildet, deren Endenabstand zwischen h und $h + \Delta h$ liegt, so muß hierzu ein Kettenstück verwendet werden, das mit einem freien Ende aus der in Abb. 5 schraffierten Fläche der Breite Δh im Abstand h von M herausragt. Wir bezeichnen die Anzahl der Ketten mit einem freien Ende je Flächeneinheit im Abstand h von M mit $\mu(h)$. Die Anzahl der Konformationen einer Schlaufe aus N Einheiten mit einem Endenabstand h nennen wir $Z^*(N, h)$, wobei diese Größe durch Gl. [A2] aus einer früheren Arbeit (11) gegeben ist. Für die Anzahl der Anordnungsmöglichkeiten einer Schlaufe von beliebiger Länge und mit festem Endenabstand h kann man dann $\sum_N Z^*(N, h)$ schreiben. Für die Gesamtzahl der Möglichkeiten, in der Schicht M eine Schlaufe mit einem Endenabstand zwischen h und $h + \Delta h$ zu bilden, ergibt sich damit $\mu(h) \cdot \Delta h \cdot b \cdot \sum_N Z^*(N, h)$. b ist die Breite des Kristalls. Mit Hilfe von Voraussetzung 3 folgt daraus für die Wahrscheinlichkeit $\omega(h)\Delta h$, daß eine Schlaufe einen Endenabstand zwischen den oben genannten Grenzen hat,

$$\omega(h)\Delta h = \frac{\mu(h) \sum_N Z^*(N,h)\Delta h}{\int_a^{h_{\max}} \mu(h) \sum_N Z^*(N,h)\, dh} \qquad [1]$$

h_{max} ist der maximal mögliche Schlaufenendenabstand, der über die weiter hinten angegebene Gl. [13] berechnet wird.

Die Funktion $\mu(h)$ in Gl. [1] ist unbekannt. Man erhält eine Differentialgleichung für $\mu(h)$, wenn man berücksichtigt, daß sich beim Anbau der Schicht M der Abstand der schraffierten Schicht in Abb. 5 von der Kristallisationsfront um das eingezeichnete Stück a vergrößert, wobei a durch die Dicke einer monomolekularen Schicht, d. h. durch den Abstand zweier benachbarter Ketten im Kristall, gegeben ist. Die Abnahme $-\Delta\zeta$ der Anzahl der Ketten mit freien Enden in der schraffierten Schicht beim Anbau der Schicht M muß also gleich $-\mu'(h)a\Delta hb$ sein,

$$-\Delta\zeta = -\mu'(h)a\Delta hb. \quad [2]$$

Andererseits ist $-\Delta\zeta$ durch die Anzahl der Schlaufen in der Schicht M mit einem Endenabstand zwischen h und $h+\Delta h$ gegeben. Wenn die Schicht M aus ν Kettenstücken besteht, so gehen von dieser Schicht gemäß Voraussetzung 2 insgesamt $\nu(1-p_1)/2$ Schlaufen aus, von denen Gl. [1] zufolge

$$\frac{\nu(1-p_1)}{2}\frac{\mu(h)\sum\limits_N Z^*(N,h)}{\int\limits_a^{h_{max}}\mu(h)\sum\limits_N Z^*(N,h)dh} \quad [3]$$

den geforderten Endenabstand aufweisen. Setzt man dieses Resultat für $-\Delta\zeta$ in Gl. [2] ein, so ergibt sich

$$\mu'(h)+\alpha(1-p_1)\sum_N Z^*(N,h)\mu(h)=0 \quad [4]$$

mit

$$\alpha=\frac{\nu}{2ab\int\limits_a^{h_{max}}\mu(h)\sum\limits_N Z^*(N,h)dh} \quad [5]$$

Um eine Lösung von Gl. [5] zu finden, benötigt man eine Anfangsbedingung. Man gewinnt diese aus der Tatsache, daß $\mu(a)$ gleich der Dichte der Ketten mit freien Enden in der Randschicht M ist, unmittelbar nach dem Aufbau dieser Schicht. Da in diese Schicht νp_1 Moleküle eingebaut worden sind, die zuvor vollständig in der Schmelze gelegen waren (Abb. 3a) sowie $\nu(1-p_1)/2$ Ketten, die an der unteren Deckfläche eine Schlaufe bilden und oben ein freies Ende ergeben (Abb. 3c), erhält man

$$\mu(a)=\frac{1}{ab}\left[\nu p_1+\frac{\nu(1-p_1)}{2}\right]=\frac{\nu}{2ab}[p_1+1]. \quad [6]$$

Mit Hilfe dieser Bedingung ergibt sich als Lösung der Gl. [5]

$$\mu(h)=\frac{\nu}{2ab}(p_1+1)\exp\left\{-\alpha(1-p_1)\int\limits_a^h\sum_N Z^*(N,h)dh\right\}. \quad [7]$$

Setzt man dies in Gl. [1] ein, so folgt für die gesuchte Verteilung der Schlaufenendenabstände

$$\omega(h)\frac{\sum\limits_N Z^*(N,h)\exp\left\{-\alpha(1-p_1)\int\limits_a^h\sum\limits_N Z^*(N,h)dh\right\}}{\int\limits_a^{h_{max}}\sum\limits_N Z^*(N,h)\exp\left\{-\alpha(1-p_1)\int\limits_a^h\sum\limits_N Z^*(N,h)dh\right\}}. \quad [8]$$

α ist durch Gl. [5] gegeben. Man kann aus dieser Gleichung α explizit ausrechnen. Es ergibt sich (siehe Anhang I)

$$\alpha=\frac{1}{(1-p_1)\int\limits_0^{h_{max}}\sum\limits_N Z^*(N,h)dh}\ln\frac{1+p_1}{2p_1}. \quad [9]$$

Die von uns erhaltene Funktion $\mu(h)$ bleibt während des Wachstums des Kristalls, von einem gewissen Anfangsstadium abgesehen, unverändert. Das Wachstum ist also stationär. Wir zeigen im folgenden im besonderen, daß die Gesamtzahl der Ketten mit einem freien Ende, die Schlaufen bilden können, konstant bleibt. Von allen Ketten mit freien Enden können nur diejenigen Schlaufen bilden, die von der Wachstumsfläche nicht weiter entfernt sind, als es der Kettenlänge entspricht. Der Abstand, der zu dieser Kettenlänge gehört, wurde mit h_{max} bezeichnet. Also sind nur diejenige Ketten potentielle Schlaufenbildner, die sich in einem Abstand $h < h_{max}$ von der Wachstumsfront befinden. Wenn nun eine monomolekulare Schicht der Dicke a ankristallisiert, so verschwinden zum einen $\nu(1-p_1)/2$ Ketten mit einem freien Ende, weil sie eine Schlaufe gebildet haben. Des weiteren scheiden noch alle diejenigen Kettenenden als potentielle Schlaufenbildner aus, die sich in einem Abstand h_{max} von der Wachstumsfront befunden haben, weil sie sich nach Ausbildung der neuen Schicht im Abstand $h_{max}+a > h_{max}$ befinden; es sind dies $a\cdot b\cdot\mu(h_{max})$ Kettenstücke. Die Gesamtzahl der ausgeschiedenen potentiellen Schlaufenbildner ist daher gegeben durch

$$ab\,\mu(h_{max})+\frac{\nu(1-p_1)}{2}. \quad [10]$$

Neue Schlaufenbildner kommen einmal dadurch hinzu, daß beim Ausbilden der neuen Schicht an der Grundfläche Schlaufen gebildet werden, was zu Ketten mit freien Enden an der Deckfläche führt (Abb. 3c); es sind dies $\nu(1 - p_1)/2$ Kettenstücke. Zum anderen entstehen Ketten mit freien Enden dadurch, daß neue Moleküle aus der Schmelze angelagert werden können (Abb. 3a); es sind dies $p_1 \nu$ Ketten. Insgesamt werden also

$$p_1 \nu + \frac{\nu(1 - p_1)}{2} \qquad [11]$$

neue potentielle Schlaufenbildner gebildet. Wenn die Zahl der Schlaufenbildner konstant bleiben soll, so müssen die Ausdrücke Gl. [10] und Gl. [11] einander gleich sein. Durch Gleichsetzen dieser Ausdrücke erhält man

$$\mu(h_{max}) = \frac{\nu p_1}{ab}. \qquad [12]$$

Das ist genau derjenige Wert, den man auch erhält, wenn man in Gl. [7] $h = h_{max}$ setzt und Gl. [9] berücksichtigt. Wir weisen hier deswegen ausdrücklich darauf hin, weil wir im folgenden nichtlinearen Fall Gl. [12] als Anfangsbedingung benützen.

Wir müssen nun noch auf die Bestimmung von h_{max} eingehen, dem maximalen Abstand, von dem aus ein Kettenstück mit freiem Ende eine Schlaufe bilden kann. Der Endenabstand h einer Schlaufe kann niemals größer als deren Länge sein. Wenn die Ketten mit freien Enden alle die gleiche Länge N hätten, so wäre daher $h_{max} = N - d_k$, wobei d_k die Dicke des Kristalls ist[1]). In Wirklichkeit haben diese Ketten jedoch verschiedene Längen. Beim Einbau von neuen Molekülen in der Schicht M wird daher bereits eine Längenverteilung auftreten. Ist N_0 die gesamte Länge eines Moleküls und d_k die Dicke des Kristalls, so kann jede Länge zwischen 0 und $N_0 - d_k$ auftreten. Die mittlere Länge ist dann durch $(N_0 - d_k)/2$ gegeben. Nachdem die Ketten mit einem freien Ende mehrere Schlaufen gebildet haben, werden sie entsprechend kürzer. Bei einer strengen Behandlung hätte man daher nicht eine einzige Funktion $\mu(h)$ ansetzen dürfen, sondern für jede Kettenlänge eine gesonderte Funktion. Dadurch würden die Verhältnisse äußerst kompliziert werden. Wir haben daher die Ketten verschiedener Länge nicht unterschieden und verwenden für h_{max} einen geeigneten Mittelwert $\bar{N}$ der Kettenlänge. Man erhält näherungsweise (siehe Anhang II)

$$h_{max} = \bar{N} - d_k = \frac{N_0 - d_k}{4} \frac{1 + 3p_1}{1 + p_1} - d_k. \qquad [13]$$

Für $p_1 = 1$, also dem Fall, in dem überhaupt keine Falten gebildet werden, ergibt sich h_{max} zu $(N_0 - d_k)/2 - d_k$. Für $p_1 \ll 1$ erhält man $h_{max} = N_0/4 - d_k$. Mit Hilfe von Gl. [13] haben wir die Moleküllängen N_0 in den Abb. 7–11 berechnet, wobei d_k gegenüber N_0 vernachlässigt wurde.

3. *Nichtlinearer Fall*

Wir müssen nun unsere Ergebnisse auf den physikalisch sinnvolleren Fall übertragen, bei dem die Schlaufenendenabstandsvektoren nicht alle parallel sind. Wenn sich in diesem Fall eine Schlaufe mit dem Endenabstand zwischen h und $h + \Delta h$ im Punkt P der anwachsenden Schicht M ausbilden soll (siehe Abb. 6), so muß hierzu ein Kettenstück mit einem freien Ende verwendet werden, das aus dem in Abb. 6 schraffierten Halbkreis-

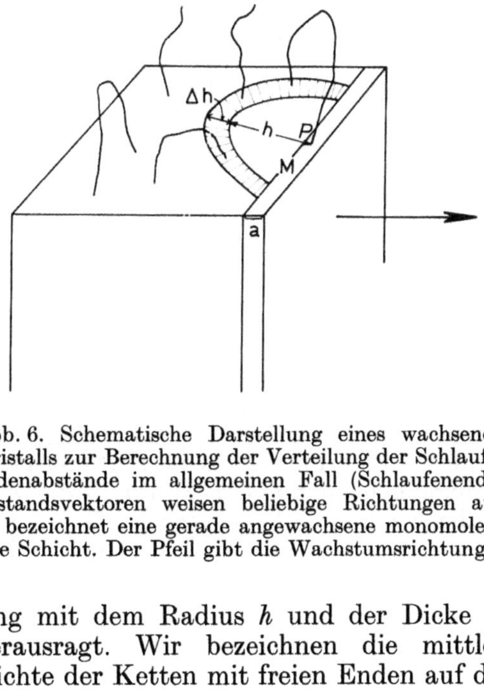

Abb. 6. Schematische Darstellung eines wachsenden Kristalls zur Berechnung der Verteilung der Schlaufenendenabstände im allgemeinen Fall (Schlaufenendenabstandsvektoren weisen beliebige Richtungen auf). M bezeichnet eine gerade angewachsene monomolekulare Schicht. Der Pfeil gibt die Wachstumsrichtung an

ring mit dem Radius h und der Dicke Δh herausragt. Wir bezeichnen die mittlere Dichte der Ketten mit freien Enden auf diesem Halbkreisring mit $\bar{\mu}(h)$. Die Gesamtzahl der Ketten, die eine Schlaufe, wie sie oben beschrieben wurde, bilden können, ist dann durch

$$\bar{\mu}(h) \pi h \Delta h$$

gegeben. Für die Anzahl der Ketten, die an einem beliebigen Punkt der Schicht M eine Schlaufe mit einem Abstand zwischen h und $h + \Delta h$ bilden kann, folgt daraus

$$\bar{\mu}(h) \pi h \Delta h \nu. \qquad [14]$$

[1]) Dabei ist berücksichtigt, daß im Kristall kein Kettenende eingebaut werden kann, so daß ein Kettenstück der Länge d_k für die Schlaufe verloren geht.

Berücksichtigt man dies, so erhält man anstelle von Gl. [1]

$$\omega(h)\Delta h = \frac{\tilde{\mu}(h)h\sum\limits_{N} Z^*(N,h)\,\Delta h}{\int\limits_{a}^{h_{\max}} \tilde{\mu}(h)h\sum\limits_{N} Z^*(N,h)\,dh} \qquad [15]$$

und anstelle von Gl. [3]

$$\frac{\nu(1-p_1)}{2} \frac{\tilde{\mu}(h)h\sum\limits_{N} Z^*(N,h)}{\int\limits_{a}^{h_{\max}} \tilde{\mu}(h)h\sum\limits_{N} Z^*(N,h)\,dh}. \qquad [16]$$

Beim Anbau einer neuen Schicht ist die Änderung des Abstandes eines Kreisringpunktes von dem Oberflächenpunkt für einzelne Kreispunkte verschieden groß, und zwar maximal a und minimal annähernd Null. Unter Verwendung eines geeigneten Mittelwertes $\tilde{a}$, den wir hier nicht näher zu bestimmen brauchen, kann man daher anstelle von Gl. [2] schreiben

$$-\Delta\zeta = -\tilde{\mu}'(h)\tilde{a}\pi h b. \qquad [17]$$

Indem man die Ausdrücke aus Gl. [16] und Gl.[17] einander gleichsetzt, kommt man auf die Differentialgleichung

$$\tilde{\mu}'(h) + \beta(1-p_1)\sum_{N} Z^*(N,h)\,\tilde{\mu}(h) = 0 \qquad [18]$$

mit

$$\beta = \frac{\nu}{2\tilde{a}b\pi\int\limits_{a}^{h_{\max}} \tilde{\mu}(h)h\sum\limits_{N} Z^*(N,h)\,dh} \qquad [19]$$

Um eine eindeutige Lösung zu erhalten, benötigt man noch eine Anfangsbedingung. Da sich $\tilde{\mu}(a)$ im vorliegenden nichtlinearen Fall nicht ohne weiteres bestimmen läßt, verwenden wir hierfür die aus der Stationaritätsbedingung folgende Gl. [12], durch die $\tilde{\mu}(h)$ an der Stelle $h = h_{\max}$ vorgegeben ist, und die auch im vorliegenden nichtlinearen Fall gelten muß. Man erhält dann als Lösung

$$\tilde{\mu}(h) = \frac{\nu p_1}{ab} \exp\left\{-\beta(1-p_1)\int\limits_{h}^{h_{\max}} \sum_{N} Z^*(N,h)\,dh\right\}. \qquad [20]$$

Indem man dies in Gl. [15] einsetzt, folgt für die Schlaufenendenabstandsverteilung

$$\omega(h) = \frac{h\sum\limits_{N} Z^*(N,h)\exp\left\{-\beta(1-p_1)\int\limits_{h}^{h_{\max}}\sum\limits_{N} Z^*(N,h)\,dh\right\}}{\int\limits_{a}^{h_{\max}} h\sum\limits_{N} Z^*(N,h)\exp\left\{-\beta(1-p_1)\int\limits_{h}^{h_{\max}}\sum\limits_{N} Z^*(N,h)\,dh\right\}} \qquad [21]$$

β ist durch Gl. [19] gegeben. Diese Gleichung kann man nicht explizit nach β auflösen; man muß vielmehr β daraus mit Hilfe von elektronischen Rechenmaschinen bestimmen.

C. Ergebnisse

In Abb. 7 ist die mit Hilfe von Gl. [21] berechnete Häufigkeit der Schlaufen mit dem Endenabstand h in Abhängigkeit von h aufgetragen. Die Länge der Moleküle N_0 beträgt 20000 Einheiten. Die Anlagerungswahrscheinlichkeit p_1 ist über einen weiten

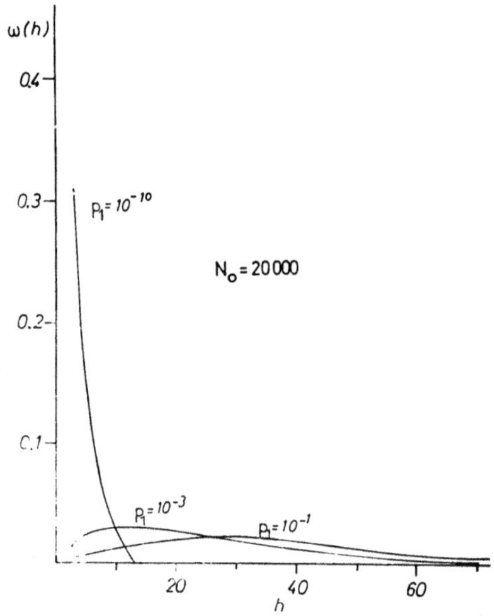

Abb. 7. Wahrscheinlichkeitsdichte $\omega(h)$ für das Auftreten von Schlaufen mit dem Abstand h als Funktion von h bei einer Kettenlänge $N_0 = 20000$ Einheiten. Der Parameter p_1 gibt die Wahrscheinlichkeit für die Anlagerung eines neuen Moleküls an

Bereich von 10^{-1} bis 10^{-10}, d. i. praktisch gleich Null, variiert worden. Für $p_2 = 10^{-1}$ ergibt sich eine breite Verteilung mit einem flachen Maximum bei relativ großen Werten von h. Mit fallenden Werten für p_1 verschiebt sich das Maximum zu kleineren Endenabständen hin, bis schließlich für $p_1 = 10^{-10}$ über 30% der Schlaufen den kleinstmöglichen Endenabstand $h = 3$ besitzen[2]).

In Abb. 8 ist ebenfalls $\omega(h)$ in Abhängigkeit von h wiedergegeben. Hier ist jedoch p_1 konstant gleich 10^{-1} gehalten, während die Moleküllänge von $N_0 = 800$ bis $N_0 = 20000$

[2]) Der Wert 3 für den kürzest möglichen Abstand rührt daher, daß der Abstand in Längen von monomeren Einheiten gemessen wird. Der Abstand zweier benachbarten Ketten im Polyäthylengitter beträgt 4,05 Å, was der Länge von 3 CH_2-Gruppen entspricht.

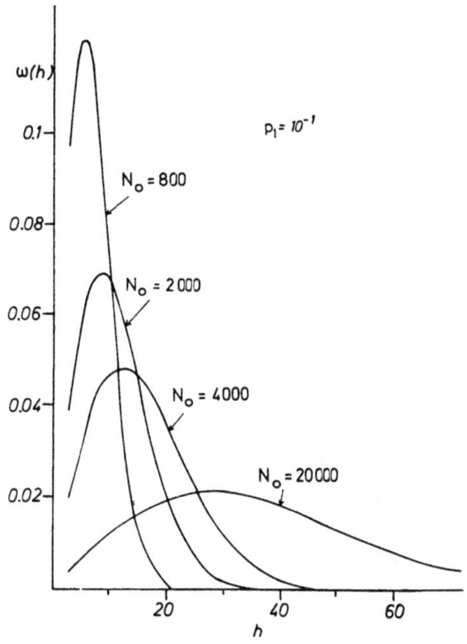

Abb. 8. Wahrscheinlichkeitsdichte $\omega(h)$ für das Auftreten von Schlaufen mit dem Abstand h als Funktion von h unter der Annahme, daß die Wahrscheinlichkeit für die Anlagerung eines neuen Moleküls $p_1 = 10^{-1}$ ist. Der Parameter N_0 gibt die Moleküllänge an

Einheiten variiert. Man erkennt, daß mit wachsender Moleküllänge die größeren Endenabstände immer häufiger werden.

In Abb. 9 ist das gleiche noch einmal für eine Anlagerungswahrscheinlichkeit von $p_1 = 10^{-10}$ gezeigt. Der kürzestmögliche Endenabstand tritt für alle Moleküllängen am häufigsten auf. Bei $N_0 = 800$ haben praktisch alle Schlaufen den minimalen Endenabstand, bei $N_0 = 20\,000$ besitzen über 30% der Schlaufen den minimalen Endenabstand.

Die kristallisationskinetischen Überlegungen ergaben nur die Verteilung $\omega(h)$ der Schlaufenenden*abstände* h. Über die Verteilung der Schlaufen*längen* N ist damit noch nichts ausgesagt. Es wird nun angenommen, daß nach Ausbildung des Kristalls die Schlaufen durch Diffusion der Ketten im Kristall ihre Längen N verändern können, während ihre Endenabstände h konstant bleiben. Die Schlaufenlängen N sollen sich dabei so ausbilden, daß die freie Energie des Systems ein Minimum wird. Die mittlere Schlaufenlänge, die sich unter diesen Umständen ausbildet, wurde mit Hilfe einer in früheren Arbeiten (8) beschriebenen Methode als Funktion der Temperatur berechnet. Die Ergebnisse sind für eine Kettenlänge $N_0 = 20\,000$ in Abb. 10 und für eine Kettenlänge $N_0 = 4000$ in Abb. 11 wiedergegeben. Man sieht, daß der Schmelzbereich desto breiter wird, je größer p_1 ist. Dies kann damit erklärt werden, daß mit wachsendem p_1, wie

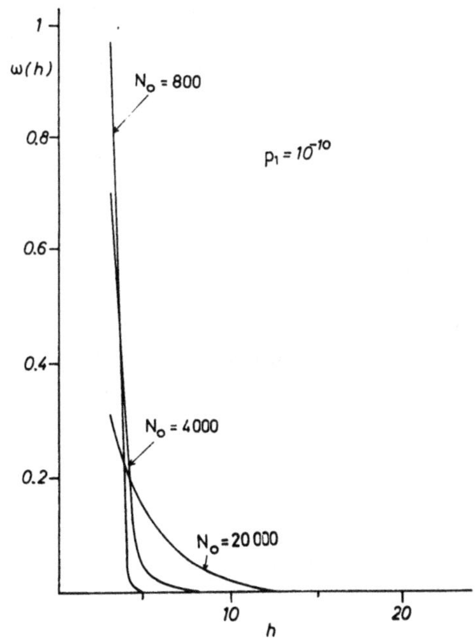

Abb. 9. Wahrscheinlichkeitsdichte $\omega(h)$ für das Auftreten von Schlaufen mit dem Abstand h als Funktion von h unter der Annahme, daß die Wahrscheinlichkeit für das Anlagern eines neuen Moleküls $p_1 = 10^{-10}$ ist. Der Parameter N_0 gibt die Moleküllänge an

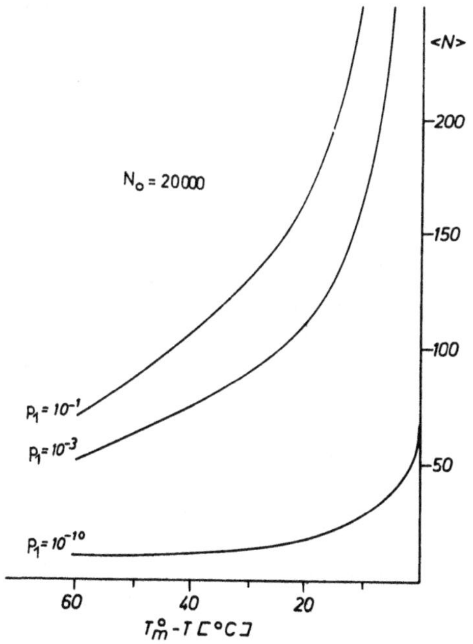

Abb. 10. Mittlere Schlaufenlänge $\langle N \rangle$ als Funktion der Unterkühlung unter den Schmelzpunkt $T_m - T_0$ bei Molekülen der Länge $N_0 = 20\,000$. Der Parameter p_1 gibt die Wahrscheinlichkeit für die Anlagerung eines neuen Moleküls bei der Kristallisation an

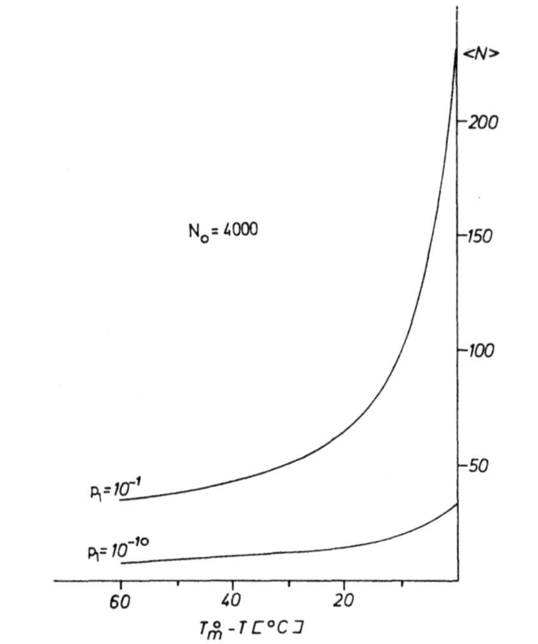

Abb. 11. Mittlere Schlaufenlänge $\langle N \rangle$ als Funktion der Unterkühlung unter den Schmelzpunkt $T_m - T_0$ bei Molekülen der Länge $N_0 = 4000$. Der Parameter p_1 gibt die Wahrscheinlichkeit für die Anlagerung eines neuen Moleküls bei der Kristallisation an

in Abb. 7 gezeigt, der mittlere Schlaufenendenabstand zunimmt und Schlaufen mit größeren Endenabständen allgemein zu einem stärkeren Schmelzen unterhalb des Schmelzpunktes führen (11). Die Verbreiterung des Schmelzbereichs mit wachsendem N_0 ist ebenfalls auf die Vergrößerung des mittleren Schlaufenendenabstandes zurückzuführen.

D. Diskussion

Eine Verteilung der Schlaufenendenabstände haben wir bereits in einer früheren Arbeit (8) mit Hilfe eines Ansatzes der Form von Gl. [15] berechnet. Die Dichte der Kettenstücke mit je einem freien Ende $\tilde{\mu}(h)$ wurde jedoch in jener Arbeit nicht ausgerechnet. Es wurde vielmehr näherungsweise angesetzt

$$\tilde{\mu}(h) = \text{const} \cdot \exp\{-\alpha h\}, \qquad [22]$$

wobei α eine Konstante war. In der vorliegenden Arbeit wurde nun die Funktion $\tilde{\mu}(h)$ über eine Differentialgleichung bestimmt. Das dabei erhaltene Resultat Gl. [20] zeigt, daß $\tilde{\mu}(h)$ tatsächlich eine Exponentialfunktion ist, daß aber der Exponent komplizierter ist als in der früher angesetzten Beziehung Gl. [22].

Unsere verbesserte Theorie zeigt, daß die Schlaufenendenabstandsverteilung wesentlich dadurch bestimmt wird, wie groß die Wahrscheinlichkeit p_1 für die Anlagerung eines neuen Moleküls ist. Je kleiner p_1 ist, desto stärker wird die Tendenz, anstelle von langen unregelmäßigen Schlaufen regelmäßige Falten zu bilden, also sich dem Modell in Abb. 1a anzunähern. Bei einer Kristallisation aus der verdünnten Lösung ist nun $p_1 \ll 1$. Daher muß man dabei Kristalle mit regelmäßigen Falten erhalten. Bei der konzentrierten Lösung und in der Schmelze hängt p_1 davon ab, wie stark sich die Moleküle gegenseitig durchdringen. Wenn eine nennenswerte Durchdringung vorhanden ist, so ist p_1 nicht sehr klein gegen 1, und man erhält gemäß den Abb. 7 und 8 eine breite Verteilung der Schlaufenendenabstände. Findet dagegen keine Durchdringung statt, bilden also die einzelnen Moleküle kleine Bällchen, die nebeneinander liegen, so entstehen wie im Fall der verdünnten Lösung regelmäßige Falten. Dieses Resultat ist auch anschaulich leicht einzusehen. Um weitere Einsichten in den Prozeß der Kristallisation aus der Schmelze bzw. der konzentrierten Lösung zu gewinnen, muß man daher die Struktur der Schmelze bzw. Lösung studieren.

Die hier diskutierten Resultate gelten entsprechend der Voraussetzung 1 in Abschnitt B nur für den Fall, daß die Kristallisation rasch gegen die Diffusion erfolgt. Bei einer langsamen Kristallisation ist nicht die Struktur der Schmelze bzw. die der Lösung für die Morphologie der Kristalldeckschichten maßgebend, sondern die Forderung, daß sich der Kristall mit den Deckschichten in einem Zustand mit möglichst geringer freien Energie befindet; insbesondere muß auch der Wachstumsvorgang über Kristallkeime vor sich gehen, die mit einer möglichst geringen Keimbildungsarbeit gebildet werden können. Diese Forderung führt (9) zu Schlaufen mit möglichst kleinen Endenabständen.

Anhang I

Indem man in Gl. [5] für $\mu(h)$ den durch Gl. [7] erhaltenen Ausdruck einsetzt und eine einfache Umformung vornimmt, erhält man

$$\frac{\nu}{a\,b\,2d} = \frac{\nu(p_1+1)}{2ab} \int_a^{h_{\max}} \sum_N Z^*(N,h) \exp \times \left\{-\alpha(1-p_1)\int_a^h \sum_N Z^*(N,h)\,dh\right\} \qquad [A1]$$

Den Integranden kann man auch als erste Ableitung von h schreiben

$$\frac{\nu}{2ab\alpha} = -\frac{\nu(p_1+1)}{2ab\alpha(1-p_1)} \int_a^{h_{max}} \frac{d}{dh} \exp \times \left[-\alpha(1-p_1)\int_a^h \sum_N Z^*(N,h)\,dh\right] dh \quad [A2]$$

und anschließend die Integration durchführen

$$1 = -\frac{p_1+1}{1-p_1} \times \left\{\exp\left[-\alpha(1-p_1)\int_a^{h_{max}} \sum_N Z^*(N,h)\,dh\right] - 1\right\} \quad [A3]$$

Wenn man dann noch die Gleichung explizit nach α auflöst, ergibt sich Gl. [9].

Anhang II

In einer gerade neu gebildeten Schicht (Schicht M in Abb. 5) setzen sich die Kettenstücke an der Deckfläche mit einem freien Ende aus zwei Anteilen zusammen: den Kettenstücken, die vom Einbau neuer Moleküle stammen (Abb. 3a), und den Kettenstücken, die durch die Ausbildung einer Schlaufe an der Grundfläche entstehen (Abb. 3c). Kettenstücke, die von neu eingebauten Molekülen herrühren, werden alle Längen zwischen 0 und $N_0 - d_k$ besitzen, wobei d_k die Dicke des Kristalls ist. Ihre mittlere Länge beträgt daher $(N_0 - d_k)/2$. Die anderen Kettenstücke hatten, als sie eingebaut worden sind, ebenfalls diese durchschnittliche Länge, wurden aber infolge mehr oder weniger oftmaliger Schlaufenbildung verkürzt. Eine Kette, die schon verhältnismäßig viele Male eine Schlaufe gebildet hat, ist dabei relativ kurz, eine Kette, die weniger oft gefaltet wurde, länger. Wir nehmen an, daß alle Längen der Ketten mit freien Enden gleich oft auftreten und erhalten dann als Mittelwert zwischen $(N_0 - d_k)/2$ und 0 die mittlere Kettenlänge $(N_0 - d_k)/4$.

Bezeichnet man die Wahrscheinlichkeit, daß die Kette mit freiem Ende von einem neuen Molekül herrührt, mit w_1 und, daß sie von einer Schlaufe herrührt, mit w_2, so ist die mittlere Länge aller Kettenstücke mit einem freien Ende in der neu entstandenen Schicht M gegeben durch

$$\bar{N} = w_1 \frac{N_0 - d_k}{2} + w_2 \frac{N_0 - d_k}{4} \quad [A4]$$

Um w_1 und w_2 zu bestimmen, bedenken wir, daß aufgrund von Voraussetzung 2 in Abschnitt B1 gelten muß

$$\frac{w_1}{w_2} = \frac{p_1}{p_2}, \quad [A5]$$

außerdem muß sein

$$w_1 + w_2 = 1. \quad [A6]$$

Daraus folgt, da $p_2 = 1 - p_1$ ist,

$$w_1 = \frac{2p_1}{1+p_1} \quad \text{und} \quad w_2 = \frac{1-p_1}{1+p_1}. \quad [A7]$$

Setzt man dies in Gl. [A4] ein, so ergibt sich

$$\bar{N} = \frac{N_0 - d_k}{4} \cdot \frac{1+3p_1}{1+p_1}. \quad [A8]$$

Gl. [A8] gibt die mittlere Kettenlänge $\bar{N}$ in der neu gebildeten Schicht M an. Wenn beim Weiterwachsen des Kristalls die Wahrscheinlichkeit, daß ein Kettenstück aus dieser Schicht eine Schlaufe bildet, unabhängig von dessen Länge ist, so ändert sich $\bar{N}$ nicht und Gl. [A8] gibt die mittlere Kettenlänge auf der gesamten Kristalloberfläche an. In Wirklichkeit ist diese Wahrscheinlichkeit aber nicht unabhängig von der Kettenlänge, weil die kürzeren Ketten mit wachsender Entfernung von der Kristallisationsfront als potentielle Schlaufenbildner ausscheiden; es kristallisieren also bevorzugt längere Ketten und $\bar{N}$ nimmt geringfügig ab. In Anbetracht der sonstigen Näherungen, die gemacht wurden, ist es aber gerechtfertigt, auf eine diesbezügliche Korrektur zu verzichten und Gl. [A8] zur Berechnung der mittleren Kettenlänge auf der gesamten Kristalloberfläche zu verwenden.

Anhang III

Wir betrachten nun den Fall, daß auch Kettenstücke aus Molekülen eingebaut werden, die zum Teil bereits in einem anderen Kristall liegen (Abb. 3d). Die Wahrscheinlichkeit, daß ein solches Kettenstück eingebaut wird, bezeichnen wir mit p_3. Für $p_1 + p_3$ führen wir die Abkürzung p ein. Die Wahrscheinlichkeit, daß eine Schlaufe an der Deckfläche bzw. Grundfläche des Kristalls gebildet wird, ist dann jeweils durch $(1 - p)/2$ gegeben. Die Überlegungen bis Gl. [5] bleiben die gleichen wie ohne den neu hinzugekommenen Prozeß; es muß lediglich überall p_1 durch p ersetzt werden. In Gl. [6] kommt auf der rechten Seite ein additives Glied $\nu p_3/2$ hinzu, Gl. [7] geht über in

$$\mu(h) = \frac{\nu}{2ab}(p - p_3 + 1) \times \exp\left\{-\alpha(1-p_1)\int_a^h \sum_N Z^*(N,h)\,dh\right\}. \quad [A9]$$

Gl. [9] in

$$\alpha = \frac{1}{(1-p)\int_a^{h_{max}} \sum_N Z^*(N,h)\,dh} \cdot \ln\frac{p - p_3 + 1}{2p} \quad [A10]$$

und Gl. [12] in

$$\mu(h_{max}) = \frac{\nu}{al}\left(p - \frac{p_3}{2}\right). \quad [A11]$$

Gl. [8] bleibt, bis auf die Tatsache, daß p_1 durch p ersetzt werden muß, unverändert, da sich der Faktor vor der Exponentialfunktion weghebt.

Zusammenfassung

Die Bildung von Kristallen aus Kettenmolekülen wird theoretisch untersucht unter der Voraussetzung, daß die Kristallisation sehr rasch im Vergleich zur Diffusion über längere Bereiche hinweg erfolgt. Ziel der Untersuchungen ist es, die Verteilung der Schlaufenendenabstände in den Deckschichten der Kristalle zu bestimmen. Hierzu mußte ein Parameter p_1 eingeführt werden. Er gibt die Wahrscheinlichkeit dafür an, daß ein Molekül, das noch vollständig in der Schmelze bzw. Lösung liegt, an den wachsenden Kristall angelagert wird. Folgende Resultate wurden erhalten: Wenn p_1 sehr klein ist (z. B. 10^{-10}), so erhält man Schlaufen mit dem kleinstmöglichen Endenabstand, also regelmäßige Falten. Wenn p_1 größer wird, so wird die Verteilung der Schlaufenendenabstände breiter, und immer mehr Schlaufen besitzen einen relativ großen Endenabstand. Kleine p_1-Werte und somit regelmäßige Falten treten bei einer Kristallisation aus der verdünnten Lösung auf. Sie sind ferner auch bei einer Kristallisation aus der Schmelze zu erwarten, wenn sich die Moleküle in der Schmelze nicht gegenseitig durchdringen. Wenn sich dagegen die Moleküle in der Schmelze gegenseitig durchdringen, wie man das üblicherweise annimmt, so wird p_1 größer, und man erhält nichtkristalline Deckschichten, wie sie z. B. im bekannten switch-board-Modell angenommen werden.

Summary

The formation of crystals of chain molecules was studied theoretically under the assumption that crystallization proceeds very rapidly compared to long range diffusion. It was intended especially to determine the end-to-end distance distribution function of the chain-loops in the non crystalline surface layers of the crystals. In order to do that it was necessary to introduce a parameter p_1 which gives the probability that a new chain lying completely in the melt or in the solution is added to the growing crystal. The following results were obtained: If p_1 is very small (for example 10^{-10}) one obtains loops with the smallest possible end-to-end distance, that means regular folds. If p_1 increases the end-to-end distance distribution becomes broader and more and more loops have comparatively large end-to-end distances. Small values of p_1 and therewith regular folds can be expected with crystallization from a dilute solution. They can also be expected in case of crystallization from the melt if the molecules in the melt do not penetrate each other. If, on the other hand, the molecules in the melt penetrate each other, as one usually assumes, p_1 becomes larger and noncrystalline surface layers according to the well know switch-board model will be found.

Literatur

1) *Lauritzen, J. I.* and *J. D. Hoffman*, J. Res. Nat. Bur. Std. **A64**, 73 (1960).

2) *Price, F. P.*, J. Polymer Sci. **42**, 49 (1960); **35**, 1884 (1961).

3) *Frank, F. C.* and *M. P. Tosi*, Proc. Roy. Soc. **A263**, 323 (1961).

4) *Lauritzen, J. I.* and *E. Passaglia*, J. Res. Nat. Bur. Std. **A71**, 261 (1967).

5) *Sanchez, I. C.* and *E. A. Di Marzio*, Macromolecules **4**, 677 (1971); J. Res. Nat. Bur. Standards **76**A, 213 (1972).

6) *Flory, P. I.*, J. Amer. Chem. Soc. **84**, 2857 (1962).

7) *Fischer, E. W.* und *R. Lorenz*, Kolloid-Z. u. Z. Polymere **189**, 97 (1963).

8) *Ewers, W.-M., H. G. Zachmann*, and *A. Peterlin*, J. Macromol. Sci. Phys. **B6 (4)**, 695 (1972).

9) *Zachmann, H. G.*, Kolloid-Z. u. Z. Polymere **206**, 25 (1965).

10) *Calvert, P. D.* and *D. R. Uhlmann*, J. Appl. Phys. **43**, (944) 1972.

11) *Zachmann, H. G.* and *A. Peterlin*, J. Macromol. Sci. **B3**, 459 (1969).

Anschrift der Verfasser:

W.-M. Ewers und *H. G. Zachmann*
Institut f. Physikal. Chemie
65 Mainz
Jakob-Welder-Weg 15

A. Peterlin
Research Triangle Institute, P.O.Box 12194
Research Triangle Park, N.C. 27709 (USA)

Aus dem Institut für Festkörpermechanik, Fraunhofer-Gesellschaft Freiburg

Anwendung der Bruchmechanik auf Hochpolymere

Von F. Kerkhof

Vorgetragen auf der Arbeitstagung des Fachausschusses „Physik der Hochpolymeren"; Frühjahrstagung des Regionalverbandes Hessen–Mittelrhein–Saar der Deutschen Physikalischen Gesellschaft vom 22. bis 24. März 1972 in Bad Nauheim, erscheint demnächst in dieser Zeitschrift